现代测绘地理信息理论与技术

方源敏　陈　杰　黄　亮　夏永华　宋炜炜　编著

本书出版得到昆明理工大学百门研究生
核心课程建设经费资助

科学出版社
北　京

内 容 简 介

本书为昆明理工大学百门研究生核心课程教材，是笔者在总结测绘地理信息教学经验、科研成果及国内外测绘地理信息理论与技术最新进展的基础上编著而成的。全书共 10 章，主要包括：绪论；地面测量技术；空间测量技术；地下测量技术；地球局部形状的确定；变形监测与变形分析；基础地理信息系统；三维地理信息系统的核心理论与技术；数字地球(智慧地球)的关键技术；地理国情监测。

本书既可作为测绘科学与技术、地理信息科学、土地资源管理等专业研究生和高年级本科生教材，也可供相关专业教师、科研人员和专业技术人员参考。

图书在版编目(CIP)数据

现代测绘地理信息理论与技术 / 方源敏等编著. —北京：科学出版社，2016.6

ISBN 978-7-03-048478-9

Ⅰ. ①现… Ⅱ. ①方… Ⅲ. ①测绘-地理信息系统-研究生-教材 Ⅳ. ①P208

中国版本图书馆 CIP 数据核字(2016)第 121774 号

责任编辑：杨 红 程雷星 / 责任校对：贾娜娜

责任印制：张 伟 / 封面设计：陈 敬

科学出版社出版

北京东黄城根北街 16 号

邮政编码：100717

http://www.sciencep.com

北京凌奇印刷有限责任公司印刷

科学出版社发行 各地新华书店经销

*

2016 年 6 月第 一 版 开本：787×1092 1/16

2024 年 7 月第八次印刷 印张：20 1/2

字数：523 000

定价：98.00 元

(如有印装质量问题，我社负责调换)

前 言

《现代测绘地理信息理论与技术》一书主要是为测绘科学与技术学科及其他相关学科专业硕士研究生的学位基础课程而编写的。它既体现了现代测绘与地理信息科学研究中所涉及的理论基础，又可指导解决测绘科研与生产中的实际问题。本书所涉及的内容是在昆明理工大学开设的“现代测绘理论与技术”课程的基础上逐步演变并发展起来的。随着国家对测绘与地理信息内涵的认同及其在国民经济建设中作用的提升，将“现代测绘理论与技术”扩充为“现代测绘地理信息理论与技术”。

本书既综合了目前国内外测绘与地理信息的新理论和新技术，又体现了新的研究成果，具有时代性和独特性。本书将传统的多个测绘分支概括为地面、地下和空间测绘三个方面，独树一帜。此外，本书专门列出了测绘科研与生产中高度关注的区域大地水准面精化和变形监测与变形分析的内容；对于地理信息理论与技术方面，重点阐述了表现当前主流研究及应用的基础地理信息数据库的构建及专题信息提取与应用、三维地理信息系统的核心理论与技术、数字地球(智慧地球)的关键技术，以及地理国情监测四个部分。

该书编写的目的是：使研究生系统地掌握现代测绘与地理信息理论与技术领域的新知识和新技术，以及先进的数据采集设备、数据处理、数据分析和基础地理空间框架建设、地理信息应用服务等内容；培养研究生分析问题和解决问题的能力，为后续的专业必修课和专业选修课提供前沿知识支撑，同时为研究生学位论文的开题提供丰富内容和创新根基。本书还适合研究工作者和工程技术人员参考。

全书主要由昆明理工大学方源敏教授、陈杰博士和黄亮博士编著完成，夏永华副教授和宋炜炜博士参与编著。陈明晶硕士对本书的编辑和整理做了大量的工作，参与编辑和整理的还有安金玉、苏俊彦、熊建华、胡翀、孙丽萍、袁会如、张培洋等硕士研究生。为本书提供资料的还有昆明理工大学施昆教授、甘淑教授、左小清教授、贵仁义副教授、吴学群副教授、李佳田副教授及昆明市测绘管理中心吴俐民教授级高工，在此对他们表示衷心的感谢！

本书中的部分成果已在国内外学术刊物和国内外学术会议上发表。本书编著过程中，参考了国内外大量优秀教材、论文及相关网络资料，在此对其作者表示衷心的感谢。虽然笔者试图在参考文献中全部列出并在文中标明出处，但难免有疏漏之处，在此诚挚地希望得到同行专家的谅解和支持。

由于作者水平有限，书中不当之处在所难免，还请各位专家、同行批评指正，以便修改。

方源敏

2016年3月

目录

第1章 绪 论

随着我国综合国力的不断增强，空间网络传输技术、精密卫星定位技术、高分辨率遥感技术等现代科学技术的迅猛发展及广泛应用，我国的测绘科学与技术也相应地发生了翻天覆地的变化，并直接服务于地理信息的应用。目前，我国的现代数字测绘技术已全面取代了传统的模拟测绘技术，同时，由于现代化测绘技术不断地出现新方法、新设备、新理论，因而其应用领域也正在不断地扩展，并正向信息化测绘实现质的飞跃。

人类经济社会活动与地理位置、地理环境及地理信息密切相关；促进我国国民经济与社会信息化，转变发展模式，优化国土空间布局，增强地理国情应急处理能力，保障国家安全利益，提高人民群众的生活质量等都对地理信息支撑保障的需求越来越迫切；同时地理信息产业在近些年来取得了持续快速的发展，已成为最具发展潜力的战略性新兴产业，是建设数字地球、物联网(the internet of things)及智慧地球的重要支撑。

目前，我国测绘事业正向测绘地理信息事业发展，尤其是人类社会已进入地理信息大应用、大发展的新时代，急需国家强化对地理信息技术和应用的管理，为转变发展模式、加快信息化建设提供有力支撑，为提升应急救急能力、维护国家地理信息安全提供服务保证。

1.1 传统测绘学概述

测绘学作为一门古老的学科,早在1880年德国科学家赫尔默特便对Geodesy下了一个定义，即测量和描述地球的学科，一直以来国内外都将Geodesy定义为大地测量学。从赫尔默特对该词的定义与内涵来看，既然Geodesy是测量和描述地球的学科，那么似乎所指的便是现在的测绘学，因而曾有人将该词译成“测地学”。

传统测绘学如果按照赫尔默特的定义，就是采用测量仪器来测定地球表面自然形态的地理要素与地表人工设施的形状、大小、空间位置及其属性等，然后根据观测到的数据通过地图制图的方法将地面的自然形态和人工设施等绘制成地图。随着科学技术的不断发展和社会的不断进步，测绘学的研究对象已从地球表层，扩展到地球外层空间的各种自然与人造实体。同时，测绘学不仅研究地球表面的自然形态与人工设施的几何信息的获取和表述问题，还将地球作为一个整体，研究获取及表述其几何信息之外的物理信息，如地球重力场的信息及这些信息随时间的变化等。由此可看出，传统测绘学较为完整的基本概念为：研究对实体(包括地球整体、表面，以及外层空间各种自然和人造的物体)中与地理空间分布有关的各种几何、物理、人文及其随时间变化的信息采集、处理、管理、更新和利用的科学与技术。而针对地球来说，测绘学就是研究测定和推算地面及其外层空间点的几何位置，确定地球形状和地球重力场，获取地球表面自然形态和人工设施的几何分布及与其属性有关的信息，编制全球或局部地区的各种比例尺的普通地图和专题地图，建立各种地理信息系统，为国民经济发展和国防建设及地学研究服务(宁津生和王正涛，2006)。

1.2 现代测绘地理信息科学

1.2.1 现代测绘技术

现代测绘技术集成了计算机科学、信息科学等学科，正朝着信息化时代跃进。现代测绘技术主要由空间技术、卫星遥感技术、地面数字测量技术、地理信息技术及与之相配套的计算机技术、通信技术及专家系统技术等组成，即当前测绘领域的“5S”技术：全球导航卫星系统(global navigation satellite system，GNSS)、遥感(remote sensing，RS)、地理信息系统(geographic information system，GIS)、测绘专家系统(expert system，ES)和数字测量技术(digital photogrammetry system，DPS)。目前，现代测绘技术已得到广泛应用及迅速发展，在国民经济建设及社会生活中发挥着越来越重要的作用。

1. 近代测绘的发展历程

我国近代测绘的发展经历了“经典(模拟)测绘”及“数字化测绘”阶段，目前正朝着“信息化测绘”方向发展(姜鹏远等，2008)。每个阶段的发展均与社会发展的阶段相吻合，均由当时的技术发展水平决定。

(1)经典测绘：以光电测绘仪器作为主要工具，在有限的视野内对局部地区进行测量与绘图，进而扩展到全球。

(2)数字化测绘：数字化测绘技术体系是以“3S”技术(GNSS，RS，GIS)与空间数据相关资源作为具体核心的，随着网络存储技术的广泛应用，有效地实现详细数据的采集获取、处理加工及应用管理的数字化进程，相应地取得的产品形式也从以前的传统纸质地图转变为实际的4D产品。

(3)信息化测绘：信息化测绘技术体系作为数字化测绘技术体系的发展和延续，是在完全网络运行环境下，利用数字化测绘技术为社会经济实时有效地提供地理空间信息综合服务的一种新的测绘方式和功能形态，数字化测绘技术到信息化测绘技术的变迁与发展是一项重大的科学技术变革历程。

2. 现代测绘技术的发展趋势

现代测绘技术发展中，获得了以下几个方面的突破。

1)卫星定位测量

卫星定位测量技术包括现代测绘基准建设(又称为地理空间信息基准)、全球导航卫星系统(GNSS)的组建、卫星定位技术的研究[包括网络实时动态差分技术(real-time kinematic，RTK)和精密单点定位技术(precise point positioning，PPP)，尤其是利用网络RTK技术在较大区域内建立连续运行基准站网系统(continuous operational reference system，CORS)]及全球定位系统(global positioning system，GPS)/重力相结合的高程测量。

2)航空航天测绘

(1)高分辨率卫星遥感影像测图。已取得一定的成果，包括高精度的有理函数模型求解技术、稀少地面控制点条件下的大范围区域平差技术，以及多基线与多重匹配特征(如特征点及特征线等)的自动匹配技术。

(2)航空数码相机的摄影测量数据获取，以及新型数据处理及成图技术。

(3)轻小型低空摄影测量平台的实用化作业。其中，涉及的关键技术包括：低空遥感平台多传感器集成技术；自动化、智能化的飞行计划及飞行控制技术；轻小型摄影测量平台的姿态稳定技术；不同重叠度、多角度、多航带影像的摄影测量处理技术等。

(4)机载激光雷达系统。需开发完善成熟的机载激光雷达数据处理软件；研究机载激光雷达系统内部的误差源及消除方法；加入纹理信息，进行同名地物匹配，并结合地面控制，进行机载激光雷达系统误差的检校与平差。

(5)数字摄影测量网格的大规模自动化快速数据处理。

3)数字地图制图

(1)地图制图的数字化、信息化与一体化。地图制图学经历了传统地图学和数字化地图学并进一步向信息化地图学发展的过程。其中，最突出的是，地图制图生产全面实现了由手工模拟方式到计算机数字化生产的转变，构建了地图制图与出版一体化流程。研究工作主要集中于信息化地图制图。

(2)可量测的实景影像产品。

4)精密工程与工业测量

精密工程与工业测量技术的突破主要有：①基于卫星定位的工程控制测量；②城市 GNSS 连续运行基准站系统的多用途实用化服务；③三维测绘技术的工程应用；④精密大型复杂工程的施工测量新技术；⑤精密工业测量系统的建立与应用。

5)海洋与航道测绘新技术

目前，海洋与航道测绘技术正朝着高精度、全覆盖及全过程自动化的方向发展。利用卫星定位技术或卡尔曼滤波等方法可提高海洋与航道测绘定位精度，研发航空航天遥感测深系统或高精度条带式测深系统来达到全面覆盖测量海洋与航道信息的目标，进一步提高海洋与航道测绘自动化过程，通过与海洋及航道图自动制图技术的链接建立海洋与航道图数据库，最终建立海洋与航道测量信息系统。主要研究内容包括：①海洋与航道中的卫星导航定位测量；②海底地形测量中的水深测量；③海洋与航道的遥感遥测技术；④基于“数字海洋”与“数字航道”的测绘信息化服务。

1.2.2 地理信息系统

1. *GIS 的发展历程*

由于信息社会中的各种信息几乎直接或间接与地理空间位置有关，因而 GIS 在近 30 年内取得了极为惊人的进展。GIS 目前已广泛应用于资源调查、区域发展规划、环境评估、交通、公共设施管理、电信、城市建设、测绘、能源、电力、林业、农业等国民经济各个部门，在国家宏观决策、军事、金融及公安等方面也具有十分重要的应用价值。

1)国外 GIS 的发展历程

国外 GIS 发展可分为三个阶段。

(1)学术探索阶段。20 世纪 50 年代，随着电子技术的发展及其在测量与制图学中的应用，人们利用计算机来收集、存储及处理各种与空间和地理分布有关的图形与属性数据成为可能。1956 年，奥地利测绘部门最先利用计算机建立了地籍数据库，随后该技术被各国广泛应用于土地测绘和地籍管理。1963 年，加拿大测量学家首次提出 GIS 这一术语，并建立了世界上首个地理信息系统——加拿大地理信息系统(Canada geographic information system，CGIS)。

(2)飞速发展与推广应用阶段。20世纪70年代以后，随着计算机技术的标准化及大型商用数据库系统的建立和使用，GIS对地理空间数据的处理速度和能力均取得突破性进展，从而使得数字地理信息系统生产标准化、工业化及商品化。各种通用与专用的地理空间分析模型得到了深入研究与广泛使用，GIS的空间分析能力得到显著增强。

(3)地理信息产业的形成与社会化GIS的出现。20世纪90年代以来，伴随着互联网的快速发展与国民经济信息化的不断推进，GIS强大的空间信息处理及空间分析功能，已服务于各行各业，并进入人们的日常工作和千家万户之中。如今，GIS已成为信息社会乃至智慧行业的基础技术支撑(楚叶峰，2008)。

2)国内GIS的发展历程

我国GIS的发展势头也极为迅猛，大致可分为下面四个阶段。

(1)起步阶段。20世纪70年代初，我国开始在测量、制图及遥感领域中开始推广计算机的应用。随着遥感技术的发展，我国于1974年开始引进美国地球资源卫星影像，并开展了遥感影像处理与解译工作。我国于1977年诞生了第一张由计算机输出的全要素地图。在1978年全国科学大会上，陈述彭院士提出了我国应全面发展GIS的观点。

(2)试验阶段。1980～1985年，随着我国国民经济的发展，GIS全面进入试验阶段。在典型试验中，主要研究内容包括数据规范和标准、空间数据库建设、数据处理与分析算法及应用软件开发等。

(3)GIS全面发展阶段。1986～1995年，我国的GIS步入全面发展阶段，国家测绘局在全国范围内建立了数字化测绘信息产业。数字摄影测量及遥感应用从典型试验逐步走向运行系统，这样便可保证向GIS源源不断地提供地形与专题信息。进入20世纪90年代以来，我国沿海、沿江经济开发区的快速发展，土地的有偿使用与外资的引进都急需GIS为之服务，因而有力地促进了城市GIS的发展。在基础研究与软件开发方面，国家将遥感、GIS及全球定位系统的综合应用等列入重点科技攻关项目(楚叶峰，2008)。

(4)GIS产业化阶段。1996～2000年，GIS被科学技术部(原国家科学技术委员会)列入“重中之重”科技攻关计划，在相关部门的充分重视和支持下，GIS技术发展速度明显加快，GIS基础软件技术支持得到全面加强，出现了一批拥有自主版权的国产GIS软件。1996年至现在，我国的GIS产业化模型已初步形成。

2. GIS的发展趋势

目前，我国地理信息技术已步入世界先进行列，地理信息产业已成膨胀之态，GIS将向着数据标准化、系统集成化、平台网络化及应用社会化等方向发展。数据标准化使GIS市场从单纯的系统驱动转向数据驱动；系统集成化意味着GIS软件部件的对象化，使数据不仅能在应用系统内流动，还能在系统间流动；平台网络化意味着GIS的工作平台将逐步从单机转入网络工作环境，利用GIS可实现网上发布、浏览、下载，实现基于Web的GIS查询和分析；应用社会化意味着GIS的应用范围将随着上述技术的发展不断拓宽，最终走入千家万户。具体来说，今后GIS的发展主要有以下几个方面(储征伟和杨娅丽，2011)。

(1)GIS数据的共享与开放。随着各种测绘技术的快速发展，数据获取成本大大降低，提升了数据共享与开放，可使GIS更为广泛地应用于国民经济的各个领域，提高经济活动效率，从而减少GIS数据重复建设的成本。

(2) GIS 产业化及市场化。近 20 多年来，我国 GIS 技术已得到长足发展。目前，我国已形成了一批以 MapGIS、SuperMap、GeoStar 等为代表的具有自主知识产权的 GIS 软件品牌，并在诸多领域得到应用。我国将在未来几年初步形成地理信息产业的信息市场、产品市场、技术市场及劳务市场，同时产业结构会变得较为合理，地理空间数据也将变得更为丰富，自主产权软件市场占有率也将得到大幅提高，并将涌现出一批大型骨干企业，最终形成合理的地理信息产业链。地理信息产业将成为现代服务业的一个新的经济增长点。

(3) WebGIS 的发展。WebGIS 将 Internet 和 GIS 结合在一起，使地理信息在高速的网络环境中实现漫游与共享，从而大大拓宽了 GIS 的应用领域。利用网络发布空间数据，为用户提供空间数据浏览、查询及分析等功能，从而形成一个网络化的地理空间平台。

(4) 3DGIS 与虚拟现实技术的结合。3DGIS 可支持真三维的矢量和栅格数据模型及以此为基础的三维空间数据库，解决三维空间操作与分析问题，由此可见，3DGIS 的发展将具有非常广阔的前景。

(5) 高分辨率遥感影像与 GIS 结合。利用高分辨率遥感影像，可用较低成本获取更为真实准确的数据。高分辨率遥感影像可以为 GIS 提供准确可靠的信息源与实时更新数据，它与 GIS、GPS 的集成，将使人们实时地采集数据、处理信息、更新数据及分析数据，极大地增强了 GIS 的功能。

(6) 无线通信技术与 GIS 结合。无线通信技术的发展，尤其是无线应用协议 (wireless application protocol，WAP) 技术的应用，使无线通信技术、GIS 技术与 Internet 技术结合成为可能，并形成无线定位技术。利用该技术，人们可通过手机查询到自己所处的位置或查寻自己关心的信息。GIS 借助无线通信等技术可以更为深入地融入人们的日常生活中，这将是一个极为广阔的市场。

(7) 面向服务的架构 (service-oriented architecture，SOA)、丰富互联网应用程序 (rich internet application，RIA) 等技术与 GIS 的融合。地理信息的发布和系统建设与信息技术 (information technology，IT) 发展紧密相关，很多新的设计理念与表达方式在地理信息产品中得到应用。例如，SOA 理念的引入，使 GIS 实现了从组件式到服务式的飞跃；富网络应用技术的引进极大地提升了地图调用的速度、增强了用户体验，逐步实现了 Web2.0 理念；企业级 GIS 应用 (EGISA) 为构建多层级、跨部门的地理信息共享提供了完善的技术架构。

(8) 基于物联网技术与 GIS 的融合。

1.2.3 测绘地理信息的现状和趋势

为了顺应我国经济社会发展的客观需要，加快地理信息产业的发展及与国际测绘地理信息领域发展的接轨，2011 年国家测绘局更名为国家测绘地理信息局。更名是在我国测绘地理信息发展到重要转型的关键时期的重要事件。国家测绘地理信息局的名称，可以更为全面、准确地反映出国家测绘事业正朝着测绘地理信息事业的一体化联动方向发展。

1. 国际测绘地理信息科技发展现状及趋势

1) 大地测量

近年来，大地测量方向取得了迅猛发展，测量模式从静态到动态、测量平台从地基到天基、测量范围从区域到全球，定位精度得到显著提高，应用领域也在不断拓宽。随着重力卫星的发射，地球重力场观测正在由地基向天基转变，精度与覆盖率不断提高，使统一全球高程基准成为可能。全球导航卫星系统（GNSS）取得飞速发展，美国正在实施GPS现代化计划，俄罗斯正在计划实施全球导航卫星系统（global navigation satellite system，GLONASS）补星完善，欧洲联盟（简称欧盟）的Galileo系统于2013年初步组网，我国北斗卫星导航系统也终将达到为全球提供定位、导航及通信服务的能力。多系统兼容互操作已成为GNSS应用主流。同时，基于多种大地测量观测手段的全球大地测量观测系统（GGOS）建设已成为大地测量新的发展方向。

2）航空航天遥感

遥感技术已朝着“三多”（多传感器、多平台、多角度）和“四高”（高空间分辨率、高光谱分辨率、高时相分辨率、高辐射分辨率）的方向发展，对地观测系统逐步小型化，卫星组网和全天时、全天候对地观测成为主要发展方向。多国正在计划执行新的卫星项目，未来将涵盖地球科学的各个领域，使得能用于测绘地理信息领域的对地观测卫星越来越多。遥感的应用分析正从定性分析转向定量分析，遥感数据已成为地理空间数据更新的主要数据源，遥感数据产品已呈现出高/中/低空间分辨率、多光谱、高光谱、合成孔径雷达共存的趋势。同时，遥感数据快速处理系统不断涌现，连续立体模型成为新的数据产品形式。

3）地理信息处理与管理

地理信息处理与管理目前正朝着自动化、智能化方向发展，三维空间数据处理和管理已成为主要的研究内容，以网格计算、云计算（cloud computing）为代表的地理信息系统解决方案也不断涌现。美国和欧洲的网格地理信息系统（grid GIS）技术处于国际领先地位，国际地理信息系统处理和管理软件仍以ArcGIS和Oracle为主。海量空间数据管理方式也发生了巨大变化，三维空间数据管理已成为技术发展重点，美国率先推出了一系列基于网络与影像的大型数据管理与服务系统，如Google Earth、Skyline、Virtual Earth、World Wind、ArcGlobe。

4）地理信息服务

地理信息服务正朝着覆盖范围更大，服务形式更为灵活、更为网络化，服务内容精度更高、现势性更好的方向发展。在大型桌面GIS基础软件领域，美国仍独占鳌头。目前，全球大型桌面GIS主要采用美国的GIS软件。微软的必应地图（bing maps）和谷歌地图（Google maps）均可提供在线地图服务。同时，微软利用Silverlight技术还重组了地图应用工具，发布了街景图像。谷歌地球开发部则发布了新的API V2航空影像。用户可更为方便地得到自身所需的地理信息，获取到更多数据、影像及更好的服务。物联网、云计算等新技术的出现与发展已经为地理信息随时随地服务奠定了坚实的基础（国家测绘地理信息局，2012；李朋德，2012；宁津生和王正涛，2012a，2012b，2014）。

2. 我国测绘地理信息科技发展现状及趋势

近年来，我国测绘地理信息科技攻关和自主创新取得了重大成果，在地球重力场、高精度定位导航等技术领域取得重大突破，建立了地心坐标系统CGCS2000，极大地促进了测绘基准体系由二维向三维、由静态向动态、由参心向地心的转变。数字航摄仪、机载合成孔径雷达系统、大面阵大重叠度航空数码相机、低空无人飞行器航空摄影系统等数据获取装备研制成功并已投入生产。遥感影像压缩质量验证、影像仿真、卫星地面检校等卫星测绘技术取得重大进展。目前，已开发了地理信息三维虚拟现实系统、遥感图像综合处理系统、机载激光雷达数据处理系统、数字摄影测量网格系统、高分辨率遥感影像数据一体化测图系统等数据处理系统，实现了从地理信息数据获取到输出全程数字化。突破了数据保密处理等数据管理与服务关键技术，研制了自主知识产权的公众版国家地理信息公共服务平台“天地图”、基础地理信息时空数据库管理系统(database management system，DBMS)、国务院全国空间信息系统等大量应用系统，为拓展和深化基础地理信息数据应用奠定了坚实的技术基础。同时，开展了百余项国家 863、973、支撑计划等重点科研项目(国家测绘地理信息局，2012；李朋德，2012；宁津生和王正涛，2012a，2012b，2014)。

1.3 现代测绘地理信息的重大科技任务

为了全面提升我国测绘地理信息科技自主创新能力，国家设立了一批重大地理信息科技任务，为我国正在和将要实施的重大测绘工程提供了技术支撑和技术储备，从而带动我国测绘地理信息科技的整体发展。

1)地理国情监测关键技术研究与应用示范

地理国情监测是拓展我国测绘地理信息事业发展空间的重要途径(库热西·买合苏提，2014)。地理国情监测需综合利用遥感对地观测技术、GIS、导航定位技术及网络通信技术，对地理国情监测对象体系及地理国情监测单元划分方法进行研究；开展基础地理国情监测技术研究，形成基础地理国情监测的分类指标体系、监测技术及建库技术；开展多尺度自然地理要素与人文地理要素的监测、特征识别及空间演化分析技术研究，并研发专题地理要素监测工具集；构建我国地理国情监测技术平台；在全国典型地区开展多层次、多类型的地理国情监测应用示范，以此来全面提升我国地理国情监测能力(国家测绘地理信息局，2012)。

健全监测数据的发布和共享机制，能促进监测成果的及时转化和广泛利用，从而为国家各级政府进行决策和制定政策提供依据，为经济、人口、农业、国土、水利、环境等相关部门提供公共基础数据和共享平台(国家测绘地理信息局，2015)。

2)国产测绘卫星应用关键技术研究与示范

结合国家空间基础设施规划、国家高分辨率对地观测系统重大专项及资源三号卫星应用系统建设，开展全天候、全球化、多数据源、高分辨率卫星测绘技术体系研究；开展光学立体测图卫星、干涉雷达卫星、激光测高卫星及重力卫星等测绘卫星技术指标论证；开展国产卫星测绘应用关键技术研究，包括国产测绘卫星调度管理技术、高精度定标技术、高精度立体测绘技术、卫星影像质量分析与地面几何检校、卫星影像高精度几何、辐射处理、卫星产品生产质量控制与产品质量评价、多源遥感数据同化技术，以及测绘卫星应用和服务的数据密集型高性能计算技术等，形成卫星测绘应用技术体系并开展应用示范，形成大规模数据处理和服务能力(国家测绘地理信息局，2012)。

全面完成国家现代测绘基准体系基础设施建设一期工程，加强对 GNSS 连续运行跟踪站的统筹和升级改造，建成全国卫星导航定位基准服务系统。加快形成全国统一的现代测绘基准服务“一个网”并向社会提供导航与位置服务，与有关部门和单位合作建设北斗地基增强系统，加快我国北斗南极基准站建设和应用。完成资源三号卫星应用系统建设，形成数据获取、处理、推广、应用的业务能力，做好航空航天遥感影像数据源保障和项目绩效评估(国家测绘地理信息局，2015)。

3)“天地图”地理信息公共服务关键技术研究

围绕我国当前公共服务平台——“天地图”，结合国家、省、市等地理信息公共服务目标，瞄准云计算、物联网及智慧地球的发展方向，解决困扰地理信息公共服务推广和影响其未来发展的问题。重点研究地理信息公共服务深度应用的基础性关键技术问题，包括面向物联网和智慧地球应用信息感知和智能化空间信息分析技术、采用云计算技术架构的二维和三维一体化地理信息服务平台构建技术、面向政务和商业地理公共服务技术、面向多类终端的地理信息自适应可视化技术、地理公共服务与电子政务一体化技术、面向公用企事业的地理应用公共服务模式研究和应用构建技术、面向公众应用的个性化应用定制技术、志愿者地理信息汇集与挖掘技术等，建设地理信息公共服务平台，开展空间信息泛在服务应用示范(国家测绘地理信息局，2012)。

2015 年，国家测绘地理信息局提出：要加快各级各类地理信息数据整合与融合，统筹建设“天地图”涉密版、政务版、公众版，切实将“天地图”打造成为全国测绘地理信息服务的“一个平台”。加强“天地图”国家数据中心建设，不断丰富数据资源。积极推进“天地图”在国家电子政务建设中的应用，推动“天地图”接入各级政府门户网站。做好“天地图”示范应用，抓好“天地图”不动产登记基础信息平台试点工作，加大在国土资源、公安、水利、统计等领域的推广应用力度，支持“天地图”市场化应用，完善管理和经营机制(国家测绘地理信息局，2015)。

4)测绘基准现代化关键技术研究

根据我国测绘基准现代化的特点和亟待解决的问题，构建现代测绘基准技术体系，实现我国测绘基准现代化。其重点在于研究动态地心坐标参考框架维持技术、困难地区(似)大地水准面精化技术、卫星重力数据处理技术、多模卫星定位数据的集成化处理技术、多系统多频精密单点定位技术、长距离单历元网络 RTK/网络差分定位技术、多种卫星导航系统联合定位及在线式实时处理分析技术、多模卫星定位与动态基准数据处理技术、中国大地测量观测系统实时应用服务技术等。通过对关键技术的攻关研究，实现测绘基准现代化，为地理国情监测、海岛(礁)测绘、国家大型工程建设等提供测绘基准(国家测绘地理信息局，2012)。

5)面向对象的高可信合成孔径雷达处理系统研发

针对合成孔径雷达(synthetic aperture radar，SAR)数据在地形地物、森林植被等方面的处理与解译难题，利用多角度、多波段、多极化、极化干涉等多模式航空航天 SAR 数据，建立基于散射机理的地物特性知识库，实现以精度高、可靠性强、识别类型丰富为特征的 SAR 影像高可信处理与解译，形成行业重大应用示范系统。主要研究高分辨率 SAR 影像数据精确处理技术、高精度三维信息提取技术、地物散射模型与知识库、面向对象 SAR 影像地物高可信解译技术、SAR 影像高性能处理解译系统、高分辨率 SAR 遥感综合试验与应用示范等。形成面向对象高可信 SAR 处理解译系列技术，研发自主知识产权的 SAR 影像处理解译系统，建立 SAR 地物处理与解译技术规程，构建地物散射模型与知识库(国家测绘地理信息局，2012)。

6)应急测绘遥感监测技术研究

针对突发灾害中对遥感影像统一获取、快速处理和及时提供的要求，开展基于无人飞行器的应急测绘高分辨率遥感数据快速获取技术与装备平台研究；开展集成地面应急测绘快速监测、处理与传输一体化移动车载平台研究；开展多传感器数据高精度集群处理与灾情遥感信息智能提取技术、自然灾害及突发事件响应决策与综合评估技术、应急测绘信息快速集成与制图服务技术等研究；研制应急测绘航空遥感监测评估运行系统、标准规范，构建应急测绘快速监测和信息服务平台、业务运行体系。通过应急测绘获取、处理、监测、评估与服务的技术体系和装备体系建设，构建国家级应急测绘运行体系，形成平灾一体、“天-空-地”一体、高适应性、高机动性、快速服务的国家级应急测绘能力(国家测绘地理信息局，2012)。

7)智慧城市与地理信息智能感知关键技术研究

开展地理信息数据和人文、自然资源等信息数据的深度集成融合技术研究，构建基于地理信息数据的智能数据库系统原型。面对全球互联网地理信息形态复杂、更新频繁、内容海量、交互密集等特点，研究基于语义的互联网地理信息知识表达模型和方法；基于空间知识库和智能代理，研究互联网地理信息智能探测跟踪与变化分析关键技术。研究全息信息获取、数据处理、可视化表达及泛在网络下地理信息服务等关键技术，实现地上下、室内外信息一体化获取处理，集成多源信息及实时动态信息，攻克跨媒介表达、普适服务等技术难关，依托泛在网络搭建云计算平台，构建地图云，建立智慧城市技术支撑体系。探索基于机器人的地理信息认知和自动服务、复杂地球系统模拟等关键技术，争取在感知中国、感知地球及地理信息智能服务方面取得原创性成果(国家测绘地理信息局，2012)。

8)测绘装备国产化关键技术研究

按照数据获取实时化、处理自动化、服务网络化和应用社会化的要求，特别是开展地理国情监测的需要，针对国内测绘仪器自主研发相对薄弱的现状，以国内条件成熟且信息化测绘急需国产化的测绘装备为切入点，以联合制造、电子和信息等行业的方式，消化吸收各行业先进技术，集中研发急需的、新型的、具有自主知识产权的测绘仪器装备，实现先进测量设备的国产化。重点研制移动地面激光雷达系统、航测相机/倾斜相机和 LiDAR(light detection and ranging)集成系统、机载激光雷达和高光谱成像仪组合系统及远程光声浅海地形测量系统，突破多传感器集成的系统检校、高精度时间同步、多源数据的配准与融合、基于激光点云与影像的智能化空间信息提取、基于北斗二代卫星导航系统/GPS 与高精度惯性测量系统(inertial measurement unit，IMU)的多源组合导航等关键技术，并研发高效、高精度数据处理软件系统，在基础测绘、林业及铁路勘察等领域进行示范应用(国家测绘地理信息局，2012)。

9)导航定位与位置服务网构建关键技术研究

针对行业应用和公众生活对导航定位和位置服务信息的需求，充分利用卫星定位和导航技术并集成移动通信、地理信息、智能传感和互联网技术，研究导航定位与位置服务网构建理论与方法，开展导航与位置服务网总体设计、系统集成及测试技术，广域分米级实时定位技术，业务受控的精密定位信息移动广播技术，导航与位置空间信息内容服务平台、精密单点定位核心算法与通用接收机、导航及位置服务内容信息与公共地理框架信息的集成与管理技术，面向移动终端的地理信息在线服务中间件技术，分布式异构内容服务信息平台构建技术，导航与位置服务的时空信息管理与分析技术，以及位置服务应用系统技术等关键技术研究，研发面向行业的动态精密导航、交通物流管理、公众位置跟踪服务、土地资源调查与行政执法、突发公共事件处置等业务化示范应用系统，促进导航与位置服务产业发展(国家测绘地理信息局，2012)。

10)全球环境变化监测关键技术研究

充分利用现代测绘地理信息观测手段，研究航空航天遥感数据用于全球地表覆盖、全球环境变化监测的数据处理方法。研究基于多源多尺度测绘地理信息观测数据的全球环境变化与地表覆盖之间的三维耦合关系，建立三维耦合模型。研究极地冰盖变化精密监测的多传感器网络技术，发展冰盖突变事件水平/垂直关键要素高精度遥感提取算法、基于卫星重力观测的冰盖融化与海平面质量变化关系的探测技术、海平面变化中极地冰盖消融因素分离技术等。基于多源监测数据，研究环境生态系统碳源/汇遥感因子和地形因子提取方法、区域生态系统碳源/汇遥感模型，揭示区域生态系统碳源/汇的时空格局及其机制，分析碳源/汇随时间、空间的变化规律及空间分布特征，探索碳源/汇预测方法（国家测绘地理信息局，2012）。

1.4　现代测绘地理信息科学的前沿与关键技术

目前，我国的测绘学科正朝着与地理空间信息学跨越与融合的方向发展；在技术形态上，则从数字化测绘技术向更为自动化、智能化的信息化测绘方向发展。在国家测绘地理信息局发布的《测绘地理信息科技发展“十二五”规划》中，更为详尽地阐述了我国测绘地理信息科学的前沿和关键技术，具体关键技术如下（国家测绘地理信息局，2012）。

（1）现代化测绘基准关键技术。包括：①现代坐标基准构建技术；②高精度地球重力场模型与大地水准面精化技术；③面向全球增强的卫星导航和新型网络 RTK 技术；④无缝导航与位置服务技术。

（2）地理信息实时化获取关键技术。包括：①准实时航空主动遥感测图；②三维航空相机阵列摄影测量。

（3）地理信息自动化处理关键技术。包括：①传感器数据自动处理；②多源遥感数据高性能计算；③遥感影像多层次智能化解译；④摄影测量智能化与三维矢量数据处理；⑤基础地理信息动态更新。

（4）地理信息网络化管理与服务关键技术。包括：①多元时空网络地理信息系统；②信息化地理信息资源体系构建；③互联网泛在地理信息搜索分析与安全监管；④数字城市与区域空间信息共享服务；⑤基于下一代互联网的地理信息服务。

（5）地理信息应用关键技术。

1.5　测绘地理信息与地球空间信息科学

随着时代的发展，信息化测绘已成为测绘发展的大趋势。在此趋势下测绘科学也正发展成为测绘地理信息科学。而在整个发展过程中，催生了诸多新学科的诞生，如空间大地测量（或卫星大地测量）、遥感测绘、地图制图学与地理信息工程等。对空间数据和其他专业数据进行综合分析，使测绘学科从单一学科走向多学科的交叉，其应用已扩展到与空间分布信息有关的诸多领域，其显示出现代测绘地理信息科学正朝着近年来兴起的一门新兴学科——地球空间信息科学（geo-spatial information science）跨越与融合。

地球空间信息科学（geo-spatial information Science）是以“3S”（GPS、RS、GIS）等空间信息技术作为主要内容，并以计算机技术与通信技术作为主要的技术支撑，用于采集、量测、分析、存储、传播及应用与地球和空间分布有关数据的一门综合和集成的信息科学与技术。地球空间信息科学将“3S”技术作为其代表，是包括通信技术、计算机技术的新兴学科。它是地球科学的一个前沿领域，是地球信息科学的重要组成部分，是数字地球的基础。2004 年英国 *Nature* 中有文章指出，地球空间信息技术、纳米技术及生物技术并列为当今世界最具发展前途和最有潜力的三大高新技术。

随着社会和经济的飞速发展，人类活动引起的全球变化已成为人们关注的焦点。从近几个世纪的历史来看，人类活动对生态环境的影响越来越大。世界人口的急剧增加，造成资源大量消耗，生态环境恶化已成为有目共睹的事实。地球及其环境是一个复杂的巨系统，为了解决上述问题，要以整体的观点认识地球。随着人类社会步入信息时代，有关地球科学问题的研究需要以信息科学为基础，并以现代信息技术为手段，建立地球信息的科学体系。地球空间信息科学，作为地球信息科学的一个重要分支学科，将为地球科学问题的研究提供数学基础、空间信息框架和信息处理的技术方法。

地球空间信息广义上是指各种空载、星载、车载及地面等测绘遥感技术获取的地球系统各圈层物质要素存在的、空间分布与时序变化及其相互作用信息的总体。地球空间信息科学是信息科学与地球科学的边缘交叉学科，它和区域乃至全球变化研究紧密相连，是现代地球科学为解决社会可持续发展问题而开设的一个基础性学科。

空间定位技术、航空与航天遥感、GIS 及互联网等现代信息技术的发展及其相互间的渗透，逐渐形成了地球空间信息的集成化技术系统。地球空间信息科学不仅包含了测绘科学的所有内容，而且体现了多学科的交叉和渗透，并强调计算机技术的应用。地球空间信息科学并不局限于数据的采集，而是强调对地球空间数据与信息从采集、处理、量测、分析、管理、存储到显示和发布的全过程。这些特点标志着测绘学科从单一学科走向多学科的交叉；从利用地面测量仪器对局部地面数据进行采集到利用各种星载、机载及舰载传感器实现对地球表面及其环境的几何、物理等数据的采集；从单纯提供静态测量数据与资料到实时/准实地提供随时空变化的地球空间信息。将空间数据和其他专业数据进行综合分析，其应用已扩展到与空间分布有关的诸多方面，如环境监测与分析、资源调查与开发、灾害监测与评估、现代化农业、城市发展、智能交通等(李德仁，2005；宁津生和王正涛，2006)。

地球空间信息学是传统测绘学向信息科学的发展与进步，其广泛应用于测绘地理信息科学的各个方面，其中包括建立和维持全球动态变化的时空基准，建设和更新国家空间数据基础设施，提供实时的导航与定位服务，建立中国和全球重力场模型和似大地水准面模型。

地球空间信息学的出现从根本上改变了传统测绘学的面貌，使之从静态的几何科学发展成为动态的信息科学，成为数字地球的基础科学。

1.6 测绘地理信息在国民经济和信息化社会中的地位与作用

测绘市场包括测绘信息市场与测绘技术市场。测绘信息市场主要侧重于测绘信息产品在社会与经济领域内的交换和流通；测绘技术市场则主要侧重于直接利用测绘技术进行有偿服务。当前，用户需要测绘市场提供的不仅是数字线划图(digital line graphic，DLG)产品，还要有影像产品；不仅是模拟产品，还要有数字产品、专题产品、硬件产品、软科学服务、动态信息等。

信息为人们或系统提供关于现实世界新的事实的知识，作为分析决策的依据。地理信息是指与所研究对象的空间地理分布有关的信息，它表示地表物体及环境固有的数量、质量、分布特征、联系及规律。人们日常利用的信息中，绝大部分与地理有关。20 世纪 90 年代中后期，以“3S”为代表的高新技术得以推广与普及，以“4D”为代表的新一代地理信息产品模式逐渐代替了传统的模拟地图产品。以此为标志，我国的传统测绘产业开始了向现代地理信息产业的过渡。

信息产业已经成为世界经济发展新的驱动力。现代地理信息产业作为信息产业中一个独立的组成部分，在经济发展中的作用日渐明显。传统的测绘产业发展到地理信息产业，对测绘行业本身、对其他行业、对整个社会发展都具有重大意义（王铁军，2002）。

地理信息资源是我国的重要基础性和战略性信息资源。近些年，我国地理信息产业整体呈现出蓬勃发展的态势，已经形成了一定规模。

(1) 规模快速增长。目前，我国地理信息产业从业单位已有 2 万多家，从业人员约 50 万人，产值近 2000 亿元，并以每年超过 25%的速度持续快速增长。包括国家地理信息科技产业园在内的多个地理信息产业园区快速建设，已有多家企业在国内外上市，一些企业正积极“走出去”参与国际市场竞争。

(2) 市场快速繁荣。目前，汽车导航、手机定位等产品已基本普及；在线地理信息服务已深入千家万户。国产技术装备市场份额大幅提高，地理信息系统软件市场占有率达 80%左右，数字摄影测量处理软件占领了 90%以上的国内市场。

(3) 需求十分旺盛。地理信息服务已经贯穿国民经济和社会发展的各个方面，在国土资源、环境保护、交通运输、农林水利、公共应急等领域，地理信息已经成为必不可少的信息资源支撑。互联网地理信息服务、车载导航服务和手机位置服务等需求快速增长，已经延伸到人民群众的衣食住行等各个方面。

第2章　地面测量技术

计算机技术及微电子技术逐渐渗透到测量及仪器仪表技术领域，使该领域的面貌不断更新。智能仪器及虚拟仪器等微机化仪器，不仅增加了测量功能，而且提高了技术性能。在数据采集方面，数据采集卡、仪器放大器及数字信号处理芯片等技术的不断升级和更新，也有效地加快了数据采集的速率和效率。与计算机技术紧密结合，已成为当今仪器与测控技术发展的主流。

随着现代自然科学的发展，人们更加注重多学科技术的创新与融合。测量仪器与计算机及通信技术的互动，使得测量、测试过程、测量目的及测试结果的管理等都发生了较大变化。如今，测量作为信息技术的源头和基础，已难以找到原先纯原始的方式，人们似乎已不太关心某个测量需求是属于电测量范畴还是属于非电测量领域，依托这些现代测试与测控技术，传统意义上的测量含义、目的和作用都得到了丰富和拓展。这种丰富和拓展自然而然地预示着网络技术向测量领域的注入和渗透，也必将导致新的测量观念、思想和概念的产生（梅劲松，2002）。同时，计算机技术、微电子技术、通信技术、空间技术及卫星遥感技术等在测绘仪器生产中的应用，已构成现代测绘仪器发展的主要特征，因此现代测绘光学仪器在地面测量技术上的应用研究具有十分重要的经济意义和战略意义。

2.1　测量机器人

随着电子技术的不断发展，以往工程测量中所使用的光学经纬仪和电磁波测距仪已逐渐被电子全站仪所取代，电子全站仪的出现为测绘技术的发展提供了广阔的前景。

全自动全站仪又称为测量机器人，目前角度测量精度可达到±0.5"，距离测量精度在标准测量模式下可达到±（1mm+1ppm[①]）（Leica TCA2003 测量机器人），局部坐标系统的测量精度可达到亚毫米级。对合作目标可进行自动识别、锁定跟踪，从而实现测量的自动化与智能化。

测量机器人（measurement robot 或 georobot）是一种可以代替人进行自动搜索、跟踪、辨识及精确照准合作目标并获取所需的角度、距离、三维坐标和影像等信息的电子全站仪，又称作测地机器人。测量机器人给常规测量领域注入了新的活力，对工程测量的智能化、实时性和信息化等带来了革命性的变化（骆亚波等，2006）。

根据测量机器人的发展历程，可以将其分为三种类型：①需要在被测的物体上设置标志，主要以反射棱镜作为合作目标，称为被动式三角测量或极坐标法测量；②把结构光作为照准标志，即用结构光形成的点、线、栅格扫描被测物体，采用空间前方角度交会法来确定被测点的坐标，称为主动式三角测量，由两台带步进马达 CCD 传感器的视频电子经纬仪和计算机组成；③目前正在进行研制的测量机器人，不需合作目标，主要根据物体的特征点、轮廓线和纹理，用影像处理的方法自动识别、匹配和照准合作目标，仍采用空间前方交会的原理获取物体的三维坐标及形状。

---

① $1ppm=10^{-6}$。

测量机器人具有以下特点：①可以手动和自动模式灵活地进行高精度测量；②适应性强，在极其困难的条件下也能应用自如；③高精度保证了测量的可靠性；④精确、可靠的机械位置控制，避免高昂代价的返工修复；⑤均匀的高精度测量，与观测者无关；⑥快捷、省力；⑦不需要精确调焦；⑧测量时使用任一标准棱镜，即不需要有源反射棱镜；⑨自动目标照准，在重复测量中具有巨大优势；⑩自动目标跟踪；⑪大片地形点采集。

测量机器人具有自动照准、锁定跟踪、联动控制等功能，可以使用它完成各种艰巨的工程测量任务，同时测量机器人具有高可靠性和高精度的优势，因而被广泛应用于地形测量、工业测量、自动引导测量、变形监测等。例如，在桥梁方面，可用于桥梁的安装测量、24 小时连续自动化变形监测等；在工程测量方面，可用于小型三角网的精密测量和放样；在隧道施工方面，可用于隧道掘进机械的引导、钻孔定位和钻杆定向，以及大坝或大型建筑物的变形监测等。

2.2 三维激光扫描技术

自 1995 年瑞士徕卡公司推出世界上首台三维激光扫描仪的原型产品，三维激光扫描技术已走过了几十年的历程，它是继 GPS 之后测绘领域的又一个飞跃。三维激光扫描技术(3D laser scanning technology)是一种先进的全自动高精度立体扫描技术，又称为实景复制技术。它是用三维激光扫描仪获取目标物表面各点的空间坐标，然后由获得的测量数据构造出目标物的三维模型的一种全自动测量技术。

三维激光扫描仪是通过激光测距原理(其中包括脉冲激光和相位激光)，瞬间测得空间三维坐标的测量仪器。它是一种高精度、全自动的立体扫描技术。与常规的测绘技术不同，它主要面向高精度的三维建模与重构。资料显示，国外正向设计的三维模型仅占设计总量的 40%，而逆向设计的三维模型达到 60%。因此，三维激光扫描技术的应用十分广泛，这项技术是正向建模的对称应用，也称为逆向建模技术。由于该技术能将设计、生产、实验、使用等过程中的变化内容重构回来，所以可用于进行各种结构特性分析(如形变、应力、过程、工艺、姿态、预测等)、检测、模拟、仿真、虚拟现实、虚拟制造、虚拟装备等。因为价格昂贵，这种逆向工程目前在我国应用还处在逐步推广的阶段，我国非常多的设施、设备、生产资料、空间环境、文物古迹，以及其他无数据的目标和变换了的目标都需要三维激光扫描技术来进行研究和应用。

2.2.1 三维激光扫描系统

1)三维激光扫描系统的组成

近几年来，应用于医学、工业、规划及测绘等领域的三维激光扫描设备的生产也呈现出发展高潮。国际上约有 30 多个著名的三维激光扫描仪的制造商，生产出近 100 种型号的三维激光扫描仪。种类繁多的扫描仪虽然应用的领域、技术性能、扫描测量原理各有差异，但其作为三维激光扫描技术的基本组成部分，其实现功能是较为相近的。

地面三维激光扫描仪主要包含了以下几个部分：①扫描仪，激光扫描仪本身包括激光测距系统和激光扫描系统，还集成了 CCD 和仪器内部控制和校正等系统；②控制器(计算机)；③电源供应系统。

2)三维激光扫描仪的部件组成

三维激光扫描仪的配置主要包括：一台高速精确的激光测距仪、一组可以引导激光并以均匀角速度扫描的反射棱镜(图 2-1)。其中，部分仪器具有内置的数码相机，可直接获得目标对象的影像。

3) 三维激光扫描仪的基本原理

三维激光扫描仪是采用非接触式高速激光测量的方法，通过点云的形式来表现目标物体表面的几何特征。三维激光扫描仪由自身发射激光束到旋转式镜头中心，镜头通过快速、有序地旋转将激光依次扫描被测区域，若接触到目标物体，光束则立刻反射回三维激光扫描仪，内部微电脑则通过计算光束的飞行时间来计算激光光斑与三维激光扫描仪两者间的距离。同时，三维激光扫描仪通过内置的角度测量系统来量测每一束激光束的水平角和竖直角，以便获取每一个扫描点在扫描仪所定义的坐标系统内的 X、Y 及 Z 的坐标值。三维激光扫描仪在记录激光点的三维坐标的同时也会将激光点位置处物体的反射强度记录，将其称为“反射率”。其原理如图 2-2 所示(夏永华，2010)。

图 2-1　徕卡 Scanstation C5 三维激光扫描仪

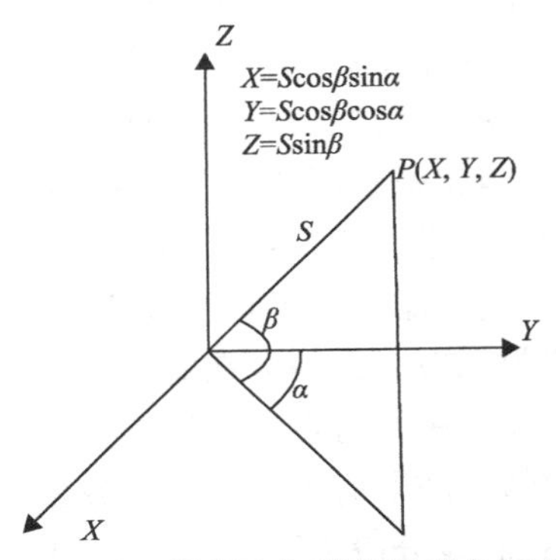

图 2-2　三维激光扫描仪的基本原理

4) 三维激光扫描系统的测距原理

三维激光扫描仪的测距模式主要有两种：第一种是脉冲测量模式；第二种是基于相位差的测量模式，即通过测量发射信号和目标反射信号间的相位差来间接测距，相位差测距模式使用的是连续波激光。脉冲激光测距是利用发射和接收激光脉冲信号的时间差来实现对被测目标的距离测量，测距远、精度低；相位式激光测距利用发射连续激光信号和接收之间的相位差所含有的距离信息来实现对被测目标距离的测量，测距精度高(李超等，2011)。

5) 扫描方式

与测绘单位使用的免棱镜全站仪一样，三维激光扫描系统发射一束激光脉冲产生的一次回波信号只能获得一个激光脚点的距离信息。获得一系列连续的激光脚点的距离信息，必须借助专用的机械装置，采用扫描方式进行测量。当前，三维激光扫描系统常用的扫描方式有线扫描、圆锥扫描、纤维光学阵列三种(夏永华，2010)。

2.2.2　三维点云数据处理

1) 点云数据去噪

在三维点云数据处理中，人机交互的方法是用来处理三维点云数据中杂点的最简单的方法。操作人员首先通过软件显示出图形，然后找出明显的坏点，并删除它。但点云数据量特别大的情况下该方法并不适用。点云数据根据其排列形式可以分为：①陈列数据，即行列分布都是均匀分布，且排列有序；②部分散乱数据，由于扫描时，按线扫描，所以数据点基本上位于同一等截面线上；③完全散乱的点云数据，由于扫描时完全无组织、无规律，所以出现完全散乱的点云数据。对于①、②这两种有规律可循的点云数据，目前一般是把三维点云数据转化成二维形式，把散乱点云作为二维图像数据处理。国内外很多学者对此进行了大量的研究，已经提出了很多有效的方法，主要有直观检查法、空间域方法、多次测量平均法、频率域法、随机滤波法、弦高差法及曲线检查法等。对于第③类数据，由于点云数据中的点与点之间完全杂乱，没有拓扑关系，因而至今仍没有通用的方法可以对其处理。而三维激光扫描仪扫描得到的点云数据就属于第③类，随着三维激光扫描技术的不断发展及广泛应用，目前许多学者已对这种散乱无序的点云数据的去噪进行了大量的研究，虽然还不太成熟，但也取得了一定的成果。对于散乱点云数据的去噪一般有两种方式：①直接作用于点云数据中的点；②首先格网化，然后进行网格分析，进而去除不合格的顶点，从而实现去噪平滑的目的。由于完全散乱的点云数据之间不存在拓扑关系，因而目前所提出的网格去噪光顺方法不能简单地应用于数据。由于完全散乱点云数据的去噪处理相对困难，所以其相应的光顺算法也较少(李天兰，2011)。目前主要采用的方法有以下几种。

(1)直接通过操作人员来判断特别异常的点，并手动删除；但数据量特别大时，这种方法就很不科学，所以意义不是很大。

(2)高斯滤波、平均滤波或中值滤波算法。高斯滤波器在指定域内的权重服从高斯分布，其平均效果较小，因而在滤波的同时可以较好地保持点云数据的形貌；平均滤波器采用的数据点是窗口中所有点云数据的平均值；而中值滤波器则使用窗口内各点的统计中值作为数据点，中值滤波器对于消除点云数据毛刺有较好的效果。

(3)曲线分段去噪法。其原理是基于曲率的变化，该算法需要找到分段点，寻找的方法是依据曲率的变化，对于每一个分段区间，进行各自的曲线拟合，根据扫描线来一行一行地进行去噪处理，极大地提高了删除测量误差点的准确度，从而使拟合后的曲线的光滑性和真实性大大增强。曲线分段去噪法主要适用于曲率变化较小的情况。

(4)角度法和弦高差法去噪。角度法的基本原理是计算沿扫描线方向的检查点与检查点的前后两点所形成的夹角，如果此夹角小于一个阈值，则此检查点就被认定为是一个三维激光扫描数据噪点；弦高差法则是首先连接检查点 p_i 和检查点 p_i 的前一点 p_{i-1}，同时还要连接检查点 p_i 和检查点 p_i 的后一点 p_{i+1}，然后计算出给定的检查点 p_i 到连线 p_ip_{i+1} 的距离 e，若小于一个给定的阈值，则认为点 p_i 是一个三维激光扫描数据噪点。角度法和弦高差法去噪法主要适用于较大密度的三维激光扫描数据。

近几年来，针对上述方法存在的不足，很多研究人员对其进行了改进，并提出了很多新方法。Liu(2007)等提出基于小波变换的去噪算法；闫艳华(2011)提出了基于曲波变换的去噪方法，但该方法存在一定的局限性，且阈值的选择存在一定的不确定性；还有基于偏微分方程(partial differential equations，PDE)的曲面逼近算法、移动最小二乘曲面拟合算法及低通滤波算法等一些算法，这些算法虽然在删除小振幅的三维激光扫描数据噪声方面显示出了较好的效果，但对于一些离群点，只能通过人工手动的方法才能去除噪点。同时，近年来将统计学上的鲁棒概念应用到处理三维离散点云数据的技术也取得了长足进步，但对于离群的离散采样点，采用可靠的算法识别及删除这些噪点的技术仍有待改进。例如，刘大峰等提出了基于聚类的核估计鲁棒滤波算法从三维点云中筛选出离群点，该方法可以很好地去除振幅不相同的三维激光扫描数据噪点，但在并行处理过程中，当每一个三维激光扫描数据噪点都独立收敛于一个似然函数最大值时会出现一定的问题。

2) 点云数据的压缩

随着三维激光扫描技术的发展，三维激光扫描仪的性能越来越好，外业实测的效率得到很大的提高，在很短的时间内就可以获取大量的、密集的点云数据。直接使用庞大的原始点云数据进行模型的曲面重建是很不现实的。一方面，过多的点云数据在存储过程中需要耗费大量的空间，从而生成目标物体曲面模型时需要运行很长的时间，降低了计算机的运行效率，更甚者将导致无法运行；另一方面，过多的、密集的点云数据会影响目标物体曲面重构的光顺，然而，模型的光顺性在满足生成需求中具有非常重要的作用。因此，提取出点云数据中显示物体特征的特征点，删除其中大量的坏点，极大地精简点云数据有助于模型的重建，既可以提高建模的效率，又可以提高建模的质量。目前，点云数据的精简压缩是逆向工程的一项关键技术。

点云数据压缩的主要研究内容就是减少点云数据的数据量，提取有效信息。点云数据模型的压缩问题可描述为：给定点云模型 $G=\{g_i\}\in R^3, i=1,2,\cdots,N$ ，其中，(x_i,y_i,z_i) 是模型中数据点 g_i 的三维坐标，N 是点云数据点的个数。根据实际需要将点云模型 G 简化为点云模型 $P=\{p_j\}\in R^3, j=1,\cdots,M, M<N$ ，其中，G 与 P 应该尽可能地接近，而且尽量减少模型特征的丢失，以使后续的曲面建模和绘制的速度及效率得到提高。

近年来，国内外的许多学者对点云数据的精简压缩进行了大量的研究，并取得了一定的成果。他们提出的点云精简算法虽然在“既保留特征点又去除冗余点”上难以做到完全兼顾，可也取得了良好的效果(王丽辉，2011)。下面对这些成果进行简要地介绍和点评。

(1) 角度法。角度法的基本原理很简单，就是先选取点云数据点中的三个邻近点 a、b 及 c；然后获取中间点 b 与 a、c 两点连线之间的夹角，再将此夹角与设定的门限值进行比较，从而精简掉冗余数据。该方法实现简单，点云数据的处理效率也较高，不足之处在于难以识别点云数据中的特征点。基于此，王志清等对角度法进行了改进，提出了一种更优的方法，即角度偏差迭代法。该方法既保留了角度法的优点，处理效率高，同时又弥补了它的缺点，增强了它的特征识别能力。角度偏差迭代法的特点在于它的角度门限值及参与计算夹角的点云数据点数是慢慢减少的，而不是一成不变的。角度偏差迭代法的不足之处在于点云数据的自动化水平不高，在整个处理过程中，人工干预过大。另外，包围盒法和角度-弦高法相结合也是在此基础上发展而成的。

(2) 均匀格网法。马丁等提出的均匀网格法在图像处理中已得到了广泛应用，该方法是基于“中值滤波”原理提出的。均匀格网法首先需要在垂直于扫描方向的平面上确立一系列均匀的小方格；然后将点云数据中的每个点都对应分配给其中的一个小方格，并将其与小方格的距离求出；最后根据这个距离的大小重新依序排列每个小方格中所有的点数据，让中间值的点数据代表此格中所有的点云数据点，删除其余的。均匀网格法的优点在于能很好地精简扫描方向垂直于扫描目标表面的单块点云数据，并克服了样条曲线的限制。但它有个明显的缺点，就是对目标物的形状特征识别能力较弱，容易遗失目标物体形状急剧变化处的点云数据特征点，因为均匀格网法使用的是大小均匀的网格，并没有考虑目标物体的形状。Li 等(2010)提出的三维格网精简算法虽然在此基础上做了改进，但对于这种由于建立均匀格网而忽略了目标物表面形状使格网精简法产生的固有缺陷，仍不能够克服。

(3)三角网格法。Chen 等(2005)提出的三角格网法主要是由减少三角格网数据来实现删除部分点云数据的方法。三角格网法首先是将点云数据点三角格网化，然后将数据点所在的三角面片法向量和邻近的三角面片法向量做对比，利用向量的加权算法，在比较平坦的区域中，用大的三角面片代替小的三角面片，从而删除相对多余的点云数据，来达到精简目的。三角网格法由于要对点云数据进行三角格网化处理，所以对于点云数据特别散乱的数据不太实用，因为复杂平面和散乱点云的三角格网化处理非常困难，效率不高，因此三角格网法在实际应用中受到了一定的限制。

2.2.3　三维激光扫描仪的应用

三维激光扫描仪作为一种全新的高科技产品，经过多年的研究及发展，它的实用性越来越强，已成功应用于诸多领域，如文物保护、采矿业、飞机船舶制造、隧道工程、虚拟现实、地形测量、智能交通等，如图 2-3 所示。三维激光扫描仪的扫描结果以点云的形式显示，而利用获取的空间点云数据可以快速构建结构复杂、不规则场景的三维可视化模型，不仅省时而且省力，是三维建模软件无法比拟的。随着三维激光扫描仪的普及，其应用领域将会越来越广泛。

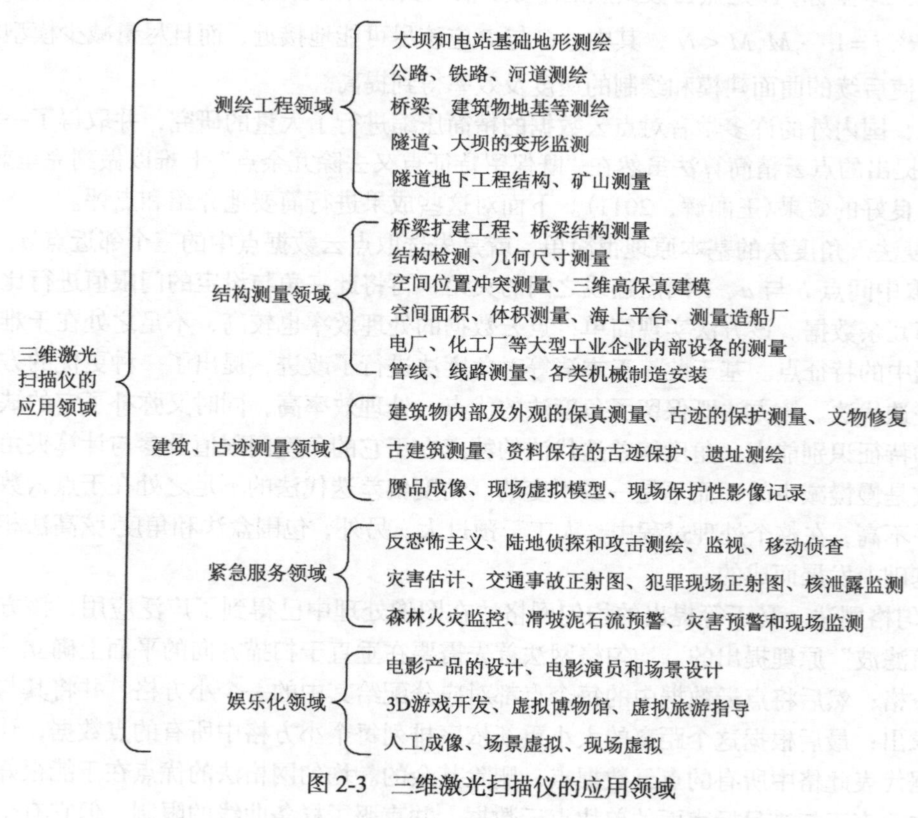

图 2-3　三维激光扫描仪的应用领域

2.3　移动测量系统

传统测绘方式的局限导致了传统的测绘产品具有以下信息不足的先天缺陷：①社会化属

性不足。传统的测绘产品仅含基础框架数据，缺乏与行业应用及与人们衣食住行有关的大量属性。②现势性差，数据更新缓慢。传统测绘方式在数据采集、加工管理及发布方式上的不足已成为制约世界各国地理信息产业发展的瓶颈。

数字化测绘的出现和发展无疑给测绘行业注入了新的活力，数字化测绘的关键技术是“3S”（GPS、RS 及 GIS）技术、现代计算机技术及网络技术。这几项技术的集成，又产生了新的测绘方法，不仅大大提升了测绘信息化，而且提高了测绘的智能水平。移动测量系统就是其中的代表之一，它集成了全球定位系统（GPS）、惯性导航系统（inertia navigation system，INS）及摄影测量等诸多前沿科技，它无需烦琐的地面控制，通过摄影方式就可以完成对目标的精确测量。

移动测量系统（mobile mapping system，MMS）是 20 世纪 90 年代兴起的一种快速、高效、无地面控制的测绘技术，代表着当今世界最尖端的测绘科技，它是一种基于汽车、飞机、飞艇、火车等移动载体的快速摄影测量系统。

2.3.1 移动测量系统的工作方式及特点

经过多年的发展和研究，移动测量系统已广泛应用于诸多领域，如掌上城市、实景三维网络地图服务、数字景区旅游、实景化智能交通管理、公安应急管理、实景化城市管理、数字城市地理信息共享平台等。移动测量系统的广泛应用主要是因为它具有多种工作方式及特点，下面简要介绍移动测量系统的工作方式及特点。

(1) 路面巡航，实时采集。采用该工作方式具有安全性能高、采集效率高、劳动强度低、采集成本低及更新灵活等优点；同时可以做到全景激光的定位与测量。

(2) 基于实景图像的可视化测量。可以精确地测量实景地物的位置及几何尺寸（如任意地物的坐标、宽度、高度、半径及面积等）。

(3) 图像的标注及数据库链接。可以在实景图片上进行 POI 标注，并与后台业务数据库链接。

2.3.2 惯导技术

说到移动测量系统，就不得不提惯导技术。它是国际上最先进的测绘技术，通过陀螺和加速度计测量载体的角速率和加速度信息，经积分运算得到载体的速度和位置信息。惯导技术目前广泛应用于导航中位置及移动物体姿态的辅助定位，在测绘领域特别是移动测量中有着深入的应用。中国工程院院士刘先林曾表示，先进的测绘技术是把现有的尖端传感器都用上，特别是将最先进的“惯导技术”应用于测绘而实现“无控制”测绘。

移动测量对移动载体的位置精度有极高的要求，这一过程需要对载体进行实时的定位和定姿。其中，定位主要依靠 GNSS 通过卫星信号确定载体的高精度地理位置；而定姿则通过惯性测量单元（inertial measuring unit，IMU）记录载体的姿态，即水平和垂直角度在瞬间变化时的状态。如果移动测量过程中仅有 GNSS 提供的位置数据，缺少载体的姿态数据，就会直接影响数据生产过程中与位置对接的精准性，因此惯导技术对移动测量系统来说至关重要。值得一提的是，由于惯导产品面向不同行业精度各不相同，所以只有达到一定精度水平的惯性导航设备才适用于移动测量。

惯性测量单元（IMU）配合 GNSS 共同构成了用于移动测量的定位定姿系统，二者以互补关系实现对运动中的汽车、飞机进行实时的高精度定位，特别是当汽车穿越隧道、山洞，或飞机上的定位装置受到干扰时，惯导装置就会发挥其辅助延续性导航的作用。其中，精度越高的惯导设备，在GNSS信号受阻的一定距离内就能以较小的误差进行延续性定位。

惯导自主技术的研发存在着两大技术难题，它们几乎囊括了开发自主惯导设备的全部：其一是惯导的软件算法问题；其二是硬件的制造工艺。

首先，软件算法方面。GNSS和惯导设备产生的数据本是相互独立的两个数据源，只有当数据通过某种方法把它们对接到一起，产生了新的观测值时，才能用于移动测量中的高精度导航，这样的数据融合过程称为“紧耦合”。当移动测量正式在国内出现以前，学术领域对其研究已经比较成熟，但要真正落实到能够面向市场应用的水平，必须要让紧耦合过程中关键的数学计算模型产生的误差值最小，这就需要不断地通过大量的实验来对数学模型进行修正，直到紧耦合导航算法变得成熟可靠。

其次，惯导设备在硬件方面的制造工艺直接影响移动测量高精度导航的精准性。我国在惯导设备的原材料、核心制造工艺、机械化加工技术等方面的确与国外存在着较大的差距，这导致了国产惯导设备在寿命、稳定性和数据可靠性方面未能达到国际标准，特别是在产品寿命方面，国外由专业测绘惯导厂商提供的设备可用10～20年，而国产设备只有5年左右的生命周期，虽然国货可由价格来抵消硬件性能上的不足，但产品的研发停滞不前，是不利于国内移动测量和惯导技术的整体发展的。

综合软硬实力来看，国内惯导技术距离国外先进国家的差距依旧有 20～30 年之遥，这直接影响着惯导技术在移动测量乃至更多领域的技术应用成熟度。但是，我国企业从自身角度不断追赶并缩短国内外差距和国内市场对自主产品的支持，将为自主的惯导技术带来机会。

2.3.3 移动测量系统的分类

随着移动测量系统的不断发展，目前已有很多不同类型的车载移动测量系统。下面从不同方面对移动测量系统进行分类。

(1) 根据采用的测量技术不同可分为两类：一类是基于摄影测量技术，传感器主要是CCD (charge-coupled device) 相机、IMU和GPS；另一类是基于激光扫描测量技术，传感器主要是LiDAR (light detection and ranging)、GPS、IMU及CCD相机。

(2) 根据载体形式的不同可分为以下两种：①机载移动测量系统。用于大面积无地面控制测量。②车载移动测量系统。机动灵活，主要用于地面道路及两侧地理信息的快速获取与更新。车载移动测量系统是在机动车上装配GPS、CCD、INS/DR (惯性导航系统或航位推算系统) 等先进的传感器和设备，在车辆高速行进之中，快速采集道路及其两旁地物的空间位置数据和属性数据，并同步存储在车载计算机中，经专门软件编辑处理，形成各种有用的数据成果(卢秀山等，2003)，如图2-4所示。

图 2-4　立得移动道路测量车

2.3.4　车载移动测量系统的发展

20 世纪 90 年代期间，随着 GPS 动态定位及高精度姿态确定等定位、定姿技术的发展成熟，人们发明了激光扫描仪，同时随着机载激光雷达技术的快速发展，数据采集技术也越来越成熟，车载移动测量系统就是在这样的背景下出现的。

移动测量系统是在 GPS 开始应用于民用工程后才发展起来的。第一个现代意义的移动测量系统是在 20 世纪 90 年代由美国俄亥俄州立大学制图中心(CFM)开发的 GPSVan，该系统是一个可以自动和快速采集直接数字影像的陆地测量系统，它是基于摄影测量技术开发的。之后，加拿大卡尔加里大学和 GEOFIT 公司共同开发了专为高速公路测量而设计的 VISTA。德国慕尼黑联邦国防军大学也研制了基于车辆的动态测量系统，该系统主要用于交通道路和设施的动态测量。20 世纪 90 年代中后期至 21 世纪初期，许多国家积极开发了很多商业化的移动测量系统。

我国对车载移动测量系统的研究起步于 20 世纪 90 年代后期，由于起步晚，我国的移动测量系统较国外技术相对落后。由于激光的发展潜力巨大，很快便得到了国家及各研究部门的重视。国家 863 计划之一的车载激光三维信息建模明确要求发展自己的移动测量技术。在此基础上，我国的激光扫描测量技术开始从相对简单的系统发展到现在更加成熟的、实时多任务的和多传感器融合起来的可在陆地及空中运行的测量系统。为此，我国的移动测量技术得到了显著发展和提升，特别是在遥感测量及测绘市场上的应用。国内较早的车载移动测量系统是由武汉立得空间信息技术发展有限公司自主研制的 LD2000 系统，它也是基于摄影测量技术研制的。在国家 863 计划的支持下，山东科技大学在 2003 年开始研究的“近景目标三维测量技术”，集成了车载近景目标三维信息获取系统。同时，还有中国测绘科学研究院、首都师范大学和北京航空航天大学于 2006 年共同开展的“车载多传感器集成关键技术”的研究，研制出了空间数据快速获取和处理的车载移动测量系统(MSMP)(李媛等，2012)。

2.3.5　车载移动测量的组成及工作原理

车载移动测量系统主要由定位定向系统(position and orientation system，POS)、GPS 同步控制单元、里程计系统、相机系统及激光传感器系统组成，其外貌如图 2-5 所示，其工作原理如图 2-6 所示(曲来超，2009)。

图 2-5　车载移动测量系统(全景激光移动测量系统)

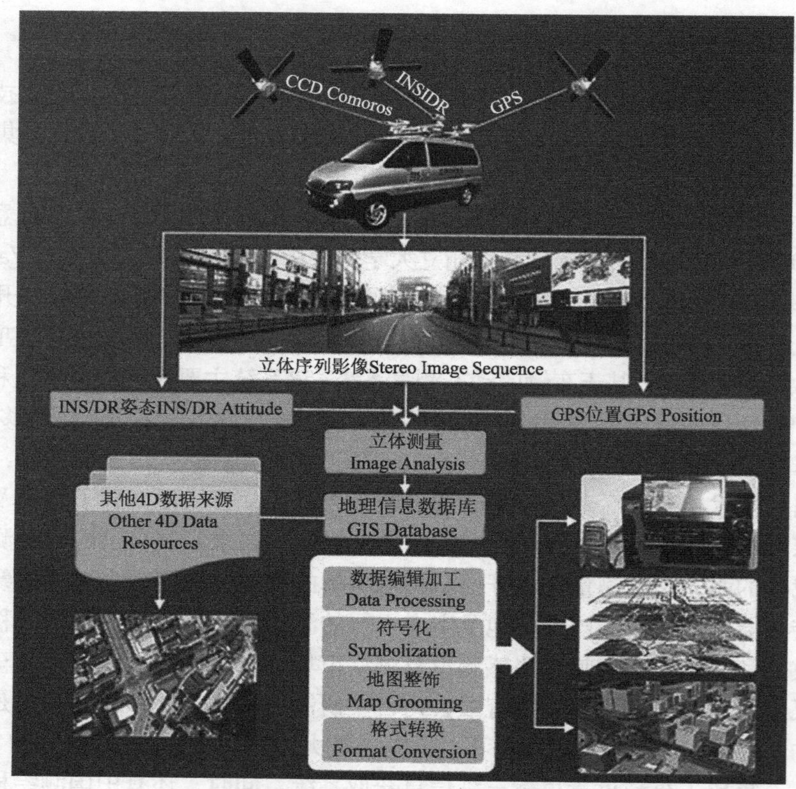

图 2-6　车载移动测量系统原理

1）POS 系统

定位定向系统（POS）是车载移动测量设备的核心部件，它为移动测量系统提供高精度的绝对坐标及姿态信息，其精度将直接影响车载移动测量系统的整体精度。

一般情况下，POS 系统包含 GPS 天线及接收机、IMU 及主机。其中，GPS 为系统提供绝对地理坐标，IMU 则提供系统实时的三维姿态，主机负责控制管理软件及存储数据。在数据的后处理中，利用动态滤波的方法把两组数据结合起来，从而形成一条完整的轨迹。

由于现实地面情况很复杂，GPS 在地面很容易失锁，所以地面的 POS 系统通常采用 GPS+IMU 传感器的形式进行数据采集。在此类系统中，量测实景影像（digital measurable image，DMI）就可以为系统提供系统当前的状态（如静止、前进或后退等）及行驶距离。

2）GPS 同步控制单元

GPS 同步控制单元是车载移动测量系统中非常重要的硬件设备之一。车载移动测量系统所包含的数据源类型多种多样，它们分别来自不同类型的子系统和传感器。在采用车载移动测量系统进行测量过程中，数据采集的同步性非常重要，采集的数据不同步将致使它们之间失去相互的联系和桥梁，从而不能进行有效地操作及管理。同步控制单元被用于从 GPS 中获取时间准则，进而控制立体测量图像及激光测量系统数据的采集等，使采集到的数据具有统一的时间基准，从而能够将激光扫描雷达测量子系统及立体摄影测量子系统相对测量结果转换到绝对测量结果中。

3）里程计系统

里程计系统是指在汽车轮胎的内侧，均匀地布置多个磁铁作为动子，并在车身上固定安装与之对齐的霍尔开关作为其定子。当汽车轮胎转动时，霍尔开关由于磁铁的接近输出一个脉冲，从而通过对脉冲的计数来实现测量距离的目的。

4) 相机系统

车载移动测量系统采用的相机系统必须经过严格的检校，并带有相关的检校参数，同时相机要具备可量测性，它所有的相片都要带 GPS 坐标，且可利用相关软件进行进一步的处理。由相机获取的相片中所带有的彩色信息可以给激光点云提供真彩色信息及建筑物的纹理信息。

另外，影像系统可根据用户的需求自行调整位置及姿态。由于影像库中的影像带有绝对方位元素，因而可以实现影像中的任意地物的绝对测量及相对测量，其绝对测量的精度可达 0.5m，相对测量的精度可以达到厘米级。

5) 激光传感器系统

激光传感器是车载移动测量系统中直接获取地物坐标信息的部件。采用激光进行测量是车载移动测量系统发展的必然趋势，也是一种跨越式的发展。首先，由于激光测量不受光线条件的制约，因而可以实现全天候作业。其次，目前激光发射频率就可以达到上万甚至是 10 万～20 万次/秒，这意味着每秒钟就可以获得相应的地物坐标，且地物的细节可以被完整地还原。除此之外，部分传感器使用的激光具备一定的穿透能力及多次回波接受能力，因而可以获取部分在照片上难以获取的被遮挡住的地物的坐标。

激光扫描系统能快速地、精确地获取高分辨率目标的三维点云数据，可有效地拓宽数据的来源。激光扫描传感器可以自动地提供以车辆的移动中心为原点的相对测量点云数据，通过 GPS/INS 提供的位置及姿态信息，获取到的点云数据就可以根据标定的参数，转换成具有全球描述能力的绝对坐标(李德仁等，2012)。

2.4　数字近景摄影测量

近景摄影测量是摄影测量的一个重要分支。它是通过在近距离范围内对目标物体进行拍摄，利用拍摄获取的数字图像来精确地测定物体在三维空间的位置、形状、大小及运动的方法。与传统测量方法相比，近景摄影测量具有很大的优势：硬件设备简单、自动化程度高、测量方式灵便、迅速获取数据、在线和实时处理数据、成本低及使用广泛等，近景摄影测量的发展已朝着快速、准确，从静态到动态、从二维空间到三维空间的方向发展(冯文灏，2002)。

普通数码影像的出现，解决了现场快速获取影像的问题，并降低了近景摄影测量作业对设备和技能的要求，从而使摄影测量过程成为全数字流程。数字化使数字近景摄影测量摆脱了传统解析摄影测量的限制，再加上它所处理的目标物体具有很强的几何图形，所以数字近景摄影测量将进入自动化处理的阶段，并成为一种具有高精度的测量方法，且应用范围广泛，并不局限于测量领域。

因此，数字近景摄影测量已成为众多学者研究的热点。尽管数字近景摄影测量的研究取得了很大的发展，但对于要求精度高的工业应用，如何在保持数字近景摄影测量的灵活性与方便性的同时，提高由多幅二维图像解算出的空间坐标信息的精度与稳定性，仍需进行下一步的理论研究和工程解决方案的密切配合。因此，对此进行研究具有重要的理论及现实意义。

2.4.1 数字近景摄影测量概述

摄影测量是一门通过分析记录在胶片或电子载体上的影像，来确定被测物体的位置、大小和形状的科学。它包括很多分支学科，如航空摄影测量、航天摄影测量和近景摄影测量等。

近景摄影测量是指测量范围小于 100m、相机布设在物体附近的摄影测量。通过获取的图像，确定非地形目标的形状、大小、性质及位置。它经历了从模拟、解析到数字方法的变革，硬件也从胶片相机发展到数码相机。

将以数码相机作为图像采集传感器、并对所摄图像进行数字处理的近景摄影测量称为数字近景摄影测量。数字近景摄影测量是基于数字影像和摄影测量的基本原理，应用计算机技术、数字影像处理、影像匹配、模式识别等多学科的理论与方法，提取所摄对象以数字方式表达的几何与物理信息的一门技术(黄桂平，2005)。数字近景摄影测量是摄影测量学科的一个分支与发展方向，但与常规的以测制地形图为主要目的的航空摄影测量相比，具有如下特点：①在被测物的周围或内部拍摄相片；②相机的摄影光轴很少平行，交向摄影居多；③待测物的尺寸与摄影距离的比值很大，接近 1∶1；④主要测量目标物的尺寸和形状，而不是绝对位置；⑤测量结果要与设计值(如 CAD 模型)进行比较，等等。

2.4.2 数字近景摄影测量测图

将数字近景摄影测量应用于测图，是建立在数字摄影测量的经典理论的基础之上的，主要包括相机检校、外业数据获取及内业数据处理这三个步骤。相机检校常采用控制场检校法；外业则包括控制点联测及影像获取，控制点联测可采用常规控制测量的方法，影像信息获取则采用大面阵非量测数码相机，直接获取大幅面数字影像；内业数据处理主要包括数字影像预处理及数字摄影测量工作站(简称为数字工作站)处理，其中数字工作站处理主要包括摄影测量数学解析(数字定向)与矢量测图。其具体流程见图 2-7(张建霞等，2006)。

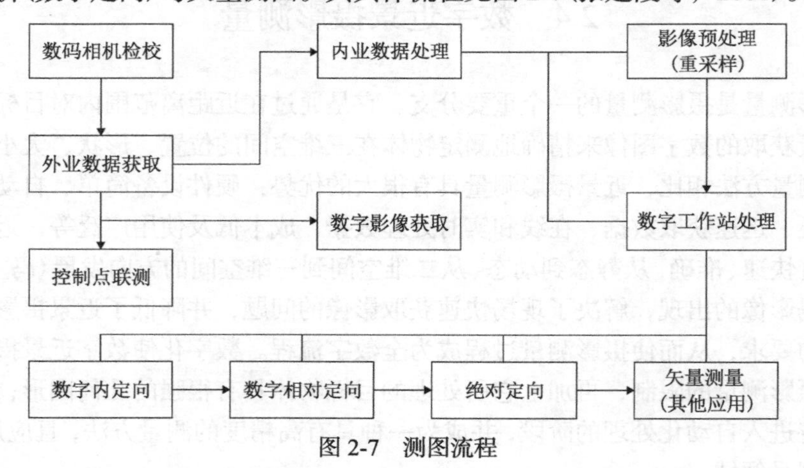

图 2-7 测图流程

2.4.3 多基线-数字近景摄影测量

传统的近景摄影测量对设备与技能的要求较高，伴随着全站仪、GPS 等技术的快速发展与广泛应用，传统的近景摄影测量技术在工程测量中的应用相对减少。随着计算机应用技术的迅猛发展及普通数码相机性能的不断提升，多基线数字近景摄影测量系统应运而生，它实现了将普通数码相机所摄照片转化为数字地形图、数字高程模型(digital elevation model,

DEM)、三维坐标点云 DMS 等产品的功能，由于其具有成本低、分辨率高、数据采集简便、影像传输与处理快速、产品种类多、易于推广应用等诸多优点，从而在很大程度上扩展了近景摄影测量的应用空间(缪志选等，2010)。

近景摄影测量可分为正直摄影和交向摄影两种。这两种摄影方式分别具有各自的多基线摄影方式(王之卓，1979)。

1) 多基线正直摄影

正直摄影与航空摄影类似，其利用相邻影像构成“立体像对”，常常需要视场角较大(焦距较短的物镜)的相机进行摄影。多基线正直摄影就是在常规的正直摄影的基础上将重叠度增加到 80%以上，它有两种多基线摄影。

(1) 平行多基线正直摄影，如图 2-8(a) 所示。影像匹配(自动化)交会角为 5°～10°，因此基线 B 的长度一般保持为摄影深度 D 的 1/10～1/5。

(2) 回转多基线正直摄影，摄影对象为圆形物体，如图 2-8(b) 所示。

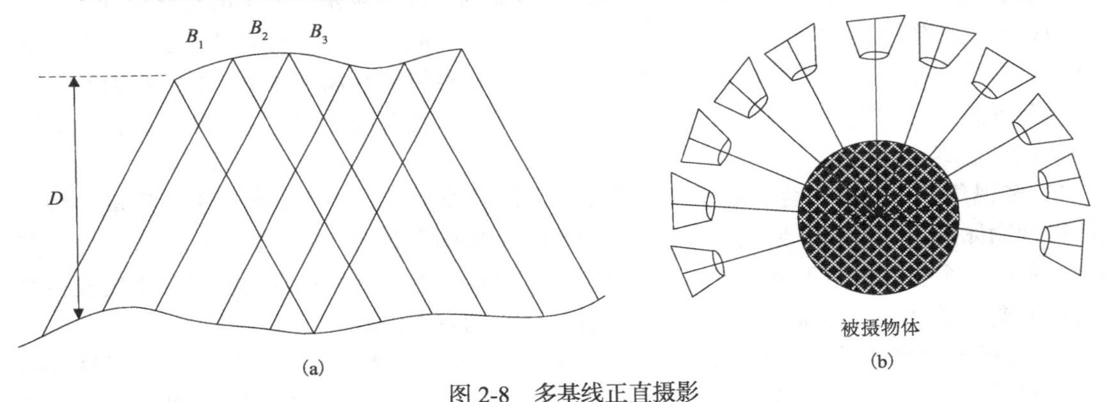

图 2-8　多基线正直摄影

2) 多基线交向摄影

当被摄物体较远、焦距较大、视场角较小时，为了使交会角不小于 20°，常采用交向摄影方式。根据被摄物体的大小，它也有两种方式。

(1) 简单多基线交向摄影，如图 2-9(a) 所示，在由两个摄站组成的常规交向摄影的基础上再增加几个摄站。

(2) 旋转多基线交向摄影，如图 2-9(b) 所示。在一个摄站上，旋转摄影相机对被摄物体进行多次摄影，获取多张影像，相邻的摄影影像之间重叠一般不小于 50%。这种局部的全景摄影(panoramic photographing)实质上是增加了视场角，将单张影像的视场角由 α_0 增为 α。

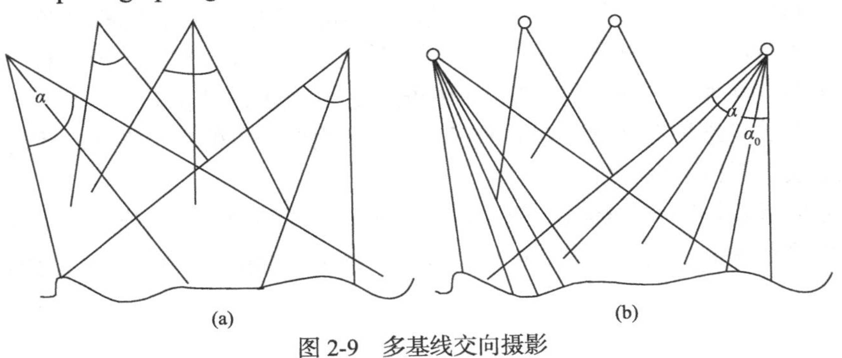

图 2-9　多基线交向摄影

在实际应用中，一般难以应用一次交向摄影完全包含被摄物体，如果采用多次交向摄影又很难按一个“整体”进行摄影测量处理，但采用旋转多基线交向摄影便能对所有影像进行“整体处理”。例如，4 个摄站，每个摄站摄取 3 张影像，共 12 张影像，就可以像航空摄影一样，按一个“区域”一起进行处理(张祖勋等，2007)。

2.4.4　数字近景摄影测量的应用

数字近景摄影测量仅仅需要应用数字摄像机，而无需其他任何精密仪器，同时只有在拍摄时才需人工干预，其他过程包括图像处理、三维模型重建等均可由计算机自动处理。由此可见，该方法硬件设备简单、测量方式灵活，能进行快速处理，且由于其继承了传统摄影测量的严密理论与方法，具有相当高的精度与可靠性，因此它已广泛应用于以下领域。

(1) 大型飞机、舰船、雷达等装备的三维测量。飞机、舰船、雷达等大型装备的测量一直是测量领域的难点。传统测量方法如接触式三坐标测量机与激光扫描测量机的测量面积有限，所以对这些体积庞大的装备进行测量需耗费大量的时间，且传统的测量方法均需给测量设备提供稳定的平台，而该要求在测量大体积物体时却难以得到保证。由于数字摄影测量具有测量范围广、面积大，使用简单、灵活的特性，可有效地解决大型飞机、舰船、雷达等装备的某些测量难题。

(2) 多视角测量数据拼合。对于大型物体，采用其他测量方法从多角度进行测量，每次仅能得到物体的局部数据。为此，可以在待测物体的表面布置多个特征点，利用数字近景摄影测量在同一个坐标系下重建布置的特征点的空间坐标，然后利用布置的特征点来实现多角度测量数据的拼合，以消除每次测量依次拼合所带来的累积误差。

(3) 飞机等大型产品的装配定位。在飞机等大型产品的装配过程中，采用数字近景摄影测量可实现实时的、高精度的装配定位。首先，在待装配零件上布置特征点。然后，利用数字近景摄影测量得到这些特征点间的相互位置关系，以便利用这些位置关系与已知零件位置关系间的偏差来调整待装配零件的相对位置，从而实现准确装配定位。

(4) 工业检测与质量控制。例如，结合金属板材上的网格印制技术，对变形后的零件进行多角度拍照测量，可检测零件的三维变形情况，进行冲压模具检验，优化冲压工艺，从而实现提高钣金成形工艺的生产力的目的。

(5) 移动机器人导航。具有三维测量装置的机器人就如同有了人的三维视觉功能一样，这对机器人在陌生环境下的漫游与自定位是至关重要的。哈尔滨工业大学全自主足球机器人也具有三维视觉功能，从而能够进行快速准确定位进而赢得比赛。

(6) 产品设计、飞行训练等。对真实场景进行拍摄，通过基于计算机视觉的摄影测量可重建场景的三维空间模型。该方法通过数字图像建立空间坐标，在二维图像和三维坐标间具有天然映射关系，从而可方便地将二维图像中的颜色、纹理信息映射到三维几何元素上，产生具有自然纹理的三维模型和真实效果的三维场景。由此产生的一个潜在应用是“基于物理现实的虚拟现实”(杜小宇，2008)。

此外，数字近景摄影测量还被广泛应用于交通事故现场勘查、古建筑与文物的三维模型恢复、医学中进行骨骼定位等。由此可见，数字近景摄影测量已具有非常广泛的应用前景。

2.5　特种精密工程测量

20 世纪 50 年代初，大型特种工程(如军事设施、大型核电站、水利枢纽、大型联合钢铁企业、大型射电天文望远镜的安装、超强聚焦的高能粒子加速器及航天设施)的兴建，采用传统测量方法已难以为这些规模巨大、结构复杂、设备精尖的大型工程和工业建设提供测量保障和质量控制。为此，人们首先对传统测量方法进行改进，进而针对特殊需要研制专用仪器及设备，从而逐渐地形成了特种精密工程测量的内容及体系，使特种精密工程测量应运而生并得到迅速发展。六七十年代以来，电子技术、计算机科学、空间技术及激光技术的发展，又极大地推动了特种精密工程测量的发展。

特种精密工程测量是将现代大地测量学与计量学等多科学的最新成就结合起来，运用现代测绘技术的新理论、新方法及新技术，采用专用的仪器与设备，以高精度与高科技的特殊方法来采集数据，并进行数据处理，获得高质量的数据和图像资料，从而有效地进行质量控制的特殊测量工作(苏韬等，2000)。

进入 21 世纪，伴随着信息化的浪潮和全世界范围内的科学技术不断发展，特种精密工程测量将朝着自动化、智能化、实时化及系统化的方向发展，它将服务于国民经济的各个部门。特种精密工程测量学科与相关学科的结合，将促使它们相互进步、相互繁荣。

2.5.1　激光垂准仪

激光垂准仪是近十几年根据测绘仪器的发展和工程建设的需要，人们新研制出来的一种用于建筑工程与设备安装中进行铅垂定向的专用仪器。激光垂准仪是根据光学准直原理，利用激光的方向性强、能量集中的特点，通过机械设计及加工，实现激光束光轴与望远镜的视准轴同心、同轴、同焦，并通过上对点和下对点这两个系统(或自动安平系统)把地面上的基准点和上方向的建筑物上面的控制点连到一条准直线上。因为上、下光路在同一个旋转轴上转动，所以可以达到上述目的，最终可以获得建筑物上面所需控制点的准确位置。由于采用激光垂准仪进行作业不仅非常方便，而且效率高，因此已广泛应用于建筑行业、工业安装、工程监理、变形监测等领域(杨锟和李鸿运，2006)。

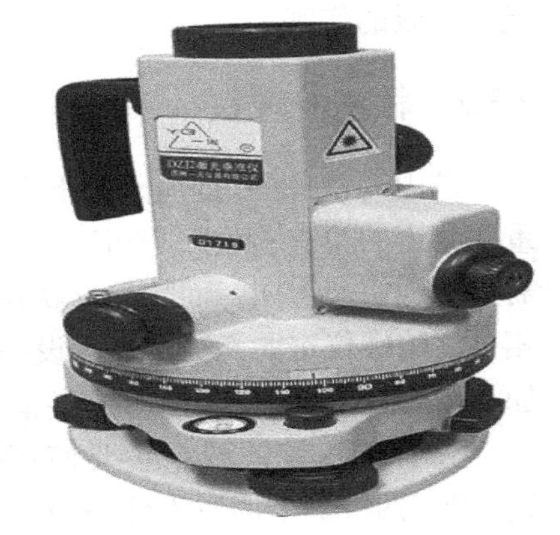

图 2-10　DZJ2 激光垂准仪

目前，国内使用较多的激光垂准仪有北京博飞仪器股份有限公司生产的 DZJ3 型激光垂准仪、苏州一光仪器有限公司生产的 DZJ2、JC100 型激光垂准仪，下面以 DZJ2 型(图 2-10)为例，介绍激光垂准仪的特点及使用[①]。

1. 仪器特点

DZJ2 激光垂准仪是由苏州第一光学厂生产的，它在光学垂准系统的基础上添加了两只半

① 苏州一光仪器有限公司. 2004. DZJ2 激光垂准仪说明书.

导体激光器，其中一只半导体激光器是通过上垂准望远镜来发射激光束的。仪器的结构要保证激光束光轴和望远镜的视准轴同心、同轴、同焦，当激光垂准仪的望远镜照准目标时，目标处会出现一红色小亮斑。激光垂准仪的目镜外装上仪器配备的滤光片，以便人眼直接观察。仪器还配有网格激光靶，可以使测量更方便；另一只半导体激光器则通过下对点系统来发射激光束，利用激光束对准基准点，快速直观。

由于仪器配有度盘，因而对径测量更准确和更方便。同时，仪器采用一体化机身设计，结构更紧凑，性能更稳定。

2. 仪器的使用

1）安置、对中及整平

激光垂准仪的安置、对中及整平与传统水准仪、全站仪的方法差不多，具体可参阅仪器使用说明书。需要强调的是在确认对中、整平完成后，可对点激光关闭以节省用电。

2）照准

测量时，在目标处放置网格激光靶，转动望远镜目镜使分划板十字丝清晰，然后转动调焦手轮使激光靶在分划板上成像清晰，应尽量消除视差，即当观测者轻微移动视线时，十字丝和目标间不能有明显偏移。否则，应重复上述步骤，直至无视差为止。

3）向上垂准

(1)光学垂准。若仪器已校正好，当仪器整平后，视准轴同竖轴同轴误差≤5″，便可作为垂准线，一次观测可保证垂准精度。但是为了提高垂准精度，应将仪器照准部旋转180°，通过望远镜获取第2个观测值，取其平均数作为测量值。

(2)激光垂准。打开垂准激光开关，一束激光就会从望远物镜中射出，在激光靶上聚焦，观测值即激光光斑中心处的读数。为了提高对径读数的垂准精度，同样建议用户通过旋转照准部获取第二个读数。若需要通过望远镜目镜读数时，必须在目镜外装上滤色片，以减少激光对人眼的伤害。

2.5.2 精密陀螺仪

矿山测量(深井定向、井下平面控制、立井井筒装备安装、井下次要巷道和采区联系及重要巷道的检查验收)、城市交通系统、隧道、地铁等地下工程及现代战争，在很多情况下都需要实现快速定向，而陀螺仪就是一种重要的快速定向的仪器(孙建国，2010)。与常规仪器相比，陀螺仪定向无需罗盘等设备预先确定近似北方向，且不需要考虑通视及气象情况，更加不需要提供已知点等。除了在南极和北极外，陀螺仪都能准确地测定出真北方向。

目前在测量领域，主要使用的陀螺仪有全站式陀螺仪[图 2-11(a)]及陀螺经纬仪[图 2-11(b)]两种。下面以索佳GPX系列全站式陀螺仪为例，介绍陀螺仪的特点及操作。

1）全站式陀螺仪GPX的特点

索佳全站式陀螺仪GPX是由GP1陀螺仪与SET全站仪组合而成的用于测定真北方向的测量系统。它主要具有如下特点[①]。

(1)GP1 陀螺仪内置一个悬挂陀螺马达，地球自转而引起的机动性使得陀螺马达绕地球的子午线(真北)方向来回摆动。

① 索佳公司. 2011. GPX说明书.

(a)索佳GP1陀螺全站仪

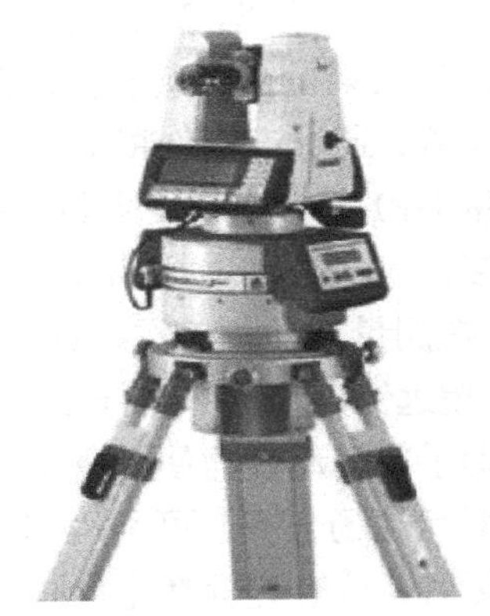

(b)GYROMAT 2000陀螺经纬仪

图2-11　陀螺仪

(2)结合GP1陀螺仪、SET全站仪及专用处理软件，SET可以在观测完成后自动计算出真北方向。

(3)真北方向的测定主要有两种方法：逆转点跟踪法和中天法。

(4)在不考虑磁场条件影响的情况下，仪器的真北方向测定精度为±20″(0.006gon/0.1mil)。

(5)计算出的真北方向可以方便地设置到SET水平度盘上。索佳全站式陀螺仪GPX的组成(李宗春等，2006)如图2-12所示。

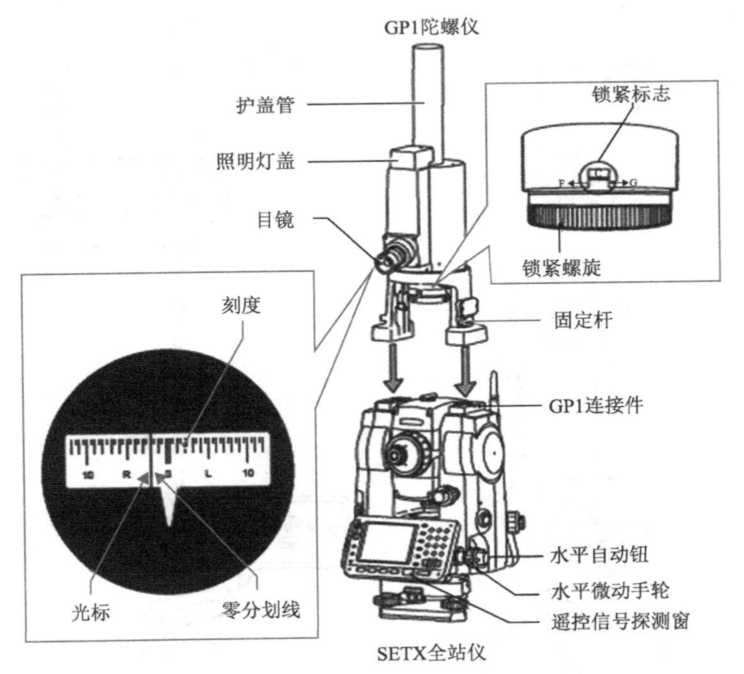

图2-12　GPX的组成

2)全站式陀螺仪GPX的测前准备及测量实施

全站式陀螺仪GPX的测前准备及测量实施如下。

⑴仪器连接。按图 2-13 所示进行 SET、GP1、逆变器及电池的连接，具体步骤如下：首先，将三脚架架设在测点上，并在三脚架上安置好 SET 全站仪。其次，将 GP1 上的固定杆置于开位置，通过连接件将 GP1 和 SET 连接后将固定杆置于关位置将其固紧。然后，用 5 芯电缆连接 GP1 接口与逆变器输出接口。再次，用 3 芯电缆连接逆变器输入接口和电池 DC 12V 输出接口。最后，进行 SET 全站仪的对中及整平。

⑵陀螺测量前准备工作。具体步骤如下：首先，将管式罗盘安置在 GP1 顶部，使罗盘体与 SET 望远镜处于同一方向线上，松开管式罗盘锁紧螺旋。其次，利用 SET 的水平制动和水平微动手轮转动仪器使罗盘指针处于指标线中央，此时，SET 望远镜大致对准磁北方向。在不具备罗盘的场合下，可利用如地图、太阳、时间等其他方法来使 SET 望远镜大致对准北方向。然后，检查光标在零分画线左右的摆动是否对称，在检查完之前不可打开陀螺马达电源。最后，打开逆变器上的 GP1 电源开关，大约 60 秒后马达启动指示灯亮，表明陀螺马达已正常工作。至此，测量前的准备工作便已全部完成。

⑶陀螺程序启动和退出。

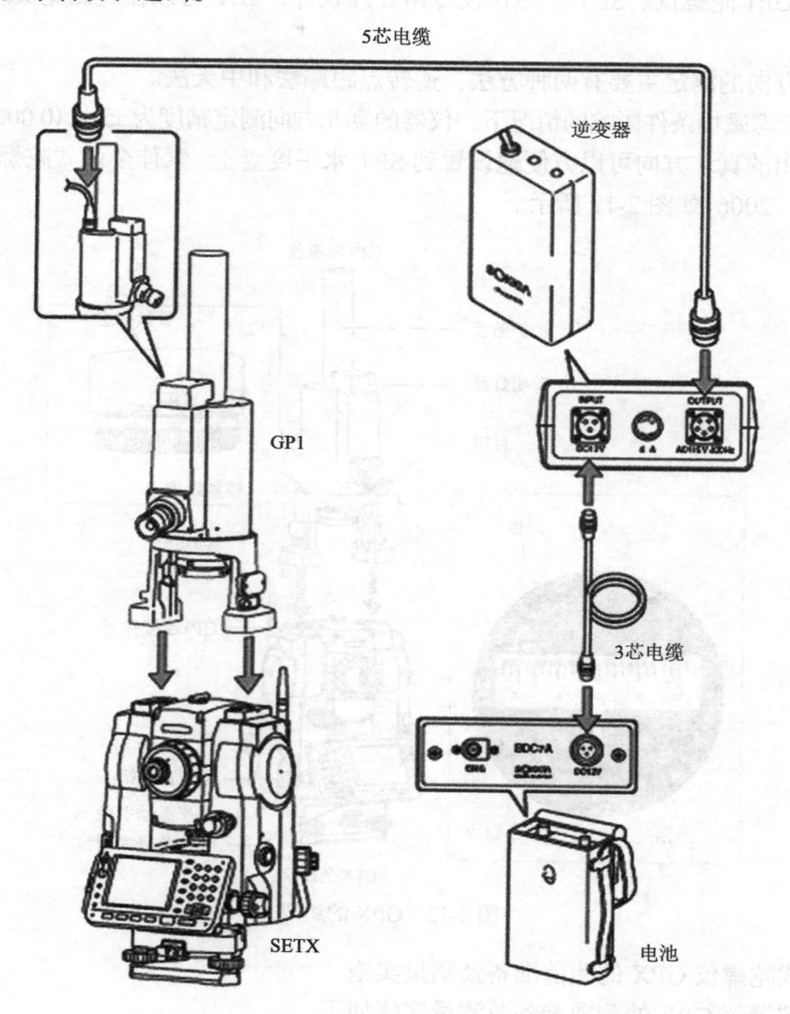

图 2-13　全站式陀螺仪 GPX 系列仪器连接

2.6 工 业 测 量

科技水平的不断进步，尤其是计算机技术、通信技术等的发展，给测绘领域的发展带来了很多新启发，为测绘领域的技术创新提供了新思路。其中，工业测量系统就是一种应用广阔、测量精度高及简单方便的测量新技术。工业测量根据图纸通过高准确度的测量来进行大型立体部件、工件、结构或整机的装配、调整与检验。工业测量主要是为了获取三维坐标，进行准直、水准、几何形状拟合、质量保证审核、静态/动态变形监测等而进行的精密测量(金超，1996)。

目前，工业测量系统包括两大类：一是以两台电子经纬仪以上组成的前方交会测量系统；二是由一台全站仪为主的极坐标三维测量系统。

随着电子经纬仪的问世及其迅速发展，再加上计算机技术的广泛应用，工业化国家开始竞相开发三维坐标非接触工业测量系统，并取得了很好的成果。例如，瑞士 Leica 公司生产的电子测量系统(electronic coordinate determination system，ECDS3)，该系统配置了 T3000 电子经纬仪(精度 ±0.5″)；德国 Zeiss 公司生产的工业测量系统(industrial measurement system，IMS)，该系统配置了 ITH2 电子经纬仪(精度 ±0.6″)。特别强调的是 Leica 公司研发的 Kern SPACS 和 Wild ATMS 系统(马达驱动的自动坐标测量和处理系统，其基本配置是 2～8 台 Leica Kern E2-SE 或 Leica TM3000 摩托化电子经纬仪、计算机及数据终端)，其光学系统能够自动瞄准目标，对距离远、外形尺寸极不规则的物体进行高速和高精度地测量，且适用于快速跟踪测量或对某些无法接近的目标进行测量(景冬等，2007)。由于三维工业测量系统无需人工精确瞄准，因此即使测量的点很多，也能保证测量结果的可靠性。

1. 三维工业测量系统的特点

三维工业测量系统是将电子经纬仪和全站仪等作为传感器，在计算机的控制下，完成部件、产品及构筑物的非接触和实时的三维坐标测量，并可以在现场进行测量数据的处理、分析及管理的应用系统。下面介绍三维工业测量系统的优缺点(冯文灏，2004)。

1) 三维工业测量系统的优点

三维工业测量系统的装备灵活，高精度地定向、测量精度，检校时间短，通过交会的方式解算可提供高精度的点位坐标。

采用测角仪器组成的三维工业测量系统可以对无法或不利于使用专用传感器与摄影测量方法的场合(目标庞大、结构复杂但待测点稀疏且精度要求较高的场合)进行观测。同时还可以对点状、较为简单的线状或面状目标进行观测。

三维工业测量系统配合相关工业测量系统软件可以快速实现以被测物体作为参照系的坐标转换及任意坐标系之间的转换。

三维工业测量系统可以对距离、直线、平面、圆、圆柱面、球面及抛物面等几何元素进行专门计算及处理，可以将实际测量值和设计值或早期测量值进行比较，同时还可以解算各种元素的交会问题。

2) 三维工业测量系统的缺点

三维工业测量系统无法在短时间内对大量目标进行观测，无法对复杂的线性或曲面进行测量，运动速度较快的目标也难以测量。同时，受观测精度限制，观测无法远离恶劣危险环境。而对于精度要求较高的目标观测，则需设立专用标志，因而无法实现非接触测量。

2. 三维工业测量系统的组成及原理

随着电子全站仪的发展，目前三维工业测量系统已不局限于采用电子经纬仪，全站仪已经被用于三维工业测量系统的角度传感器，如索佳公司的流动式三维测量系统(mono mobile 3-D measurement system，MONMOS)。下面以 MONMOS 为例，介绍三维工业测量系统的组成及原理。

1) MONMOS 的组成

MONMOS 主要由 NET 1200 3D 全站仪及野外作业数据采集手簿 JETT.ce 组成(图 2-14)，NET 1200 带有高亮度的 LED 照明装置，通过发射极细可见红色激光来指向和定位，如图 2-15 所示。

(a) NET 1200 3D 全站仪

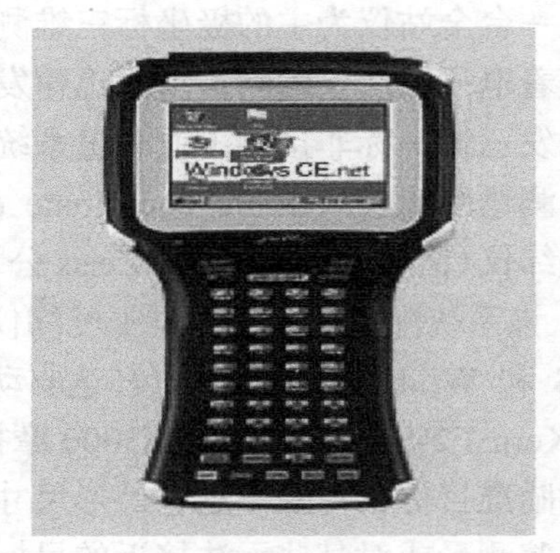

(b) JETT.ce

图 2-14　MONMOS 系统的主要组成

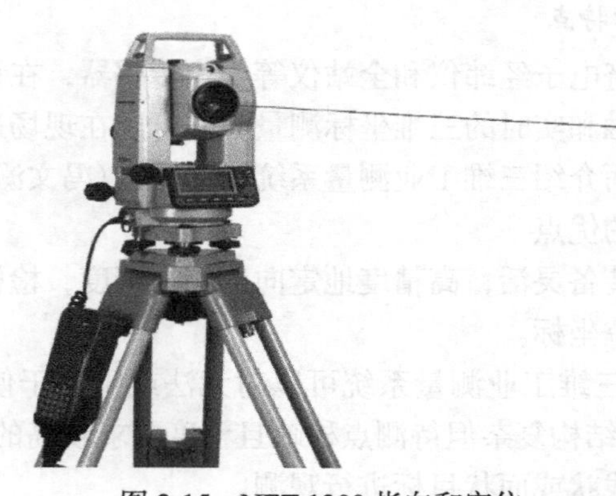

图 2-15　NET 1200 指向和定位

2) 三维坐标测量原理

(1) 基准点设置。基准点标靶的设置：两个标靶都安置在每个测站都能通视的地方，如图 2-16 所示。

(2) 基本坐标系建立。仪器对标靶 1 和标靶 2 进行三维坐标测量：首先将标靶 1 作为三维坐标系原点，标靶 1→标靶 2 连线在水平方向的投影作为 X 轴、过标靶 1 点的铅垂方向为 Z 轴、通过右手螺旋法确定出 Y 轴，如图 2-17 所示。

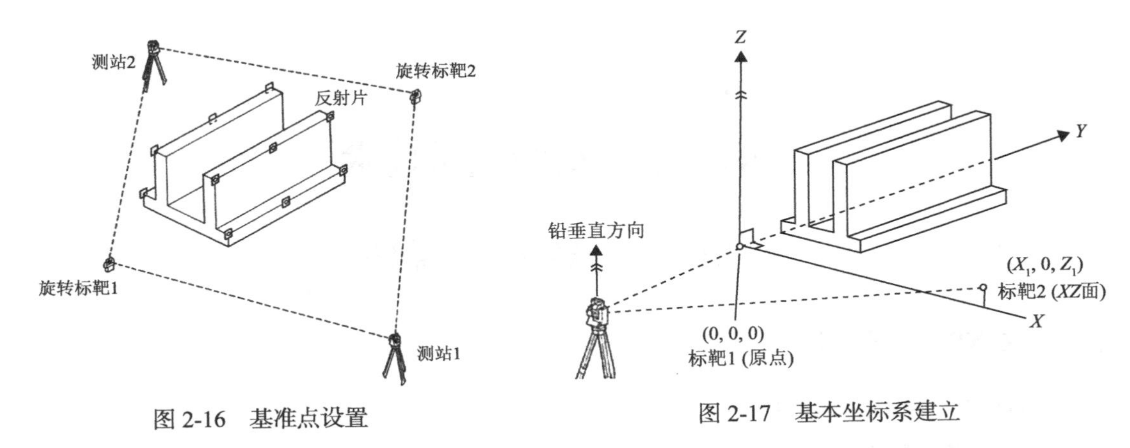

图 2-16　基准点设置　　图 2-17　基本坐标系建立

(3) 坐标转换。坐标转换有以下两种方式：①将标靶 1 作为三维坐标系原点，标靶 1→标靶 2 连线在水平方向的投影作为 X 轴、过标靶 1 点的铅垂方向为 Z 轴、通过右手螺旋法确定出 Y 轴，3 点在 XY 面上，如图 2-18 所示。②将标靶 1 作为三维坐标系原点，标靶 1→标靶 2 连线在水平方向的投影作为 X 轴、过标靶 1 点的铅垂方向为 Z 轴、通过右手螺旋法确定出 Y 轴，3 点在 XZ 面上，如图 2-19 所示。

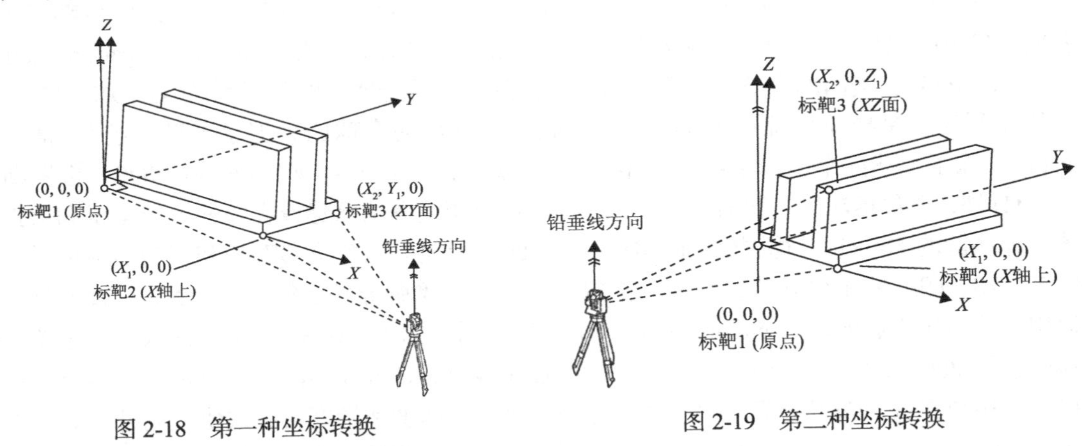

图 2-18　第一种坐标转换　　图 2-19　第二种坐标转换

3. 应用领域

工业测量系统可以满足当今制造业许多特殊的要求，并在汽车、飞机、轮船、机器、机器人、天线等制造业中显示出相当的灵活性。目前，工业测量的应用非常广泛，例如，对各种产品生产流水线和装配架进行定期定线准确度检验，保证其符合质量控制标准；大型机械设备的安装测量；大型工件的精密测量；轮船的安装、外形等测量；汽车外形测量；飞机的安装、外形等测量；大型天线在制造中的测试和安装时的检验；隧道施工、监测测量、汽车制造装配线的调整；飞机制造中装配架及固定装置的检验与调整；轮船船舱容量的检测及各种大型焊接件的尺寸检验等(李广云，2001)。

第3章　空间测量技术

3.1　全球导航卫星系统

3.1.1　GNSS系统概况

1. GNSS系统概述及现状

全球导航卫星系统(GNSS)又称为天基PNT (position navigation timing)系统，是利用在太空中的导航卫星对地面、海洋及空间用户进行导航定位的一种空间导航定位技术(曹冲，2009)。卫星导航定位技术目前已基本取代了无线电导航、天文测量及传统大地测量技术，并推动了全新导航定位领域研究的发展。当今GNSS系统不仅成为世界各国重大的空间和信息化基础设施，也成为体现现代化大国地位和国家综合国力的重要标志。因为GNSS在国家安全和经济与社会发展中有着不可或缺的重要地位，所以世界主要军事大国及经济体都竞相发展独立自主的卫星导航系统。2007年，我国的北斗导航卫星系统(BeiDou navigation satellite system，BDS)、美国的全球定位系统(GPS)、俄罗斯的全球导航卫星系统(GLONASS)及欧洲的伽利略卫星导航系统(Galileo)一起被联合国确认为全球四大卫星导航系统(侯倩等，2011)。除了上述四个全球系统及其增强系统(美国的WAAS、欧洲的EGNOS、俄罗斯的SDCM)外，还包括法国、德国、日本、尼日利亚及印度等国已建或在建的区域系统和增强系统，即法国的DORIS、德国的PRARE、日本的准天顶卫星系统QZSS和多功能卫星增强系统MSAS、印度的无线电导航卫星系统IRNSS及静地增强导航系统GAGAN，以及尼日利亚运用通信卫星搭载实现的NicomSat-1星基增强。未来几年内GNSS系统将进入一个全新阶段(陈俊勇，2009)，用户将面临四大系统(GPS/GLONASS/Galileo/BDS)上百颗导航卫星并存的局面。用户在这一新形势下，除导航定位的实时解算速度和精度将有成倍提高外，导航卫星的完备性、可用性、连续性及可靠性等问题也将会有显著性的改善，与此同时也会产生多模多星的组合与优化使用等诸多问题。因此，我国自主建设的卫星导航定位系统的发展将面临新的机遇和挑战(张双成等，2010)。

2. 北斗导航系统发展现状

我国于2015年3月30日发射了第17颗北斗导航卫星，2015年7月25日发射了第18、19颗北斗导航卫星。预计到2020年，我国要发射30余颗北斗导航卫星，最终北斗卫星导航系统空间段计划由35颗卫星组成。届时，将完成覆盖全球的建设目标，具备全球服务能力。这意味着，北斗卫星导航系统(以下简称“北斗系统”)能够以覆盖面更广、精确度更高地为用户提供服务。北斗系统提供的服务包括：授权、公开、广域差分和短报文，定位精度优于10m，授时精度优于20ns，测速精度为0.2m/s。

北斗卫星定位系统的正式运行，使卫星导航定位进入了多星时代，有效地改善了双星时代所存在的问题，尤其对亚太区域的卫星定位用户来说具有重大的现实意义。“北斗”作为全球卫星导航格局中的后起之秀，发展速度让世界瞩目。而“北斗”所坚持的开放性、兼容性发展原则，更是给中国乃至世界范围内的卫星定位产业带来了巨大变革，具体体现如下。

1）测量范围的提升

早期的高精度卫星定位设备由于只能接收GPS卫星信号，因此存在许多定位盲区。例如，现代化的城市高楼林立，对空可视范围小，接收卫星颗数少，定位十分困难，即使是GPS+GLONASS双星联合定位在这种环境下也无明显改善。

而支持北斗的多星联合定位效果则有了明显提升，因为北斗卫星在中国区域局部增强，5颗GEO卫星和5颗IGSO卫星一直处于亚太区域。即便是在城市建筑群中都能有足够多的卫星来进行定位，尤其是在天井型的楼群地形中优势更为明显。并且，由于可用卫星增多，在树下等多路径影响明显的区域也能选取足够优质的卫星信号进行高精度的定位。从平原到树林，从荒野到城市，高精度卫星定位应用范围不断扩大，给用户的外业工作带来更多便利。

2）测量效率的提升

测量效率的提升表现在：其一，多星系统的发展与兼容使得可视卫星增多，卫星星座的分布更加合理，有效缩短了高精度卫星定位的初始化时间，提高了作业效率；其二，随着卫星的覆盖更为完全，高精度卫星定位设备的时间可用性增强，不会再出现中午时段卫星过少、定位困难的现象；其三，多星时代高精度卫星定位设备测量范围的扩大，意味着需要全站仪等光学仪器补测的区域越来越少，节省了人力、物力。

3）RTK厘米级精度成为现实

多星时代的到来对卫星定位的应用也具有非凡的意义。多星时代的到来，使传统的RTK、手持机、CORS等高精度卫星应用产生了质的飞跃。以RTK为例，屋角、树下、楼群间，RTK已经能适应各种恶劣环境下的定位，其用户体验得到了显著的改善。茂密的树林中，用全站仪等光学仪器进行测量都十分困难，而多星时代的RTK已能正常测得厘米级精度的坐标，这对RTK及测量带来了作业方式上的重大变革。

4）高精度应用促进多行业融合

多星时代的到来也促进了高精度卫星定位应用与其他行业的快速融合。2013年，南方卫星导航自主研发的驾驶员模拟考试系统，使用虚拟传感器技术，实现了车辆准确定位和电子地图坐标的动态比对，可以实时判断学员车辆考试情况。该系统已在全国多个驾校规模应用，实现了与新交规、新驾考的无缝接入。同年，南方卫星导航与北京燃气公司合作建立的中国位置服务网联盟北京站，可以对管道作业现场进行定位，并经终端将位置信息实时发送到企业中心，利用综合管理平台的监控系统，随时监控作业周边管网设备设施运行状态，为作业现场提供实时的管网运行监控数据，以及为相关部门决策部署应急方案提供第一手的材料数据。此外，在精准农业、港口调度等领域，将高精度卫星定位优势与实际应用充分结合，促进其实现地理信息应用产业化，具有重大的经济效益和良好的社会效益。

随着北斗卫星定位系统的不断完善，多星时代的高精度卫星导航应用将有更好的表现。而互联网通信技术的飞速发展，也为卫星导航应用的发展注入了新的活力，智能化、轻型化将是其重要的发展方向。

3.1.2　GNSS研究的热点问题

GNSS的建立，打破了由美国垄断的卫星导航定位领域的格局，到2014年已有114颗中高度地球轨道卫星在太空中运行，这将给卫星导航定位领域的应用带来前所未有的机遇。GPS现代化增加的第三代民用导航定位信号 L5 与 L2C 测距码，可以有效地提高 GPS 的各项功能及性能指标，使用范围将得到不断地拓展，用户数量也将迅猛增长，全球进入了卫星导航定位系统建设及应用服务的新阶段。GLONASS 建立不采取任何限制措施，并且在高纬度地区导航定位应用效果更加明显，对全球导航定位卫星系统民用发展及推广应用起到了极大的推动作用。Galileo 是欧洲为了摆脱对美国 GPS 的依赖而建设的，它可提供定位精度为 1m 的民用信号，它体现了 GLONASS 和 GPS 的优点，推动了 GPS 现代化建设的进程，使美国有决心启动新一代 GPSⅢ的建设，届时有可能成为世界上最先进的卫星导航定位系统。北斗系统目前具备了在中国及周边地区范围内的定位、授时、报文及广域差分功能。由此可以看出，GNSS 现代化的研究热点主要表现在以下几个方面。

1）GNSS 兼容和互用技术得到广泛应用

GNSS 是多种系统的组合，人们已经看到了它的优越性。为了使 GNSS 在各领域得到广泛应用，就必须研究四大系统的兼容性与互相作用，从最优化角度，通过最佳化选择来充分利用和发挥最大作用。未来卫星导航定位系统势必将采用多种系统进行组合，这样不但可以避免对单一导航定位系统的依赖，而且可以提高定位精度，可用性得到大大增强。GNSS 兼容和互用已广为人们认可，目前已开始转入行动和实施阶段。由于卫星多系统组合的优势，多系统接收机的制造如雨后春笋般出现在测绘市场，几乎占领了高精度导航与定位仪器的全部市场，发展前景明显，已成为新的经济增长点。

2）导航、通信、GIS 等技术加速融合

在定位手段上，将卫星导航与通信技术结合起来以实现室内外导航的无缝融合已经成为全球通信导航界的热点。此外，卫星导航与陀螺、航位推算技术等的组合运用也从根本上得到了改进，提高了运用水平与服务质量。

在商业运用上，未来导航技术同 3G 移动通信技术相结合将会给用户带来不同的导航体验，随着手机软件商业的兴起，导航软件、地图及其他增值服务也将逐步升温，从而带动导航服务产业的发展。同时，导航在汽车上的应用在过去几年也取得了迅猛发展，目前主要是与电视和 DVD 相结合的具有娱乐功能的产品，但未来车载导航应成为车辆安全控制的一部分；导航与 GIS 技术结合的产品——3D 地图实景导航将成为人们身边的“指路牌”（侯倩，2011）。

3）卫星可用性的优势

在精密测量系统中，卫星导航定位系统的可靠性、精确性、完整性及连续性是成功应用于国防、飞机精确着落、变形观测等领域的重要因素。在 GNSS 完善后，采集数据时的观测卫星数目将大大增多，届时将提高卫星的几何强度，改善观测几何因子。GNSS 导航卫星系统的相互组合，将极大地改善导航系统的空间星座构成及其空间几何分布，增加卫星观测数目，减小了精度衰减因子，DOP 值就会减小，从而提高测量成果的精确性。对于 GNSS 系统的完整性，可从系统监测方面来看，多系统、多卫星数的条件也有利于提高监视系统的性能，特别是 GNSS 接收机具有自主完好的监视性能。确定整周模糊度的数据越多，如观测时间长或卫星数多，测量定位结果就越可靠，那么将要求高效率的用户采用快速静态或动态测量模式，这些模式均依赖于快速确定出正确的整周模糊度。随着定位卫星数目的增加，对模糊度解算具有非常大的帮助。GNSS 可使观察卫星数目远远超过单一卫星导航系统的卫星数，可提供不同时段的连续服务，比使用单一导航定位系统可靠性高、覆盖面广，在城市、树林及容易产生遮挡的地区其应用将变得更为广泛。

4)卫星连续运行服务系统发展迅猛

随着GNSS卫星导航定位技术日臻成熟，定位精度在不断提高，特别是实时差分技术的出现，使GNSS卫星导航定位技术在国民经济建设各领域得到了广泛应用。GNSS的又一个新进展是建立连续运行卫星定位服务系统(continuous operation reference system，CORS)，可为国民经济建设提供高质量的导航定位服务，创造可观的经济效益，而且可为现代网络社会注入一种新的思维方法及服务模式。该系统主要是由基准站设计、系统监控中心设计及用户子系统设计三部分构成的，它是现代卫星定位、计算机网络、数字通信等技术多方位、高深度的集成结晶。在全球GPS连续运行站的基础上组成的国际GPS服务(international GPS service，IGS)系统，是GPS连续运行站网和综合服务系统的范例。它无偿地向全球用户提供GPS各种信息，如GPS精密星历、快速星历、预报星历、IGS站坐标及其运动速率，IGS站所接收的是GPS信号的相位和伪距数据、地球自转速率等。在大地测量和地球动力学方面IGS支持了无数科学项目，包括电离层、气象、参考框架、精密时间传递、高分辨的推算地球自转速率及其变化、地壳运动等。

5)导航产品作为传感器模块化、芯片化日渐明显

伴随着“三网”(电信网、广播电视网及互联网)融合及网格信息技术的发展，我国已将物联网上升为国家五大战略性新兴产业的第二位。物联网将网络传感器嵌入和装备到电网、铁路、桥梁、隧道、公路、建筑等各种物体中，并与现有的互联网整合，实现了物体的自动识别和信息互联共享。导航产品将为传感器模块化、芯片化提供物体位置信息。

6)精密单点定位技术有所突破

精密单点定位(PPP)是以国际GPS地球动力学服务局(International GPS Service for Geodynamics，IGS)预报的GPS卫星的精密星历或事后的精密星历为已知坐标起算数据，同时利用一定方式得到的精密卫星钟差来替代用户GPS定位观测方程中的卫星钟差参数，对单台接收机采集的相位和伪距观测值进行非差定位处理的定位技术。这种作业模式中，用户只用单台GPS双频双码接收机，即可获得精确的测站三维坐标，同时还能获得卫星钟差、接收机钟差、电离层及对流层延迟的改正数等信息。精密单点定位技术发展到现在，已经能够达到厘米级定位精度。这一技术的研究成功，标志着GNSS导航定位将发生根本性的变革(丁翔宇和赵玉生，2010)。

3.1.3　GNSS应用

卫星导航应用与服务市场通常可分为低端和高端两类。近10年来，随着Galileo的出现，其市场分类方法逐步为人们所接受，即大众市场、专业市场和生命安全市场。生命安全市场从一般概念来说，往往与其他两个市场有所重复。实际上，生命安全市场在这里是与卫星导航的服务相互联系的，Galileo系统的服务方式包括公开、商务、公共特许、生命安全和搜救等，专门的生命安全服务必须与卫星导航系统的完好性结合起来。

GNSS主要应用领域如下。

(1)军事领域。卫星导航系统已成为现代高科技战争中及时获取高精度测量信息资源不可或缺的空间基础设施，具有极其重要的军事应用价值。在战场建设、精确打击、指挥决策、态势感知等方面发挥了巨大作用，能够显著提高部队战斗力，是国家遏制危机、控制战局、保障长治久安与和平发展的重要战略保证。

(2) 大地观测。GNSS 在大地观测中的应用主要表现在两个方面：① GNSS 大地测绘，GNSS 已广泛应用于高精度大地测量与控制测量、地籍测量与工程测量、道路与各种路线放样、水下地形测量、大坝与大型建筑物变形监测等领域。尤其是山区的大地测绘相比于传统方法节省了大量的时间、人力、物力及财力。② GNSS 地壳运动观测，主要包括板块运动，大地震的震前、震时及震后的地壳运动，地面沉降，火山活动过程中的地壳运动、冰后回弹等。

(3) 国家经济生活。卫星导航应用已渗透到交通、电信、电力、金融等核心基础设施中，是社会化、数字化的重要支撑。在国家骨干电信网、电力网、金融网的每个网络节点和基站上，都有卫星导航接收机提供时间准则；在交通运输领域，卫星导航成为空中、海上、陆地、内河等各种移动载体或运输工具导航定位和跟踪监控的基本手段；在基础设施建设和基础测量领域，卫星导航与传统测量、定位手段相比，极大提高了效率和精度，并降低了成本；在安保、灾害监测、抢险救灾等领域，卫星导航系统已成为生命安全的重要保障。

(4) 公共安全和救援应用。GNSS 对火灾、犯罪现场、交通事故、交通堵塞等紧急事件的响应效率，可将损失降到最低。有了它的帮助，救援人员就可在人迹罕至、条件恶劣的大海、山野、沙漠，对失踪人员实施有效地搜索、救援。

(5) 个人定位服务。人们的日常生活中，有 80%的信息与位置有关。寻找某人或某地，通常需耗费大量的时间和精力。全球导航卫星系统应用于个人定位服务将给个人的生产、生活、休闲及娱乐等带来安全与方便。在个人定位上的应用主要体现在：GPS 在车辆导航上的应用及 GPS 同移动通信系统的结合，这两种应用将使 GPS 的产业规模在未来的几年内得到快速发展（侯倩，2011）。

(6) 其他应用。基于 GNSS 反射信号（global navigation satellite system-reflection）的遥感技术可以应用于海洋方面、土壤水分方面及冰川方面。GNSS 掩星技术可应用于天气预报、全球气候和环境监测、高空风探测、电离层监测等方面。此外，GNSS 还可以应用于授时校频、公共管理、商业服务、娱乐消遣等领域。

3.1.4　未来导航技术的发展——量子指南针

在普通大众的眼中，GPS 往往等同于导航，并且被广泛应用于定位技术领域。GPS 是互联网时代的一项伟大发明，但有一些问题影响了 GPS 的使用。事实上全球导航卫星系统（GNSS）是基于卫星的，意味着 GPS 不是万能的，俄罗斯的 GLONASS、欧盟的 Galileo、我国的北斗卫星导航系统也是如此（以下以美国的 GPS 为例）。一旦置身于洞穴、隧道、水下、地下停车库、室内之中，GPS 就无法正常使用，这也是空间技术的一大缺陷。

报道称，英国的科学家已经找到了一种替代 GPS 的方法，而无需借助任何空间技术。研究发现，激光能够限制并冷却放置于真空条件下的原子。达到怎样的冷却程度？实际上是将温度降至绝对零度以上的百万分之一度。在这样的温度下，原子对地球的磁性和重力领域的变化极度敏感。

英国国防部国防科学技术实验室（DTSL）就利用这些研究成果，在一台小型装置上限制原子，研究它们的波动，使其能够定位运动，并准确查明它们的所在位置。此时，其踪迹定位工作会交由一个仅有 1m 长的装置来完成。关键之处在于，把它打造成微缩装置，以便能将其安装在智能手机之中。

量子时间、导航与遥感（TNS）可以真正地改变人们在未来的导航方式。使用量子指南针的最明显优势就是，没有任何已知的物理法则可以影响这些装置，这与容易受到攻击与干扰的GPS截然不同。这种技术因其水下定位且不易受攻击，受到了全球军事机构的青睐，自然，随着时间的推移，它可能会真正地颠覆整个导航世界。实际上，对于借助地磁定位和导航的事，已有研究人员完成了几份有趣的研究报告，这或许是在这方面进行的最大努力了。

3.1.5 室内定位技术

全球卫星导航定位系统(GNSS)基于卫星，受卫星信号强度弱、容易受遮挡等环境因素的影响，无论是我国的北斗卫星、美国的全球定位系统 GPS、俄罗斯的 GLONASS，还是欧洲的 Galileo 系统，都只能解决室外定位问题，而实现室内定位仍是一大难题。

日常生活中大多数人 80%的时间都在室内，这就意味着人们大多数时间都享受不到定位服务，人们对于室内定位的呼声也越来越高。室内定位对人民群众来说也越来越重要，例如，在超级商场，通过获得消费者个人位置信息和目标商品位置信息，进行路线指引，实现智能导购；在突发灾难中，通过室内定位，引导救援人员以最快速度解救大楼内被困人员；人们在矿洞、隧道里也能够获取自己的位置，实现导航等。因此，实现低成本且高精度的室内定位，具有非常重要的现实意义。

要解决以上问题，专家学者也提出了许多室内定位技术解决方案。这些解决方案可以归纳为以下几类：①辅助全球卫星定位系统(assisted GPS，AGPS)定位技术(配合传统 GPS 卫星，利用手机基地站的资讯，减少 GPS 芯片的冷启动时间，使定位的速度更快)。②无线定位技术[红外线、超声波、无线局域网(wireless local area networks，WLAN)、射频无线标签、UWB 定位技术等]。③其他定位技术(计算机视觉识别、地球磁场、压力传感器等)。

以下分别介绍几种常见的室内定位技术。

1) AGPS 定位

AGPS 技术通过事先获取卫星星历延长每个码的延迟时间来提高信号的灵敏度，结合 GSM/GPRS 与传统卫星定位，利用基地台代送辅助卫星信息，以缩减 GPS 芯片获取卫星信号的延迟时间，受遮盖的室内也能借基地台信号弥补，减轻 GPS 芯片对卫星的依赖度。与纯 GPS、基地台三角定位比较，AGPS 能提供范围更广、更省电、速度更快的定位服务，理想误差范围在 10m 以内，AGPS 定位技术需要在终端内集成 GPS 接收机，这就决定了 AGPS 定位技术使用范围的局限。日本和美国都已经成熟运用 AGPS 于适地性服务(location based service，LBS)。

2) 红外线定位

红外线是一种波长介于无线电波和可见光波之间的电磁波。红外线室内定位系统主要由三个部分组成：待定位标签、固定位置的传感器和定位服务器。待定位标签具有红外线发射能力，在每 15 秒钟或在被要求的情况下发射带有唯一标示号的红外线信号。定位服务器通过传感器收集这些数据，并采用近似法估计用户位置，即认为待定标签的位置就是接收到其信号的传感器位置。区域内所有标签的定位结果通过定位服务器相关数据接口在应用程序上显示。其缺陷在于：由于红外线很容易受到直射日光和荧光灯的干扰，系统的稳定性有待增强。同时，由于红外线的穿透性比较差，在传输过程中易受物体或墙体阻隔，使得标签传播的有效范围仅在数米之内，定位系统复杂度较高，有效性和实用性较其他技术仍有差距，系统精度一般在房间大小的级别，5～10m。基于红外线的室内定位系统主要有 Active Badge，Active

Badge 被认为是第一个室内标记感测(badge sensing)原型系统。

3)超声波定位

基于超声波定位的系统，利用超声波和射频信号的到达时间差(TDOA)来测量两点间距离，再用三边定位方法计算节点的位置。该系统主要由两部分构成：待定位接收机和已知位置的信标节点。信标节点被固定在建筑物内，每个信标节点拥有唯一的识别码。当待定位接收机处于系统覆盖区域时，向附近的信标节点发出定位请求信号，信标节点收到信号后，同时反馈一个超声波脉冲及带有自身位置信息的射频信号。接收机根据两种信号的到达时间差来计算与信标节点间的距离。通过测量接收机与至少 3 个以上信标节点的距离，根据已知信标坐标和三边定位方法计算出用户位置。

但是，由于各信标之间的射频信号和超声波脉冲容易发生叠加混淆，因此，接收机有可能将来自不同信标的射频信号和超声波脉冲匹配，引起错误距离计算，从而得出错误的定位结果。为此，超声波室内定位系统采取信号发射延迟机制，信标节点在发射前先监听一段时间 T，若期间没有接收到其他信标节点的信号，才开始尝试发射。时间段 T 由超声波信号传播到可能的最大射程确定，避免出现异常状态。基于超声波的室内定位系统主要有 Cricket 和 Active Bat。

另一种超声波定位技术为多超声波定位技术。该技术采用全局定位，可在移动机器人身上 4 个朝向安装 4 个超声波传感器，将待定位空间分区，由超声波传感器测距形成坐标，总体把握数据，抗干扰性强，精度高，而且可以解决机器人迷路问题。

超声波定位精度可达到厘米级，精度比较高。但主要缺陷在于：超声波在传输过程中衰减明显从而影响其定位有效范围。

4)WLAN 定位

无线局域网络(WLAN)已是目前所有智能手机、笔记本电脑的标配了，它具有部署方便、高速通信的特点。基于 WLAN 的室内定位系统主要包括三个部分：终端无线网卡、位置固定的 WLAN 热点和定位平台。系统采用基于信号强度的指纹定位技术，通过 IEEE 802.11 标准无线网络对空间进行定位。在系统实施上又分为离线建库和实时定位两个阶段。

离线建库阶段，主要工作是在 WLAN 信号覆盖范围区域按一定距离确定采样点，形成较为均匀分布的采样点网格，并在每个采样点用终端无线网卡主动扫描区域内各 WLAN 信道上的热点信号，通过接收信号 IEEE 802.11 协议数据帧中的 MAC 地址来辨识不同热点，并记录其信号强度值。每个采样点处测得的全部可见热点的信号强度值、MAC 地址及采样点坐标等信息作为一条记录保存到数据库中，这些采样点所对应的数据库信息称为位置指纹。

实时定位阶段，通过终端无线网卡实时测量可见 WLAN 热点的信号强度信息，与位置指纹数据库中的记录数据进行比较，取信号相似度最大的采样点位置作为定位结果。从机器学习的角度来说，位置指纹法也可以看做是先训练计算机学习信号强度与位置间的规律，再进行推理判断的过程。

WLAN 定位精度为 2～3m。但主要缺陷在于：采集数据工作量大，而且为了达到较高的精度，固定点 AP 的位置测算设置比较烦琐。典型的系统是 RADAR 室内定位系统，由微软研发。

5)基于射频识别技术的定位系统

射频识别技术(radio frequency identification，RFID)是一种操控简易，适用于自动控制领域的技术，它利用了电感和电磁耦合或雷达反射的传输特性，实现对被识别物体的自动识别。射频(RF)是具有一定波长的电磁波，它的频率描述为：kHz、MHz、GHz，范围从低频到微波。该系统通常由电子标签、射频读写器、中间件及计算机数据库组成。射频标签和读写器是通过由天线架起的空间电磁波的传输通道进行数据交换的。在定位系统应用中，将射频读写器放置在待测移动物体上，射频电子标签嵌入操作环境中。电子标签上存储有位置识别的信息，读写器则通过有线或无线形式连接到信息数据库。

LANDMARK 系统是应用 RFID 的典型的室内定位系统。该系统通过参考标签和待定标签的信号强度 RSSI 的分析计算，利用“最近邻居”算法和经验公式计算出带定位标签的坐标。其定位精度：平均 1m。LANDMARK 系统有几方面缺陷：①系统定位精度由参考标签的位置决定，参考标签的位置会影响定位；②系统为了提高定位精度需要增加参考标签的密度，然而密度较高会产生较大的干扰，影响信号强度；③因为要通过公式计算欧几里得公式得到参考标签和待定标签的距离，所以计算量较大。

RFID 常用频段包括：低频、高频、超高频、微波。针对室内定位系统，将不同频段的射频信号进行对比，结果如表 3-1 所示。

表 3-1　不同 RFID 频段射频信号特性对比

频段	低频	高频	超高频		微波
	135kHz	13.56MHz	433.92 MHz	860～960 MHz	2.45 GHz
识别范围	<0.6m	0.1～1.0m	1～100m	1～6m	0.25～0.5(主动) 1～15m(被动)
数据传输速率	8kbit/s	64kbit/s	64kbit/s		64kbit/s
防碰撞性能	一般	优良	优良	优良	
识别速度	低速←——————————————————————→高速				
系统性能	价格比较高，已发生衍射，损耗能量	价格较低廉，适合短距离，多重标签识别	长识别距离，适时跟踪，对温度等环境因素敏感		特性与超高频相似，系统功耗小，受环境影响比较大

6) ZigBee 技术

ZigBee 技术应用于较短距离无线通信，主要面向无线个人区域网(personal area networking，PAN)，网络系统在应用中表现出近距离、低功耗、低成本等特征，这些都可以满足室内定位系统的要求和条件。应用 ZigBee 技术的室内定位系统是通过在传感器网络中布置参考节点、移动节点构成系统的，参考节点为静态节点，它们发送位置信息和 RSSI 值给移动待测节点，该节点将数据写入定位模块，分析计算得到自身位置。该系统常采用分布式节点设置，可以减少网络数据工作量和通信延迟的问题。定位精度精度在 2m 以内，平均 1m。主要缺陷：网络稳定性还有待提高，易受环境干扰。

7) 基于 UWB 的定位系统

UWB(ultra-wide-band)超宽带技术是一种不用载波，而利用纳秒或纳秒级以下的非正弦波窄脉冲传输数据的无线通信技术。与 Bluetooth 和 WLAN 等带宽相对较窄的传统无线通信技术不同，UWB 在超宽的频带上发送一系列非常窄的低功率脉冲。UWB 的数据速率可达几十 Mbit/s～几百 Mbit/s。它具有抗干扰性强、低发射功率、可全数字化实现、保密性好等优点，特别适合应用在室内定位技术中。因此，UWB 技术近年来成为无线定位技术研究的热点。

UWB 室内定位系统采用 TDOA 和 AOA 混合定位方法进行高精度定位。一个 UWB 室内定位系统包括三部分：活动标签，该标签由电池供电工作，且带有数据存储器，以发射带识别码的 UWB 信号进行定位；传感器，作为位置固定的信标节点接收并计算从标签发射出来的信号；软件平台，能够获取、分析所有位置信息并传输信息给用户。

在系统中，标签发射极短的 UWB 脉冲信号，包含 UWB 天线阵列的传感器接收此信号，并根据信号到达的时间差和到达角度计算出标签的精确位置。传感器按照蜂窝单元的组织形式布置。每个定位单元中，主传感器配合其他传感器工作，并负责与标签进行通信。可以根据需覆盖的范围进行附加传感器的添加。通过这种类似移动通信网络中的单元组合，定位系统可以做到大面积的区域覆盖。同时，标签与传感器之间支持双向标准射频通信，允许动态改变标签的更新率，使得交互式应用成为可能。传感器通过以太网或无线局域网，将标签位置发送到定位引擎。定位引擎将数据进行综合，通过定位平台软件，实现可视化处理。

每个传感器独立测定 UWB 信号的到达方向角 AOA；而到达时间差 TDOA 则由一对传感器来测定。目前，单个传感器就能较为准确地测得标签位置，两个传感器能够测出精密的 3D 位置信息。如果两个传感器进一步通过时间同步线连接起来，采用 TDOA 和 AOA 混合定位方式，3D 定位精度将达到 15cm。主要缺陷是造价太高。基于 UWB 的室内定位系统有 Ubisense 7000 与 Dart UWB 室内定位系统。

8) 地球磁场定位技术

这是一种以环境磁场为基础的室内定位技术。研究表明，一些动物如刺龙虾不仅能探测地磁场方向，还能根据它们感知所在地的地磁场轻微异常，获得自身位置的信息。同样，现代建筑坚固的水泥钢筋结构也有着独特的、变化的三维环境磁场，这种磁场可用于在很小的空间尺度内定位。每栋建筑，其楼层、走廊都会对地磁场产生不同的干扰，检测这种干扰就能识别其位置并生成地图。目前，芬兰的科学家已利用这一技术成立了商业公司 IndoorAtlas，并提出了自己的室内解决方案，定位精度可达到 0.1～2m。该方案仅要求用户的智能手机内置磁场感应传感器实现室内定位，而对于提供室内定位程序的开发人员来说，则提供了工具箱，包含楼层设计、地图制作和使用公司应用程序接口的程序生成器，以方便他们创造丰富多彩的各类应用。

9) Wi-Fi 定位技术

由于无线网络的逐渐普及，基于 Wi-Fi 的精确定位技术脱颖而出，特别是它在商业方面的应用。Wi-Fi 定位目前能达到米级，尽管精度相比于蓝牙、超宽带、激光等技术的亚米级、甚至分米级的定位功能要逊色一些，但由于无线网络的普及，其变得非常流行，对商业来说已足够满足需求。而且，对于大众消费行业特别是传统商业(购物中心、百货店、大卖场)来说，Wi-Fi 室内定位是最具可操作性的。虽然很多信号都有可能用于室内定位，如蓝牙、超宽带脉冲、超声波等，但除了 Wi-Fi，其余都必须单独铺设信号发生器，甚至有些技术还要求重新在前端上铺设信号接收设备，这给商业尤其是大面积的商业综合体的应用带来了巨大阻力。此外，从成本的角度考虑，定位精度的提高会带来成本的大幅提高，甚至是指数关系。$1000m^2$ 的区域利用超宽带定位到达分米级定位，需要几十万元，而同样的费用利用 Wi-Fi 可以覆盖一个 $1\times10^5m^2$ 的商场，在这个商场中不仅可以做到米级的定位，还可以满足上网需求。Wi-Fi 定位技术的优势总结如下：高精度，水平精度 3m 以内，垂直方向可区分楼层；快速跟踪，实时跟踪每秒 1 次；抗干扰，解决了人体对 Wi-Fi 定位影响较大的问题；大用户量，高效的缓存策略与负载均衡机制，支持海量用户并发访问；室内外一体，支持室内外无缝定位，无缝定位延迟优于 2 秒；低成本，基于已有 Wi-Fi 网络，无需部署专用设备；跨平台，灵活的位置服务接口，提供跨平台的位置服务，支持 Android、iOS、WP8、Windows、Linux、Windows CE 等平台。

定位技术的发展历程与现状如表 3-2 所示。

表 3-2　定位技术的发展历程与现状

定位技术	定位精度	抗多径	穿透性	抗干扰	数据通信	传输距离	建设成本
射频识别	0.05～5m	较好	差	较好	较差	近	高
红外线	5～10m	无	差	好	无	近	高
超声波	1～10cm	无	差	好	无	近	高
蓝牙	2～10cm	较好	好	差	较好	近	低
Zigbee	1～2m	差	好	较差	较好	远	高
Wi-Fi	2～50m	较好	较差	较差	好	远	低
计算机视觉	0.01～1m	好	差	好	有线方式	较近	高
超宽带	6～15cm	好	较好	好	好	较近	极高

值得一提的是，我国已经实现了室内外高精度定位导航，在室内定位这一技术领域率先取得突破。经过 10 年的实践与创新，北京邮电大学科学技术发展研究院常务副院长邓中亮教授所主持的星地一体通信导航融合定位系统——“羲和”系统已经实现了室内外高精度定位导航服务功能(形成室外亚米级厘米级、室内优于 3m 的无缝定位导航能力)，并且使我国室内定位技术和精度领先全球，如图 3-1 所示。

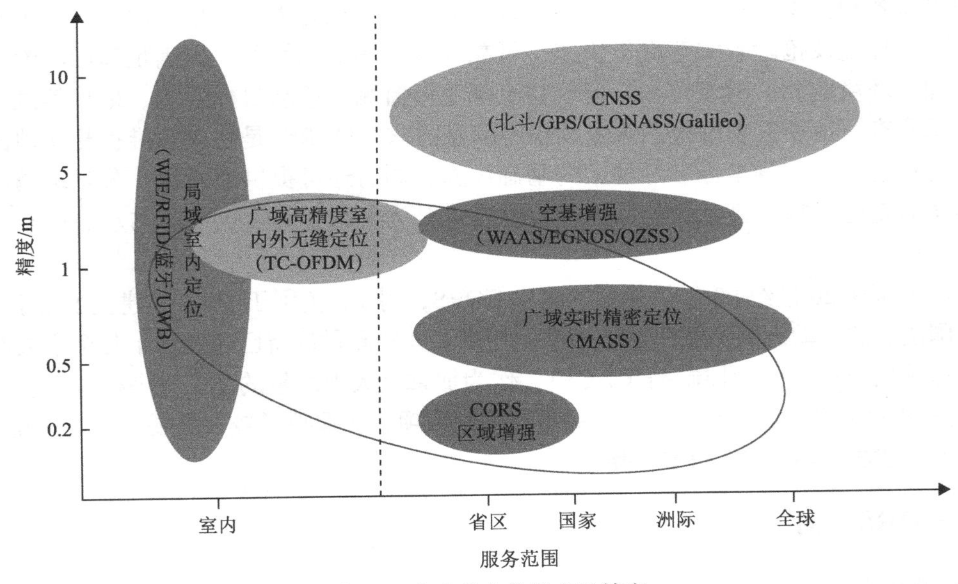

图 3-1　室内外定位技术及精度

GNSS 本身固有的局限性无法满足室内定位，而现有的室内定位技术如 WLAN、UWB 等系统虽实现了局域室内高精度定位，但必须布置大量节点，信号覆盖成本较高，不利于向广域推广，这使得室内位置服务发展遇到了很大瓶颈。“羲和”系统的出现，使这些问题迎刃而解。该系统以北斗全球卫星导航系统、移动通信、互联网和卫星通信系统为基础，融合了广域实时精密定位和室内定位等技术，可以实现室内外协同实时精密定位。

目前，“羲和”系统已经具备室外亚米级、城市室内优于 3m 的无缝定位导航能力。而在国外，目前室内定位的最大精度仍然停留在三四十米左右。

据了解，目前，“羲和”系统已在天津建设完示范应用试点工程，同时北京试点也已启动，而且包括北京、上海在内的全国 22 个机场都可以实现室内导航。得益于“羲和”系统的先进性，百度地图、高德、智慧图等企业已先后与邓中亮所带领的研究团队展开合作。目前相关地图用户已上亿，位置服务用户也达到数千万。欧洲、东南亚的国家也纷纷抛出合作意向。截至 2016 年 2 月，“羲和”系统已在北京、天津等 10 多个城市测试示范，计划于 2020 年前实现对我国 300 多个城市的覆盖。

当前，位置服务已成为智慧城市、物联网、移动互联网等相关行业的需求，在全球信息产业新的竞争中已经成为了制高点，其也是我国经济转型升级的迫切需求，“羲和”系统为我国通信网未来增值业务提供了新的参考。它与北斗系统的衔接，将加速推动北斗的应用与产业化进程，有力地推动我国位置服务平台在全国各省市的推广和应用。

3.2　CORS 系统

连续运行参考站系统(continuous operational reference system，CORS)是在一定范围内建立若干个连续运行的永久性基准站，通过网络互联，构成网络化的 GNSS 综合服务系统。CORS 不仅可以向各级测绘部门提供高精度、连续的空间基准，还可以为导航、灾害防治等部门提供各种数据服务，同时为社会各行各业，如工程施工、气象、地震、城市建设、交通管理、环境及抢险救灾等提供快速、可靠及有效的信息服务，以满足基础测绘、交通运输管理、环境监测、滑坡监测、建筑物沉降变形监测、移动目标监测、地理信息更新与国土资源调查、地质灾害预报、气象预报等信息需求。CORS 是建立与维护相应地区高精度静态与动态地心三维坐标参考框架的基础设施，同时还可提供厘米级、分米级精度的实时或准实时定位，提供毫米级的后处理精密定位，为各行各业提供静态与动态的空间位置服务。

发达国家在 20 世纪 90 年代便开始建立 CORS，例如，美国于 1996 年建立了基于 CORS 网的全国统一的、动态的国家法定坐标系；加拿大大地测量局将已建立的十几个永久性 GPS 卫星跟踪站构成一个主动控制网(CACS)，作为加拿大大地测量的动态参考框架等。我国于 20 世纪末开始了 CORS 的建设，“十一五”期间该项工作取得了较大进展，“十二五”期间大部分省区建成全覆盖的 CORS 网络。

3.2.1　CORS 概述

1. CORS 的基本概念

CORS 有两种解释，分别是 continuously operating reference stations 和 continuously operating reference system，即连续运行参考站网和连续运行参考系统。不论哪种解释，它们

都是以向用户提供高精度的实时的空间定位服务为目的的基础性设施，其核心是长久的、能稳定工作的GNSS基准站与进行数据处理的系统中心，二者从本质上说是相同的。

CORS是通信网络技术与现代大地测量、GNSS定位技术及地球动力学等学科交叉融合的产物，该网络采用了多种技术，是一种多技术协同配合的产物，是一种能够实时动态、连续地为国家基础地理坐标框架，以及为地球动力学的研究提供参数等服务的综合性信息系统，是快速获得高精度的空间数据与采集描述地理特征所需数据的重要的信息基础设施。

2. CORS的特点

CORS具有如下特点。

(1)网络化。早期的CORS是以单参考站模式工作的，各个参考站独立发送差分信息，互相不关联。随着GPS差分解算技术的发展，并与网络通信技术相结合，参考站之间实现了互联和统一控制，即实现了CORS网络化。

(2)精度高。与单参考站RTK测量相比，CORS提供的网络RTK测量精度得到了显著地提高。由于网络RTK测量采用多个参考站联合解算的数学模型，其测量精度和可靠性远高于单参考站RTK测量精度，有效服务范围更大。

(3)快速定位服务。静态GPS测量模式是先进行外业联合观测后，由内业数据处理的作业方式获取高精度的静态测量成果，无法实时获得高精度的动态测量成果。CORS出现后，在系统服务范围内可以实时获取高精度的三维坐标成果，实现GPS快速定位测量。

(4)可靠性高。CORS的可靠性主要体现在如下方面：① CORS采用多站联合组网的方法。当CORS组网内一个或少数几个参考站出现问题不能正常工作时，可以采用其他参考站进行解算，不影响用户正常使用，使系统可靠性极大提高。② 网络RTK流动站采用固定的通信数据链(GPRS/CDMA)减少了无线电噪声干扰，实现了通信链路可靠性。③ 拥有完善的数据监控系统，可以有效地消除系统误差和周跳，增强差分作业的可靠性。

(5)自动化和智能化。实现系统服务自动化和智能化是CORS建设的主要目标之一。其特征是在系统服务体系下能够把工作人员从某些工作中解脱出来，实现工作的自动化。例如，实现了自动差分解算功能、记录功能和坐标转换功能等；与专业控制系统连接，能够实现自动化、智能化作业。

(6)基准统一。无论是测量还是测绘，按照国家制定的测绘规程，其作业都应该在国家统一的坐标框架内进行作业，实现测量和测绘成果空间坐标框架的统一，以便实现数据通用共享和检查。

CORS不仅提供实时差分解算数据服务，还提供数据下载以进行数据差分服务。在CORS进行实时定位或者后差分解算广域的范围内，其差分解算的基准起算值都是CORS参考站基准坐标。采用CORS进行网络RTK作业和CORS数据下载，进行数据后差分解算，在定位点基础上进行测量与测绘作业，其最终成果都实现了基准统一。

(7)多元化服务。CORS实现了多元化服务模式，广泛地应用于各行各业与空间定位有关的工作中。它包括后差分毫米级精度的形变监测和地球板块运动研究，后差分或实时差分厘米级精度的大地测量，各种类型的工程测量，实时差分分米级精度的GIS空间数据采集，米级精度的基于位置的导航定位，以及由后差分定位延伸的GPS快速天气预报服务等(黄俊华和陈文森，2008)。

3. 单基站CORS的特点

(1)投入较少。随着单基站技术的不断成熟，现在只要较少的投资便可在一个小区域建立一个CORS站，满足当地测量用户不同层次空间信息技术服务的需要。

(2)便于升级和扩展。单基站可随时增加新的基站，加大实时RTK作业的覆盖范围。同时一旦建立虚拟参考站系统的条件成熟，只要进行系统软件的升级，少量的投资，便可将单参考站系统升级为虚拟参考站网络系统。

(3)数据可靠、稳定及安全。基站连续观测，静态数据全天候采集，点位精度高，数据稳定；同时用户登录采取授权方式，数据中心可管理登录用户，数据安全性高。

(4)作业范围广。以南方公司为例，目前基于南方单基站的RTK作业半径已扩大到30km，能实现快速厘米级实时定位及事后差分。

(5)施工周期短。单参考站技术已成为一种比较成熟的技术，从方案落实开始，采购设备，安装调试，到验收运行，整个周期在一个月以内(李华等，2009)。

4. CORS的结构

CORS由数据中心、参考站子系统、数据通信子系统、用户应用子系统组成。其中，数据中心又由用户管理中心与系统数据中心组成。

1)数据中心

数据中心是CORS的大脑，是系统稳定安全运行和连续不断提供定位服务的保证。该子系统又分为用户管理中心和系统数据中心两部分。它由服务器、工作站、网络传输设备、电源设备(包括UPS)、数据记录设备、系统安全设备等设备组成。负责卫星定位数据分析、处理、计算和存储，VRS系统建模，VRS差分改正数据生成、传输、记录，数据管理、维护与分发，同时向用户提供服务并对用户进行有效管理。

2)参考站子系统

参考站子系统是卫星数据接收功能模块。它由接收机、天线、电源(包括UPS)、网络设备、机柜、天线墩标和避雷系统组成，主要负责卫星定位跟踪、采集、记录和将数据传输到控制盒数据管理中心。各个参考站可以作为区域RTK单参考站。

3)数据通信子系统

数据通信子系统包括各个参考站与数据中心的通信系统和数据中心与用户流动站的通信系统。系统数据中心与参考站之间的数据传输，要求工作可靠稳定，反应时间比较短，控制在1秒内。由于目前有GPRS和CDMA无线上网技术支持，因此只需要将数据中心连接万维网，即可实现客户端采用GPRS或CDMA无线网络访问数据中心。参考站和数据中心通信系统采用数字电路传输与VPN网络、参考站和数据中心与数据管理中心在同一虚拟网中。

4)用户应用子系统

用户应用子系统是系统的最终用户。它由GPS接收天线、GPS数据接收机和通信子模块组成。用户通过天线接收GPS卫星数据，并用接收机进行数据存储和处理，通过通信模块把数据发送到控制与数据管理中心，并最终接收控制与数据管理中心差分解算数据。

5. CORS的基本原理

CORS是在常规RTK和差分GPS技术的基础上发展起来的一种技术。常规RTK利用各种系统误差(电离层延迟、对流层延迟等)具有较强的空间相关性，根据多个基准站的系统误差用一定的内插算法来内插或外推位于该区域内外的流动站的未知系统误差，从而实现 GPS 定位。当流动站离参考站较近(如不超过 10～15km)时，定位一个点仅需数秒钟，实时显示三维定位结果，并能达到厘米级精度，但随着流动站与参考站间的基线长度的增加，空间误差的误差相关性变得越来越弱，测量定位精度也随之迅速降低。除此之外，基于广播传输数据链也会受到距离的影响。

在这种情况下为了在更广范围、更长距离获得高精度的定位结果，势必要采取一些特殊的处理方法与措施，例如，可以在一个范围很广的区域内均匀地布设多个参考站，首先利用这些参考站组建成一个参考站网络；然后利用广域和局域差分 GPS 的基本原理、方法及网络解算模型进行 RTK 定位；最后利用流动站与参考站的观测值模拟与距离相关的系统误差源，结合误差改正模型，获得改正数来消除或减弱流动站上各种误差的影响，从而得到高稳定性的、高可靠性的、高精度的定位结果，以上就是 CORS 工作的基本原理。CORS 工作原理如图 3-2 所示。

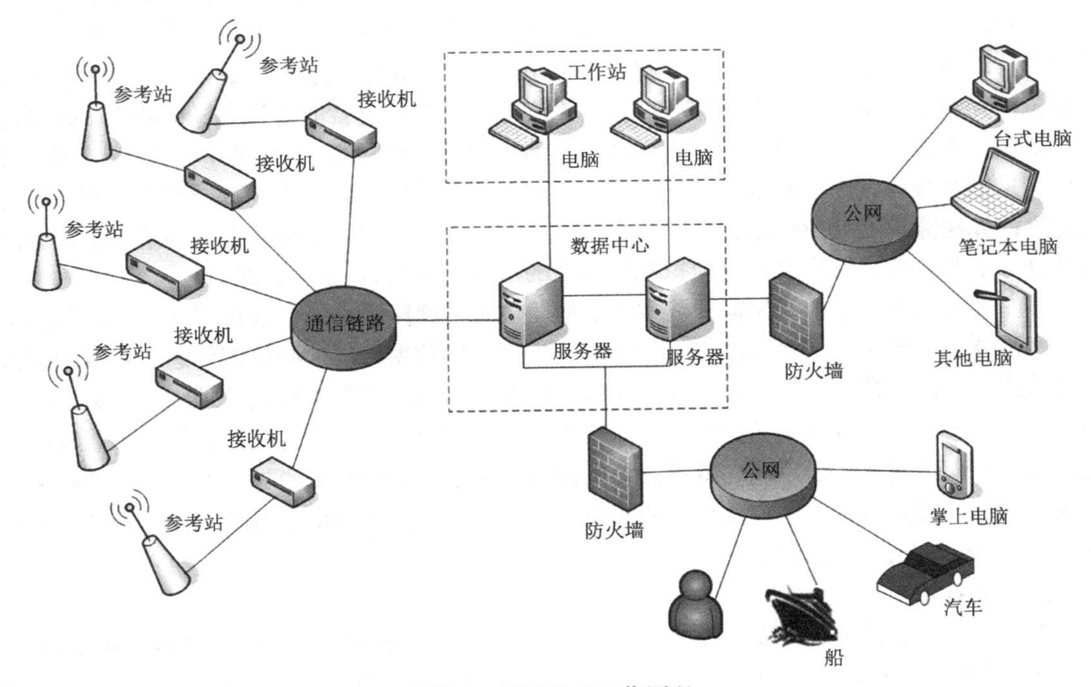

图 3-2　CORS 的工作原理

CORS 是由数据中心、参考站子系统、数据通信子系统、用户应用子系统组成。每个参考站上都应配备双频全波长 GPS 接收机，因为这类接收机能同时接收精确的双频伪距观测值。参考站的精确坐标通常采用长时间 GPS 静态观测结合高精度数据处理软件(如 GAMIT、BERNESE、GPPS 等)的方法获得。此外，参考站还应配备数据通信设备和气象仪器等。参考站将连续的和规定采样率的观测数据通过通信链实时地将观测资料传送给数据处理中心。处理中心根据流动站的近似坐标和参考站的观测资料，求出流动站处的系统误差并播发给流动用户以进行修正，从而获得精确的定位结果。流动站与处理中心间可利用现代计算机、数据通信和互联网(LAN/WAN)技术组成的网络实时地将观测值(载波相位、伪距)、各种改正数、状态信息等数据进行双向数据通信。

6. CORS 的技术类型

目前，网络 RTK 技术是城市 CORS 中的实时动态定位采用的主要技术，其主要代表有虚拟参考站技术(VRS)、FKP 技术及综合误差内插技术(combined bias interpolation，CBI)等三类技术。

1) VRS 技术

1999 年，德国 Terrasta 公司推出了 VRS 技术，经过几年的改进完善，该技术已形成了实用性强、商业化成熟的技术和软件系统。VRS 技术中，将所有的原始数据发给控制中心，再由数据处理软件检查各基准站采集到的观测数据的完整性，固定参考站并不直接向移动用户发送任何的改正信息(Wanninger，2003)。同时，在开始工作前，移动用户需要提前向控制中心发送移动用户所在位置的一个概略的坐标，这个概略的坐标信息传送给系统中心后，系统中心会根据用户所在位置的坐标信息，自动选取最优的一组固定基准站，有了这些信息，系统中心就可以计算出一个整体的改正误差参数，这些参数包括卫星轨道误差、电离层产生的误差、对流层产生的误差及大气折射产生的误差等，并将这些高精度的差分信号实时地发送给用户移动站。根据这些差分信号，就可以在用户移动站附近生成一个虚拟参考站，有了这个虚拟的参考站，单基站 RTK 作业存在的距离上的限制问题就能得到很好地解决，并且能够保证用户定位所需要的精度。因为模拟出来的参考站与实际的观测点距离比较近，因此可以认为是短基线或者超短基线，通过差分，各种误差就可以较好地得到减弱消除，而且其定位计算的算法原理及其所使用的软件与常规的 RTK 完全一样。其最关键的环节在于计算虚拟基准站的观测值，即需要计算虚拟基准站处的双差观测值(黄丁发，2007)。

其主要特点为：①流动站需要将本站的概略位置传递给主控站，故数据处理中心和流动站之间需要双向传输；②流动站仅需传递概略坐标，而数据处理中心仅需传递新生成的虚拟观测值或虚拟改正数；③流动站只承担少部分计算，大部分计算由数据处理中心完成，流动站仅要求一般的支持 RTCM 的常规 RTK 接收机，不需要另外的软件支持，提高了兼容性，流动站唯一与常规 RTK 不同的就是需要向数据处理中心传输概略坐标，即虚拟站的坐标；④由于数据的双向传输，用户数量不能无限制增加，而取决于网络带宽和主控站服务器的硬件等因素(Wanninger，2003)。

2) FKP 技术

FKP 技术，又称为区域改正参数法，是由德国的 Geo++公司推出的，该技术利用 GPS 基准站观测数据和基准站已知坐标信息，通过整体的网络解算，用卡尔曼滤波法对数据进行非差的处理，得到基准网覆盖范围内与时间及空间相关的误差改正数模型，将改正数模型应用到观测值中，通过模拟计算，消除减弱多种与空间和时间有关的误差，通过误差改正，便可获得较高的符合精度的定位数据。采用 FKP 技术，整个网络只生成一组 FKP 覆盖区域的改正参数，并通过 RTCM 扩展协议，将这些改正参数发送给流动站(Fan et al.，2004)。

该技术主要特点是：①数据处理中心承担部分计算；②数据处理中心发送区域改正参数；③改正数在用户站生成；④数据仅需单向传输，对用户的数量没有限制，流动站需要购买新的软件来支持这种模式(张黎等，2007)。

3) CBI 技术

CBI 技术利用卫星定位误差的相关性来计算基准站上的综合误差，用户站的综合误差由内插得出。CBI 技术优势在电离层变化较大的时间段和区域内时比较明显。采用 CBI 技术，用户需要另外添置设备，因为CORS需要单向数据传输链路。该算法的关键环节在于计算基准站双差综合误差和流动站综合误差(唐卫明等，2007)。

CBI技术的特点为：①单向数据传输；②对电离层、对流层误差不使用改正模型，由已知误差直接改正，改正效果受外界影响小；③对轨道误差与其他误差可直接消除或削弱；④基准站的使用可根据流动站和基准站的位置选择；⑤用户需添置设备。

3.2.2　CORS误差源分析

在CORS研究中只有建立正确的解算模型或减弱卫星定位中的各种误差才可以得到精确的定位结果,因而对CORS系统误差源的研究是准确模拟GPS载波相位观测值和生成误差的改正参数的先决条件。研究和应用中各种误差源在特性上有本质区别，因而可把CORS误差源分为非空间相关和空间相关误差来处理。非空间相关误差有卫星钟差、接收机钟差、接收机噪声、多路径效应等；空间相关误差包括轨道误差、对流层延迟误差和电离层延迟误差等。

对于卫星钟差、接收机钟差、接收机噪声、多路径效应、天线相位中心偏差、地球旋转影响、相对论效应及地球固体潮影响而言，可以通过模型计算得到或在组成双差的过程中消除或者减弱。为此，下面主要对对流层延迟误差、电离层延迟误差及卫星星历误差对CORS定位精度的影响进行分析。

1)对流层延迟误差

对流层为高度40km以下的大气层，当电磁波通过对流层时，其传播速度发生变化，传播路径也弯曲，从而导致对流层延迟(党亚民等，2007)。

为了能更精确地获得对流层延迟，得到更高的定位精度，国内外很多专家在这方面进行了大量研究：熊永良等(2006)着重考虑了高程因子对求算电离层延迟的影响，提出了7种含高程影响因子的对流层拟合模型；王贵文(2004)提出了为提高对流层折射模型的精度，将天顶延迟参数引入模型计算，并用半参数回归分析模型对天顶延迟参数进行了估计。还有，国外有的专家推出NOAA模型和改进的霍普菲尔德模型等。欧洲的Galileo系统和中国的北斗系统的建成，到时将引入新的载波频率。因为新载波的测量精度要高于L1、L2载波，将更容易地解决电离层误差和多路径误差，从而使减弱残余对流层误差变得更为简单。

2)电离层延迟误差

电离层是距离地球表面高度50～1000km的大气层。在太阳光的强烈照射下，电离层中的中性气体分子被电离而产生大量密度相等的正离子和自由电子，它们会对电磁波信号产生影响。电离层对GPS的影响主要有以下几种：电离层码群延、电离层载波相位超前、电离层多普勒频移、信号波的衰减、电离层相位闪烁效应、磁暴对差分GPS的影响、电离层对差分GPS的影响。近年来的统计表明，在中纬度地区，测站天顶方向的电离层延迟白天可达10m(相当于30ns)，夜间可达1～3m(相当于3～10ns)。传播方向的延迟约为天顶方向延迟乘于传播路径高度角有关的倾斜因子；高度角很低时，倾斜因子可能达到3，传播路径上的电离层延迟可能在9～45m(30～150ns)变动。在太阳活动高峰年，这种延迟有时可达150m左右(王式太，2007；徐文兵，2009)。所以，电离层对电磁波产生如此大的偏差，测量或导航都必须考虑。

考虑网络RTK(或者CORS)的应用前景，为了提高CORS的定位精度，扩大其应用领域，很多学者都在进行这方面的研究。目前常用的电离层改正模型有：ICA(ionospheric correction algorithm)、电离层活动模型IRI(international reference ionospher)及双频消除法。由于CORS

定位有自身的特点，所以上述三种电离层折射处理方法用于CORS都有缺陷。李成钢等(2007)发现对流层误差不仅具有很强的空间和时间相关性，同时还与高程参数密切相关，在LSM算法中添加适当的高程参数，是解决流动站位置对流层误差建模切实可行的方法；对于中长基线参考站网络中对流层及其他系统误差的分类建模，仍是今后VRS模型精化研究方面的重要内容。高星伟等(2009)给出了一种适合CORS定位的电离层延迟估算和处理方法，首先对基准站网的垂直电子总量进行计算，然后内插用户站处的垂直电子总量，估算用户电离层延迟和改正。邱蕾等(2010)的实验表明，CORS中基准站双差电离层延迟变化趋势在午后变化幅度较大，出现最大值。

利用两个频率电磁波进行控制电离层延迟时可获较好精度，采用载波观测值的误差一般不超过几厘米。

3)卫星星历误差

在GPS定位公式中，一般是把卫星的位置矢量当做已知值来进行定位求解，所以星历误差是起算误差，将传递到测站坐标产生定位误差。

卫星星历误差在常规RTK定位中的影响随着基线长度的增加其定位精度也将降低。吴俐民等(2008)认为卫星轨道误差对差分观测值的影响主要来自X和Z方向上，并且与卫星和基线的夹角及基线长度有关，对于几百千米的基线，Y方向上的轨道误差影响可以不考虑。有学者也认为，通过对单差伪距观测值的适当线性组合可以减小或消除卫星轨道误差的影响。

3.2.3　计算CORS改正数的常用数学模型分析

在CORS中，用户接收机和参考站间的距离比常规RTK大大增加了，此时流动站与参考站的空间相关性减弱，双差观测方程中的各种与距离有关的误差，如电离层、大气层偏差及轨道偏差等不能完全消除；为了提高定位的精度必须有效地消除与距离有关的误差。消除这些误差的影响是CORS技术的关键问题，在CORS中一般采用的是内插参考站网的偏差。到目前为止常用的内插算法有：偏导算法(partial derivative algorithms，PDA)、线性内插法(linear interpolation method，LIM)、基于距离的线性内插法(distance-based linear-interpolation method，DLIM)、低次曲面模型法(low-order surface method，LSM)、线性组合法(linear combination model，LCM)及最小二乘配置法(least-squares collocation，LSC)等。

1)偏导算法

偏导算法的数学基础是利用至少3个参考站的数据形成一个倾斜的参数化平面，利用一个一阶偏导函数式内插网络覆盖范围内用户相应的改正值(吴俐民等，2008)。

该方法的优点有：①在实际应用中，数据中心只是将模型参数(或称网络系数)发布给流动站，而不是将原始的或经过改正的观测值发布给流动站；②当参考站数目增多，模型复杂度增大时，数据传输的负担不会显著增加；③利用偏导算法，还可以估计多路径效应。

2)线性内插法

该模型要求流动站附近至少有3个GPS参考站，当参考站的整周模糊度被正确确定后，双差电离层偏差可以在双差的基础上获得，在网络覆盖区域流动站的电离层改正数都可内插而得(Wanninger，1995；Gao，1998)。

3)基于距离的线性内插法

该方法主要用于对流动站电离层延迟进行模拟(张成军等，2006)。

4) 低次曲面模型法

距离相关偏差能够反映出参考站之间很强的空间相关性，然而低阶拟合曲面只是实际曲面的一种简化，它不仅能模拟出参考站之间的空间相关性，还能模拟出距离相关偏差的趋势。低阶曲面模型法的拟合函数的变量可以有多个，如可以是 2 个(水平坐标)或 3 个(水平坐标和高程)；阶数也可以有多阶，如可为一阶、二阶或更高阶次(吴俐民等，2008)。

5) 线性组合法

此模型主要是用来模拟空间误差，如电离层偏差、对流层偏差、轨道偏差，也可减少多路径误差和接收机噪声(王式太，2007)。

6) 最小二乘配置法

该方法以一个观测值的改正结果与星站距离相等为条件的最小二乘条件平差方法来计算载波相位观测值的距离相关误差改正数(吴俐民等，2008)。

3.2.4　CORS 的应用

不论是区域 CORS 还是大范围洲际 CORS 或 IGS，目前主要应用领域包括：大地测量学和地球动力学科及其相关交叉学科的研究；区域或全球参考框架的维护；各种等级的工程测量；车辆、飞机及船舶导航、采矿、林业、教育及环境监测；在发达国家还将其应用于精细农业。下面对 CORS 的应用进行分类综述，并逐一对各类应用范围进行细化，具体如表 3-3 所示。

表 3-3　CORS 应用领域细节一览表

应用类别	一级细节划分	二级细节划分
科学研究	大地测量学	参考框架的动态维护；卫星定轨(及其相关轨道、钟差产品)；地球自转参数确定
	地球动力学	地壳形变监测和板块运动；地震监测与预报；厘米/毫米级大地水准面的研究
	其他交叉学科	GPS 气象学；研究电离层
陆地测量	生产建设	城市管线(道路)测量；地籍测量；精密工程测量；工程放样(线)；数字城市的数据采集与地图更新等
	科学管理与防范*	城市智能交通；城市公共安全(如毒气扩散事件的预警和指挥)；物流管理；公共管理；码头管理等专项管理方面；桥梁建筑物等变形监测；滑坡监测；地表沉降监测等方面
	生活与娱乐*	个人自助导航
海洋测量	生产与国防建设	海岸线测量；近海导航；港口测量；近海水下地形测量
航空航天	管理和调度	机场管理(飞行器起降)
	生产	辅助遥感和航拍的相机空中定位和定姿
其他	农业、水利、自动化控制等*	精细农业；工程作业的自动化控制(如废品回收厂的垃圾分拣)

*表示目前国内城市 CORS 系统应用还不到位的领域。

3.3　遥 感 技 术

3.3.1　遥感概述

1. 遥感定义

遥感，从字面上理解为“遥远的感知”，从广义来说泛指各种不接触物体的情况下，远距离探测物体的技术。电磁波、机械波(声波)、重力场、地磁场等都可以用作遥感，但一般而言，RS 指的是电磁波遥感，即狭义的遥感，其定义为：从远距离、高空乃至外层空间的平台上，利用可见光、红外、微波等探测仪器，通过摄影扫描、信息感应、传输及处理等技术过程，识别地面物体的性质与运动状态的现代技术系统。

目前，对遥感较为简明的定义为：从不同高度的平台上，使用遥感器收集物体的电磁波信息，再将这些信息传输到地面并进行加工处理，从而达到对物体进行识别和监测的全过程。遥感科学与技术的基本内容如图 3-3 所示。

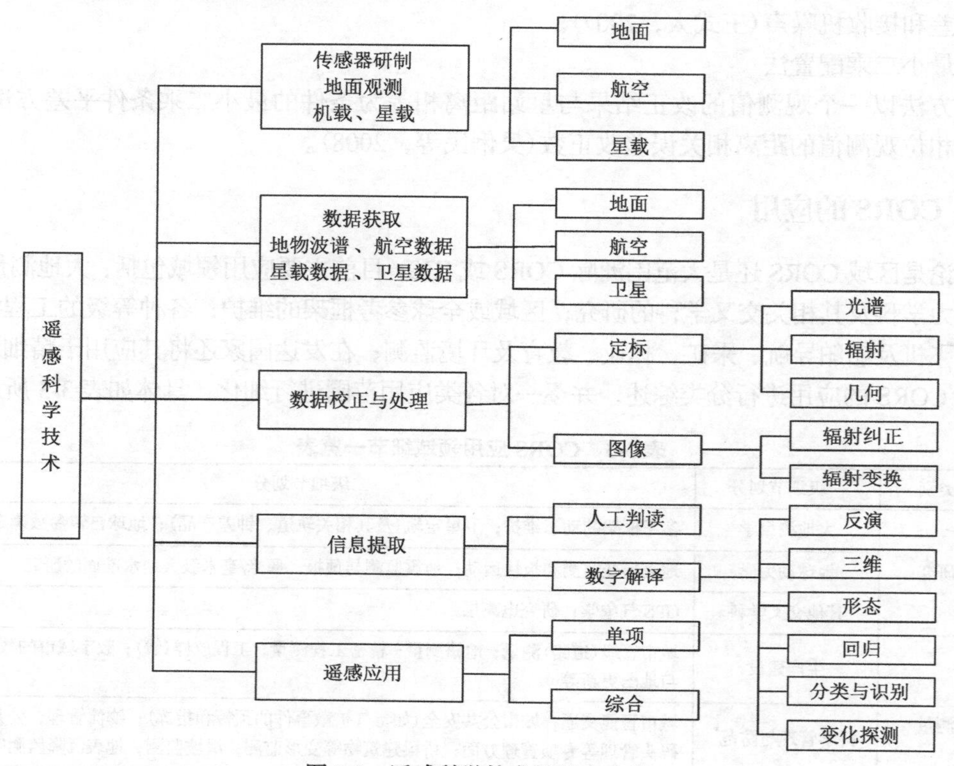

图 3-3　遥感科学技术的基本内容

2. 遥感平台及运行特点

遥感平台是搭载传感器的工具。按平台距地面的高度大体上可分为三类：地面平台(h<100m)、航空平台(100m< h <100km)、航天平台(h >240km)。

卫星轨道在空间的具体形状、位置通常用以下参数来描述：轨道长半径 a、轨道偏心率 e、轨道面倾角 i、升交点赤经 Ω、近地点角距 ω、卫星过近地点时刻 t 及周期 T。

这些元素中，a、e 确定轨道的大小与形状；i、Ω 确定轨道面所在空间的位置；ω 确定轨道面中长轴的方向；t 确定卫星过近地点的时刻。以上元素全部确定后，才可以确定卫星某时刻在轨道上的位置。

在遥感平台中，航天遥感平台目前发展最快、应用最广。根据航天遥感平台的服务内容，可以将其分为气象卫星系列、陆地卫星系列和海洋卫星系列。

我国的气象卫星发展较晚。“风云一号”气象卫星(FY-1)是我国发射的第一颗环境遥感卫星，它是一颗太阳同步轨道气象卫星。其主要任务是获取全球的昼夜云图资料及进行空间海洋水色遥感实验。我国是目前世界上少数几个同时拥有极轨和静止气象卫星的国家之一，处于世界一流水平。

我国也正在抓紧研制高分辨率对地观测卫星(简称“高分卫星”)，正在进行名为“高分专项”的遥感技术项目，“高分专项”包含至少 7 颗卫星和其他观测平台，编号为“高分一号”～“高分七号”，其中“高分一号”已经于 2013 年 4 月 26 日发射成功，“高分二号”于 2014 年 8 月 19 日发射成功，其他卫星将在 2020 年前发射并投入使用。“高分一号”为光学成像遥感卫星，全色分辨率为 2m，多光谱分辨率为 8m；“高分二号”也是光学遥感卫星，但全色和多光谱分辨率都提高了一倍以上，分别达到了 0.8m 全色和 3.2m 多光谱；“高分三号”为一颗具备高分辨成像能力的 C 波段多极化合成孔径雷达(SAR)成像卫星，是我国国家科技重大专项(高分专项)“高分辨率对地观测系统重大专项”的研制工程项目之一，是高分专项(民用)中唯一的相控阵雷达成像卫星，也是我国首颗 C 频段多极化高分辨率微波遥感卫星。“高分三号”卫星能够全天候和全天时实现全海洋和陆地信息的监视监测，并通过左右姿态机动扩大对地观测范围和提升快速响应能力。2010 年 12 月，“高分三号”卫星工程预研工作正式启动；2013 年 9 月 17 日，“高分三号”卫星通过了用户和集团公司联合组织的转初样评审，卫星转入初样研制阶段，按照卫星工程研制计划，卫星计划于 2016 年 3 月完成正样研制，具备出厂发射条件。

“资源三号”(ZY-3)卫星是我国自行研制的民用高分辨率光学传输型立体测绘卫星，卫星集测绘和资源调查为一体，开展国土资源调查与监测。ZY-3 卫星装载三线阵测绘相机和多光谱相机，运行在轨高度约 506km、倾角为 97.421°的太阳同步回归圆轨道上，卫星可提供幅宽大于 51km，全色波段分辨率为 2.1m，多光谱波段分辨率为 5.8m 和 3.5m 的立体影像。

我国海洋卫星工程起步较晚，2002 年 5 月和 2007 年 4 月，中国海洋水色卫星“海洋一号”A(HY-1A)和“海洋一号”B(HY-1B)分别成功发射。其中“海洋一号”A 星的发射成功，结束了我国没有海洋卫星的历史，为我国海洋观测提供了全新的手段，实现了我国实时获取海洋水色遥感资料零的突破，为海洋卫星系列化发展奠定了技术基础。2011 年 8 月 16 日，我国第一颗海洋动力环境监测卫星“海洋二号”(HY-2)发射成功。

HY-1 卫星(海洋水色卫星)以可见光、红外探测水色水温为主，重点满足赤潮、溢油、渔场、海冰和海温的监测和预测预报需求。HY-2 卫星(海洋环境卫星)以主动微波探测全天候获取海面风场、海面高度和海温为主，满足海洋资源探测、海洋动力环境预报、海洋灾害预警报和国家安全保障系统的要求。

我国的海洋卫星，正在朝系列化、业务化应用迈进。我国海洋卫星及其应用发展目标是：实现海洋卫星的系列化、业务化，形成长期、稳定、连续运行的海洋空间监测与地面应用体系，逐步发展以海洋卫星为主导的立体海洋监测网，提高海洋灾害预报的准确性和时效性，为海洋资源合理开发利用、海洋环境保护和国防建设需要等提供服务。

随着国家海洋事业和航天事业的快速发展，在国家主管部门的领导下，海洋卫星将在我国海洋资源开发与管理、海洋环境监测与保护、海洋灾害监测与预报、海洋科学研究及国际与地区合作等方面发挥更大的作用。

3. 遥感的特点

遥感是从空中利用遥感器来探测地面物体性质的现代技术，相对于传统技术，有以下特点。

(1)探测范围大。航摄飞机高度可达 10km，地球卫星轨道高度更可达 910km 左右。一张卫星图像覆盖的地面范围可达3万多平方千米，只需要600张左右的卫星影像就可把我国全部覆盖。

(2) 获取资料速度快、周期短。实地测绘地图，需要几年、十几年甚至几十年才能重复一次，而以陆地卫星(Landsat)为例，每16天就可以覆盖地球一遍。

(3) 受地面条件限制少。不受高山、冰川、沙漠及恶劣条件的影响。

(4) 手段多，获取的信息量大。可用不同的波段和不同的遥感仪器获取所需的信息，不仅能利用可见光波段探测物体，而且能利用人眼看不见的紫外线、红外线及微波波段进行探测；不仅能探测地表的性质，而且可以探测到目标物的一定深度；微波波段还具有全天候工作的能力。

(5) 用途广。遥感技术已广泛应用于农业、林业、地质、地理、海洋、水文、气象、测绘、环境保护及军事侦察等诸多领域。总之，随着遥感应用向广度和深度发展，遥感探测更趋于实用化、商业化与国际化。

3.3.2 遥感影像专题信息提取技术

在信息提取方面，国内外遵从专题信息提取的基本思路，提出了目视解译、基于像元统计分析、面向对象和多源信息复合等专题信息提取方法。

1) 基于目视解译的专题信息提取

目视解译是其他专题信息提取方法研究的基础，只有正确了解遥感影像目视解译的思想，加上一定的解译经验，才能模拟人脑，探索出其他的信息提取的方法，而且目视解译仍然被广泛地应用在对精度要求较高的专题信息提取中。

目视解译较其他方法简单，并且具有较高的专题信息提取精度，但是需要依靠解译人员的专业知识和解译经验，而且目视解译需要大量的时间和精力，信息的时效性得不到保证。因此，在具有海量数据的信息社会，研究遥感影像专题信息的自动提取显得尤为重要。

2) 基于像元统计方法

以往大部分遥感信息提取工作都是从像元特征提取角度来开展方法的设计，是一种基于像元层次上的图像分析，能够描述与提取的特征信息极为有限，主要是像元的基本视觉特征，如光谱特征、纹理特征和有限邻域范围内像元集的派生特征等。像元特征的局限性，造成许多模型与方法在精度上的欠缺，一般只对噪声干扰小、地物特征明显的高质量图像处理效果较好，大多数图像的处理与分析精度难以达到实际应用的要求。

近年来出现了基于纹理特征的分类、模糊分类、神经元网络分类、专家分类和基于知识的分类等方法，这些方法基于光谱特征分类的不足，提出了利用纹理、结构、形状等空间特征和GIS辅助数据参与分类，从不同程度上改善了分类的精度，但这些方法就其本质而言还是基于影像像素层次的分类，不能从根本上适应高分辨率遥感影像的信息提取。

3) 面向对象的影像分析方法

为了突破传统的分类方法，改善高分辨率遥感影像的分类精度，在传统方法的基础上出现了一种全新的面向对象的分类技术，其最重要的特点是分类的最小单元是由影像分割得到的同质影像对象，而不再是单个像素。

面向对象的知识决策分类方法以对象作为分类的基本单元，对象的生成可以由已有的专题图获取，也可以采用遥感影像分割的方法生成。在分类过程中，对对象进行分析，提取纹理、光谱、形状信息，再将这些信息作为知识加入分类器中，同时将已有的GIS数据作为知识加入分类器中，这样可以极大地提高分类精度，知识的加入通过决策树来实现。这种方法不论从理论上还是实践上都比传统的分类算法有较大的优势。

4)多源信息复合的专题信息提取

多源信息复合包括遥感信息的复合和遥感与非遥感信息的复合。遥感信息的复合主要用于两个方面：一方面是用来提高影像的空间分辨率和波谱分辨率，如不同传感器的遥感数据复合；另一方面用来研究时间变化所引起的地物的各种动态变化，如不同时相的遥感数据复合。与非遥感信息的复合有助于综合分析问题，提高专题信息提取的效果，例如，与数字表面模型(digital surface model，DSM)复合，利用地物的高程不同可以区分不同的专题信息；与同时期某种专题信息的矢量数据复合，可以指导影像的分割和其他专题信息的提取。李向军等提出了一种基于矢量图进行遥感影像的区域变化监测的方法，它是通过综合利用土地利用矢量图边框和类别属性进行土地利用的区域变化监测的，达到了较好的总体检验精度。

3.3.3 基于遥感专题制图综合的方法

专题图制图综合的一般方法是按照综合对象的表示方法，依据一定的规则进行制图综合。遥感影像专题地图是现今数字环境下，借助专题图表示方法的多种方法相结合进行信息表达。因此，遥感影像专题地图同时有着遥感影像和专题图的特征，在其制图综合过程中从两者的特点入手进行其制图综合的研究是必然的。

遥感影像专题图是在遥感图像分类基础上，经过制图综合、与地图要素叠加、加绘文字注记、图例、方里网等图面整饰处理，得到的一张“专题图”。此类图是以同质图斑表示面状分布要素，类似分级设色地图，与传统专题地图相比，具有要素表示详细，较为直观的特点。既能反映地表形态，又能明确地表达其地理位置，因此这种地图有空间定位、直观形象、真实易读，有利于地理分析解译；有利于空间认知与表达上的相互补充，因此影像和地图的结合是解决各自在空间认知与表达上不足的有效途径；且图面信息丰富，内容层次分明，能清晰准确地反映诸多自然要素的基本结构和分布特征，同时能明显地表示出类型的差异，这对专题调查与制图是一种很好的基础地图。影像能够真实直观地反映地表信息，但这也限制了它对非地表信息的表达。而与地图符号的结合将能够表达多层次的认知信息。

地图制图综合依据数据表达形式的不同，可以分为地图数据库综合和地图制图综合。地图数据库综合主要指为了实现地图数据库(或空间数据库)的多尺度表达，基于空间数据库进行的地理要素及其他地图要素的综合工作。地图制图综合主要指在目前从地图到地图综合手段仍大量存在的前提下,完全为了地图表达的目的进行的地图比例尺变化及地图要素的综合。

基于遥感影像的专题图制图综合属于基于矢-栅混合结构数据的地图制图综合。依据其理论基础，适宜先基于矢量专题图数据库进行语义自动综合，然后在此基础上引入地学信息图谱等新的方法进行制图综合。基于遥感影像的专题图制图综合实施方法有着自身的特点，下面对其需要遵循的基本原则及综合方法做详细探讨。

1. 基于遥感影像专题图制图综合的原则

基于遥感影像的专题图地图制图综合，除了需要遵循普通专题地图的基本原则外，还需考虑遥感影像本身所带来的地理要素协调一致性、互制约性等基本原则(廖克，2003)。

1)地理要素协调一致性原则

地理要素协调一致性主要是指地理环境要素的整体性。通常情况下，地理要素协调一致性是指对地理要素通过地图进行表达时的一致性，主要是看以地图的方式表达地理信息与实地是否一致。然而，随着地理学与现代地图学的迅速发展，可以说地理要素协调一致性的内涵已经发生了很大的变化。可以细分为两个方面：地理要素在空间存在的协调一致性和空间地理要素通过地图方式表达的协调一致性，即从科学内容到表现形式的有机统一和协调。

遥感影像是对自然要素的直观表达，这早已得到人们的认可，但是遥感影像却只能表达地表的自然地理要素信息。虽然，随着遥感技术的不断改进，现代遥感影像可以不同程度地表达地下信息，但还不能从根本上表达复杂的地理空间信息，对地下信息的表达仍然无能为力。因此，地理要素在空间真实存在的协调一致性需要从地理学的角度去认识。

地质、地貌、气候、水文、土壤、植物、动物等要素组成地理环境，这些具有不同特点的每一个要素，按照自己的规律存在和发展，同时又与其他要素最密切地彼此联系着、影响着。例如，地貌、水文、植被、土壤影响气候的特征，而气候本身也影响地貌、水文、植被和土壤。自然界中，各个地区的不同地理环境不是各要素的偶然组合，而是具有历史性的、有规律的各要素所共同组成的综合体。它们按照一定的地带性规律（纬度带、经度带、垂直带）和非地带性规律表现出来。总之，自然界本身是天然的统一协调的，假如所有地图都能像照片一样完全真实地反映地面可见现象的话，那么各地图可以认为是统一协调的，当然这是不可能的。要使地图真实反映出要素和现象的分布规律及它们之间的相互联系，首先必须了解和掌握这些规律及研究各要素之间的相互联系，它们的规律是统一协调的基础（廖克，2003）。

2）地理要素互制约性原则

地理要素互制约性主要是指地理要素外观的表现是由多种原因造成的，如植被的生长对土壤的依赖程度及受气候的影响非常大。例如，橡胶不适合栽种在干燥或者土壤肥力不足的地方，道路的规划等经常与水系的关联非常大，这些都是对地理要素认识过程中主要的分析依据和知识投入。垂直地带分布区的地物成长，与高程的关系可能非常密切。例如，丽江玉龙山区，植被、土壤和农作物的垂直带分布十分明显，海拔5000m以上土壤为冰川雪被，植被为雪被；4500～5000m土壤为原始土壤、高山寒漠土，植被为地衣、高山砾石冻荒漠，被认为是荒漠带；4000～4500m为灌丛草地带，土壤为亚高山灌丛草甸土、亚高山草甸土，植被为箭草高山草地、高山杜鹃灌丛；3000～4000m土壤为暗棕壤和棕壤，植被主要为铁杉、冷杉、红杉、云杉等；2000～3000m为山地红壤、耕作红壤，植被以云南松林为主；1500～2000m为耕作土，植被以山麓荒草为主（傅肃性，2002）。可见，山区土壤垂直地带分布与其植被垂直地带分布，有着密切的地理相关性和制约性。这些特征在遥感影像上主要表现为色调、纹理的不同，相当直观、形象，这也是基于遥感影像进行地图制图综合的基本原则之一。

3）地理要素表达协调一致性原则

地理要素表达协调一致性主要指通过地图等表达手段描述地理要素时的统一协调问题，包括轮廓界线的统一协调、符号系统的统一协调、色彩的统一协调及拓扑关系的统一协调等内容。在地图制图中，主要通过图例设计手段来解决这些相关问题，以揭示地理的地带性及区域分异规律，以及研究自然综合体各要素的形态结构、发生成因、组成物质、时代年龄、区域经济综合体各部门的组成、结构、规模、产值、效益，研究自然综合体和区域经济综合体不同等级之间的关系在分类分级系统和不同比例尺中的反映（廖克，2003）。例如，通过地图符号和色别设计从色相、色调的总变化上体现出地带性变化规律，以冷暖色调体现气候的冷暖变化，以黄、绿、蓝色调反映由干燥到湿润的过渡等。从而保证地理要素表达上的统一和协调，取得总体上良好的感受效果。

2. 专题地图数据库综合

地图数据库综合其主要目的是实现空间数据库的多尺度表达，以大比例尺数据库为基本数据库，得到相关的各种小比例尺数据库，尤其是相关要素的专题图数据库，达到对同源数据的高效利用。这也是地理信息系统与计算机地图制图联系紧密、互相促进的一个结合点。可以说，正是数据库综合的开发与应用，推动了GIS的发展。其与制图综合的主要区别在于，对数据库综合而言，只具有数据库管理数据的能力而不考虑图形的表示。数据库综合的主要目的是减少数据量，数据量的减少能够提高GIS中分析功能的分析效率。GIS中的空间物体需要多尺度的数字表达，这与数据的可视化是有区别的。

数据库综合的过程实质上是语义综合的过程(武芳，2000)，即对客观现实世界进行概念层次上的综合性模拟，从而产生并突出地理目标的结构和相互间关系，方法是利用数据库作为数据源，采用选取、合并、化简等综合手法，产生派生的数据库。数据库综合是基于分析的需要而进行的，制图综合则基于信息传输的需要，但两者并非互不关联。所以，数据库综合可以作为一个预操作先于制图综合进行，制图综合包含了数据库综合。

3. 专题图制图综合

随着地图综合概念的变化，地图制图综合和空间数据库的综合是分不开的，但其主要强调的是制图的目的，因此被认为是空间数据库的可视化表达。同时，随着制图输出的要求，地图制图综合最主要的影响因素是对比例尺的规定，从而带来了地图空间与信息载负量表达之间的矛盾。

为制图可视化而进行的空间数据综合，其目的与传统的手工制图综合相类似。但是，制图技术的发展变化产生了新的任务和新的需要，交互技术、数据分析探索的可视化技术等引进制图领域后，制图综合的内容有了新的扩展。应该看到的是，信息系统中的地图不再是典型的、复杂的、多用途的地图，而是含有少量要素的用途单一的地图。换句话说，地图和其他形式的可视化产品经常以“小复合”的形式出现(在多窗口和数据分析中出现)，与交互的操作、控制一起，形成了新形势下的制图表达方式，这种表达方式或多或少地减轻了制图综合的难度。

尽管数据库综合与制图综合在用途方面存有差异，它们各自的目的不同，但方法上却没有大的差别。这两种方法在综合过程上的区别，主要体现在地图产品输出时首先要保证的是地图质量，而GIS中的数据库综合首先考虑的是综合速度。数据库结构化后，数据的组织必须满足用户的需求。制图综合可以看做是数据库可视化的过程，这就是说，数据库中的数据需要用制图综合来可视化，数据的局部和全局结构、空间冲突的状况、综合过程中物体的行为等，是制图综合中需重点考虑的问题。

3.4　无人机技术

近年来，我国社会经济的不断发展，不论是资源管理、城乡规划建设，还是考古及地理国情监测等各个领域，对遥感影像数据获取的要求越来越高。卫星遥感影像收集由于受到高度、天气条件及重访周期的影响往往难以满足要求，常规航空摄影也常受空域及气象等条件的制约，对于紧急任务要求难以胜任，且成本高昂。基于无人机的低空摄影测量技术因其成本低、起降灵活、受气象条件影响小(可在云层下作业)，作为普通航空摄影测量及卫星遥感获取信息的补充手段，在国家重大自然灾害应急、地理国情监测、土地管理及城市建设规划等领域得到越来越广泛的应用，甚至在某些应用中将一定程度上逐步取代传统的手工测量工作(周晓敏等，2012)。

3.4.1　无人机遥感概述

1. 概念及分类

无人机遥感(unmanned aerial vehicle remote sensing，UAV)是利用先进的无人驾驶飞行器技术、遥感传感器技术、遥测遥控技术、通信技术、GPS差分定位技术及遥感应用技术，能够自动化、智能化、专用化地快速获取国土、资源、环境等空间遥感信息，完成遥感数据处理、建模及应用分析的应用技术。

无人机遥感是卫星遥感和航空遥感的有益补充，又具有其他遥感手段无法比拟的独特优势。常见的无人机遥感平台有飞艇、低空无人直升机、固定翼无人机等。其中，飞艇以巡航速度慢、留空时间长、飞行稳定等特点在低空巡逻、监视方面得到广泛应用[图3-4(a)]；直升机具有飞行性能稳定、抗风能力强、续航时间长、对飞行场地要求不高、可灵活野外作业等特点[图3-4(b)]；固定翼无人机采用常规布局，具有高机动性、高载荷、气动性能好等优点，非常适合搭载各种任务设备，适合于执行长途远距离航拍和巡线任务[图3-4(c)]。

(a)飞艇

(b)直升机

(c)固定翼无人机

图3-4　无人机遥感平台

2. 无人机遥感平台构成

无人机遥感平台分为空中部分和地面部分。空中部分包括遥感传感器系统、空中自动控制系统和无人机；地面部分包括航线规划系统、地面控制系统及数据接收系统，如图3-5所示。

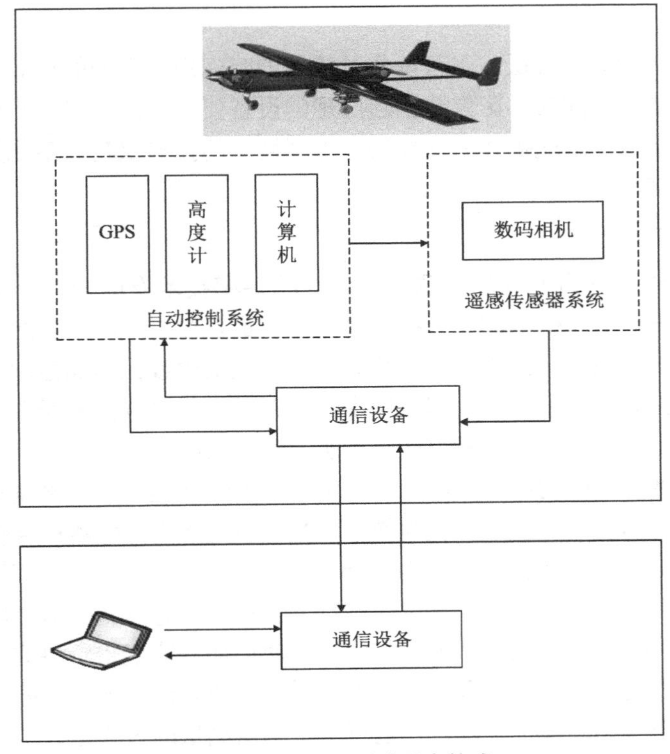

图 3-5　无人机遥感平台构成

3. 无人机遥感的技术优势

1) 具有机动性、灵活性及安全性

无人飞行器的机动性和灵活性体现在它无需专用起降场地，升空准备时间短、操作简单，城市的运动场、广场等均可作为起降场地，可快速到达监测区域，机载高精度遥感设备可以在短时间内快速获取遥感监测结果。其安全性体现在，它能在对人的生命有害的危险和恶劣的环境下(如火山、森林火灾、有毒液体等)直接获取影像，即便设备出现故障，发生坠机也无人身伤害。

2) 性能优异

无人飞行器可按预定飞行航线自主飞行、拍摄，航线控制精度高，飞行姿态平稳。飞行高度为 50～4000m，高度控制精度可以达到 10m；在阴云天气下的低空飞行也可获取影像数据，且影像的逼真度超过雷达影像。不受高度限制，也不受山区低云的影响。速度为 70～160km/h，可平稳飞行，适应不同的遥感任务。

3) 操作简单可靠

飞行操作自动化、智能化程度高，操作简便，并有故障自动诊断及显示功能，便于掌握及培训；一旦遥控失灵或其他故障，飞机自动返航到起飞点上空，盘旋等待。若故障解除，则按地面人员控制继续飞行，否则自动开伞回收。

4) 高分辨率遥感影像数据获取能力

无人机搭载的高精度数码成像设备，具备面积覆盖、垂直或倾斜成像的技术能力，获取图像的空间分辨率达到分米级，适于 1∶1 万或更大比例尺遥感应用的需求。

5) 使用成本低

无人机系统的运营成本较低，飞行操作员的培训时间短，系统的存放、维护简便，还可免去调机和停机的费用。同时，影像数据后处理的设备要求不高，成本费用低，高档微机便可作为主要设备，不像传统航摄相片一样需配置高精度的扫描仪与数字化处理设备(孙杰等，2003；王聪华，2006)。

4. 我国无人机发展的近况

隶属于中国测绘科学研究院的中测新图(北京)遥感技术有限责任公司自主研制的超长航时无人机遥感系统已宣告研制成功，把我国无人机最长续航 16 小时的纪录提高到了 30 小时，创造了新的国内纪录。除此之外，该系统还在实现稀少或无地面控制点的快速测图、利用北斗搭建轻小型无人机监管平台、同空域多架次在线飞行等方面有所创新，各项技术指标均达到国内领先水平，开启了民用轻小型无人机遥感的新时代。

为了让无人机拥有足够的动力，该无人机配备了高性能四冲程风冷发动机，同时配备的高轻度碳纤维复合材料机身、大展弦比机翼、“V”形尾翼使得机器重量轻、阻力小、排量小，从而实现了 30 小时的续航。这一创举具有非凡的意义，首先，长时间续航可保证无人机获取空中遥感数据的完整性、连贯性，可执行较大面积的地图空白区和特殊地区的测图任务。其次，多架飞机同时作业，大大提高了工作效率，使更加快速获得资料成为可能。该无人机遥感系统还突破了高精度定位定姿系统与无人机遥感系统硬件集成、时间同步、计算相机曝光瞬间的位置和姿态等关键技术难题，在进行空中三角测量的过程中，可直接定向，以减少甚至取消野外地面控制点的布设和测量工作，大大降低了成图周期和作业成本，在人员难以到达的困难地区，这一技术更能大显身手。

当前，我国有 400 多架无人机在国民经济建设各行业推广使用，已步入了快速发展阶段。我国低空的逐渐放开，无人机和通用航空共同在低空飞行，缺乏有效的通信技术和沟通机制，容易造成安全事故。如果无人机上搭载了基于北斗短报文通信技术的飞行远程传输装置，解决了远程传输和实时监管等关键技术难题，就可与空管部门主动对接。利用这一新技术，可将民用遥感无人机纳入管理范围，实现空管部门对无人机的统一监管、指挥调度和运行管理，实现同空域范围内多架飞机有序飞行，互不干扰，避免了撞击的风险。

图 3-6 是采用超长航时无人机遥感系统拍回的西沙岛屿图片。此次在海南万宁起飞和降落，飞行距离近 900km，飞行 583 分钟，获取了七连屿约 $50km^2$、0.12m 分辨率的航空影像，同时获取了万宁检校场影像及高精度 POS 数据。

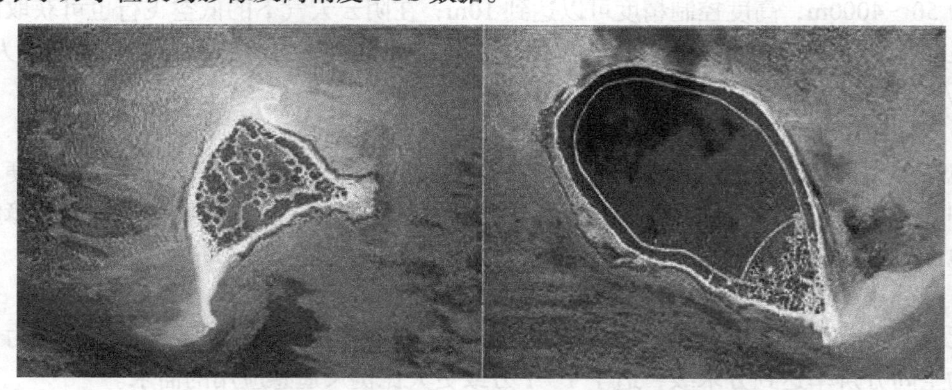

图 3-6 超长航时无人机遥感系统拍回的西沙岛屿图片

今后我国无人机将逐步实现正规化管理。2014年6月9日，中国民航管理干部学院迎来了第一期民用无人驾驶航空器系统驾驶员训练机构培训班的学员，这标志着无人机行业向未来的正规化、有序发展迈出了第一步。对无人机管理包括无人机驾驶员、无人机航空器、无人机飞行空域、无人机飞行计划等，其中最重要的就是对无人机驾驶员的管理。为了实现对无人机驾驶员的有效管理，2014年4月末，中国民用航空总局正式将视距内运行的空机重量大于7kg的和在隔离空域超视距运行的所有无人机驾驶员的资质管理交给了中国航空器拥有者及驾驶员协会，这标志着行业协会将为考核合格的驾驶员颁发合格证。今后，从事无人机作业可以参加正规培训，考核通过后，将获得中国航空器拥有者及驾驶员协会颁发的全国统一的无人机驾驶员合格证。

3.4.2　无人机影像处理方法

1. 技术方法及流程

技术方法：①采用摄影测量软件对无人机获取的影像进行区域网空三加密；②利用空三加密定向成果及高精度匹配编辑获取的数字高程模型对影像进行数字微分纠正，经镶嵌、裁切、色调调整等处理得到以图幅为单位的数字正射影像成果数据。影像处理技术流程如图3-7所示。

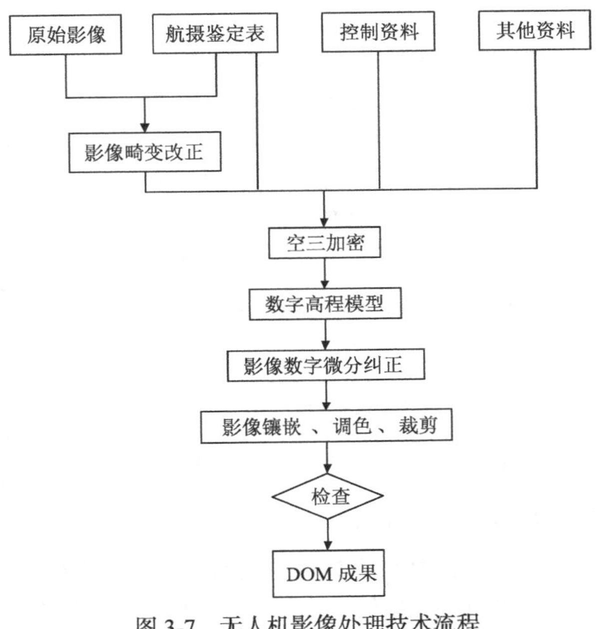

图3-7　无人机影像处理技术流程

2. 影像处理关键技术环节

1) 影像预先检查、分析

无人机在空中飞行时受气流及风向的影响，其姿态角与航向会发生偏差，从而导致影像旋偏角与倾斜角过大，相邻影像重叠度可能会出现 $>90\%$ 或 $<50\%$ 的不稳定情况，因而处理前需预先对其进行分析，作业人员需对整个测区的航飞情况有一定的初步了解。

2) 影像数据预处理

由于无人机航拍加载的相机都是非量测相机，故其相片边缘会存在光学畸变(如桶形或枕形畸变)，由于其改变了实际景物的地面位置，因而对其进行畸变差改正后方可进行空三加密。

数据预处理还包括按照飞行方向将相片进行适当旋转(相邻航线的相片旋转角度相差180°)和格式的转换。

3) 空三加密

空三加密是无人机影像处理的关键技术，同时也是整个处理过程中的难点，对后续成果的精度会有直接影响。无人机影像像幅小、数量多，一个小的区域就会有上千张影像，且由于无人机飞行受外界条件影响，航向和姿态角的偏差较大，采用传统的加密方法及软件无法满足要求。空三加密流程如图3-8所示。

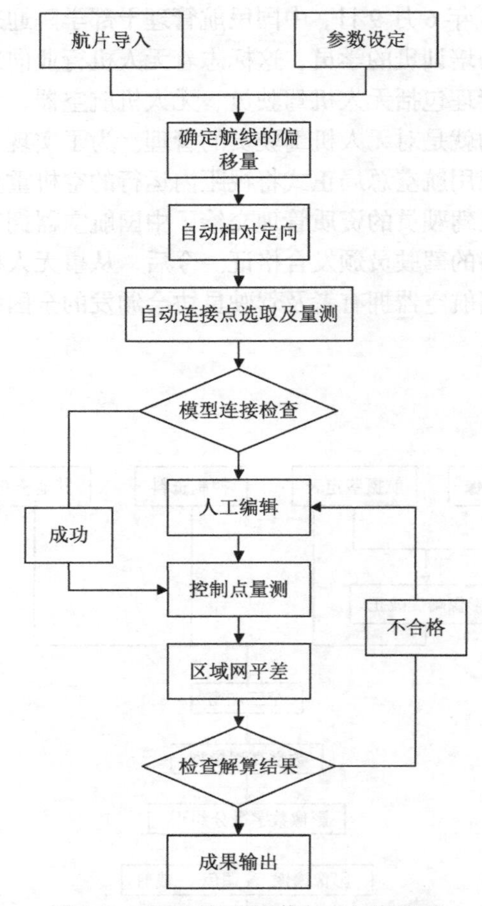

图 3-8　无人机航空影像空三加密流程

4) DEM 匹配

采用 PixelGrid 系统基于多基线/多重匹配特征的高精度 DSM 匹配算法，自动提取出整个测区的 DSM 数据，再采用坡度法对建筑区与树林进行滤波，通过少量的人工编辑获取满足正射纠正的 DEM 数据。

5) 数字正射影像生成

数字正射影像(digital orthophoto map, DOM)的生成过程：采用 PixelGrid 系统多机多核分布式并行处理功能，基于 DEM 数据短时间内完成测区内所有影像数字微分纠正。若想得到整幅影像还需要对单张影像进行匀光、匀色及镶嵌处理。在实际作业中，对居民地、面状水系、植被等不同地物要素色彩特点的影像，分别进行适当的匀色处理并尽量确保整个测区色彩的一致性(周晓敏等，2012)。

3.4.3　无人机影像地图的制作方法

在利用测区已有地形图的基础上，无人机影像地图的常用制作方法主要有单张影像几何纠正法、拼接后纠正法及空中三角测量法。

1. 单张影像几何纠正法

无人机因其自身高度的机动灵活性，飞行高度几乎不受限制，在 50～4000m，能实现在云层下的低空、超低空飞行，有效地避免云层对拍摄的干扰。再加上所搭载的高性能摄影机，无人机所拍摄的相片比例尺大，分辨率非常高，一般可达到 0.04～1m，影像清晰而且细致。无人机航拍的这些特点，使它在测绘、应急、救灾、监测等领域发挥着越来越大的作用。但是，由于无人机一般重量都比较轻，因此在飞行过程中抗风能力较弱、机身的稳定性较差，造成无人机运动状态变化，再加上相片倾斜、地形起伏、物镜畸变、底片形变等各方面因素的影响，航摄像片发生了变形，因此，不能简单地用原始航摄像片上的影像表示地物的形状和平面位置，必须要对相片进行纠正。航摄影像的总体变形(相对于地面真实形态而言)是平移、缩放、旋转、偏扭、仿射、弯曲等基本变形的综合作用结果。

那么，要怎么对存在变形的航摄像片进行纠正呢？这里有一种思想是：也许无法直接计算出航摄像片相对于地面真实形态平移了多少、缩放了多少、旋转了多少等，但能确定相片与地面或者相片与图面之间存在着复杂的数学关系，它们之间可以通过一个数学模型进行相互转化，而现在问题的关键是找到这个数学模型，并求得该模型的各个参数(或者系数)。

例如，可以假设纠正前相片坐标为(x, y)，纠正后相片坐标为(u, v)。建立两相片坐标

之间的对应关系，记作

$$\begin{cases} x = f_x(u,v) \\ y = f_y(u,v) \end{cases} \tag{3-1}$$

通常，数学关系 f 表示为二元 n 次多项式：

$$\begin{cases} x = \sum_{i=0}^{n}\sum_{j=0}^{n-i} a_{ij}u_i v_i \\ y = \sum_{i=0}^{n}\sum_{j=0}^{n-i} b_{ij}u_i v_i \end{cases} \quad (n = 1,2,3,\cdots) \tag{3-2}$$

实际计算时常采用二元二次多项式，其展开式为

$$\begin{cases} x = a_{00} + a_{10}u + a_{01}v + a_{11}uv + a_{20}u^2 + a_{02}v^2 \\ y = b_{00} + b_{10}u + b_{01}v + b_{11}uv + b_{20}u^2 + b_{02}v^2 \end{cases} \tag{3-3}$$

为了通过(u，v)找到对应的(x，y)，首先必须计算出式(3-3)中的 12 个系数。由线性理论可知，求 12 个系数必须至少列出 12 个方程，即找到 6 个已知的对应点，也就是这 6 个点对应的(u，v)和(x，y)均为已知，故称这些已知坐标的对应点为控制点。然后通过这些控制点，解方程组求出 12 个 a、b 系数值。实际工作中会发现，6 个控制点只是解线性方程所需的理论最少点，这样少的控制点使纠正后的相片效果很差，因此还需要大量增加控制点的数目，以提高纠正的精度，或者采用三次多项式、四次多项式计算。控制点增加后，计算方法也有所改变，需采用最小二乘法，通过对控制点数据进行曲面拟合来求取系数。

有了这样的理论基础，在实际工作中就可以将航摄像片上的明显目标点与地形图(或其他标准图面)上对应的目标点强制扣合，在满足要求后由计算机自动计算方程中的各个系数，然后计算出所有(x，y)所对应的(u，v)，从而进行相片的纠正。

控制点的选择要以配准对象为依据。以地面坐标为匹配标准的，叫做地面控制点。有时也用地图作为地面控制点标准，或用遥感图像(如用航空相片)作为控制点标准。无论采用哪一种坐标系，关键在于建立待匹配的两种坐标系的对应点关系。

控制点选取一般遵循以下原则：①控制点应选取图像上位置容易明确辨认且较精细的特征点，这很容易通过目视方法辨别，如道路交叉口、河流弯曲或分叉处、海岸线弯曲处、湖泊边缘、飞机场、城廓边缘等；②特征变化大的地区应多选些；③图像边缘部分一定要选取控制点，以避免外推；④尽可能满幅均匀选取，特征实在不明显的大面积区域(如沙漠)，可用求延长线交点的办法来弥补，但应该尽可能避免这样做，以免造成人为的误差；⑤控制点应尽可能多选一些，因为控制点太少，纠正的效果往往不好。在相片边缘处、地面特征变化大的地区，如河流拐弯处等，由于没有控制点，靠计算推出对应点，会使图像变形。

由于无人机单张影像的像幅相对较小，因而需先确定单张影像所覆盖地形图的大致范围。从影像的匹配区域左下角的位置寻找明显的地物信息(如道路交叉口、房屋墙角、平坦地面等)，同时在地形图上查找是否有与其对应的点，若有，则在影像上做出控制点标记，并输入点号；同时在地形图上找到同名点并标注点号，以便在检查过程中快速定位；测量同名点

的地理坐标，根据这些地理坐标对影像进行纠正。

得到好的影像纠正效果，应遵循从左到右、从下到上比较均匀地标出影像上的控制点的原则，同时在地形图上标注出同名点的位置及点号，直到整幅影像的 4 个角、左右边的中间及上下边的中间位置(尽量做到在规定的位置)均标注了控制点为止。

由于多项式纠正法可避开成像的几何空间过程，并将遥感影像的总体变形看成是平移、缩放、旋转、仿射、弯曲及更高次变形综合作用的结果，因而对无人机影像纠正常采用多项式的纠正方法。

为了更加快速准确地进行影像纠正，常采用粗纠正与精纠正相结合的方法。

粗纠正利用的仿射变换模型为

$$\begin{bmatrix} x \\ y \end{bmatrix} = \begin{bmatrix} a \\ b \end{bmatrix} + k \begin{bmatrix} \cos\theta & -\sin\theta \\ \sin\theta & \cos\theta \end{bmatrix} \begin{bmatrix} x' \\ y' \end{bmatrix} \tag{3-4}$$

式中，(x, y)和(x', y')为同名点，(x, y)为地形图坐标，(x', y')为影像图坐标；a、b分别为X、Y方向的平移量；k为缩放系数；θ为旋转角度。

式(3-4)中共有 4 个参数，因而只需 2 对同名点便可以计算出方程中的未知数。利用解算出来的参数便可以对影像进行纠正。将纠正后的影像与地形图相叠加，便可获得影像地图。通过对影像地图进行漫游及缩放等操作，找出其中存在较大残差的影像，对其通过增加控制点的方法来改善影像的纠正效果。

精纠正一般按照“先整体后局部”的思想选取控制点，即首先在影像的四角选取控制点，然后从外向内选取。当选取的控制点数目在 8～19 个时，采用二次多项式纠正模型；在 20～49 个时，采用三次多项式纠正模型；超过 50 个时，则采用四次多项式纠正模型，且不再增加控制点数及方程的次数。因为即便再继续增加控制点数目和多项式次数，其纠正质量改善效果也不明显，且纠正过程中的计算量将大大增加(樊文有和谢忠，1998)。

按照图 3-9 的流程对无人机影像进行纠正，将纠正后的单张影像进行镶嵌处理，并与地形图叠加，形成整个测区的影像地图。

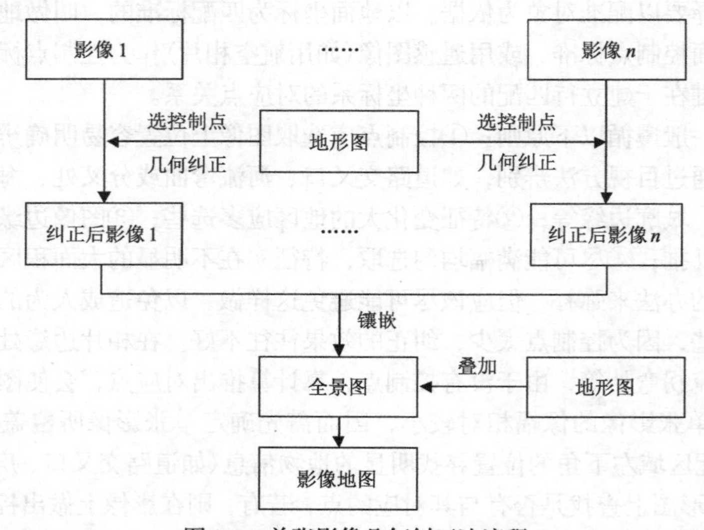

图 3-9　单张影像几何纠正法流程

2. 尺度不变特征变换算法拼接后的纠正法

尺度不变特征变换算法(scale invariant feature transform，SIFT)是 David 于 2004 年在总结了基于不变量技术的特征检测方法基础上提出的一种基于尺度空间的对图像缩放、旋转甚至仿射变换保持不变性的图像局部特征描述算子。该算法对图像的缩放、旋转有很强的适应能力，能够完成无人机影像的匹配工作。在完成匹配后，利用相关的拼接算法即可对无人机影像进行拼接(何敬等，2011)。将拼接后的影像利用地形图上的控制点进行几何纠正，其纠正方法同 1.小节所述。具体流程如图 3-10 所示。

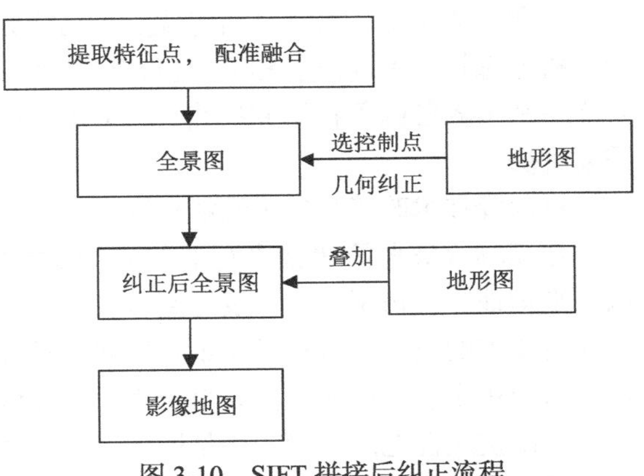

图 3-10　SIFT 拼接后纠正流程

3. 空中三角测量法

利用专业的摄影测量软件，根据测区控制点数据完成空中三角测量，准确地求取每张影像的外方位元素，生成测区影像的 DEM。利用生成的 DEM 数据和相机的内外方位元素，通过相应的构象方程对影像进行倾斜纠正和投影差改正，将原始的非正射数字影像纠正为正射影像，然后对测区内多个正射影像拼接镶嵌(李德仁等，2001)，其流程如图 3-11 所示。

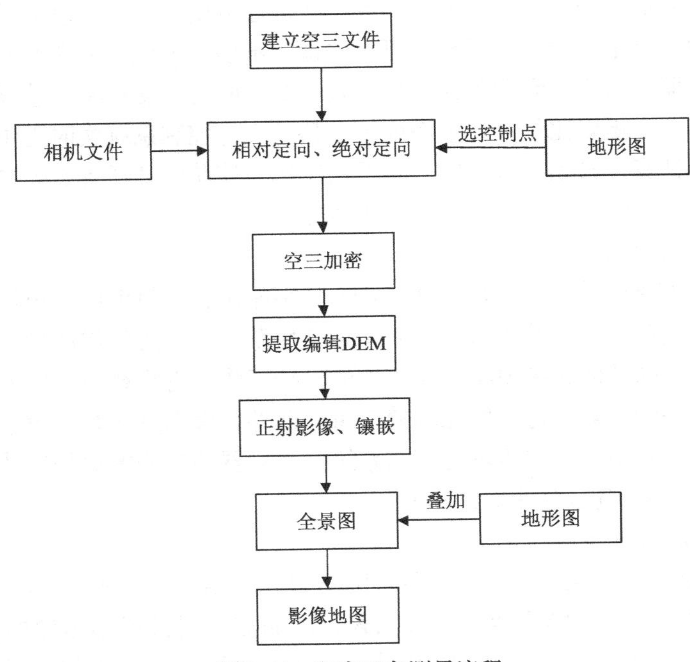

图 3-11　空中三角测量流程

3.4.4　无人机遥感存在的问题

无人机遥感是空间数据采集的重要手段之一，其具有续航时间长、影像实时传输、高危地区探测、成本低、机动灵活等优点，已成为卫星遥感与有人机航空遥感的有力补充。随着无人机遥感技术不断发展和无人机市场的逐渐成熟，无人机遥感已成为目前主要航空遥感平台之一和世界各国争相研究的热点。但无人机想要成为理想的遥感平台，还有多个关键技术需要解决。

1）起降技术改善与抗风性能提高

在森林火灾监测等诸多行业的应用及突发事件的处置中，无人机的工作环境一般在山区，平坦地少，树木、电杆及房屋多。需要滑跑、滑降的较大型的无人机，往往难以找到符合起飞要求的场地。若在不满足正常起降条件的情况下勉强起降将大大增加飞机损坏的可能性。而使用小、轻型无人机则由于飞行高度低，在低空作业时受风速、风向影响更大。

提高抗风性能的一般方法是增加飞机重量，但却提高了起降要求，且无人机的载荷有限，同时还会增加能耗。因而，如何很好地利用弹射起飞、撞网回收技术降低无人机对起飞场地的要求及在不增加重量或尽量轻的条件下如何通过改进设计和提高飞行控制技术来提高抗风性能保证飞行的稳定性，这些都是无人机成为理想的遥感平台亟待解决的问题。

但这一问题有望得到及时改善，据报道，俄罗斯联合仪器制造控股公司已研制出新型气垫无人机——“Chirok”，创新产品是气垫上的起落架，它能让无人机在没有跑道的情况下离开地面，能够从软土、水面、沼泽地、疏松的雪地上起飞，能够在其他类型飞机无法起飞降落的表面降落，目前其他国家还没有同类研究成果。

2）传感器及其姿态控制技术

由于无人机的载荷有限，若要完成高精度的航摄任务则需要高精度的传感器，而传统传感器往往因为体积、重量等方面的限制使可供选择的不多，因此需要研究开发适合无人机搭载的小、轻型传感器，以充分利用无人机的有限载荷。同时，使遥感传感器的控制系统能根据预先设定的航摄点、摄影比例尺、重叠度等参数及飞行控制系统实时提供的飞行高度、飞行速度等数据自动计算并自动控制遥感传感器的工作，使获取的遥感数据在精度、比例尺、重叠度等方面满足遥感的技术要求还需进一步研究。

3）遥感数据传输存储技术

无人机搭载的主要遥感传感器是面阵 CCD 数字相机，但目前国内市场上的小型专业级数码相机还不能达到量测相机的要求，因而，为了使获得的遥感影像能满足大比例尺测图的精度，需要根据相机的几何成像模型，作相关的检校工作，得到相机的内外参数，必要时还需采用特殊的检测手段，测定每个像元的畸变量。此外，大面阵 CCD 数字相机获取的影像数据量较大，需开发专用的数据传输与存储系统。飞行器的测控数据与遥感数据需实时传输时还可通过卫星通信来实现（金伟等，2009）。

4）遥感数据的后处理技术

目前的无人驾驶飞行器遥感系统大多采用小型数字相机作为机载遥感设备，与传统的航片相比，存在像幅较小、影像数量多等问题，因而需针对其遥感影像的特点及相机定标参数、拍摄时的姿态数据和有关几何模型对图像进行几何校正和辐射校正，并开发出相应的软件进行交互式的处理。同时，还应开发影像自动识别和快速拼接软件，实现影像质量、飞行质量的快速检查和数据的快速处理，以满足整套无人机遥感系统实时、快速的技术要求（金伟等，2009）。

3.5　合成孔径雷达干涉测量技术

合成孔径雷达干涉测量(interferometric synthetic aperture radar, InSAR)是近期发展起来的一种新型空间对地观测新技术，它是以 SAR 技术为基础发展起来的。它把 SAR 产生的单视复数图像中的相位信息提取出来，给出目标点的三维信息。由于雷达信号具有穿透性，因而具有全天候的工作特点，并可大面积地测定地面点的精确高程及其变化，目前已广泛应用于国土测绘、环境监测、地震、地质、海洋、水文、农业、森林及土地利用等方面。

3.5.1　InSAR 干涉数据的干涉模式

根据 InSAR 平台及使用条件的不同，获取 InSAR 干涉数据的干涉模式主要有：①交轨干涉测量(cross-track interferometry, CTI)；②顺轨干涉测量(along-track interferometry, ATI)；③重复轨道干涉测量(repeat-track interferometry, RTI)。

1)交轨干涉测量

CTI 的干涉几何如图 3-12 所示。从图中可以看出，SAR 交轨干涉模式要求两副天线安装在同一平台上，且两副分开的天线构成的直线方向垂直于平台飞行方向。SAR 交轨干涉模式首先利用其中一副天线发射雷达波，然后利用两副天线同时接收回波。由于两副天线接收的回波具有一定的相干性，所以经干涉处理后获取两幅复图像的相位差。相位差是由两副天线与地面目标之间的路径差造成的，而路径差又与地形紧密联系。若能获取干涉系统的几何参数，便可将相位信息转换成高程信息，从而得到地面点的三维坐标，建立相应地区的三维地形图。该模式常用于地形制图与地形变化监测。

由于该模式采用两副天线同时接收回波，时间基线为零，因而排除了不同时间所成像对之间地表变化对相位的影响，图像间的配准也相对容易解决。但受飞机平台的几何尺寸限制，空间基线的选择余地较小，同时由于该系统模式要求两副天线安装在同一平台上，并同时获取数据，造成在星载系统上较难实现，目前主要用于机载平台的干涉实验。

2)顺轨干涉测量

ATI 的干涉几何如图 3-13 所示。从图中可看出，与 CTI 的干涉模式一样，SAR 顺轨干

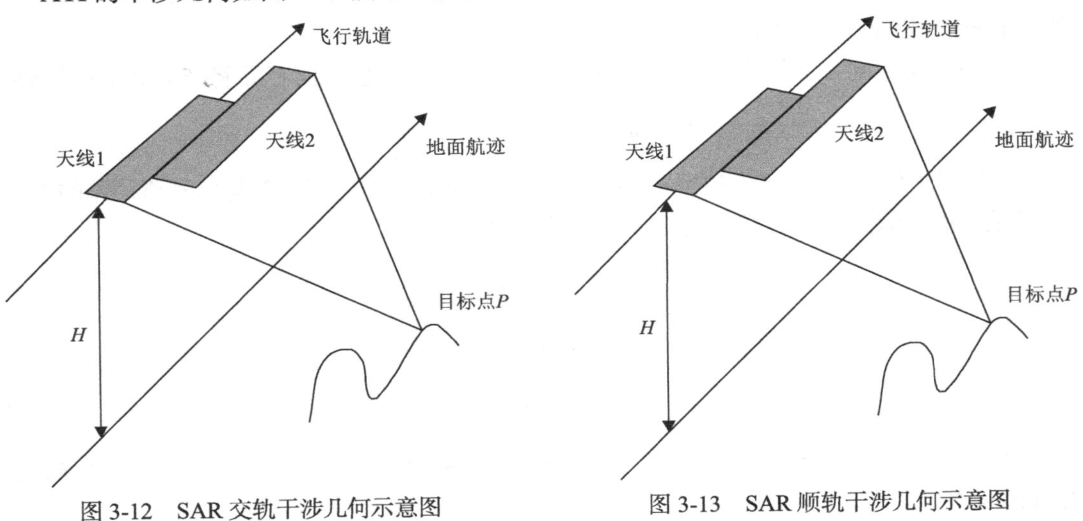

图 3-12　SAR 交轨干涉几何示意图　　图 3-13　SAR 顺轨干涉几何示意图

涉模式也要求两副天线安装于同一平台上，首先利用一副天线发射雷达波，然后利用两副天线接收回波。因而该模式也仅适用于机载 SAR 系统。不同的是，SAR 顺轨干涉模式要求两副天线沿平台的飞行方向分开，即两天线构成的直线方向和飞行方向平行，此时相位差是由地面目标的多普勒特性的差别引起的，如果目标地面上有物体在运动，其多普勒频率就相对于静止的目标有变化，该变化反映到相位上，利用干涉测量技术便可得到二维地面上的运动目标，实现运动目标的监测。该模式常用于水流制图、冰川移动、动态变化监测、船只的航行方向和速度监测等。

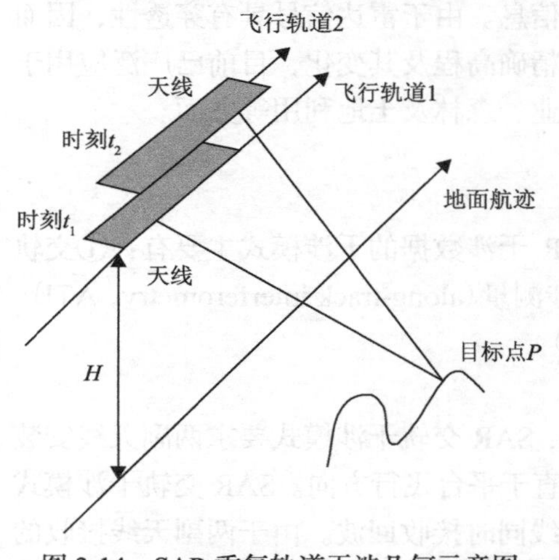

图 3-14　SAR 重复轨道干涉几何示意图

3) 重复轨道干涉测量

与 CTI 和 ATI 不同的是，RTI 只需安装一副天线，该模式采用在不同时刻，经过几乎相同的轨道，以微小的几何视差对同一地区成像两次的方法来获取数据，成像期间地表仍保持一定的相干性，从而实现干涉测量，其干涉几何如图 3-14 所示。

该模式只需在飞行平台上安装一个雷达系统，通过两次飞行对同一区域获取的图像来形成干涉，因此干涉相位不仅包含地形信息，还包含视线向上的位移信息，因而 RTI 既可用于测绘地形，还可监测地表形变(陶秋香等，2008)。

3.5.2　InSAR 成像原理

InSAR 技术是通过两副天线同时观测，或两次平行的观测，获取地面同一景观的复图像对。一般星载 SAR 采用前者，机载 SAR 采用后者。目标与两次平行观测路线(或与两天线位置)的几何关系，在复相位上产生了相位差。根据图 3-15，两副天线产生的相位差由下式表示(张景发和邵云，1998)：

$$\Delta R = |R_2| - |R_1| = L\| \tag{3-5}$$

式中，ΔR 为接收信号路径差；$L\|$ 为基线距的视线向分量。基线距的视线向分量 $L\|$ 随目标的三维位置的变化而不同，因此包含了目标的三维信息。

考虑系统使用同一天线作为发射源(如重复轨道干涉处理)，路径差将产生如下相位差：

$$\phi = 4\pi / \lambda \cdot \Delta R = 4\pi f / c \cdot \Delta R \tag{3-6}$$

式中，λ 为雷达信号波长；f 为频率；c 为光速。该式为干涉雷达相位差与信号路径差的关系，由此可见根据成像几何参数推出地面任一点的高度：

$$\Delta R = L\cos(\theta - \theta_b) \tag{3-7}$$

$$\theta = \theta_b - \arccos\left(\phi\lambda / (4\pi|B|)\right) \tag{3-8}$$

$$Z = H - r\cos\theta \tag{3-9}$$

式中，θ 为视角；θ_b 为基线与 z 轴负向夹角；B 为天线基线距；r 为斜距；H 为雷达平台高度；Z 为目标高程。

需指出的是，式(3-9)中的ϕ是解缠的相位，而干涉雷达测量相位值是2π的模，是包缠的，故必须经过相位解缠才能获得目标三维信息。

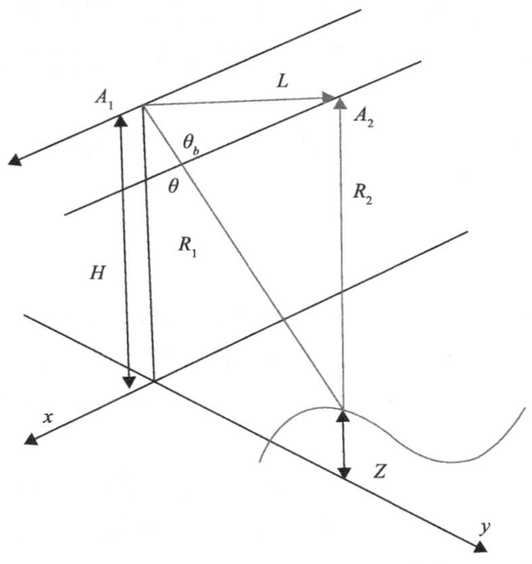

图 3-15　干涉雷达成像几何示意图

3.5.3　InSAR 技术的相关算法

InSAR 数据处理主要是对 SAR 成像进行干涉处理，包括相位估计、基线确定及地面高度确定等。InSAR 数据处理流程如图 3-16 所示。下面对其进行具体介绍。

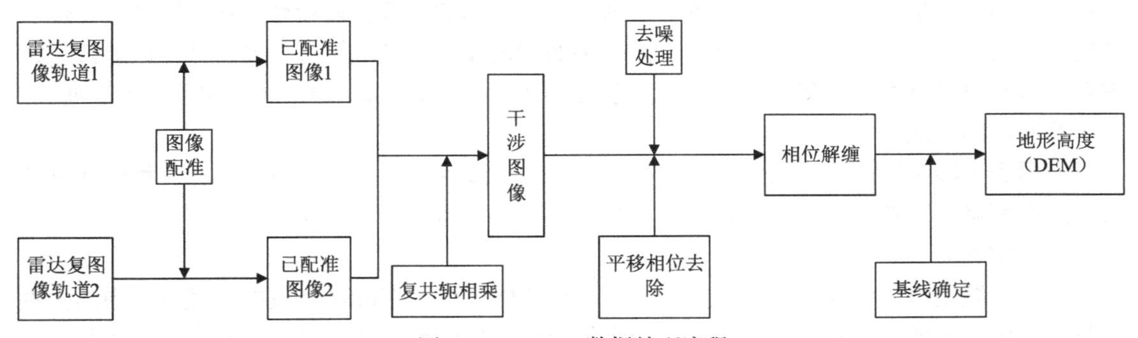

图 3-16　InSAR 数据处理流程

1) 图像配准

SAR 影像对的成像轨道与视角存在偏差，导致两幅影像间存在一定的位移与扭曲，使得干涉影像对上具有相同影像坐标的点并不对应于地面上的同一散射点，为保证生成的干涉图具有较高的信噪比，就必须对两景单视复影像进行精确配准，使两幅影像中同一位置的像元能够对应地面上的同一散射点。当前普遍采用的配准方法是三步配准法：①粗配准，配准精度大约 30 个像元；②像元级配准；③亚像元级配准。一般来说，亚像元级配准精度要达到 1/8 像元，当配准精度优于 1/8 像元时，所造成的去相干很小(4%左右)，符合 SAR 干涉处理的精度要求(王超等，2002)。

2) 单视复影像预滤波

由于 InSAR 影像对在距离向和方位向都存在谱位移，会在干涉图中引入相位噪声。因此，为提高干涉图的质量，在生成干涉图之前，需在距离向和方位向上进行预滤波处理。方位向预滤波是指为保留相同的多普勒频谱而在方位向对主从影像进行的滤波处理。距离向预滤波是指从局部干涉图中消除主从影像间的局部频谱位移，然后利用带通滤波器滤除谱内噪声的过程。预滤波只是 InSAR 处理中的可选步骤，可根据频谱偏移量的大小来决定是否进行该处理。

3) 干涉图生成

将两幅图像进行共轭相乘产生干涉复数图像，即干涉相位图，其中包含目标点的高度信息。为了降低斑点噪声，单视复数图像还要经过“多视平均”处理来得到多视复数图像，但这会降低空间分辨率。

4) 基线估计

基线是反演地面点位高程、获取地表形变的必要参数，其精度对两者的影响很大，可认为是 InSAR 处理过程中的一个重要环节。基线估计参数主要有垂直基线、平行基线、基线倾角及视角等。目前主要有基于轨道参数、基于干涉条纹及基于地面控制点的基线估计方法。

5) 平地相位去除

InSAR 干涉图中的相位由两部分组成：①地形的相对高度变化；②平地随距离向位置的不同所引起的变化，即平地在干涉条纹图中所表现出来的距离向与方位向的周期变化。为了简化相位展开处理，在相位解缠前需要先把平地效应去掉，该过程称为平地相位去除。平地效应消除方法主要有：①基于轨道参数和成像区域中心点的大地经纬度计算平地效应；②根据图像能量计算平地效应；③通过测量距离向和方位向占优势的干涉条纹频率来计算平地效应。

6) 干涉图滤波

受配准误差、系统热噪声、时空基线去相关、地形起伏等因素的影响，干涉图中往往会存在较多的相位噪声，使干涉条纹不够清晰，周期性不够明显，连续性不强，增加了相位解缠的难度(靳国旺，2007)。为了减少干涉图中的相位噪声，降低解缠难度，减少误差传递，需对干涉相位进行滤波处理。现有的滤波方法主要有：时域滤波、频率域滤波及时频域滤波。

7) 质量图生成

在得到干涉条纹图后，需对相位数据的质量和一致性进行分析，以便为相位解缠或其他需要提供策略，这就需要计算相干图、伪相干图等干涉质量图。

8) 相位解缠

相位解缠是将干涉相位主值恢复到真实相位值的过程，是 InSAR 数据处理流程中的关键环节，直接决定数字高程模型的精度。现有的干涉相位解缠方法主要分为两类：路径跟踪法及最小范数法。

9) 相位差分

相位差分主要是在干涉相位中去除地形相位，从而得到形变相位的一个过程。主要有“二轨法”“三轨法”及“四轨法”等差分干涉测量方法。

10) 地理编码

在获取高程或形变量之后，这些量值仍然在雷达的坐标系中。由于各幅 SAR 影像的几何特征不同，并且与任何测量参照系都无关，要得到可比的高程或形变图，就必须对数据进行地理编码。地理编码实际上就是雷达坐标系与地理坐标系之间的相互转换(范洪冬，2010)。

3.5.4 InSAR 技术的应用现状分析

目前，InSAR 技术的应用主要体现在以下几个方面。

(1)大规模的数字高程模型(DEM)的建立和地形制图。

(2)地球表面形变场的探测，包括地震位移测量、火山运动监测、冰川漂移、地表沉降与山体滑坡等引起的地表位移监测。

(3)森林调查与制图。

(4)海洋测绘及土地利用与分类。

(5)滑坡研究：包括滑坡灾害调查、滑坡动态监测及滑坡空间分析与灾害预测等。

3.6　机载LiDAR技术

空间数据应用领域的不断扩大，对获取准确可靠空间数据的要求也越来越高。传统的摄影测量因为生产周期长、费用高、效率低、高程点获取的密度低，已不适应当前信息社会的需要。而能够精确、快速地获取地面三维数据的机载 LiDAR 作为一种经济可靠的技术孕育而生。它可以实现空间三维坐标的同步、快速、精确地获取，并根据实时摄影的数码相片，通过计算机重构来实现大型实体或场景目标的 3D 数据模型，再现客观事物的实时的、真实的形态特征，为快速获取空间信息提供了简单有效手段(朱士才，2006)。机载 LiDAR 系统与其他遥感技术相比具有自动化程度高、受天气影响小、数据生产周期短、精度高等技术特点，是目前最先进的能实时获取地形表面三维空间信息和影像的航空遥感系统(陈松尧和程新文，2007)，它已成为近年来在高效空间数据获取方面的研究热点。

3.6.1　机载LiDAR概述

1. 简介

机载LiDAR是一种集激光测距、全球定位系统(GPS)及惯性导航系统(INS)三种技术于一身的新型航空测量技术。一般情况下，机载激光雷达测量系统由空中测量平台、激光扫描仪、姿态测量与导航系统、计算机及软件等组成。为了获得更为全面的数据，系统通常还需搭配一个数码相机。激光扫描仪包括一个单束窄带激光器及一个接收系统。激光器产生并发射一束光脉冲，投射在物体上并反射回来，最终被接收器所接收。接收器准确地测量光脉冲从发射到被反射回来的传播时间。由于光速是已知的，传播时间便可被转换为对距离的测量。结合激光器的高度，激光扫描角度，从GPS得到的激光器的位置及从INS惯性导航仪得到的激光发射方向，便可准确地计算出每一个地面光斑的X、Y、Z坐标。

2. 系统构成

机载LiDAR系统主要包括：激光测距仪、高精度惯性测量系统(inertial measurement unit，IMU)、差分技术的全球定位系统(difference global positioning system，DGPS)、高分辨率数码相机、控制单元及光学机械扫描单元。下面主要对其核心部分进行介绍。

1) POS技术

POS 是机载激光探测与测距系统的关键，也是必须包含的部件。其核心思想在于采用DGPS技术和IMU直接在航测飞行中测定传感器的位置与姿态，并通过严格的联合数据处理(即卡尔曼滤波)，获得高精度的传感器的外方位元素，以实现无地面控制点或极少地面控制点的传感器定位和定向。

2) DGPS

虽然采用载波相位测量不具备实时性，但却具有非常高的定位精度潜力，可以将定位精度提升至厘米级。机载 LiDAR 采用动态载波相位差分 GPS。它利用安装在飞机上与 LiDAR 相连接的和设在一个或多个基准站的至少两台 GPS 信号接收机同步且连续地观测 GPS 卫星信号，并记录瞬间激光与数码相机开启脉冲的时间标记，从而以载波相位测量差分定位技术的离线数据后处理获得 LiDAR 的三维坐标。机载 GPS 天线安装于飞机顶部外表中轴线的附近，并尽量靠近飞机重心与扫描器中心的位置上。此外，地面 GPS 接收机的数据更新频率应不低于机载接收机的更新频率。若使用实时动态差分技术，还必须架设数据发射电台，以便将必要的数据发送到作业飞机的接收电台上。

3) IMU

IMU 所获取的信息为机载 LiDAR 的姿态信息，即滚动、俯仰及航偏角。即便 DGPS 具有可量测传感器的位置与速率，并具有高精度、误差不随时间积累等优点，但也存在很多不足，如其动态性能差(易失锁)、输出频率低、不能两侧瞬间快速地变化及无姿态量测功能。然而 IMU 具有姿态量测功能，并具有完全自主、无信号传播、定位、测速、快速量测传感器瞬间的移动及输出姿态信息等优点，但其主要缺点在于误差随时间迅速积累增长。由此可以看出，DGPS 和 IMU 是互补的。为此，最好的方法便是将两个系统获取的信息综合起来，这样便可获取高精度的位置、速率及姿态数据。IMU/GPS 数据处理主要是采用卡尔曼滤波方法加以实现。

4) 激光扫描仪

激光测距技术利用的是激光单色性好、方向性强、能量高、光速窄等特点，实现高精度的计量与检测，如测量长度、宽度、距离、速度、角度等。激光测距技术在传统的常规测量中具有非常重要的作用。

激光扫描仪技术是伴随着空间点阵扫描技术与激光无反射棱镜长距离快速测距技术而产生、发展起来的一项新测绘技术，是继 GPS 之后的又一项测绘技术新突破。

激光扫描仪作为 LiDAR 的核心，一般由激光发射器、接收器、时间间隔测量装置、传动装置、计算机及相应软件组成(图 3-17)。

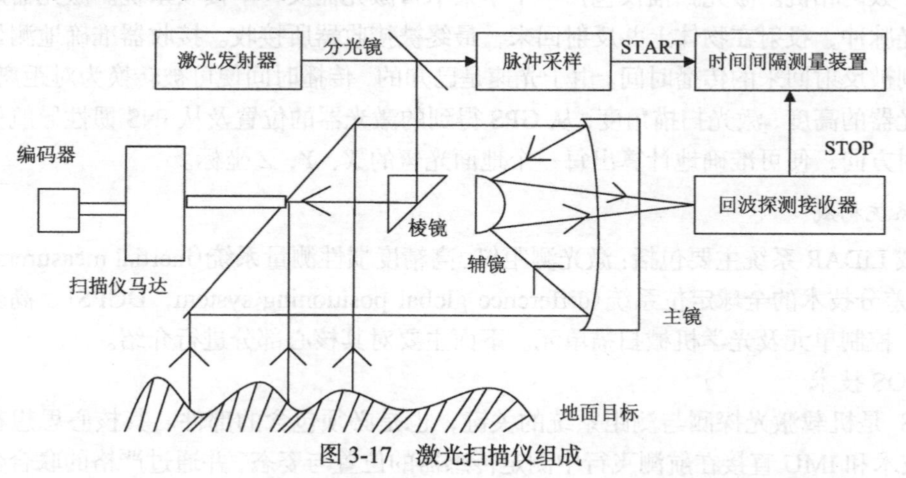

图 3-17　激光扫描仪组成

根据不同用途及设计思想，扫描仪的特性也会有所不同，其主要区别体现在光斑尺寸、回波记录方式及扫描方式等方面。其他指标还有波长、功率、脉冲重复频率等。

5) 数码相机

LiDAR 可直接获取点位三维坐标，并可提供传统二维数据所缺乏的高度信息，但却忽略了对象特征的其他信息，如光谱信息。在提取空间位置信息方面，机载 LiDAR 数据有其自身的优势，而图像数据包含的光谱信息对认识物体同样具有非常重要的作用。正是基于上述考虑，目前不少应用研究将 LiDAR 数据与其他光学数据结合起来使用。

采用高分辨率的数码相机获得地面的地物地貌真彩或红外数字影像信息，以此来弥补 LiDAR 的不足，从而实现对生成 DEM 产品的质量进行评价；或将其作为一种数据源，对目标进行分类识别；或将其作为纹理数据源。目前，CCD 面阵传感器还不能完全满足构建高分辨率宽角航空相机的要求。

6) 中心控制单元

机载 LiDAR 是由多个重要硬件组成，其关键的技术就在于实现三个重要设备的精确同步。中心控制单元一般均采用导航、定位及管理系统构成同步记录 IMU 的角速度与加速度的增量，以及 GPS 的位置、激光扫描仪与数码相机的数据(罗志清等，2006)。

3. 机载的特点

(1) LiDAR 数据精度高，其高程精度可达到 15cm，水平位置精度小于 0.5m，并可获取高分辨率的数码影像。

(2) LiDAR 数据可达到很高的密度，高密集的点云数据能够真实反映地形地貌。

(3) 自动化程度高，从飞行设计到数据获取，再到最终产品的数据处理，其自动化程度都很高。

(4) 由于 LiDAR 采用主动测量方式，因而受天气条件的影响较小，可在夜间作业，且不需要大量的地面控制工作。

(5) 激光雷达技术获取的激光数据直接就是三维的高精度数据成果，而采用传统航测的航片获取的是二维的数据成果，需要利用两张相邻航片在专业设备上形成立体后才可获取三维信息。

(6) 由于激光雷达测量技术省掉了外业像控点测量及空三加密的传统航测生产环节，且无需事先埋设控制点进行控制测量，只需在测区附近地面已知点上安置一个或几个 GPS 基准站即可，因而生产周期大大缩短、成果精度也大大提高。

(7) 激光雷达设备所获取的所有激光数据均为直接测量得到，而传统航测其本质在于依据有限的几个像控点基于航测理论进行的拟合测量。

(8) 激光雷达可对危险区域安全地实行远距离、高精度的三维测量。

(9) 激光雷达可以有效地穿透树林与植被，因而是目前唯一能测定森林覆盖地区地面高程的可行技术。

(10) 激光雷达系统可以同时获取激光数据与数码影像两种数据，航拍相机分辨率为 2200 万像素，若航飞高度为 600m 时，其影像地面分辨率为 10cm。

(11) 激光雷达系统可以采用数码影像配合激光点云数据，清晰判别绝大部分地物，从而大大减少传统航测的外业调绘工作量。

(12) 数据产品丰富。基于直接采集获取的激光点云数据及数码影像数据，经过加工处理后，便可得到 DEM、DOM、数字地形模型(digital terrain model，DTM)、DSM 等数据产品，在相关专业软件的支持配合下，还可制作其他数据产品，如城市建筑物三维模型等，还可把激光点云直接应用于三维量测，如电力巡线中的地物到线的安全距离检测等。

3.6.2　机载 LiDAR 原理

1. 基本原理

机载 LiDAR 对地观测的定位原理如图 3-18 所示。对于机载激光雷达测量系统来说，假设有一空间向量，假定模是 S，方向是 (φ,ω,k)，若已知空间向量起点 O_s 为遥感器光学系统的投影中心，其坐标 (X_s,Y_s,Z_s) 可利用动态差分 GPS 或精密单点定位技术测定。向量的模 S 由激光测距系统测定，其值为机载激光测距仪投影中心到地面激光反射点间的距离，姿态参数 (φ,ω,k) 可以利用高精度姿态测量装置获得。除此之外，还必须考虑其他的系统参数，且都需要通过一定的检校方法确定，如激光测距仪光学投影中心相对于 GPS 天线相位中心的偏差、激光扫描器机架的三个安装角的偏差(倾斜角、仰俯角和航偏角)、惯性测量单元(IMU)相对于 GPS 的位置偏差、IMU 机体与载体坐标轴系间的不平行等(张小红，2007；张熠斌，2010)。

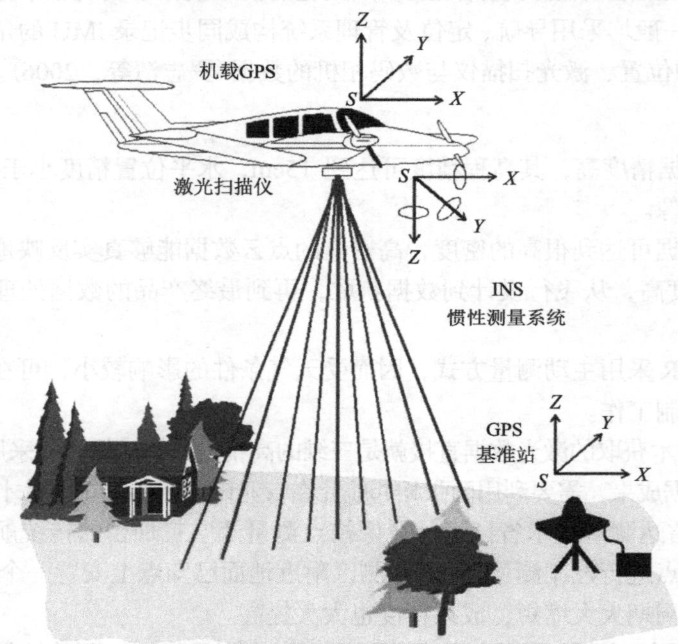

图 3-18　机载 LiDAR 测量技术的定位原理示意图

2. 扫描测距原理

地球表面及覆盖在其上面的物体，其中大部分均可对投射在其上面的电磁波进行反射。接收单元收到的反射信号包括了地面反射目标的信息。目前，大部分的激光扫描系统提供两种不同的反射信号数据记录方式："首次脉冲"(first pulse)及"末次脉冲"(last pulse)记录方式。一般情况下，一束激光光束只产生一次反射，但在密集的森林区域则有可能产生两次或多次反射。此情况下，就要选择是接收第一次反射的信号，还是最后一次反射的信号。可以根据使用目的的不同，选择不同的脉冲记录方式(隋立春和张宝印，2006；靳克强等，2011)。

1)激光扫描方式

一束激光脉冲的一次回波信号只能获得航线下方的一条扫描线上的回波信息。连续获取具有一定带宽的一系列激光脚点的距离信息，通常需借助一定的机械装置，通过扫描的作业方式加以实现。目前，常用的扫描方式有线扫描、纤维光学阵列扫描、圆锥扫描等。

线扫描方式：通过摆动式扫描镜与旋转式扫描镜加以实现，其中包括平行线“｜”和“Z”字形两种。

纤维光学阵列扫描方式：光纤沿一条直线排列，光斑在地面上形成平行线“｜”和“Z”字形扫描线。

圆锥扫描方式：通过倾斜扫描镜加以实现，扫描镜的镜面具有一定的倾角，旋转轴和发射装置的激光束成 45°夹角，随着载体的运动光斑在地面上形成一系列有重叠的椭圆。如图 3-19 所示。

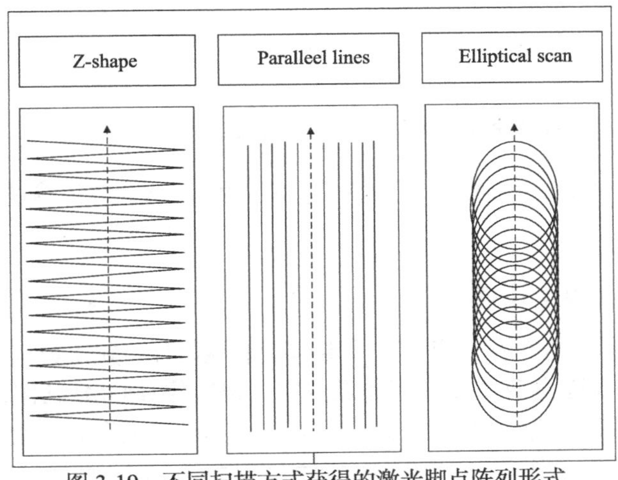

图 3-19 不同扫描方式获得的激光脚点阵列形式

2) 测距原理

激光测距的基本原理是利用光在空气中的传播速度，测定光波在被测距离上往返传播的时间来求得距离值。假设光波在某一段距离上往返传播时间为 t，那么待测定距离可表示为

$$\rho=\frac{1}{2}c\cdot t \tag{3-10}$$

式中，ρ 为激光发射点到反射点之间的几何距离；c 为光波在真空中的传播速度。

目前，激光测距仪进行距离测量主要有三种方法：①脉冲测量；②相位法，即通过发射信号与目标反射回波信号间的相位差测距，相位差测距模式使用的是连续波激光(continuous wave，CW)；③变频法，常用的是脉冲法与相位法。

采用脉冲法进行测距，其各个量的表达式为

距离：$R=\frac{1}{2}c\cdot t_L$

距离分辨率：$\Delta R=\frac{1}{2}c\cdot\Delta t_L$

最大距离：$R_{\max}=\frac{1}{2}c\cdot t_{L_{\max}}$

距离精度：$\delta_R=\frac{1}{2}t_{\text{rise}}\cdot\frac{1}{\sqrt{S/N}}$

式中，c为光波在真空中的传播速度；t为脉冲传播时间；S为距离；N为波传输过程中包含的整周数。

采用相位法进行测距，其各个量的表达式为

$$\text{相位差的传播时间：}\left.\begin{matrix}T=2\pi\\t_L=\phi\end{matrix}\right\},t_L=\frac{\phi}{2\pi}\cdot T$$

$$\text{距离：}R=\frac{1}{2}c\cdot\frac{\phi}{2\pi}\cdot T=\frac{\lambda}{4\pi}\cdot\phi$$

$$\text{距离分辨率：}\Delta R=\frac{\lambda_{\text{short}}}{4\pi}\cdot\Delta\phi$$

$$\text{最大距离：}R_{\max}=\frac{\lambda_{\text{long}}}{2}$$

$$\text{距离精度：}\delta_R=\frac{\lambda_{\text{short}}}{4\pi}\cdot\frac{1}{\sqrt{S/N}}$$

式中，c为光波在真空中的传播速度；T为周期；S为距离；N为波传输过程中包含的整周数；ϕ为相位差。

3.6.3　机载 LiDAR 的工作流程

机载激光雷达测量作业的生产环节，主要包括航摄设计、航摄数据采集、数据预处理、激光数据分类、数字高程模型(DEM)制作及数字正射影像(DOM)制作，在数字城市等应用中还有建筑物三维建模、侧面纹理影像处理等环节。其详细工作流程如图 3-20 所示。

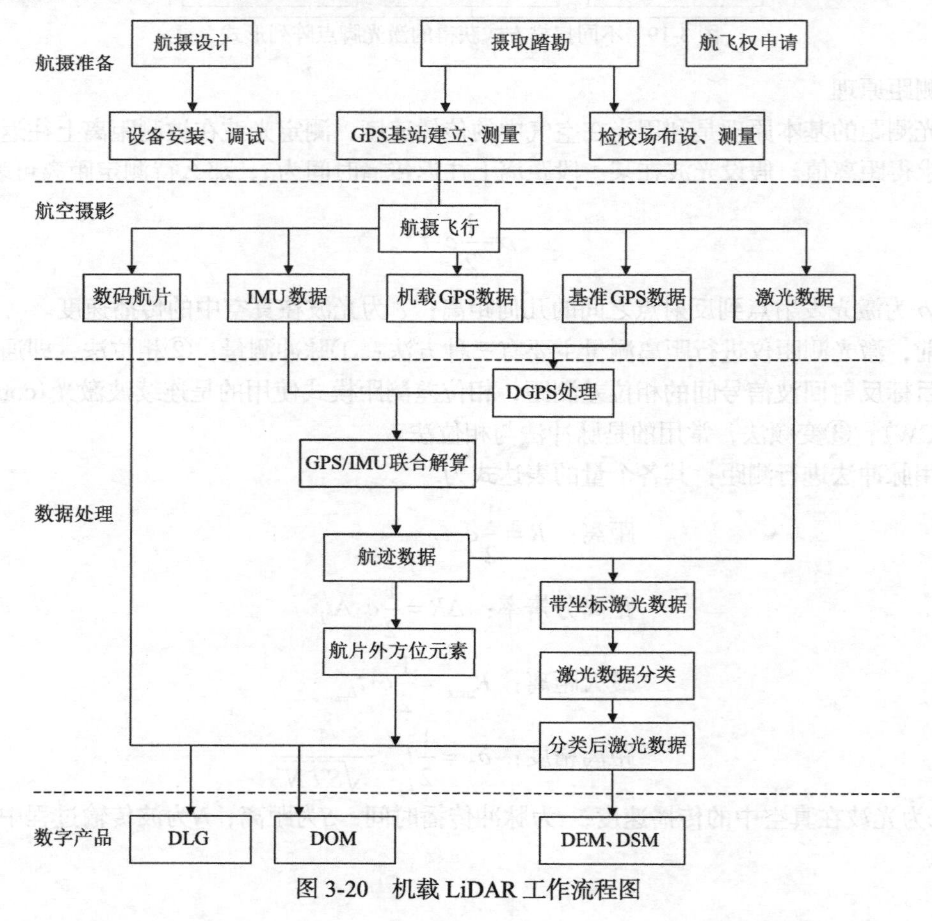

图 3-20　机载 LiDAR 工作流程图

1. 航摄飞行设计

航摄飞行设计是整个激光雷达航测工作中最为重要的一环，好的航摄飞行设计是整个工作的基础，可保证所采集数据的可用性，并确保数据成果的精度。

1) 航线设计

在进行航摄飞行设计之前，需本着安全、经济、周密、高效的原则，以项目成果数据精度要求为目标，充分地分析测区的实际情况，包括测区的地形、地貌、机场位置、已有控制网情况、气象条件等影响因素，结合激光雷达测量设备自身特点，如航高、航速、相机镜头焦距及曝光速度、激光扫描仪扫描角、扫描频率及功率等，同时考虑航带重叠度、激光点距、影像分辨率等，选择最为合适的航摄参数，为获取高质量的数据提供基础技术保障。

2) 地面基站设计

激光雷达测量作业时，需在地面架设 1 个以上的 GPS 地面基准站；有条件的情况下，可直接利用连续运行参考站网络。基站需合理覆盖航测工作区域，基站间距离一般在 30～50km，在航摄的全过程中基站和飞机上的 GPS 同步接收信号，以供事后 DGPS 数据解算时使用。

2. 航飞数据采集

激光雷达测量系统的工作，主要由三部分完成，分别为激光扫描测量、数码相机拍摄及飞行控制。因此，在采集数据时，保证激光雷达测量系统的三部分正常同步工作是关键。

1) 飞行控制

激光雷达测量系统在数据采集过程中，飞行控制系统的正常工作很关键，激光扫描仪和数码相机的工作，均由飞行控制系统来控制。同时，GPS 天线及惯性导航仪 IMU 的数据也记录在飞行控制系统中，这两个数据记录正常时才能保证激光数据及数码影像的正确定位，从而保证成果精度。

2) 激光雷达扫描测量

飞行控制系统根据预先设置好的激光设备工作参数(如扫描镜摆动角度、扫描频率等)，当飞机进入预设航线时，控制红外激光发生器向扫描镜连续地发射激光，通过飞机的运动和扫描镜的运动反射，使激光束扫描地面并覆盖整个测区。

3) 数码相机拍摄

飞行控制系统根据预先设置好的数码相机工作参数(如相机的曝光度、快门速度、ISO 值等)，当飞机进入预设航线时，自动获取高质量的影像数据。通过数码影像显示屏，可实时看到影像的实拍效果，若效果不理想，可随时调整相机参数。

3. 数据处理

激光雷达数据处理流程如图 3-21 所示。

1) 机载和地面 GPS 数据处理

机载和地面 GPS 数据处理需要用到机载 GPS 观测数据、地面基站的 GPS 观测数据、IMU 记录的姿态数据及系统参数(IMU、激光扫描仪、相机之间的相对位置及姿态参数等)。

(1) 地面 GPS 基站点坐标。地面基站点需进行 GPS 联测，获取高精度 WGS84 坐标、大地高、正常高及地方平面坐标。

(2) GPS 差分解算。利用高精度 GPS 解算软件，基于地面基站点的已知坐标，对机载 GPS 观测数据和地面基站 GPS 观测数据进行联合差分解算，得到机载 GPS 接收机在每个观测时刻的 WGS84 空间坐标系坐标。

(3) IMU/DGPS 联合处理。加入 IMU 记录的飞行姿态数据，在软件中与差分解算成果联合进行处理，获得机载 IMU 的航迹线，即每个观测时刻的空间位置和姿态。根据测定的偏心向量，进而获得激光扫描仪和航空相机各自的航迹线。

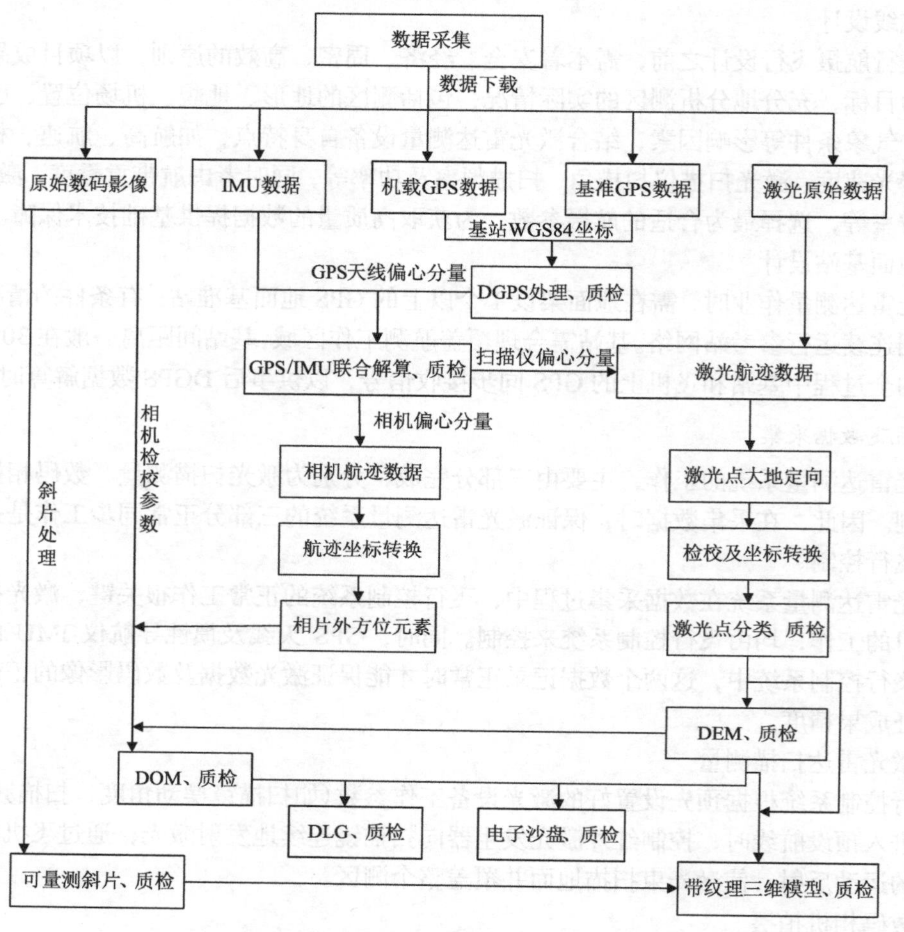

图 3-21 机载激光雷达数据处理流程图

2) 激光数据处理

(1) 激光点大地定向。基于激光扫描仪的航迹数据文件，软件自动对每个的激光点进行运算处理，得到每个激光点的空间坐标。

(2) 检校和坐标转换。激光扫描仪与 IMU 设备之间的三个偏心向量，除平面偏心分量可以直接测定之外，三个偏心角分量均需要通过检校场飞行数据来间接测定。

根据已知控制点数据解算出转换参数，对所有激光数据进行处理，把每个激光点从 WGS84 坐标系转换到平面坐标系，从大地高转换为海拔高。

(3) 激光数据分类。由于获得的最终成果为数字地面模型，即只需要地面的激光点数据，所以需要把激光点云中的地面和非地面激光点进行分类。在进行分类前，首先需对激光数据进行去噪处理，剔除错误点、高程异常点，如特别高的点 (空中飞行中的鸟或杂质)。然后，使用激光分类专业软件，对激光数据运行特别录制的批处理命令 (宏命令)，由软件自动进行分类，如果宏用得恰当合适，能达到 90%以上的分类准确率。最后人工交互对自动分类后的数据进行检查和进一步分类。该人工交互时间在整个生产时间中占有很大比重。

(4)生成数字高程模型(DEM)。利用分类出来的地面激光点数据，构建不规则三角网；基于不规则三角网生成最终的数字高程模型成果(DEM)。

4. 数码航片处理

(1)影像色彩调整。把数码航片影像文件进行统一的色彩调整。

(2)航迹坐标转换。把相机航迹数据从 WGS84 坐标系转换到 1980 西安坐标系，从大地高转换到 1985 国家高程。

(3)航片外方位元素。根据每张航片曝光瞬间的 GPS 时间信息和航迹数据，即刻得到每张航片的六个外方位元素：X、Y、Z、ψ、ω、K 。

(4)生成数字正射影像(DOM)。基于每张航片的外方位元素及地面激光点数据，软件自动进行单片微分纠正(倾斜改正、地形纠正)，并对设定范围内纠正后的航片进行镶嵌、裁切，得到数字正射影像成果(DOM)。

3.6.4　存在的问题

机载激光雷达技术已发展了十几年，随着硬件技术的不断发展，绝大多数硬件技术及系统集成方面的问题已得到很好地解决。与目前的测量方法相比，机载激光雷达技术可作为摄影测量的一种补充，同时也是摄影测量技术的一种竞争技术。在很多应用中，如林业、海岸工程或输电线路等，机载激光雷达技术所具有的独特功能是其他任何技术都难以取代的。到目前为止，虽然机载激光雷达技术的应用领域在不断扩大，但很多问题仍然有待完善，主要表现在如下几个方面。

(1)机载激光雷达技术无一定的作业规范可依。因此，目前尚无质量保证和质量控制标准，用户无法检校所获取数据的质量和可靠性。

(2)机载激光雷达系统价格昂贵，因此在很大程度上限制了该系统的推广和应用。

(3)数据处理方面的研究还相对滞后。目前机载激光雷达系统硬件发展已较完善，而在数据处理方面的研究，虽然进展很快，且取得了一定的成果，但从总体上看，还存在很多问题，有待进一步研究。目前，国际上尚无能完整处理机载激光雷达数据的综合软件系统。主要的激光雷达数据处理软件都是由各自的生产厂家单独提供，尚无独立的通用软件，且这些软件中所使用的算法均为保密，大部分用户无法根据自身的需要对数据进行处理与操作。虽然，有些文献对数据处理方面的某些内容进行了研究并提出了算法，但提出的方法大多有其自身的缺陷，还有待改善。因此，在数据处理方面还有很大的发展空间，这其中主要是智能滤波和地物分类等(昌彦君等，2002)。

(4)与其他技术的集成，还有待于进一步研究。例如，配备数码相机，实现几何描述数据；与图像数据高度自动融合，进行目标识别、地物提取和分类。数字式激光与图像数据的综合，实现与摄影测量的有效融合，形成高度综合的多用途系统，实现通用多传感器、多数据源的完全融合。

(5)机载激光雷达数据精度估计还需进行更多、更深入的研究和分析。系统各个组成部分的精度应分别加以分析与评定，进一步研究系统的误差来源并加以合理估计，这都将提高最终的成果精度(冯聪慧，2007)。

第4章 地下测量技术

地下工程测量(underground engineering survey)是工程测量学的分支，是研究地下、水下具体几何实体的测量描绘和抽象几何实体的测设实现的理论方法和技术的一门应用性学科。

地下工程测量是工程测量的分支，是测绘学科在地下工程建设中的应用。工程测量学是研究各种工程建设中测量理论和方法的学科，主要研究工程和城市建设及资源开发等各阶段进行的地形和有关信息的收集、处理、施工放样，变形监测、分析与预报的理论和技术，以及与研究对象有关的信息管理和使用。地下工程测量是研究地下工程建设中的测量理论和方法。地下工程测量的主要任务包括地面控制测量、地下起始数据的传递、地下控制测量、贯通测量、地下工程施工测量、地下变形监测及地下管线探测，为地下工程建设提供必要的数据、资料、图件，确保工程建设按设计施工，并安全、有效地完成施工。地下工程测量的内容包括：铁路、公路、城市地铁和跨河跨海的隧道施工测量，大型贯通测量、矿山建设和井下采掘测量，大型地下建筑的建设测量、地下各种军事设施施工测量，以及各种非地面建筑物或封闭构筑的施工测量。

地下测量技术主要包括水利水下地形测量、隧道测量、矿山测量及城市地下管线测量等，本书主要介绍水下测量技术和地下管线测量部分。

4.1 水下测量技术

水下测量是大地测量中地形测量的一个分支，水面以上的陆地地形测量和水底地形测量均属于地形测量(吴家乃，1987)。通常所说的水下测量就是指水下地形测量，水下地形测量是测绘科学技术的一个重要组成部分，主要包括海洋地形测量、河流水下地形测量及湖泊水下地形测量。水下地形测量是利用测量仪器来确定水底点三维坐标的过程，其最基本的工作是定位和测深。在我国，由于江河湖海众多，随着国民经济的快速发展，水下地形测量日益凸显出其重要性。特别是在现代施工设计与规划中，解决水下地形测量的精确性和现势性问题尤为迫切。研究水下测量方法并结合先进测量设备可提高水下地形测量精度和作业效率，解决当前水下测量面临的诸多问题(周航宇，2009)。

4.1.1 水下地形测量特点

水下地形测量是陆地地形测量的延续，是一种特殊的地形测量。水下地形测量，在投影、坐标系统、基准面、分幅、编号、内容表示、综合原则及比例尺确定等方面都与陆地地形测量相一致，但二者测量的具体方法却相差甚大。与陆地地形测量相比，水下地形测量要复杂得多，主要体现在技术含量高、人员及设备投入多、测量过程及数据处理步骤复杂等方面。水下地形测量既需要平面定位技术，又需要特有的水深测量技术，水上定位最显著的特点就是动态实时性(陈然，2009)。

4.1.2　水下测量基本理论

水下地形测量，是根据陆地上布设的控制点，利用船艇行驶在水面上，按等时间间隔或等距离间隔来测定水下地形点(简称测深点)的水深(结合水面高程信息获得水下地形高程)和对应平面位置来实现的(蔡洪新和侯雪峰，2013)。其主要测量工作包括水位观测、测深及定位等。

1)水位观测及计算

测深点的高程等于测深时的水面高程(称为水位)减去测得的水深。因此，在测深的同时，必须同时进行水位观测。观测水位时需首先设置水尺，再把已知水准点联测到水尺，得其零点高程 H_0。定时读取水面在水尺上截取的读数 $\alpha(t)$，则某时刻水面高程：

$$H' = H_0 + \alpha(t) \tag{4-1}$$

水位观测的时间间隔，一般按测区水位变化大小而定，观测结束后绘制水位与观测时间的曲线以用于各测点采样时的瞬时水位的内插获取。

2)水深测量

测深和定位是水下测量必须瞬时同步进行的工作，都是描述水下地形的要素。用于测深的仪器主要有测杆、测锤(或测绳)、回声测深仪等。

3)平面定位测量

测深点除了水深数据和瞬时水面高程数据外，还要确定其平面位置。测量方法包括断面索法、经纬仪角度前方交会法、微波定位法及 GPS 坐标法等(蔡洪新和侯雪峰，2013)。

4.1.3　传统水下测量技术

定位和测深是水下地形测量中最基本的工作，其中，定位是水下地形测量的基础。传统水下地形测量作业的基本过程为：在已知点上架设测距测角仪器，测定目标船的方位和测站与目标船之间的水平距离，确定目标船的平面位置，然后利用静水面高程及目标船处的水深得到水下点的高程。

传统水下地形测量的载体为测量船。常用的测深仪器主要有测深杆、测深绳、测深仪等；常见的测距测角仪主要有全站仪、平板仪、激光测距仪、经纬仪、无线电定位仪等。根据测量船离陆地的远近和定位精度的要求采用不同的定位方法，传统的水下测量方法主要有以下几种：①经纬仪交会法；②大平板仪方向交会法；③大平板仪或经纬仪视距法；④横断面法；⑤散点法；⑥断面索法；⑦回声测深仪测深。

4.1.4　现代水下测量技术

1. 测量机器人结合数字测深仪

测量机器人采用极坐标法实现坐标点自动化测量和存储，测深仪实现水深的自动化采集和存储，通过解决测量机器人与测深仪的同步数据获取问题，实现水下地形测量自动化。在长距离水下地形测量中，由于该方法受通视条件等限制，未能得到广泛应用(周航宇，2009)。

2. 测深仪结合 GPS

随着 GPS 技术的飞跃发展，水下测量技术大多采用 GPS 获取平面坐标、测深仪获取深度数据的基本模式，其中，GPS 主要完成水上的定位和导航。GPS 机型的选择主要取决于测图比例尺，测图比例尺对 GPS 定位精度的要求如下：

$$\delta_{实际比例尺}=0.1\text{mm}/比例尺\cdot D_{测线间距}=1\text{cm}-1.5\text{cm}/比例尺 \tag{4-2}$$

$$\delta_{导航允许误差}=D_{测线间距}\ /\ 2 \tag{4-3}$$

$$\delta_{实际定位}=[(\delta_{\text{GPS}}^2+\delta_{基站}^2+\delta_{船姿}^2+\cdots)/n]^{\frac{1}{2}} \tag{4-4}$$

GPS 接收机目前来说按作业方式可分为差分型和非差分型，因为水上作业需要实时连续导航，所以提供实时定位的数据是十分重要的。差分型 GPS（DGPS），根据精度要求的不同，有如下几种：静态差分定位、快速静态差分定位、动态差分定位和实时动态差分（RTK）定位等（杨飞和马耀昌，2006）。针对不同的差分定位方法，可将 GPS 结合测深仪分为以下几类。

1）结合 RTD GPS 及测深仪

伪距差分（real-time differential，RTD）测量技术是以测码伪距观测量为根据的实时差分 GPS 测量技术。它通过两台接收机同时测量来自相同 GPS 卫星的导航定位信号，基准站接收机所测得的三维位置与该点已知值进行比较，可以获得 GPS 定位数据的改正值，据此来改正动态接收机所测得的实时位置。一般情况下，RTD 定位精度在 1～5m，考虑基准站架设、船体姿态等因素的影响，实际上定位精度在 7～10 m，这个精度指标可满足 1∶1 万比例尺的水下地形测量要求。

2）结合 RTK GPS 及测深仪

载波相位差分技术又称 RTK 技术，是一种能够在野外实时得到厘米级定位精度的测量方法，它采用了载波相位动态实时差分方法，能实时提供观测点的三维坐标。通过软件支持，该水下地形测量方法可以实现定位和测深的实时显示，并能自动存储、导航，是目前水下地形测量方法的首选（周航宇，2009）。

GPS-RTK 测量是基准站接收机借助电台将其观测值及坐标信息发送给流动站接收机，流动站接收机通过电台（数据链）接收来自基准站的数据，同时采集 GPS 观测数据，在系统内组成差分观测值进行实时处理，求得其三维位置（X，Y，Z）（张双慧和孟杰，2010）。水下地形测量就是要测定水下地形点的平面坐标（X，Y）和高程 H。传统的水下地形测量方法采用常规仪器或 GPS 测定水下地形点的平面坐标（X，Y），而其高程 H 需要通过测深数据和水面验潮数据求得。当采用免验潮方法进行水下地形测量时，将 GPS 天线架设在测深仪换能器的垂直上方，高程计算的模型与方法较为简单（杨飞和马耀昌，2006）。

由于该测量方法配备设备比较多，加上需要人员实地操作计算机，为保证人员和设备安全，一般都需配备载重较大的船只。但该方法对于小面积水域和陡岸坎下的水下地形鞭长莫及。

3）结合 CORS GPS、测深仪及遥控船

CORS 是卫星定位技术、计算机网络技术、数字通信技术等高新科技多方位、深度结晶的产物。它是利用多基站网络 RTK 技术建立的连续运行卫星定位服务综合系统。

CORS 系统由基准站网、数据处理中心、数据传输系统、定位导航数据播发系统、用户应用系统五个部分组成，各基准站与监控分析中心间通过数据传输系统连接成一体，形成专用网络。

单波束测深仪一般采用较宽的发射波束，因为是从船底垂直发射，因此，声传播路径不

会发生弯曲，来回的路径最短，能量衰减很小，通过对回声信号的幅度进行检测，确定信号往返传播的时间，再根据声波在水介质中的平均传播速度便可测得水深。

遥控船是利用无线电技术对轻便船进行一定的运作控制，可实现船体的转向、加速、减速等操作。它具有旋转能力非常灵活、质量较轻等优点。将 CORS GPS、测深仪及遥控船组合在一起，在水塘、小型水库、陡岸(能够靠近岸边)的水下测量中，便能克服 RTD GPS 或 RTK GPS 结合数字测深仪水下测量方法的缺点，并能实现同等精度的测量(周航宇，2009)。

上述方法中可使用的测深仪主要有以下几种。

(1) 回声测深仪。目前，主要采用回声测深仪进行水深测量，基本原理是：假设声波在水中的传播水面速度为 v，当在换能器探头加窄脉冲声波信号，声波经探头发射到水底再由水底反射回到探头被接收时，测得声波信号往返行程所经历的时间为 t，则

$$s = vt / 2 \tag{4-5}$$

式中，s为从换能器探头到水底的深度。利用测深仪可获得换能器到水底的距离D'，考虑换能器入水深度h，如图4-1所示，则水下地形点高程：

$$H = H_i - D = H_i - (D' + h) \tag{4-6}$$

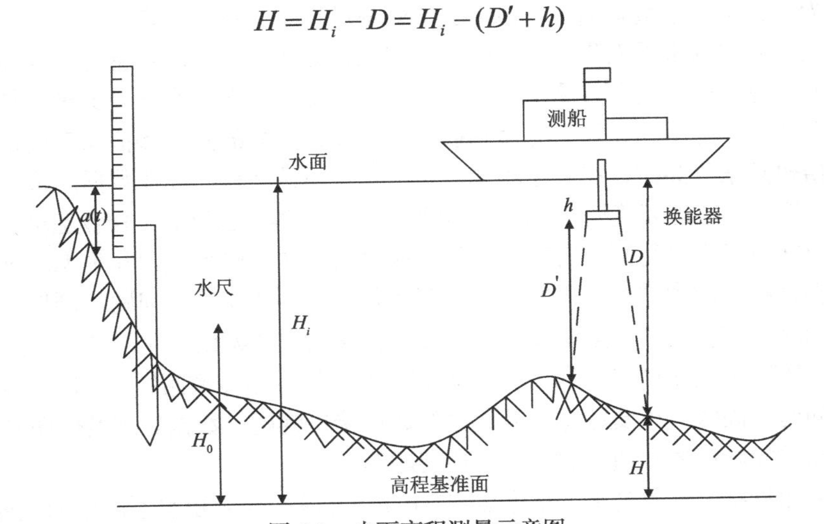

图 4-1　水下高程测量示意图

(2) 多波束测深仪。多波束测深系统作为新一代的声学测深设备，在波束发射接收、水底信号检测及其处理上采用了一系列新的技术,从而使其在测深方法上形成了一些新的特点。多波束测深仪的工作原理和单波束测深仪一样，是利用超声波原理进行工作的。单波束测深仪，首先探头的电声换能器在水中发射声波，然后接收从水底反射的回波，测出从发射声波开始到接收回波结束这段时间，再根据声波在水介质中的平均传播速度便可计算出水深。与单波束测深仪不同的是，多波束测深系统信号发射、接收部分由 n 个呈一定角度分布的指向性正交的两组换能器组成，相互独立发射、接收获得一系列垂直航向窄波束(陈然，2009)。

3. 水下摄影测量

采用水下摄影测量对水底目标或局部地形进行测量，以确定水下摄影目标的形状、大小、位置和性质，或局部地形的起伏状态(吕维祥，2012)。

4. NASNet 的声学定位系统

NASNet 的声学定位系统，就像是掉转了方向的 GPS，只是用海底的基准站代替了空中的卫星，用声波代替了无线电波。NASNet 可以用于水下和水面的导航或作业定位，其灵感来自于 GPS。由于无线电波在水中的衰减速度太快，采用无线电波进行通信的 GPS 技术在水下的应用受到了限制，GPS 原则上采用三点定位，是一种用户只接收信号的单程系统，用户数量不受限制，效率也很高。

该系统的特点是覆盖范围大、定位精度高、敷设简便、环保效果明显。通过几个海底基准站，NASNet 系统便能够覆盖 100km^2 的地区。正常情况下，它的精度可达到 1m，若结合使用特殊的装置，精度可以提高到 1cm。

NASNet 系统的缺点是成本高，而且用声波代替了无线电波，地质变化测量的结果就会产生相应的误差(盛继业，2003)。

4.1.5 湖泊水下地形测量实例

该实例利用 GPS-RTK 技术对滇池水域约 300km^2 的水下地形进行了 1∶1 万数字测图工作，该实例为大、中、小型湖泊水下地形数字测图进行了有益的探索。

由于湖泊、溪河的水域面积小、水浅，河流入口处水流急、水草密等特殊性，对确定采用哪种作业船作业、哪种测深仪测深等带来了一定的难度；而且水下情况极其复杂，木桩、铁丝网及不明的水下障碍物，加上养殖和捕捞的因素，众多的网具和捕捞工具密布水中，大小不同的捕捞船只来往穿梭，在一定程度上，给作业船的运行、外业数据的采集工作带来了极大的困难；特殊的地理环境使 GPS 信号接收出现盲区等，也影响了作业速度。上述这些因素，使本可以在海洋上进行测绘的工作船及作业手段，在这些水域中几乎无法进行工作。

因此，在这些水域中作业，需要解决诸多实际中遇到的应用性问题。例如，作业船的强电弱电供应问题；作业船的安全防雷问题；测深仪探头安置架设、防网挂、防撞问题；作业船上 GPS 天线架设问题；GPS 参考站的合理布设及数据链路传输问题；岸边及障碍区无法用测深仪测深问题。同时，还要注意各种数据的数据接口问题；数据处理及作图软件自动化等实际应用方面的问题；还有通信联系及交通问题等。

水下地形测量所测对象是水下地形点(X、Y、H)，目前，大面积水下测量的主要采用 GPS、测深仪和水下测量导航软件相结合，测量快捷、自动化程度较高，平面位置能够满足不同精度的要求。值得一提的是，测量导航软件在水下地形测量中起着极其重要的作用。

1)作业船

本实例测量作业船的特点：作业船不宜过大，需满足灵活、快捷，容易躲避渔网、竹竿、木棒等障碍物，方便清理螺旋桨上的水草、破网等缠绕物等要求，可在浅水区域作业。同时，该作业船可采用汽车电瓶(12V 直流电)为计算机供电，还需升压为 220V 供测深仪用电，且必须安装避雷针防雷，作业船如图 4-2 所示。

2)GPS 接收机

GPS 接收机采用的是如图 4-3 所示的天宝 4700 双频 GPS 接收机，在实时测量中，RTK 的作业精度为厘米级。

3)测深仪

测深仪采用无锡海鹰企业集团有限责任公司产的 SDH-13D 型精密浅水回声测深仪，如

图 4-4 所示，该测深仪是一种用于江河、湖泊、浅海及水库水深测量的便携式测深记录器，适用于水文、勘察、航道及码头疏浚等行业的精密测量及水深数据记录，集传统的模拟记录与先进的数字信号处理-DSP 技术、水底跟踪门技术于一体，使仪器能在恶劣的水文环境和地貌情况下，得到精确、真实、稳定的水深数据。

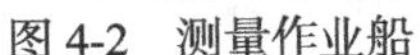
图 4-2　测量作业船

图 4-3　双频 GPS 接收机

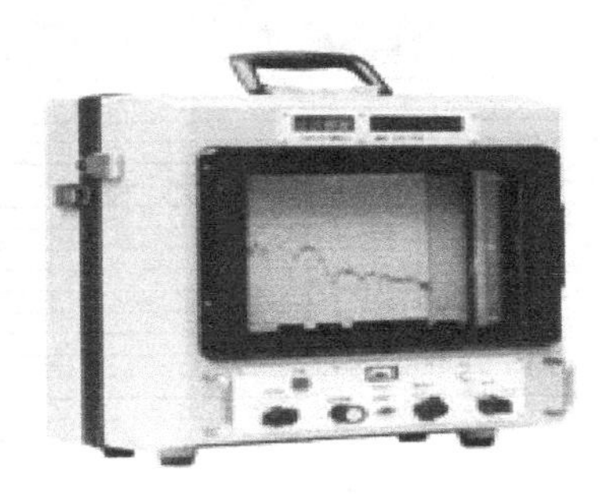
图 4-4　回声测深仪

水下测量的方式，主要是测定水面某个点的平面位置(*X*，*Y*)的同时，测量此点的水深，并通过此时水面的高程计算出对应水底点的高程。因此，测深仪的测深精度直接影响点位的高程精度，而平面位置与测深仪深度测量的同步问题，又直接关系 GPS 所测的水面点与测深仪所测水底点是否重合的问题。因此，要求 GPS 接收天线和测深仪的探头安装在一个铅垂线上，而接收机所接收的 GPS 定位信号和测深仪所接收的测深信号必须同步。

4）水下测量导航软件

南方海洋导航测量 5.0 是由广州南方测绘仪器有限公司开发并最新改版的，如图 4-5 所示。它可以连接国内外大多数的水上测量型 GPS、测深仪，完成水上测量的成图、布线、导航、测量及数据保存工作。

该实例从野外数据的采集、数据的整理计算、数据格式的转换到数据的建模、生成等高线、等高线的合理处理等，整个工作流程基本上实现了作业自动化。图 4-6 为项目计划航线总布线；图 4-7 为项目实测航迹展点；图 4-8 为项目实测时导航界面；图 4-9 为滇池区域 1∶1 万数字地形图的图件资料。

图 4-5　南方海洋导航测量 5.0

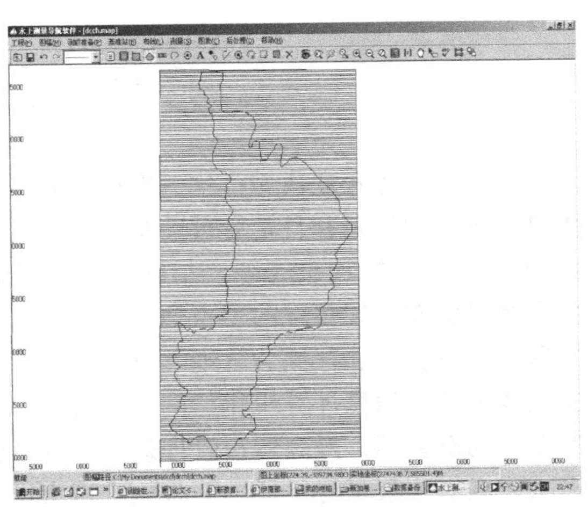
图 4-6　计划航线总布线

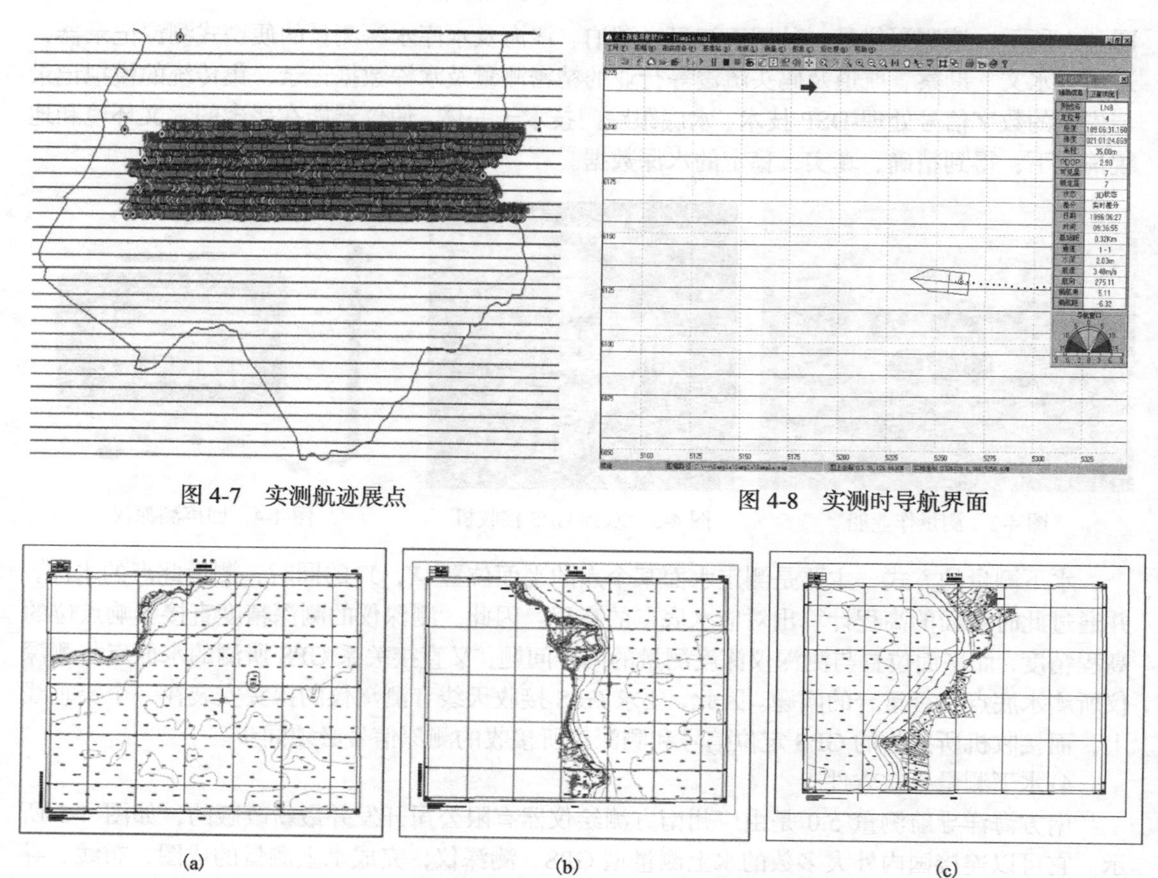

图 4-7　实测航迹展点

图 4-8　实测时导航界面

(a)　(b)　(c)

图 4-9　滇池区域 1∶1 万数字地形图的图件资料

对于湖泊水下地形测量，采用 GNSS 接收机、测深仪，按 RTK 作业模式测量所获取的高程精度不能满足测图精度的要求，因此其高程值是通过测量水深值、结合其统一到基准面的改正数，并根据相关水文部门各水位站提供的水位观测资料综合计算获得的。

4.2　地下管线测量

近年来，随着现代城市化的发展和频发的自然灾害，作为城市基础设施的城市地下管线对于城市的规划和日常管理的重要性显得越加突出，它已引起了国家、各级政府和社会大众的广泛关注(周京春等，2013)。为了全面查明地下管线空间的分布和属性情况，应建立具有权威性、现势性的城市地下管线综合数据库和专业数据库，将地下管线信息以数字的形式进行获取、存储、管理、分析、查询、输出、更新，建立公共数据交换服务平台，实现地下管线信息计算机化、网络化管理；建立切实可行的数据更新机制，保证地下管线数据的动态管理，提高城市管理效率，为社会提供多元化的服务，为城市可持续发展及防灾减灾提供决策支持，我国一些大中城市已全面或部分地开展了本市的地下管线普查工作(张兴娟等，2009)。

城市地下管线是指埋设在地下的管道和地下电缆，主要包括给水、排水、燃气、热力、电信、电力、工业管道等几大类(徐浩然，2012)。地下管线的空间位置及属性信息是城市规划建设管理的重要基础信息，在进行城市规划、设计、施工及管理工作中，若没有完整准确的地下管线信息，将会变成“瞎子”，到处碰壁，寸步难行，甚至造成重大损失(陈鼎等，2012)。因此，做好城市地下管线的科学管理已成为城市建设的重要课题之一(徐浩然，2012)。

4.2.1　地下管线测量概述

1. 地下管线测量的范围和对象

政府组织的地下管线测量范围一般为城市道路上的管线和市政管线，单位、工厂、院校和封闭的生活小区内部不查，但对于穿越上述区域的市政主干线不能中断，以保持主干管线的连续性。普查对象为给水、排水(含雨水、污水、雨污合流)、煤气、热力、电力、交警信号灯电缆、广播电视、路灯、电信、工业管道及直埋电缆等市政公用管线、部队等其他单位的专用管线(徐浩然，2012)。

2. 作业流程

作业流程如图 4-10 所示(徐浩然，2012)。

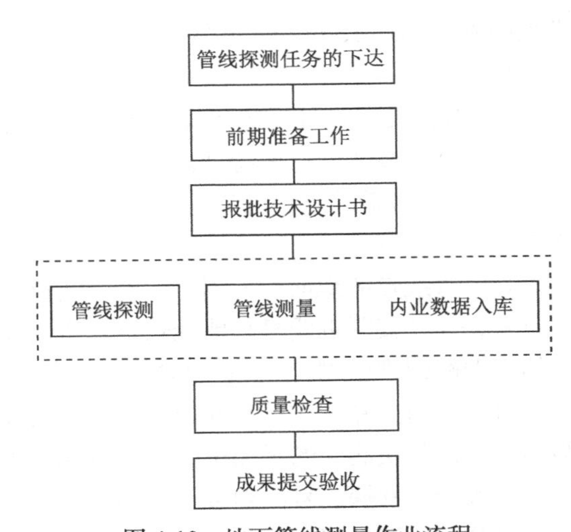

图 4-10　地下管线测量作业流程

3. 地下管线探测方法及技术分析

1) 明显管线点探查方法

(1) 对明显管线点(包括接线箱、变压箱、阀门、消防栓、人孔井、手孔井、阀门井、检查井、仪表井等附属设施)各种数据应直接开井量测，并必须采用经检验的钢尺测量，读数至厘米。

(2) 实地调查应在现况调绘图所标示的各类管线位置的基础上进一步实地核查，并对明显管线点作详细调查、记录和量测，填写明显管线点调查表，同时，确定必须用仪器探查的管线段(徐浩然，2012)。

2) 隐蔽管线点探查方法

(1) 金属管线的探测。主要采用感应法、直连法和夹钳法。平面定位采用极值法，辅以极小值法，定深采用 70%极值宽度。

(2) 电信管线的探测。采用夹钳法，用等效中心修正法确定平面位置，用 70%极值法结合比值法确定埋深，比值现场测定。当夹钳法困难而用感应法探测时应采取措施压制干扰与综合方法探测，对疑难点应进行开挖验证。

(3) 电力管线的探测。采用揭开盖板直接量测，在难以揭开盖板的地段采用夹钳或感应法。

(4) 非金属管线的探测。①给水砼管：核实相关资料在实地找到明显井，并量测埋深。先利用高频(33 kHz)感应法，实测剖面曲线，确定管线平面位置及推算埋深，然后，在可利用地质雷达探测的地段用地质雷达进行核查。在能开挖的地段，采用开挖结合触探进行验证。当地质雷达效果不理想时，位移点位应重测，位移距离视实地确定，直至获得较好效果。②排水管道：排水管道以开井调查方法为主。当两窨井间需加点时，用两井间数据推测确定。

(5)定深点应选在被测管线 4 倍埋深范围内单一直线段上，且相邻平行管线之间的间距应大于被测管线的深度。若上述条件不满足或沿线尚有干扰时，仪器的读数应注明“参考”。

(6)探测时应选择合适的探测方法及激发方式，受到干扰时要灵活运用水平、倾斜和垂直压线法。对难于确定的疑难点要采取开挖或触探法配合验证。

(7)管线特征点上应设测点，直线段间距大于 70 m 时，中间应加设测点。各小组管线点必须测到图幅外 15 m，作超幅接边。图幅接边点不上成果图，但第一遍正式图须保留，以便监理检查。

(8)当管线弯曲时，在圆弧起讫点和中点上应设置管线点，当圆弧较大时应适当增加管线点以保证管线实际弯曲特征。

(9)一井多盖的电信井周边应设隐蔽点，不得以中间定两点连线，然后，在计算机上生成周边图形代替。

(10)管线点的地面标志用统一的管线钉钉入地面至平，用红色或黄色油漆注上记号及管线点号，并在其附近明显且能较长期保留的建(构)筑物上注明点号、方向及距离；不能钉铁钉的水泥路面则应刻“+”字加涂红油漆标注。

(11)电力槽盒测注的平面位置为槽盒的几何中心位置，埋深以槽盒内最上面一条电缆顶为准；电信管块测注的平面位置为管块几何中心，埋深以管块顶为准。

(12)全区物探点号必须唯一，不得有重号，记录点号必须与实地点号一致。

(13)外业记录用 3H 或 2H 铅笔。一切原始记录按表格各项内容填写齐全，字体清晰，整齐美观，有错可划改，但不得擦改、涂改或转抄。

(14)每条街巷和路段探查结束前应对该街巷和路段进行扫描探测，防止管线漏测(徐浩然，2012)。

4. 地下管线探测的外业测量

地下管线探测的外业测量主要包括控制测量和碎部测量(张兴娟等，2009)。

1)控制测量

在管线探测中，由于管线点的密度过大，测量精度要求高，且管线一般是沿路呈带状分布，因此控制点一般布设成单条附合导线或沿路布设成导线网。

(1)采用全站仪进行控制测量。外业采用全站仪对导线的边角数据进行采集，然后在内业利用平差软件进行平差。

(2)采用 RTK 进行控制测量。目前常使用的方法是尽可能多地收集覆盖整个测区的高等级控制点，利用 RTK 的水准面拟合技术进行拟合，并利用水准测量对其高程成果进行抽样检查。

2)碎部测量

地下管线碎部测量常采用数字测记模式。探测员在探测的同时把管线点的相对位置落在外业手图上并进行外业编号，探测记录表记录点号、点的属性及点的连接信息。

5. 地下管线探测的内业处理

在完成地下管线的外业探查和测量工作之后，就需要对地下管线探测进行内业处理，其一般分为 5 个阶段：前期准备阶段；数据库录入检查；检查数据的完整性和合理性；图形整饰及成果输出；资料归档及保存(张兴娟等，2009)。

1)数据库录入检查

在数据库录入完毕后，作业人员要进行 100%自检，100%互检(两个作业员以上相互核对数据库及外业作业手簿数据是否一致)，内业负责人进行 30%以上的质检。若错误率超过 2%，则作业员要重新检查并做好记录，检查完成后再重复上面的工作，直到数据合格后才能转到下一阶段的工作。

2)检查数据的完整性和合理性

目前，数据的完整性和合理性由计算机辅助完成，其检查内容包括：检查探查库重点；检查坐标库重点；检查探查库重线；检查探查库点性代码错；检查探查库中三通、四通、分支方向错；检查探查库缺属性、缺坐标；检查探查库单点未连线错；检查同一条管线属性是否一致；检查管线排水高程错；检查管线超长；检查探查库少原点、分之与原点点性是否一致。在以上的检查中，绝大部分错误可以在内业处理，但是探查库缺坐标的要及时进行外业补测，排水高程错误而导致水流不出去的要到外业实地去核实，属于确实是设计时存在问题的要做好记录，以备日后查询用，属于探查错误的要采取补救措施，对有问题的管线探查段重新进行探查。

3)图形整饰及成果输出

数据库经检查无误后就可形成地下管线现状图。形成的地下管线图各种管线要按其专业类型采用不同的颜色，除甲方有特殊要求的外一般采用国家管线探查规范规定的颜色；管线符号要采用国标统一规定的符号绘制；形成的地下管线图要以城市现状地形图为背景，并要检查其位置关系是否与实地情况相符合。初步形成的地下管线图如同在地形测量中初步形成的地形图一样，要进行字符的编辑和图面的整饰，要保证注记文字不压管线和地形主要地物线；管线点的注记字头朝北，线注记要顺线的方向；保证分幅图的相邻图幅、带状图的相邻图段与交叉路口的管线应注意拼接好；图幅号、方格网坐标 1、地形图测量单位、管线探查单位、探查员、测量员、检校员及成图日期和采用的图式要注记清楚。

4.2.2　地下管线信息化建设

城市的地下管线信息属于城市的基础地理信息，其具有统一性、精确性、完整性及基础性等特点，是城市规划设计、建设、地下空间开发利用、城市管理及应急抢险等工作的必要信息支撑，因此一个城市地下管线的信息化建设就变得十分重要和必要。城市地下管线信息化建设的主要任务有：①建立城市综合地下管线现状数据库；②建立和完善地下管线信息共享平台基础网络；③建立和完善地下管线共享法规标准体系和技术体系；④地下管线数据动态更新管理体系建设(王秋印和江怡芳，2007；周京春等，2013)。地理信息公共服务平台的这一模式对城市地下管线信息化的建设有极大的借鉴作用。近期，随着《国务院办公厅关于加强城市地下管线建设管理的指导意见》(国办发〔2014〕27 号)的出台，在新的需求牵引和公共服务平台技术驱动的背景下，从数据、系统及应用的角度开展城市地下管线地理信息公共服务平台建设模式的研究，迫切且意义重大(储征伟等，2014)。

1) 平台框架

地形图上的地下管线数据属于基础地理信息数据，属于地理信息公共平台的专题数据，城市地下管线信息化建设框架属于地理空间框架建设的一部分(杨伯钢等，2011)。城市地下管线地理信息公共服务平台建设框架一般分为支撑层、数据层、应用层和用户层，如图 4-11 所示(储征伟等，2014)。

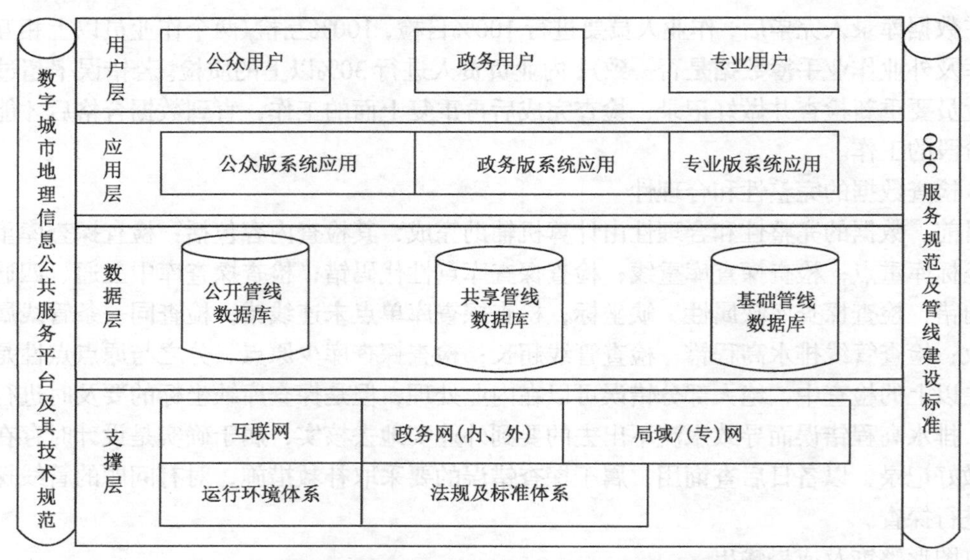

图 4-11　城市地下管线地理信息公共服务平台建设框架

2) 用户分析

平台主要面向专业、政务和公众三类用户，其中，专业用户主要侧重数据普查、建库、更新等用户需求，政务用户主要侧重管线全生命周期管理、管线项目管理和应急等用户需求，公众用户主要侧重可公开地下管线地理信息及相关信息的查询和发布等用户需求。

3) 平台数据建设

城市地下管线地理信息公共服务平台的数据可分为基础管线数据、共享管线数据和公众管线数据，各类数据的内容、使用用户及处理方法如图 4-12 所示。

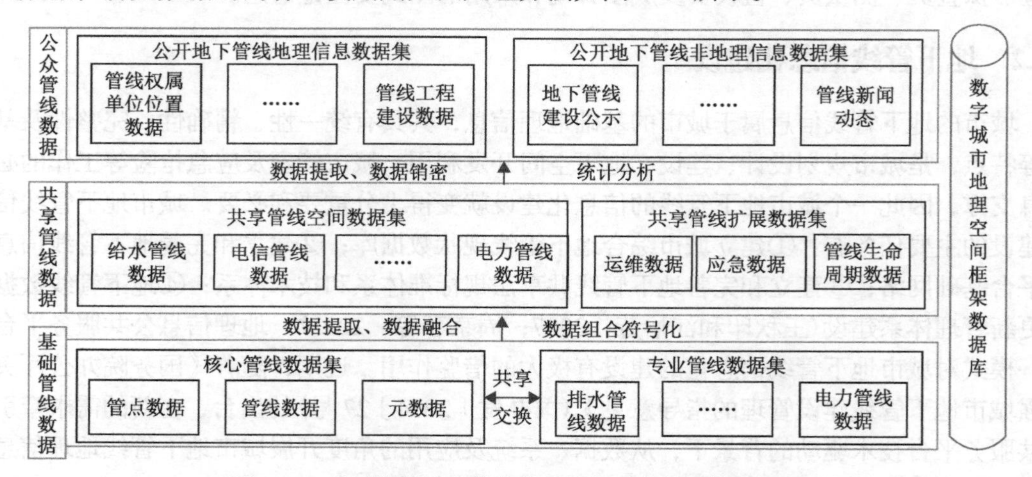

图 4-12　地下管线地理信息公共服务平台数据构成框架

4.2.3　新技术在地下管线测量中的应用

由于管线管理方法和体制的不相适应，管线普查工作变得越来越难进行，例如，很多管线已覆土多年，但仍未进行竣工测量，还有随着城市建设的快速发展，管线周边环境面目全非，采用传统的技术手段，已难以搞清管线的具体情况。因此，诸多高新技术被应用到地下管线测量中，如电子技术、激光技术、电子计算机技术及卫星定位遥感等技术，使城市地下管线测量从管线探测、控制测量再到机助成图等一系列工作取得了新的突破(张扬，2002)。

1) 物探技术在地下管线测量中的应用

对于一些重大的建设项目，如地铁、公路隧道及高架桥梁，在建设前，必须对影响范围内的管线进行详细的定位和定深。目前，浅埋(埋深小于 5m)管线探测技术已基本成熟，但深埋管线探测的难度却很大，解决深埋管线探测这一难题，将是今后地下管线探测研究的重点之一。

目前，对深埋管线进行探测主要采用物探技术。物探技术是通过管线引起的电磁场异常，测量电磁场的分布来确定地下管线的存在与否，进而进行搜索、定位及定深。主要的方法有电磁法、有源电磁法、地震层析成像等(程晓龙，2011)。

2) GPS-RTK 在地下管线测量中的应用

GPS-RTK 技术由于其观测时间短、定位精度高、能实时提供三维坐标及操作简便等特点，能大大提高工作效率，减轻劳动强度，因而在测量工作中受到人们越来越多的青睐。运用 GPS-RTK 技术测量得到的三维坐标数据能形成相应的电子文件，这种形式便于保存，同时给建立工程管理数据库和其他相关工程带来了方便。GPS-RTK 技术在地下管线普查工程的图根控制测量中应用，有稳定的定位，较高的效率，同时方便快捷、操作简单，且能满足管线控制测量有关规程规范的要求，可以广泛使用(李萍和雷建生，2010)。

3) GIS 在地下管线测量中的应用

城市地下管线信息是城市信息的重要组成部分，其特点在于隐蔽(埋设在地下)、复杂(各种管线纵横交错)、动态(新管线不断增加，而旧管线不断更新或废弃)及信息量大。随着测量数据采集和数据处理逐步进入自动化和数字化，测量工作人员更好地使用和管理长期积累及收集的大量的地下管线信息的最有效的方法，便是利用数据库技术或 GIS 技术，建立数据库或信息系统。

4) 物联网技术在城市地下管线信息管理中的应用

物联网是指在互联网基础上整合传感、通信和信息处理等技术，按约定的协议，把相关物品与互联网连接起来，进行信息交换和通信，以实现智能化识别、定位、跟踪、监控和管理的一种网络。

物联网技术的核心是物物相连，智能化相关合作，利用物联网技术的特点完全可以实现城市地下管线信息由获取、传输到分析、综合应用的整个过程，这一过程的实现其实就是城市地下管线智能管理系统的实现(张晓光，2013)。

第 5 章　地球局部形状的确定

地球重力场是地球的一种物理属性，表征地球内部、表面或外部各点所受地球重力作用的空间。它不仅可以反映地球内部的物质分布、运动及变化状态，同时可以制约地球本身及其相邻空间的一切物理事件。大地测量学是以地球表面作为研究对象，研究和测定地球的形状、大小及地球重力场，并测定地面点的几何位置的学科。因为地球重力场对大地测量工作具有一定的影响和制约，同时地球重力场是地球物质分布和地球旋转运动的综合效应的反映，并制约地球及其邻近空间的一切物理事件，所以对地球重力场的研究是大地测量科学研究的核心问题，也是现代大地测量学发展中最为关键和活跃的领域之一(宁津生，2001)。

5.1　精化(似)大地水准面的基础理论

5.1.1　基本概念

1) 大地水准面

因为海洋占全球面积的 71%，所以设想与平均海水面相重合，不受潮汐、风浪及大气压变化影响，并延伸到大陆下面处处与铅垂线相垂直的水准面称之为大地水准面。它是一个连续的封闭曲面，它包含的形体称为大地体，可近似地把它作为地球的形状(邬伦等，2004)。同时，它的形状(几何性质)及重力场(物理性质)都是不规则的，不能用一个简单的形状和数学公式表达。由于大地水准面同时也是代表地球形状的一个封闭重力等位面，因而需在经典的 Stokes 理论框架下进行求解(ЛИ 佩利年，1983)。理论上，大地水准面定义的是与全球无潮平均海水面密合的重力等位面，并用该面相对一个参考椭球面的大地高描述它的起伏，构成一种可应用模型。如果参考椭球选为平均椭球，那么确定的大地水准面就为全球“绝对”大地水准面。平均地球椭球的中心与地心重合，短轴与地球平自转轴重合，表面与全球大地水准面密合(Moritz，1984)。若参考椭球选择的是区域性参考椭球，那么确定的大地水准面是区域性“相对”大地水准面。区域性参考椭球只要求其短轴平行于地球平自转轴，并与该区域的大地水准面密合，可由区域大地测量确定椭球相对地球的定位和定向，其大小和形状常采用一个较好的国际地球椭球参数(孔祥元等，2005)。

地球不规则的大地水准面是正高系统的基准面(熊介，1998)。大地水准面差距 N 为沿参考椭球的法线，从参考椭球面至大地水准面的距离；而某点的正高 $H_{正}$ 是从该点出发，沿该点与大地水准面各个重力等位面的垂线所量测出的距离，如图 5-1 所示。

2) 似大地水准面

地球质量尤其是外层质量分布的不均性，使得大地水准面形状非常复杂。大地水准面的严密测定取决于地球构造方面的学科知识，目前尚不能精确确定它。为此，苏联学者 Molodensky 建议研究与大地水准面很接近的似大地水准面。该面无需任何关于地壳结构方面的假设便可严密确定(莫里斯，1984)。

似大地水准面(quasi-geoid)是由各地面点沿正常重力线向下量取正常高后所得到的点构成的曲面。似大地水准面不是重力等位面，但在海面上时，当忽略海面地形影响时，它就与大地水准面在海上完全重合，在大陆上几乎重合，但在山区就有 2～4m 的差异。目前，似大地水准面是利用高分辨率的地面重力测量数据来确定的,同时按 Molodensky 公式计算高程异常，由此得出的重力似大地水准面再与 GPS 水准测定的离散高程异常进行拟合，获得与国家或地区正常高系统定义一致的似大地水准面(祝意青等，2007)。

Molodensky 理论中的高程系统为正常高系统，其几何意义如图 5-2 所示。图中 $H_{常}$ 为 P 点的正常高，ζ 表示高程异常。

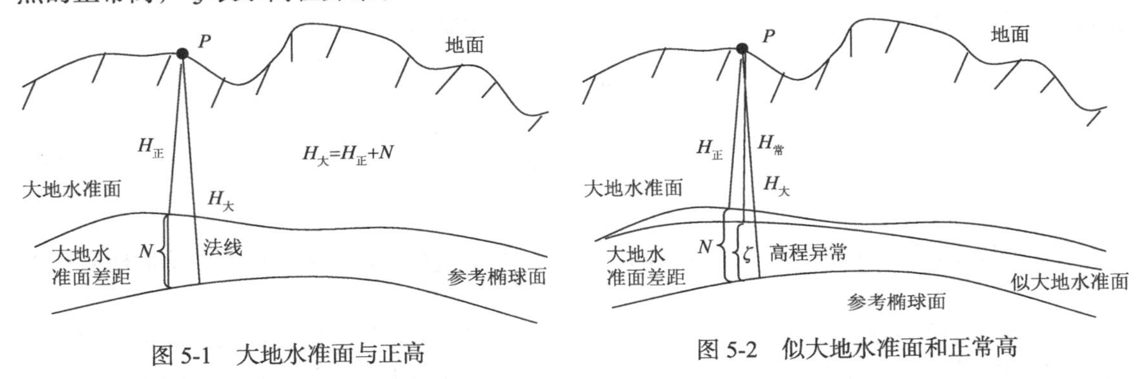

图 5-1　大地水准面与正高　　图 5-2　似大地水准面和正常高

3) 大地水准面与似大地水准面的区别与联系

由 Stokes 理论确定的大地水准面，要求移去大地水准面外的地形质量，需要假设地壳密度，得到的是经地壳质量调整后的大地水准面，存在因调整而产生的间接影响。因此，以大地水准面为参考面的正高，实际上是不能用水准测量严密测定的，这是 Stokes 理论本身存在的理论和实用上的缺陷。

Molodensky 则抛开了大地水准面的概念，从确定地球真正的自然形状出发，引入了似地形表面这个概念，并以此作为边界面，直接采用地面重力异常为边值解算大地边值问题确定高程异常。由于理论上无需重力归算及调整质量，避开了密度假设，因此以似大地水准面作为参考面的正常高，可用水准测量的方法严密测定出来(陈俊勇等，2001)。

如图 5-2 所示，设地面有一点 P，以大地水准面为基准的正高 $H_{正}$、以似大地水准面为基准的正常高 $H_{常}$ 及以参考椭球面为基准的大地高 $H_{大}$ 之间的相互关系如下：

$$H_{大}=H_{正}+N \tag{5-1}$$

$$H_{大}=H_{常}+\zeta \tag{5-2}$$

5.1.2　边值问题的基本类型及球面解

大地测量中，地球重力场的研究在理论上可以归结为解算大地测量边值问题。大地测量边值问题是物理大地测量学的主要理论支柱，它是研究地球重力场的理论基础，也是局部重力场逼近的基本理论(胡明城和鲁福，1994)。大地测量边值问题可简单表述为：在大地水准面或自然地球-表面上给定边值条件和相应的边值(如重力向量或重力位)来确定该边界面及其外部引力位，使其满足边值条件，并在无限空间内是调和函数。

关于重力场的研究，传统方法有小扰动法，即将重力位分为两部分：主部——正常场，对应于正常位；次部——扰动场，对应于扰动位。正常场，通常由四个大地测量的基本参数$(\alpha, J_2, fM, \omega)$确定，基本参数又称为地球大地基准常数，因此为已知量；而扰动场则是待求量，且比较微小，主要起到修正作用。此时，问题便归结为求扰动位 T。而大地测量的边值问题正是利用观测数据给定边值条件来推求扰动位(张赤军，1997)。

在上述的位理论中，关于边值问题的表述可理解为：在某一个区域 Ω 的边界面 Σ 上，已知某些函数值 $F(Q)$，而这些函数值和所求量间又满足一定的条件，则称为边值条件。根据边界面 Σ 上的这些已知数据及边值条件求出在外部空间是调和的，并在无穷远处是正则的位函数(马新莹，2005)。也就是要找出一个函数，它能够满足以下条件：

$$\Delta V(P) = 0, P \in \overline{\Omega} \tag{5-3}$$

$$BV(P) \cdot \Sigma = F(Q), Q \in \Sigma \tag{5-4}$$

式中，Δ 为Laplace算子；B为边界算子。

上式中，给定不同的边界条件有不同的边值问题 $V(Q)$，其中最常见的边值问题有以下三种。

(1)第一边值问题(即 Dirichlet 边值问题)。假定在边界面 $\sum$ 上已知所求调和函数的极限值 $V(Q)$，便可由此边值条件求出在外部空间是调和的，并在无穷远处是正则的位函数 $V(P)$。此时，B=E(恒等算子)。这类边值问题称为 Dirichlet 外部边值问题。

(2)第二边值问题(即 Neumamn 边值问题)。假定已知调和函数在边界面 $\sum$ 上的法线 n 的导数值，求边界面 $\sum$ 外的调和函数。而这类边值问题称为 Neumamn 外部边值问题。

(3)第三边值问题(即 Robin 边值问题)。假设已知调和函数及其法线导数的线性组合在边界面上的值，求界面外的调和函数。此时有 $B = \alpha + \beta \dfrac{\partial}{\partial n}$，$\alpha$ 与 β 为常系数。这类边值问题称为 Robin 外部边值问题。此类边值问题也比较常用。

5.1.3　Stokes 理论与大地水准面

大地水准面是代表地球形状的一个封闭重力等位面，需要在经典的 Stokes(斯托克斯)理论框架下求解。下面主要介绍 Stokes 理论。

根据位理论，假设已知一个质体的密度分布，则该质体的外部引力位是唯一确定的，且为一个空间谐函数。但是，当给定一个外部位函数时，可能会产生对应的无限多个密度分布的一个给定的外部函数，即重力问题本身所固有的不确定性。

若只要确定质体的外部位，当测定了质体表面的位值，根据上述位理论第一边值问题的原理，存在外部位函数的唯一解，则必然是该质体的外部位，这个解与质体密度分布无关，这就是 Stokes 理论的基本概念(Haagmans et al.，1993)。

将这一概念应用到一个封闭的水准面上就得出著名的 Stokes 定理：若已知一个水准面的形状 S，S 面上的位 W_0(或它所包含的质量 M)及旋转角速度 ω，就可根据这些数据单值求解出水准面上及其外部空间任一点的重力位和重力。

Stokes 理论是重力场逼近中的经典理论。将它应用于大地水准面 S 时，S 是未知的，但其内部包含了所有质量，此时要解的是 Stokes 问题，即已知 S 面上的重力及重力位，且离心力位已知，要求确定大地水准面的形状及其外部重力位。因此根据这种理论，大地水准面外不能有物质存在，所以在归算时，必须把大地水准面外的物质去掉或移到大地水准面内部去。重力归算过程不可避免地牵涉地壳内部的构造-密度分布问题。不论采用哪种假定进行归算，大地水准面都会产生变形，只是变形大小不同而已。所以说，按照 Stokes 理论求得的大地水准面，已不再是真正的大地水准面，而是调整后的大地水准面(Milbert，1998)。

位理论中第三边值问题的求解有多种解法，这里只给出 Stokes 在 1849 年解出的结果

$$T=\frac{R}{4\pi}\iint_{\sigma}\Delta g S(\psi)\mathrm{d}\sigma \tag{5-5}$$

此式称为Stokes公式。式中，σ为单位球面；Δg 为球面上的重力异常函数；$S(\Psi)$ 为Stokes函数，且

$$S(\psi)=\frac{1}{\sin\frac{\psi}{2}}-6\sin\frac{\psi}{2}+1-5\cos\psi-3\cos\psi\,\mathrm{In}(\sin\frac{\psi}{2}+\sin^2\frac{\psi}{2}) \tag{5-6}$$

式中，ψ 为计算点到积分面元之间的角距。

5.1.4 Molodensky 理论和似大地水准面

Molodensky 理论是利用地球自然表面上的各种观测数据确定真地球的形状，即研究地球自然表面形状问题。

1) Molodensky 理论的基本概念

假设已知地球自然表面 S 上所有点的重力位 W 和重力向量 g，要求确定表面 S 及其外部位 V。重力位 W 可以用水准测量方法结合重力测量来测定，而重力向量 g 的数值则由重力测量测得，相应的垂线方向则由地面上测定的天文纬度 φ 及经度 λ 确定，此问题便是 Mo1odensky 问题。Molodensky 问题的产生主要是由于：Stokes 方法在实际应用中的先决条件是：所有的观测值都必须在大地水准面上；而实际的大地测量观测工作是在地球自然表面上进行的，所以需要将这些观测值归算到大地水准面上。而这需要知道大地水准面以上的物质密度，而这种密度分布却不易得到。即便知道了密度的分布情况，归算使地形质量迁移，也会使所确定的大地水准面发生变形(夏振斌，2008)。为了改变这种状况，Molodensky 于 1945 年提出了这种采用重力方法直接确定地球自然表面的方法。

2) Molodensky 问题的经典解算方法

S 面(地面)上的重力向量 g 和重力位 W 可看成是 S 面上关于曲面坐标天文纬度 φ 及经度 λ 的函数：$g=g(\varphi,\lambda), W=W(\varphi,\lambda)$。同时，假设已知曲面 S 及其上的重力位 W，则重力向量 g 可表示为 W 和 S 的函数：

$$g=F(S,W) \tag{5-7}$$

假设已知曲面 S，这意味着曲面 S 上每个点的空间直角坐标是已知的。可由此计算出曲面 S 上各点的离心力位 ϕ，同时可根据 $W=V+\phi$ 得出相应点的引力位 V，根据第一边值问题，可以唯一确定曲面 S 的外部位，即 $S=F^{-1}(g, W)$，F^{-1} 是 F 关于 S 和 g 的逆算子。该式是

Molodensky 问题的一个简单的概念性公式定义。由于 Molodensky 问题是一个非线性自由边值问题，则可根据 Molodensky 边值条件和(Brovar，1964；Pellinen，1972；Moritz，1989)推算，得到地形表面上的扰动位 T_N 表达式(陈建保，2004)：

$$T_N = T_0 + T_1 + T_2 + \cdots \tag{5-8}$$

$$T_N = \frac{R}{4\pi}\iint_{\sigma}(\delta_g + G_1)S(\psi)\mathrm{d}\sigma \tag{5-9}$$

式中，R为地球平均半径，且 $R=\sqrt[3]{a^2b}$；ψ 为计算点到面元的极距(球面距)；$S(\psi)$ 为Stokes核函数；δ_g 由方程 $\delta_g + (\frac{\partial T}{\partial r}+\frac{2T}{R})=0$ 计算；$G_1=\frac{R^2}{2\pi}\iint_{\sigma}\frac{H-H_p}{l_0^3}\delta_g\mathrm{d}\sigma$，$H$和$H_P$分别为起算点和流动点，$G_1$通过地形改正$H$、$H_p$拟合，$l_0^3=2R\sin\frac{\psi}{2}$。

根据布隆斯公式可求出高程异常，即

$$\zeta = \frac{T_N}{\gamma} = \frac{R}{4\pi\gamma}\iint_{\sigma}(\delta_g + G_1)S(\psi)\mathrm{d}\sigma \tag{5-10}$$

式中，γ 为地面点对应其在似地球面上的点的正常重力值，通常可由平均重力异常$\bar{\gamma}$代替。

3) 高程异常和似大地水准面

Mo1odensky 理论中用近似地形面将地面点的大地高分成正常高及高程异常两个部分。为了与传统概念相吻合，人们更习惯于用似大地水准面将大地高分为两部分：①从地面点起算向下量取各点的正常高 $h_{常}$；②从椭球面起算向上量取各点的高程异常 ζ，这样得到的一个曲面称为似大地水准面。根据定义，正常高可表示为

$$h_{常} = \frac{1}{\gamma_m}\int g\mathrm{d}h \tag{5-11}$$

式中，γ_m 为平均正常重力值。

因为 γ_m 可以精确计算，所以正常高可以精确求得。然而，似大地水准面不具有物理意义，但是大地水准面具有实际的物理意义。

5.1.5　Stokes 与 Molodensky 理论边值问题的区别与联系

Stokes 方法和 Molodensky 方法二者之间既有区别又有联系。第一，这两种方法都是根据扰动位来解算所有的有关数据。第二，它们的不同主要体现在：Stokes 方法是利用大地水准面上的重力异常去解算大地水准面上及其外部的扰动位，而 Mo1odensky 方法则是利用地面上的重力异常去解算地面上及其外部的扰动位。可见这两种方法选用了不同面作为外部区域的边界。

Heiskanen 和 Moritz(1967)给出了 Stokes 方法中的大地水准面差距(N)和 Molodensky 方法中的高程异常(ζ)的关系式：

$$N - \zeta = \frac{\Delta g_b}{\gamma_m}H - \frac{1}{2}\cdot\frac{1}{\gamma_m}\cdot\frac{\partial \Delta g}{\partial H}\partial H^2 \tag{5-12}$$

式中，Δg_b 为布格重力异常；γ_m 为正常重力的平均值；Δg 为空间异常；$\dfrac{\partial \Delta g}{\partial H}$ 为空间异常垂直梯度；H为大地高。

上式的差值改正(从海平面到地面点)可以从几厘米到几分米(Sideris and She，1995；陈俊勇等，1995)。

5.1.6　重力场

重力场是地球重力作用的空间，在这个空间，每一个点都有唯一的重力矢量与之对应。由于地球内部质量分布的不规则，地球重力场并不是一个按简单规律变化的力场。它随着观测点的空间位置及地球介质密度分布而变化，而重力场的变化主要还是由地球系统的质量重新分布而引起的(宁津生等，1994)。

因各种原因，在地壳的运动中，大陆构造应力场会随之发生强弱的变化，重力场也会随之发生时空变化。几十年的研究发现，重力场变化同活动断裂构造密切相关，重力非潮汐变化较明显的梯度带走向和构造活跃断裂带走向基本一致，重力场的变化能够反映出大陆构造应力场的变化(罗志才和陈永奇，2002)。

目前，关于引起区域重力场变化的原因的解释，主要有以下五种(马丽和李家正，1994)。

(1)地壳上升模式。该模式认为，区域应力或震源区应力的变化引起观测点垂直上升或下降，从而造成了相应的重力变化。

(2)密度变化模式。该模式认为，区域应力场的变化引起地壳介质及震源介质的密度也发生变化，作为其地下密度变化的宏观表现，地表观测点的重力也会随之发生变化。

(3)膨胀扩容与质量迁移模式。该模式认为，区域应力场的增强变化而引起地壳介质的裂隙增大及贯通，并引起深部地壳或上地幔热物质的上涌侵入，从而引起地表重力场的异常变化。

(4)莫霍面变形模式。该模式认为，区域应力场的增强或地幔垂直力的作用，造成了莫霍面(壳幔间最主要的密度界面之一)的变形与升降，致使地表重力场也随之发生较大波长尺度的变化。

(5)断层位错和蠕动模式。该模式认为，断层的震前蠕动与同震错动会引起地表重力场发生相应的变化，因而该因素也是区域重力场发生变化的重要原因之一。

5.1.7　地球重力场模型的概述

地球重力场模型的计算是自然科学中的基础研究之一。由于一切所需的重力场参数都能从给定的地球重力场模型中导出，因此地球重力场模型在重力场研究和应用中具有非常高的理论及应用价值。同时，它对于大地测量学、地球物理学、地球动力学和海洋科学的研究及空间技术的发展具有十分重要的意义。

1)地球重力场模型的概念

地球重力场模型是地球全球引力位模型，它通常是一个逼近地球质体外部引力位在无穷远处收敛到零值，且是正则的调和函数。通常将这个调和函数展开成一个在理论上收敛的、整阶次球谐或椭球谐函数的无穷级数，而级数展开系数的集合定义为一个相应的地球重力场模型(孙传胜等，2011)。

地球重力场的特点是长波分量占优（大于 90%），地形和地壳的扰动质量产生的中、短波分量相对偏小，短波（地形）影响尤小，大、中、小山区分别为米级、分米级及厘米级，个别情况除外。长波分量是重力场谱结构的主分量，是“骨架”，从某种意义上说，精确确定重力场的长波分量，就是为模型提供“牢固”和精确的框架，是基础。

建立重力场模型的经典方法是对全球重力观测数据进行调和分析，根据数据采样定理，重力场模型的分辨率取决于全球重力场空间采样率的尼奎斯特（Nyquist）频率：

$$N=\frac{\pi}{\Delta\lambda} \tag{5-13}$$

式中，$\Delta\lambda$ 为采样间隔；N为级数展开模型的截断阶，即模型的最高阶。现有常用模型最高阶为N=360，分辨率为50km，并已出现N=1800甚至更高阶试验研究性模型。

2）几个地球重力场模型

目前，360 阶地球重力场模型具有代表性的地球重力场模型有 WDM94、EGM96、GPM98。下面分别对它们进行简要介绍。

（1）WDM94。WDM94 是综合利用我国和全球重力场资料建立的，它能以较高精度适用于我国的重力场模型，它是我国首先研制的 360 阶模型之一（宁津生等，1994）。该模型采用数据包括 1989 年的 31787 个和 1990 年的 227413 个$30'\times30'$平均重力异常、中国大陆 22 个实测重力点值计算的 4260 块$30'\times30'$平均重力异常及我国海域 2581 块$30'\times30'$平均重力异常、全球$5'\times5'$ DTM 数据，以及我国$5'\times5'$ DTM 数据。根据对 WDM94 的精度分析和检核，利用 WDM94 模型估计全球$30'\times30'$重力异常精度可达±8.7mGal，在我国可以达到±9.8mGal，优于国外同期已知的 360 阶全球重力场模型，根据 WDM94 模型估计我国大地水准面精度可接近分米级。基于 WDM94 计算的 CQG2000，在 36°以北 108°以西似大地水准面的精度为±0.5m；在 36°以北 108°以东精度为±0.3m；在 36°以南 108°以西精度为±0.6m；在 36°以南 108°以东精度为±0.3m（刘站科，2009）。

（2）EGM96。EGM96（earth gravity model 1996）是由美国国家航空航天局（National Aeronautics and Space Administration，NASA）、美国国家成像与制图局（National Imagery and Mapping Agency）及俄亥俄州大学共同完成的最新高精度的 360 阶地球重力模型。该模型使用了包括 GEOSAT、ERS-1 等 20 余颗卫星数据、$30'\times30'$全球地面重力值及 GPS 等资料（罗志才和陈永奇，2002）。EGG97（European gravimetric geoid 1997）和美国的大地水准面 GEIOD96，都是以 EGM96 为基础而建立的大地水准面模型。

（3）GPM98。GPM98A、GPM98B 及 GPM98C 是德国汉诺威大学大地测量研究所研制的 1800 阶全球超高阶重力场模型，该模型是以 EGM96 为参考重力场模型，并利用全球$5'$平均重力异常计算得到的，其平面分辨率是 11km。目前，GPM98 系列模型中，只公布了 720 阶的球谐系数。

5.1.8　重力异常

重力异常是指地球质量分布不规则的影响造成大地水面上的重力值及其相应点在椭球面上的正常重力值之差。它是研究地球形状、地球内部结构、重力勘探及修正飞行器轨道的重要数据。

重力异常是由地下密度差异的分布遵从位场原理而产生的，这种密度分布沿纵向和横向有变化时都可以产生重力异常。但是，这种密度不均匀的分布往往在地壳中是随机的，不宜研究每个密度差异体的精细分布。所以，人们获取到的重力异常可以看做是各种随机分布的细微密度差异体在宏观上统计的结果(Heiskanen，1967)。

重力异常可以分为纯重力异常及混合重力异常。纯重力异常又称为扰动重力，它是指同一点上的地球重力值与正常重力值之差；混合重力异常是指一个面上的某一点的重力值与另一个面上对应点的正常重力值之差。例如，大地水准面上的混合重力异常，是指大地水准面上的一个点的重力值 g_0 与该点沿平均地球椭球面上的投影点的正常重力值 γ_0 之差；地面混合重力异常，则是指地面上某一点的重力值 g 与似地球面上相应点上正常重力值 γ 之差(Moritz，1984)。

纯重力异常不能直接求解出来，需通过扰动位间接求解。而混合重力异常则可以直接求解出来。在求解地面混合重力异常时，可以通过实测的方式获得地面上一点的重力，而对于似地球面上相应点的正常重力，则可首先通过计算点的纬度用正常重力公式求解出平均椭球面上相应点的正常重力，然后再将其归算到似地球面上。如果求大地水准面上的混合重力异常，大地水准面上一点的重力值是将地面实测重力归算到大地水准面上得到的，平均椭球面上的正常重力则按照正常重力公式解算得到(黄志洲等，2004)。

5.2　确定(似)大地水准面的基本方法

大地水准面是地理空间数据外业采集所依据的参考基准面。确定全球、一个国家、一个地区的大地水准面的形状始终是测绘科学的一项核心内容。同样，确定大地水准面也是一直困扰测绘学者的难题之一，其难点在于：①重力数据的不足，制约了大地水准面的确定精度；②确定的大地水准面不能虚拟再现；③确定大地水准面形状所需的天文测量、重力测量、大地测量等数据的密度无法满足其需要。到目前为止，研究大地水准面或似大地水准面的思路有：①增加重力点的密度；②一般综合利用天文大地、重力、水准、EDM(测距三角高程)、GPS(全球定位系统)、DEM(数字高程模型)数据等进行综合估计；③利用已有的地形数据与岩石密度数据分析计算。其方法可归纳为：几何法(如天文水准、卫星测高及 GPS 水准等)、重力学法及组合法，如图 5-3 所示。

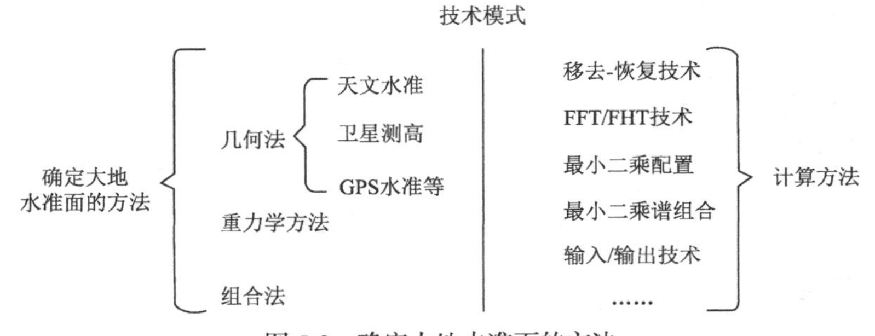

图 5-3　确定大地水准面的方法

目前，精化陆地局部大地水准面普遍采用组合法，即把 GPS 水准确定的高精度但分辨率较低的几何大地水准面作为控制，将重力学方法确定的高分辨率但精度较低的重力大地水准面与之拟合，从而达到精化局部大地水准面的目的。好的算法能正确地、有效地利用不同类型的重力场相关信息与数据，但对于(似)大地水准面的计算的最终成果的分辨率与精度主要还是取决于数据的质量、分辨率及精度。目前，国内外计算局部(或区域)(似)大地水准面主要采用移去-恢复技术、FFT/FHT 技术、最小二乘配置法、最小二乘谱组合法及输入/输出算法等。重力大地水准面与 GPS 水准数据的联合解算也可用整体大地测量的方法来求解，但该方法涉及复杂的函数模型及随机模型，且计算复杂，因而某些区域难以适用。

对于精化省市级大地水准面，目前主要是基于移去-恢复原理，采用 1D/2D FFT 计算，并辅以多项式拟合法或其他拟合方法。实际计算中通常采用分步计算方法，该方法已成功地应用于香港、深圳等地区高精度、高分辨率大地水准面模型的建立，该方法首先利用移去-恢复原理及 1D FFT 技术计算重力大地水准面，然后将高精度的 GPS 水准数据作为控制，采用多项式拟合法或其他拟合方法将重力大地水准面拟合到由 GPS 水准确定的几何大地水准面上，目的在于消除这两类大地水准面之间的系统偏差。一般来说，消除系统误差后的重力大地水准面与 GPS 水准之间还存在残差，而这些残差中包含了部分有用的信息，再利用 Shepard 曲面拟合法、加权平均法及最小二乘配置等方法对剩余残差进行格网拟合，最终将拟合结果和消除了系统误差后的重力大地水准面进行叠加，得到大地水准面的最终数值结果(宁津生等，2004)。其计算流程如图 5-4 所示。

目前，用于精化区域大地水准面的数据资料，主要采用以下几种方式和途径：①高分辨率的数字高程模型(DEM)；②实测的 GPS 水准数据和收集的 GPS 水准资料；③实测的重力数据和收集的重力资料；④高阶重力场模型。

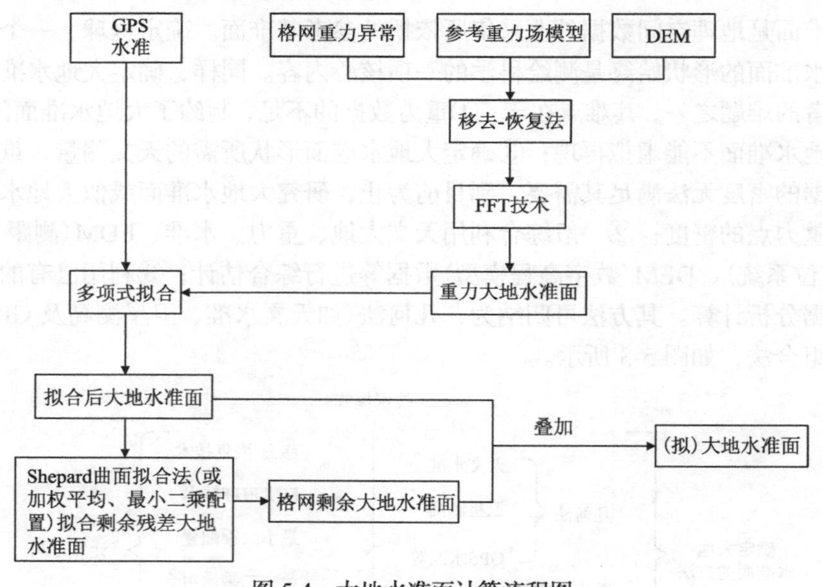

图 5-4　大地水准面计算流程图

5.2.1　GPS 水准

采用水准测量和重力测量可以获取正高及正常高，但需要耗费大量成本，且效率低下。随着 GPS 技术的出现和发展，采用 GPS 技术测量正高或正常高(即 GPS 水准法)，已在实际工程中得到了广泛应用。但是，单独采用 GPS 无法获得正高及正常高，GPS 测量得到的数据只是一组空间直角坐标(X，Y，Z)，需要通过坐标转换才可将其转换为大地经纬度及大地高(B，L，H)。如果要确定该点的正高及正常高则必须在基于椭球和基于(似)大地水准面的高程系统间进行转换，即必须要知道该点大地水准面差距或高程异常(李征航和黄劲松，2005)。所以，GPS 水准实际上包含两个方面的内容：①利用 GPS 确定点的大地高；②利用其他技术方法来确定点的大地水准面差距或高程异常。正高和正常高这两个高程系统是可以相互转换的，应用于正高计算的方法同样也能应用于正常高的计算，再有，对于几何内插方法而言，其两种高程系统的计算方法完全一样。目前，确定大地水准面差距的几何方法有如下几种。

1. 常数拟合

其基本原理为：如果测区内有 n 个已知点，其高程异常为 $\zeta_i(i=0,1,2,\cdots,n)$，则插值点的高程异常为

$$\zeta=\frac{\sum_{i=1}^{n}p_i\zeta_i}{\sum_{i=1}^{n}p_i} \tag{5-14}$$

式中，$p_i=\dfrac{1}{(D_i+\varepsilon)^2}$，$D_i$ 为插值点到已知点的距离，ε 通常取0.01。常数拟合对于小范围内的工程测量或高程精度要求不高时是很适用的(Omang and Forsberg，2000)。

2. 多项式拟合法

其模型为

$$\zeta=f(x,y)+\varepsilon \tag{5-15}$$

设已知点上的高程异常 ζ 和坐标之间存在以下关系：

$$\zeta_i=f(x_i,y_i)+\varepsilon_i \tag{5-16}$$

式中，$f(x_i,y_i)$ 为 ζ_i 的趋势值；ε_i 为误差。

采用下面的空间曲面函数进行拟合：

$$\begin{aligned}N(x_i,y_i)=&a_0+a_1x_i+a_2y_i+a_3x_i^2+a_4x_iy_i+a_5y_i^2\\&+a_6y_i^3+a_7x_iy_i^2+a_8x_i^2y_i+a_9y^3\end{aligned} \tag{5-17}$$

式中，a_i 为待定参数。

此时，有

$$\begin{aligned}\zeta_1=&a_0+a_1x_i+a_2y_i+a_3x_i^2+a_4x_iy_i+a_5y_i^2\\&+a_6y_i^3+a_7x_iy_i^2+a_8x_i^2y_i+a_9y^3+\varepsilon_i\end{aligned} \tag{5-18}$$

当已知点个数≥参数个数时，$[\varepsilon_i]^2=\min$ 的条件下，求出参数 a_i，从而进一步求出测区内任意点的高程异常。在不同测区，可根据测区情况选定不同的参数进行拟合。选用的参数不同，拟合出的曲面形式也不同。主要有以下几种。

1）平面拟合（线性内插）

在小范围或平原地区，可认为大地水准面趋近于平面。即

$$N(x_i, y_i) = a_0 + a_1 x_i + a_2 y_i \quad (i = 1, 2, 3, \cdots) \tag{5-19}$$

式中，a_i 为待定参数，此时要求已知点≥3。

2）相关平面拟合（双线性多项式内插）

相关平面拟合又称为四叉树曲面拟合，其拟合曲面的表达式为

$$N(x_i, y_i) = a_0 + a_1 x_i + a_2 y_i + a_4 x_i y_i \tag{5-20}$$

式中，a_i 为待定参数，此时要求已知点≥4。

3）五参数曲面拟合

其拟合函数为

$$N(x_i, y_i) = a_0 + a_1 x_i + a_2 y_i + a_3 x_i^2 + a_4 x_i y_i \quad (i = 1, 2, 3, \cdots) \tag{5-21}$$

式中，a_i 为待定参数，此时要求已知点≥5。

4）二次曲面拟合

其拟合函数为

$$N(x_i, y_i) = a_0 + a_1 x_i + a_2 y_i + a_3 x_i^2 + a_4 x_i y_i + a_5 y_i^2 \quad (i = 1, 2, 3, \cdots) \tag{5-22}$$

式中，a_i 为待定参数，此时要求已知点≥6。

以二次曲面拟合为例，描述其拟合过程。

$$N(x_i, y_i) = a_0 + a_1 x_i + a_2 y_i + a_3 x_i^2 + a_4 x_i y_i + a_5 y_i^2 \tag{5-23}$$

若存在 $i \geqslant 6$ 个公共点，即可列出由 i 个方程组成的方程组：

$$\begin{cases} N_1 = a_0 + a_1 x_1 + a_2 y_1 + a_3 x_1^2 + a_4 x_1 y_1 + a_5 y_1^2 \\ N_2 = a_0 + a_1 x_2 + a_2 y_2 + a_3 x_2^2 + a_4 x_2 y_2 + a_5 y_2^2 \\ \cdots\cdots\cdots\cdots \\ N_6 = a_0 + a_1 x_6 + a_2 y_6 + a_3 x_6^2 + a_4 x_6 y_6 + a_5 y_6^2 \\ N_i = a_0 + a_1 x_i + a_2 y_i + a_3 x_i^2 + a_4 x_i y_i + a_5 y_i^2 \end{cases} \tag{5-24}$$

将上式写为矩阵形式，则有

$$\boldsymbol{V} = \boldsymbol{A}\boldsymbol{x} + \boldsymbol{L} \tag{5-25}$$

式中，$\boldsymbol{A} = \begin{bmatrix} 1 & x_1 & y_1 & x_1^2 x_1 \cdot y_1 & y_1^2 \\ 1 & x_2 & y_2 & x_2^2 x_2 \cdot y_2 & y_2^2 \\ \vdots & \vdots & \vdots & \vdots & \vdots \\ 1 & x_6 & y_6 & x_6^2 x_6 \cdot y_6 & y_6^2 \\ 1 & x_i & y_i & x_i^2 x_i \cdot y_i & y_i^2 \end{bmatrix}$

$$\boldsymbol{x} = [a_0 \quad a_1 \quad a_2 \quad a_3 \quad a_4 \quad a_5]^{\mathrm{T}} \tag{5-26}$$

$$\boldsymbol{V} = [N_1 \quad N_2 \quad \cdots \quad N_m]^{\mathrm{T}} \tag{5-27}$$

通过最小二乘法可求解出多项式的系数：

$$\boldsymbol{x} = (\boldsymbol{A}^{\mathrm{T}}\boldsymbol{PA})^{-1}(\boldsymbol{A}^{\mathrm{T}}\boldsymbol{PL}) \tag{5-28}$$

式中，$\boldsymbol{P}$为权阵，可由正高及大地高的精度确定。

3. 多面函数法

其基本思想是：任何不规则连续曲面总可以用K个规则曲面的叠加来逼近。有了该思想，高程异常可表示为

$$\zeta(x,y) = \sum_{i=1}^{n} a_i Q_i(x,y) \tag{5-29}$$

式中，a_i为待定系数；$Q(x,\ y)$为核函数；$(x,\ y)$为点坐标；n为取节点的个数。核函数一般可取：

$$Q_i(x,y) = [(x-x_i)^2 + (y-y_i)^2 + \delta^2]^b \tag{5-30}$$

式中，δ为平滑因子，为了得到较好的逼近效果，应作一定的试算后确定；b为一可供选择的非零实数，一般取1/2，即核函数是正双曲型（Wells，1986）。当待定系统$\alpha_i(i=0,1,2,3,\cdots,l)$大于采样点$M$时，方程无解，当$M=l$时，逼近的曲面将通过这些采样点成为一个曲面插值逼近问题，$M<l$时，有最小二乘解。对M个采样点可列出如下方程组：

$$\begin{cases} \zeta_1(x_1,y_1) = a_1Q_1(x_1,y_1) + a_2Q_2(x_1,y_1) + \cdots + a_nQ_n(x_1,y_1) \\ \zeta_2(x_1,y_1) = a_1Q_1(x_2,y_2) + a_2Q_2(x_2,y_2) + \cdots + a_nQ_n(x_2,y_2) \\ \cdots\cdots\cdots\cdots \\ \zeta_m(x_m,y_m) = a_1Q_1(x_m,y_m) + a_2Q_2(x_m,y_m) + \cdots + a_nQ_n(x_m,y_m) \end{cases} \tag{5-31}$$

$\zeta(x,y) = \sum_{i=1}^{n} a_i Q_i(x,y)$又可写成$\boldsymbol{\zeta} = \boldsymbol{Q\alpha}$，其中，

$$\boldsymbol{\zeta} = [\zeta_1(x_1,y_1) \quad \zeta_2(x_2,y_2) \quad \cdots \quad \zeta_m(x_m,y_m)]^{\mathrm{T}} \tag{5-32}$$

$$\boldsymbol{Q} = \begin{bmatrix} Q_1(x_1,y_1) & Q_2(x_2,y_2) & \cdots & Q_n(x_n,y_n) \\ Q_1(x_2,y_2) & Q_2(x_2,y_2) & \cdots & Q_n(x_2,y_2) \\ \vdots & \vdots & & \vdots \\ Q_1(x_m,y_m) & Q_2(x_m,y_m) & \cdots & Q_n(x_m,y_m) \end{bmatrix} \tag{5-33}$$

$$\boldsymbol{\alpha} = (\boldsymbol{Q}^{\mathrm{T}}\boldsymbol{Q})^{-1}\boldsymbol{Q}^{\mathrm{T}}\boldsymbol{\zeta} \tag{5-34}$$

则未测点P的高程异常值为

$$\zeta_P = Q_P^{\mathrm{T}} (Q^{\mathrm{T}} Q)^{-1} Q^{\mathrm{T}} \zeta \tag{5-35}$$

式中，$Q_P^{\mathrm{T}} = [q_{p1} \quad q_{p2} \quad \cdots \quad q_{pm}]$为各已知点的核函数在$P$的函数值。

该方法简单易行，易于实现，适用于那些具有足够既有正高又有大地高的点，且其分布函数及密度较为适合的地方。该方法所获得的大地水准面差距的精度与公共点的分布、密度、精度及大地水准面的光滑度等因素有关。该方法是一种纯几何的方法，未考虑大地水准面的起伏变化，仅适合于大地水准面光滑地区，对于大地水准面起伏较大的地区则适用性有限。

4. 移动二次曲面拟合

移动二次多项式曲面拟合模型是指在每个特定点上都单独求定一个拟合函数，直接得到待定点上的拟合值。其思想是：待定点相应的拟合系数$a_0, a_1, a_2, a_3, a_4, a_5$是由其周围的$n$个已知点上的高程异常来确定的，因各已知数据点在最小二乘求解中所作的贡献大小与该点到待定格网点P的距离远近有关，为此可对作为观测值的各高程异常按距离加权。采用的权函数式为

$$P(d_i) = [(R - d_i) / \mathrm{d_i}]^2 \tag{5-36}$$

式中，$d_i = \sqrt{(x - x_i)^2 + (y - y_i)^2}$；$R$为搜索半径。

$$A = \begin{bmatrix} 1 & x_1 & y_1 & x_1^2 x_1 \cdot y_1 & y_1^2 \\ 1 & x_2 & y_2 & x_2^2 x_2 \cdot y_2 & y_2^2 \\ \vdots & \vdots & \vdots & \vdots & \vdots \\ 1 & x_6 & y_6 & x_6^2 x_6 \cdot y_6 & y_6^2 \\ 1 & x_i & y_i & x_i^2 x_i \cdot y_i & y_i^2 \end{bmatrix} \tag{5-37}$$

$$\boldsymbol{x} = [a_0 \quad a_1 \quad a_2 \quad a_3 \quad a_4 \quad a_5]^{\mathrm{T}} \tag{5-38}$$

$$V = [N_1 \quad N_2 \quad \cdots \quad N_i]^{\mathrm{T}} \tag{5-39}$$

由最小二乘原理$V^{\mathrm{T}} P V = \min$求解，得

$$\boldsymbol{x} = (A^{\mathrm{T}} P A)^{-1} (A^{\mathrm{T}} P L) \tag{5-40}$$

5. Shepard 拟合方法

该方法是以计算点为中心，取拟合半径R以内已知函数值的权中数，数据点上的权按距离计算点的不同范围采用不同权函数确定，使靠近中心点的权增大，远离中心点的权迅速减小。

在 Shepard 局部内插模型中，一般选R=0.25°，并规定：

$$\varphi(r) = \begin{cases} \dfrac{1}{r} & 0 < r \leqslant \dfrac{R}{3} \\ \dfrac{27}{4r}\left(\dfrac{r}{R} - 1\right)^2 & \dfrac{R}{3} < r \leqslant R \\ 0 & r > R \end{cases} \tag{5-41}$$

内插的函数模型为

$$\zeta_j = F(x,y) = \begin{cases} \dfrac{\sum_{i=1}^{n} \zeta_i [\varphi(r_i)]^2}{\sum_{i=1}^{n} [\varphi(r_i)]^2} & \text{当} r_i \neq 0 \text{时} \\ \zeta_i & \text{当} r_i = 0 \text{时} \end{cases} \tag{5-42}$$

式中，$r_i = [(x-x_i)^2 + (y-y_i)^2]^{\frac{1}{2}}$。

GPS 网点正常高(h_j)的计算公式为

$$h_j = H_j - \zeta_j \tag{5-43}$$

式中，H_j为GPS点WGS84椭球的大地高。

6. BP 神经网络模拟器

基于 BP 神经网络来转换 GPS 高程是一种自适应的映射方法，它不用作假设，理论上也较合理，能避免未知因素的影响，减少模型误差，其通过对简单的非线性函数进行数次复合，可近似复杂的函数。用一个三层 BP 神经网络可以在任意精度内逼近任意的连续函数，如果使用更多层的网络可以减少隐层节点数，但选取网络的隐层数和节点数，还没有确切的方法和理论(杨明清等，1999)。试验表明，在较大范围内，BP 神经网络方法的精度优于拟合法，尤其是在已知 GPS 水准点较少的地区，该方法更能体现其优势，所以其成为目前应用最广泛也是发展最成熟的一种神经网络模型。

下面介绍 BP 算法的步骤。

(1)假设区域内有 n 个点，其中有 n_l个已知点(h，H_g为已知)，则待定点就有 $n-n_l$个(h为已知，H_g未知)。

(2)根据 n_l个已知点的信息，对所有 GPS 点的高程异常 ζ 求平均值得 $\overline{\zeta}$。

(3)计算 n_l个已知点的高程异常误差：

$$\Delta\zeta_i = \zeta_i - \overline{\zeta} \tag{5-44}$$

式中，ζ_i 为已知点的高程异常值，其计算公式是

$$\zeta_i = h_i - H_{g_i} \tag{5-45}$$

(4)将上述 n_l个已知点的所有信息构成学习集样本，当输入单元参数与输出单元不同时，所构成的学习集也不一样，这里分成以下两种：

$$(x_i, y_i : \zeta_i) \qquad i = 1, \cdots, n_l \tag{5-46}$$

式中，x_i，y_i为输入单元参数；ζ_i 为输出单元参数。

$$(x_i, y_i, \zeta_i : \Delta\zeta_i) \qquad i = 1, \cdots, n_l \tag{5-47}$$

式中，x_i, y_i, ζ_i 为输入单元参数；$\Delta\zeta_i$ 为输出单元参数。

利用 n_l 个学习集样本对上述两种 BP 神经网络进行训练，隐含层节点数取 15 为好。

(5)利用训练好的神经网络来计算 $n-n_l$ 个待求点的正常高高程：

$$H_g = h - \zeta \tag{5-48}$$

式中，ζ 为模拟出来的高程异常。或

$$H_g = h - \zeta = h - (\overline{\zeta} + \Delta\zeta) \tag{5-49}$$

式中，$\Delta\zeta$ 为模拟出来的高程异常误差。

5.2.2 重力方法

重力归算是指将地面或海面上的实测重力值归算到大地水准面上，并算出大地水准面上的重力值。同时还需要对质量进行相应地调整，将大地水准面以外的质量去掉，并尽量减小由此引起的地球质量、地球质心位置、扰动位、大地水准面高及垂线偏差等量的改变。目前主要有以下几种归算方法。

1)空间改正

空间改正是按地面重力观测点高程考虑正常重力场垂直梯度的改正。此项改正相当于使地面重力观测点移到大地水准面上，而大地水准面以上的地形质量随观测点平移到大地水准面之下。

2)层间改正

在计算空间重力异常时，假设大地水准面以外的物质密度为零是不合理的。为此，假设地面与大地水准面都是平面，然后将这两个平面间的质量去掉，这样引起的重力改正称为层间改正。因为质量层在重力观测点的下方，因而去掉它时重力值必将减小。

将空间改正和层面改正的改正数之和称为不完全的布格改正，其对应的重力异常称为不完全的布格重力异常，它相当于先将地面与大地水准面这两个假设的平面之间的质量去掉，再由空间改正将重力归算到大地水准面上而得到的重力异常。

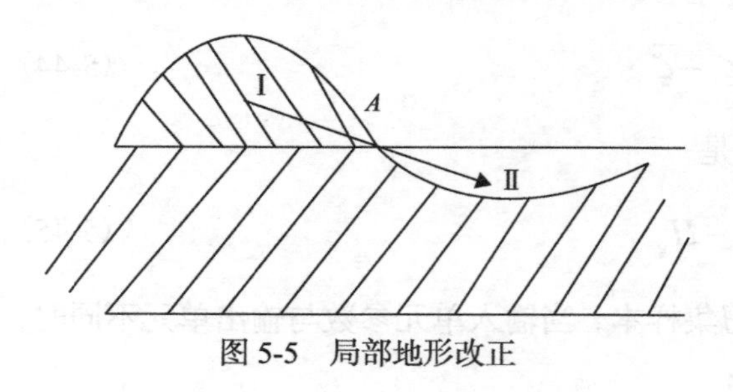

图 5-5 局部地形改正

3)地形改正

层间改正将地形作为与大地水准面平行的平面是不合理的。在去掉大地水准面外部质量时，必须考虑地形的实际情况。如图 5-5 所示，假设 A 为重力观测点，不完全的布格改正是去掉了过 A 点的水平面和大地水准面间的一个均匀质量层，若要去掉大地水准面外的所有质量，则还需去掉水平面上部的质量，并补上其下部的空间，与此相关的重力改正称为局部地形改正。

将空间改正、层面改正及地形改正的改正数之和称为完全的布格改正，其对应的重力异常称为完全布格重力异常，它是将大地水准面外部质量对重力影响去掉后，通过空间改正将重力归算到大地水准面得到的重力异常。

将空间改正和地形改正的改正数之和称为法耶改正，其对应的重力异常称为法耶重力

异常。

4) 均衡改正

若大地水准面以上的质量是引起重力异常的主要原因，而布格重力异常中去掉了大地水准面上质量的影响，那么它应该很小，但事实并不是，山区的布格重力异常一般都量级很大，且为负，这就说明山区下面的质量有亏损。为此需要研究均衡补偿模型及其对重力的影响。

普拉特-海福特系统指出，对重力观测值的均衡改正就是补偿密度为 $\delta_0 = \delta - \delta'$ 的物质对重力观测值的改正。其中，δ 为大地水准面上方的地壳密度；δ' 为大地水准面和补偿面间地壳的密度。由于海洋地区的改正相对复杂，海底下方质量的过剩用来补偿海水质量的不足，所以均衡改正包含两个部分：①去掉海底下方过剩的质量；②补足海水质量的不足。因而均衡改正就是大陆地区与海洋地区的改正之和。

5.2.3 组合法

组合法是指以 GPS 水准等确定的高精度但分辨率较低的几何大地水准面作为控制，将高分辨率但精度较低的大地水准面与之拟合，从而达到精化局部大地水准面的目的。其中，使用 GPS 水准纠正重力大地水准面的方法应用最为广泛(雷晓霞，2005)。一般说来，按上述方法计算的大地水准面和 GPS 水准之间存在系统偏差，所以，在联合处理之前应消除这种偏差。因而，首先采用下列公式：

$$N(x,y) = N_G(x,y) + a_0 + a_1x + a_2y + a_3xy + a_4x^2 + a_5y^2 + \cdots \tag{5-50}$$

或

$$\Delta N_i = a_0 + a_1\cos\varphi_i\cos\lambda_i + a_2\cos\varphi_i\sin\lambda_i + a_3\sin\varphi_i + a_4\sin^2\varphi_i + v_i \tag{5-51}$$

式中，$a_i(i=0，1，2，\cdots)$为未知参数；$(x，y)$为格网坐标；φ_i 和 λ_i 为大地经纬度；N和N_G分别为实测大地水准面高和重力大地水准面高。采用最小二乘法解算上面两个模型中的未知参数，并根据模型显著性检验的结果，选取模型中的参数。

消除系统偏差后的大地水准面被统称为参数大地水准面，参数大地水准面和 GPS 水准之间仍存在差异，称为剩余残差大地水准面。采用数学拟合方法(如曲面拟合法，加权平均法等)对 GPS 水准点上的剩余残差大地水准面高进行格网拟合，得出剩余残差大地水准面的格网值。最后，参数大地水准面和相应分辨率的格网剩余残差大地水准面之和得到似大地水准面的格网值(Yang and Chen，2001)。

5.3 依重力数据局部(似)大地水准面精化

精化大地水准面是局部重力场逼近的重要目标之一。对于全球大地水准面精化，主要从精化全球重力场入手，提高其空间分辨率和精度，而在局部地区，则结合局部地区密集的精密重力测量和不断推出的高精度、高分辨率全球重力场位系数模型，精密计算局部大地水准面差距(谭经明和方源敏，2003)。下面介绍几种常用的局部大地水准面精化的方法。

5.3.1　地球位模型确定大地水准面

利用地球重力场模型确定大地水准面公式：

$$N_{\mathrm{GM}}(r,\theta,\lambda)=\frac{\mathrm{GM}}{r\gamma}\sum_{n=2}^{N_{\max}}\left(\frac{a}{r}\right)\sum_{m=0}^{n}(\overline{C}_{nm}\cos m\lambda+\overline{S}_{nm}\sin m\lambda)\overline{P}_{nm}(\cos\theta) \tag{5-52}$$

利用地球重力场模型确定重力异常公式：

$$\Delta g_{\mathrm{GM}}(\theta,\lambda)=\frac{\mathrm{GM}}{R^2}\sum_{n=2}^{N_{\max}}(n-1)\sum_{m=0}^{n}(\overline{C}_{nm}\cos m\lambda+\overline{S}_{nm}\sin m\lambda)\overline{P}_{nm}(\cos\theta) \tag{5-53}$$

上面两式中，r、θ、λ为计算点的球面坐标(地心距离、纬度、经度)；GM为地心引力常数；R为地球平均半径；$N_{\max}$为位模型球谐展开的最高阶数；$\overline{C}_{nm}$与$\overline{S}_{nm}$为完全规格化位系数；$\overline{P}_{nm}(\cos\theta)$为完全规格化Legendre函数(魏子卿和王刚，2003)。

正常重力公式(在正常椭球面上)：

$$\begin{aligned}\gamma&=\gamma_e[1+\beta\sin^2(\varphi)-\beta_1\sin^2(2\varphi)]\\&=978032.68[1+0.0053024\sin^2(\varphi)-0.0000058\sin^2(2\varphi)]\mathrm{mGal}\end{aligned} \tag{5-54}$$

式中，φ为球面纬度。正常重力平均值：$\overline{\gamma}$=979764.47mGal。

因为大地坐标不同于(r,θ,λ)，计算时需将待求点在 WGS-84 椭球坐标系下的大地坐标(B, L, H)转换为(r,θ,λ)。算法如下：

第一步，将(B, L, H)转换为(X, Y, Z)。

$$\begin{cases}X=(N+H)\cos B\cos L\\Y=(N+H)\cos B\cos L\\Z=[N(1-e^2)+H]\sin B\\N=a(1-e^2\sin^2B)^{\frac{1}{2}}\end{cases} \tag{5-55}$$

式中，a为地球椭球长半径，a=6378136.3m。

第二步，将(X, Y, Z)转换为空间坐标(r,θ,λ)。

$$\begin{cases}r=(X^2+Y^2+Z^2)\dfrac{1}{2}\\\theta=\arctan\dfrac{Y}{X}\\\lambda=L\end{cases} \tag{5-56}$$

Legendre函数$\overline{P}_{nm}(\cos\theta)$为

$$\overline{P}_{nm}(\cos\theta)=\sqrt{\frac{k(2n+1)(n-m)!}{(n+m)!}}P_{nm}(\cos\theta) \tag{5-57}$$

$$P_{nm}(\cos\theta)=(1-\cos^2\theta)^{\frac{m}{2}}\frac{\mathrm{d}^m P_n(\cos\theta)}{\mathrm{d}\cos^m\theta} \tag{5-58}$$

$$P_n(\cos\theta)=\frac{1}{2^n n!}\frac{\mathrm{d}^n(\cos^2\theta-1)^n}{\mathrm{d}\cos^n\theta} \tag{5-59}$$

$$k=\begin{cases}1 & m=0\\ 2 & m>0\end{cases} \tag{5-60}$$

其展开式为递推公式：

当 $m<n$ 时，

$$\overline{P}_{nm}(t)=a(n,m)t\overline{P}_{n-1,m}(t)-\frac{a(n,m)}{a(n-1,m)}\overline{P}_{n-2,m}(t) \tag{5-61}$$

当 $m=n$ 时，

$$\overline{P}_{nm}(t)=b(n)(1-t^2)^{\frac{1}{2}}\overline{P}_{n-1,n-1}(t) \tag{5-62}$$

其中，

$$t=\cos\theta \tag{5-63}$$

$$a(n,m)=\left[\frac{(2n+1)(2n-1)}{(n+m)(n-m)}\right]^{\frac{1}{2}} \tag{5-64}$$

$$b(n)=[\frac{2n+1}{2n}]^{\frac{1}{2}},n>1,b(1)=\sqrt{3} \tag{5-65}$$

当 $n<m$ 时，

$$\overline{P}_{n,m}(\cos\theta)=0 \tag{5-66}$$

Legendre 函数初始值：

$$\overline{P}_{0,0}(\cos\theta)=1 \tag{5-67}$$

$$\overline{P}_{1,0}(\cos\theta)=\sqrt{3}\cos\theta \tag{5-68}$$

$$\overline{P}_{1,1}(\cos\theta)=\sqrt{3}\sin\theta \tag{5-69}$$

$$\overline{P}_{0,1}(\cos\theta)=0 \tag{5-70}$$

5.3.2 移去-恢复法

随着全球重力场模型的快速发展及高分辨率的数字地形模型（DTM）的获取变得越来越容易，移去-恢复法已成为目前局部大地水准面精化的代表性方法之一。大地水准面高 N 的计算可以分解成 2 个或 3 个部分计算，即中长波分量、短波分量及残余部分。中长波分量可通过选取一个适当的全球扰动位模型作为参考场计算得到，称为模型大地水准面高 N_{GM}；短波分量则利用具有足够分辨率的数字地形模型(DTM)计算，记为 δN_T；残余部分则根据残差重力异常按 Stokes 公式计算确定，用 δN_r 表示。同样，重力异常观测值也可以分解为相应的三个部分：①由位模型计算得到的模型重力异常 Δg_{GM}；②地形重力效应 $\delta\Delta g_T$；③残差重力异常 $\delta\Delta g_r$。若不考虑地形的影响，那么以上分解可以分成两部分：①由位模型确定的部分；②残余部分。上述两种分解可分别表示为

第一种分解法：

$$N = N_{GM} + \delta N_T + \delta N_r \tag{5-71}$$

$$\Delta g = \Delta g_{GM} + \delta\Delta g_T + \delta\Delta g_r \tag{5-72}$$

第二种分解法：

$$N = N_{GM} + \delta N_r \tag{5-73}$$

$$\Delta g = \Delta g_{GM} + \delta\Delta g_r \tag{5-74}$$

下面以第一种分解法为例说明移去-恢复法的基本思想。

第一步是移去过程，就是将模型重力异常 Δg_{GM} 及地形重力效应 $\delta\Delta g_T$，从观测重力异常 Δg 中去除得到残差重力异常：

$$\delta\Delta g_r = \Delta g - \Delta g_{GM} - \delta\Delta g_T \tag{5-75}$$

式中，Δg_{GM} 可利用位系数由式(5-53)得到。$\delta\Delta g_T$ 为地形质量对计算点的引力，若仅考虑相对于布格片的局部地形起伏的影响，则局部地形改正 δg_{TC}，可用 $\delta g_{TC} = G\rho_0 \iint\limits_{\sigma\text{cap}} \int_{h_p}^{h} \frac{z-h_p}{r^3} \mathrm{d}z\mathrm{d}\sigma$ 计算，也可考虑相对于大地水准面的地形起伏的影响，则其计算公式为

$$\delta\Delta g_T = G\rho_0 \iint\limits_{\sigma\text{cap}} \int_0^{k(x,y)} \frac{z}{r^3} \mathrm{d}z\mathrm{d}x\mathrm{d}y \tag{5-76}$$

式中，z 为流动点和计算点之间的高程差；$r = [(x-x_p)^2 + (y-y_p)^2 + (z-h_p)^2]^{\frac{1}{2}}$；$\sigma_{\text{cap}}$ 是以 P 点为中心的一个球冠范围，球冠半径一般小于100km；G 为引力常数；ρ_0 为地壳密度，一般取 ρ_0=2.67g/cm^3；(x, y, z) 为局部地形质量中任一点的坐标；(x_p, y_p, h_p) 为计算点 P 的坐标。

第二步是将残差重力异常代入 Stokes 公式，计算残差大地水准面 δN_r。

第三步是按式 $N = N_{GM} + \delta N_T + \delta N_r$ 进行大地水准面的恢复，分别计算 N_{GM} 及 δN_T，其中，N_{GM} 仍由位系数计算得到：

$$N_{GM} = \frac{GM}{r\gamma} \sum_{n=2}^{N_{\max}} \left(\frac{a}{r}\right)^n \sum_{m=0}^{n} (\overline{C}_{nm}\cos m\lambda + \overline{S}_{nm}\sin m\lambda)\overline{P}_{nm}(\cos\theta) \tag{5-77}$$

式中，r 为计算点的地心距离；γ 为平均正常重力。

局部地形影响 δN_T 的计算则采用下式：

$$\delta N_T = -\frac{\pi G\rho}{\gamma} h_0^2 - \frac{G\rho R^2}{6\gamma} \iint_{\sigma\text{cap}} \frac{h^3 - h_0^3}{l^3} \mathrm{d}\sigma \tag{5-78}$$

式中，ρ 为地壳密度；h_0 为计算点的地形高；h 为流动点的地形高；l 为计算点到流动点的距离。

以上便是移去-恢复法计算大地水准面的基本过程，对于第二种分解法其基本过程完全一样，只是其中少计算与地形相关的一项而已。

5.4　无重力数据局部(似)大地水准面精化

天文水准、卫星测高及 GPS 水准等几何方法是纯粹的几何方法，它未考虑大地水准面的起伏变化，因此其内插精度与适用范围都受到很大限制。对于重力法，其基本数据是计算点附近的地面重力观测值，而在实际工程中，重力资料比较难获得，且该方法仅适用于具有良好局部重力覆盖的区域。

在实际的应用中，这两种方法也存在一定的优缺点，参见表 5-1。

表 5-1　几何法与重力法的优缺点比较

方法	优点	缺点
重力法	1. 重力场模型的覆盖区域很广，甚至全球 2. 重力场模型一般可从当地政府机构或 Internet(公布的区域或全球重力场模型)上获得 3. 在 GPS 测量区域并不需要测高程控制点就能求解所测点的高程	1. 重力场模型的精度并不能严格评定，因为它随着地点的变动而变动 2. 重力场模型求出的重力异常一般与当地的重力异常存在系统偏差 3. 重力场模型的分辨率跟所测重力数据和地形数据有关
几何法	1. 所求的高程与当地高程一致，并吸引了当地高程系统和其他高程系统的系统偏差 2. 可用简单的模型(如二次曲面)就能较准确地拟合和内插出测区的高程异常	1. 组合了 GPS 测量及水准测量的误差，且 GPS 测量的精度跟基线的长度有关，水准测量的精度跟水准路线的长度有关 2. 它假设一个平面或低阶的多项式就能较好地表征测区的似大地水准面，但测区达到一定规模或地势不平坦时，此假设就是不合理的

由表 5-1 可知，上述两种方法的优缺点在有些方面基本上是互补的，这就提出了一个问题：能否利用重力场模型计算的高程异常来改善 GPS 高程转换的转换精度？基于这种考虑，有必要研究如何在缺乏重力资料的情况下进行大地水准面的确定。下面介绍几种无重力数据局部大地水准面的精化方法。

5.4.1　基于 GPS 水准数据和地球位模型的局部大地水准面精化

由之前介绍的 GPS 水准几何拟合法讨论得知：用该方法所做的高程拟合大多应用于高程异常变化简单的地区，对高程异常变换复杂的地区却极少尝试(蒋勇，2008)。而由 5.3 节地球位模型的计算实例可知，像 EGM96 这类较现代的地球重力场模型求解高程异常，其绝对精度一般为分米级左右，难以直接用于生产实践。由于大地水准面是一个不规则曲面，其起伏的频谱呈长波特征和短波特征，地球重力场模型恰恰具有这一特性，因此，在使用几何拟合法拟合高程前，先将地球位模型中包含较准确的重力场中长波信息移去，会提高剩余高程异常的光滑度(孙传胜等，2011)，具体讨论如下。

将 GPS 点的高程异常分为两部分来求解，即

$$\zeta = \zeta_{GM} + \Delta\zeta \tag{5-79}$$

式中，ζ_{GM} 为由EGM96、EGM2008重力场模型求得的模型高程异常；$\Delta\zeta$ 为实际高程异常减去模型高程异常所得的差值。

在已有测区 GPS 水准点数据的情况下，利用上式求未知点的高程异常的具体步骤如下。

(1)移去：设有 n 个 GPS 水准点，则此 n 个 GPS 水准点的高程异常 $\zeta_i(i=1,2,\cdots,n)$ 为已知，并求出这些点的模型高程异常值 $\zeta_{GM_i}(i=1,2,\cdots,n)$，根据 $\zeta=\zeta_{GM}+\Delta\zeta$ 就可求出实际高程异常与模型求得高程异常的差值 $\Delta\zeta_i(i=1,2,\cdots,n)$。

(2)拟合：以此 n 个 GPS 点的 $\Delta\zeta_i(i=1,2,\cdots,n)$ 作为已知起算数据，采用前面介绍的几何拟合法拟合计算，即可得出未知点上的 $\Delta\zeta$。

(3)恢复：在未知点上，由地球重力场模型求出的高程异常 ζ_{GM} 加上由拟合模型计算的 $\Delta\zeta$ 就得到未知点上的高程异常 ζ，进而得到这些点上的正常高。由于 ζ 中消除了 ζ_{GM} 的长波影响，因而比本身更光滑，拟合精度也更高，从而求得的正常高的精度也更高。因为目前公布的全球重力场模型精度在全球是不均匀的，有的地区好而有的地区较差，因此具体到某一计算区域仍需对所拥有的重力场模型进行比较，以选择最适合的模型，这能较有效地减小远区截断误差(邬小波，2010)。

5.4.2 顾及重力场模型与地形改正的移去-恢复法

地球重力场模型包含较为准确的重力场中、长波信息，能否利用上述信息来改善 GPS 水准测量拟合高程的精度是研究中需要注意的一个关键问题。顾及地球重力场模型与地形改正的移去-恢复法便是充分利用重力场的中、长波信息来改善 GPS 水准测量拟合高程精度的一种方法。5.3.2 节介绍了利用重力数据的移去-恢复法，但由于在实际工作中采用的是正常高异常，为此，下面将针对似大地水准面(即高程异常)，讨论在无重力数据情况下，如何采用移去-恢复法确定似大地水准面。

由于我国采用的是正常高系统，为此对于正常高，需做两点说明。

(1)GPS 采用的是 WGS84 椭球，而我国的正常高采用的是 1985 国家高程基准，其属于克拉索夫斯基椭球，而这两个椭球首先在几何、物理参数上就不一致，其次在椭球的定位、定向上也存在着较大的偏差。

(2)由于正常高 h 是相对于似大地水准面，所以它与 GPS 大地水准面之间存在系统偏差，即两个面间的高程差。

换句话说就是，似大地水准面和 GPS 大地水准面间存在着系统偏差，而采用移去-恢复法能够有效地消除这种系统偏差。

同重力异常的分解相似，根据高程异常的波谱结构及特点，高程异常可分解成 ζ^{GM}、$\zeta^{\Delta G}$、ζ^{T} 三个部分，此时有

$$\zeta = \zeta^{GM} + \zeta^{\Delta G} + \zeta^{T} \tag{5-80}$$

式中，ζ^{GM} 为长波部分，称为模型高程异常，可由重力场模型计算得到：

$$\zeta^{\mathrm{GM}}(\rho,\psi,\lambda)=\frac{\mathrm{GM}}{\rho\gamma}\sum_{n=2}^{N}\left(\frac{a}{\rho}\right)^{n}\sum_{m=0}^{n}(\bar{C}_{n,m}\cos m\lambda+\bar{S}_{n,m}\sin m\lambda)\bar{P}_{n,m}(\sin\psi) \tag{5-81}$$

$\zeta^{\Delta G}$ 为中波部分，称为残差高程异常，可通过求解剩余重力异常的边值问题得出：

$$\zeta^{\Delta G}=\frac{R}{4\pi\gamma}\iint\delta_{g}(\varphi,\lambda)S(\varphi_{p},\lambda_{p},\varphi,\lambda)\cos\varphi\mathrm{d}\varphi\mathrm{d}\lambda \tag{5-82}$$

ζ^{T} 为短波部分，可由求解地形改正获得。

$$\zeta^{T}=-\frac{\pi G\rho h_{p}^{2}}{\gamma}-\frac{G\rho}{6\gamma}\iint\left(\frac{(h^{3}-h_{p}^{3})}{l^{3}}\right)\mathrm{d}x\mathrm{d}y+\frac{3G\rho}{40\gamma}\iint\frac{h^{5}-h_{p}^{5}}{l^{5}}\mathrm{d}x\mathrm{d}y\cdots \tag{5-83}$$

类似的，在无数字高程模型数据的情况下，高程异常还有第二种分解方法，将 ζ^{T} 与 $\zeta^{\Delta G}$ 部分融合在一起采用数学模型逼近的方法进行表征。把 GPS 点的高程异常分成两个部分求解，即

$$\zeta=\zeta^{\mathrm{GM}}+\zeta^{C} \tag{5-84}$$

式中，ζ^{GM} 为重力场模型所求得的高程异常；ζ^{C} 为实际高程异常和由模型求得的高程异常的差值。

根据它们与实际的似大地水准面的逼近程度，将 ζ^{GM} 部分描述成平滑似大地水准面；将 $\zeta^{\mathrm{GM}}+\zeta^{\Delta G}$ 部分描述成亚平滑似大地水准面；将 $\zeta=\zeta^{\mathrm{GM}}+\zeta^{\Delta G}+\zeta^{T}$ 描述成详细似大地水准面，如图 5-6 所示。

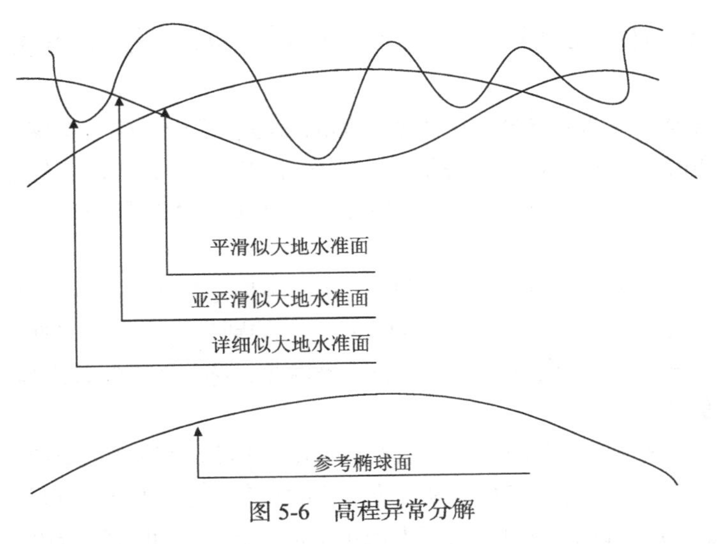

图 5-6　高程异常分解

下面以第一种分解为例，介绍无重力数据的情况下顾及重力场模型与地形改正的移去-恢复法。只要通过若干已知的 GPS 水准点，就可采用移去-恢复法求解得到其他未知点的高程异常，并最终得到未知点的正常高。

其实现过程大体可分以下三步。

(1)移去：假设有 m 个已知的 GPS 水准联测点，那么便可求得此 m 个点的高程异常 $\zeta_k = h_k - H_k, (k=1,2,\cdots,m)$，再在这些点上用地球重力场模型，根据 $\zeta^{\mathrm{GM}}(\rho,\psi,\lambda)=\dfrac{\mathrm{GM}}{\rho\gamma}\sum_{n=2}^{N}(\dfrac{a}{\rho})^n\sum_{m=0}^{n}(\overline{C}_{n,m}\cos m\lambda+\overline{S}_{n,m}\sin m\lambda)\overline{P}_{n,m}(\sin\psi)$ 和 $\zeta^T=-\dfrac{\pi G\rho h_p{}^2}{\gamma}-\dfrac{G\rho}{6\gamma}\iint(\dfrac{(h^3-h_p{}^3)}{l^3})\mathrm{d}x\mathrm{d}y+\dfrac{3G\rho}{40\gamma}\iint\dfrac{h^5-h_p{}^5}{l^5}\mathrm{d}x\mathrm{d}y\cdots$ 计算出模型高程异常 $\zeta_k{}^{\mathrm{GM}}$ 与地形起伏引起的 $\zeta_k{}^T$，最后得到剩余高程异常，即

$$\zeta_k{}^{\Delta G}=\zeta_k-\zeta_k{}^{\mathrm{GM}}-\zeta_k^T \tag{5-85}$$

(2)拟合：把 m 个点的残差高程异常 $\zeta^{\Delta G}$ 作为已知数据，然后采用常规拟合方法(如二次曲面)计算得到拟合模型的拟合系数，最后内插得到未知点的剩余高程异常 $\zeta_i^{\Delta G}$。

(3) 恢复：在未知点上，由 $\zeta^{\mathrm{GM}}(\rho,\psi,\lambda)=\dfrac{\mathrm{GM}}{\rho\gamma}\sum_{n=2}^{N}(\dfrac{a}{\rho})^n\sum_{m=0}^{n}(\overline{C}_{n,m}\cos m\lambda+\overline{S}_{n,m}\sin m\lambda)\cdot\overline{P}_{n,m}(\sin\psi)$ 与 $\zeta^T=-\dfrac{\pi G\rho h_p{}^2}{\gamma}-\dfrac{G\rho}{6\gamma}\iint(\dfrac{(h^3-h_p{}^3)}{l^3})\mathrm{d}x\mathrm{d}y+\dfrac{3G\rho}{40\gamma}\iint\dfrac{h^5-h_p{}^5}{l^5}\mathrm{d}x\mathrm{d}y\cdots$ 计算出未知点的模型高程异常 ζ_i^{GM} 与地形起伏引起的 ζ_i^T，再加上未知点的剩余高程异常 $\zeta_i^{\Delta G}$，得未知点的最终高程异常值 $\zeta_i=\zeta_i^{\mathrm{GM}}+\zeta_i^T+\zeta_i^{\Delta G}$，从而求得未知点上的正常高：$H_i=h_i-\zeta_i$。

以上便是无重力数据情况下顾及重力场模型与地形改正的移去-恢复法计算似大地水准面的基本过程，第二种分解法过程与第一种完全一样，只是其少计算了与地形相关的一项而已，在没有数字高程模型数据的情况下可以采用第二种方法。

5.5　利用地形和地质数据的局部(似)大地水准面精化

大地水准面是地理空间数据外业采集所依据的参考基准面。确定全球、一个国家、一个地区的大地水准面的形状始终是测绘科学的一项核心内容，一直未能有较好的解决方法。其难点是，确定大地水准面形状所需的天文测量、重力测量、大地测量等数据的密度无法满足其需要(卢仲连，1984)。

为了获得控制点正常高，传统的或经典的高程测量方法主要依靠水准测量逐点传递高差，不仅劳动强度大，投资多，工期长，而且在山区特别是高山地区很难进行，何况水准标志极易被破坏。若采用测距三角高程测量代替水准测量，受大气影响等产生的误差传递积累，也很难达到高精度要求。

GPS 静态定位、RTK 实时定位的现代测量技术及连续运行 GPS 参考站系统改变了传统的测量作业模式，其平面位置具有精度高、速度快的显著特点，但是获得的 GPS 大地高还不能直接应用于测量生产实践，必须对局部大地水准面进行切实可行的精化，实时获取局部高程异常，将 GPS 大地高快速准确地转换为正常高，才能满足控制测量、工程测量、大比例尺地形图测量等需要，以便充分发挥 GPS 空间定位技术优势(刘大杰和施一民，1999)。

局部大地水准面形状的确定，将为 GPS 精密测定控制点的正常高奠定良好的基础(陶本藻，

1992)。GPS水准的精度取决于局部大地水准面的精化精度，即高程异常的确定精度，按此方法获得的GPS水准，其正常高是独立测定的，避免了水准测量中按一定路线传递高程，基本消除了水准路线传递的累积误差(潘宝玉，1995)。除某些工程测量必需的高精度水准测量外，一般工程测量和地形测图均可采用独立的GPS水准，传统而繁重的水准测量在测绘作业中的作用将大大降低，逐步被GPS水准所代替，可以大大提高测绘生产效率并产生巨大的经济效益。

局部大地水准面精化的技术研究及实施应用，对于满足测绘事业的可持续发展、基础地理信息的持续更新、经济建设及地球科学研究等，都具有十分重要的意义。

影响我国西部高原山区大地水准面起伏变化的主要原因是地形的剧烈变化、地形质量和岩石密度分布的不均匀。而地形资料和岩石密度资料既充足又可靠，用它们来精化高原山区的大地水准面会获得良好的效果。GIS技术的发展和应用，对以各类地图和空间实体数据为核心的计算分析起到了极大的促进作用。正是有GIS技术的支撑，才使利用地形和地质数据精化局部大地水准面成为现实(毛锋等，2002)。

5.5.1　利用地形和地质数据精化局部大地水准面的特点

在重力数据不足且难以大规模补测的高原山区，采用与地形质量和岩石密度相关的扰动位确定与大地水准面密切相关的垂线偏差和高程异常，利用等效地形建模分析计算区域大小和各种因素对计算精度的影响，并提取地形数据和相关数据，自动密集计算地形均衡垂线偏差和高程异常差(周启鸣和刘学军，2006)。

依地形数据和岩石密度数据所求得的地形均衡垂线偏差是天文大地垂线偏差或重力垂线偏差的主值，其相差为线性小量，地形均衡垂线偏差计算局部高程异常差是在缺乏重力资料的高原山区的一种切实可行的方法(孙瀛寰，1995)。该技术方法更新了沿用已久的精化局部大地水准面的方法，使局部大地水准面精化具有切实可行的操作性，可降低10倍左右的成本。

这种技术方法是适合高原山区特点的大地水准面精化的理论方法，为高原山区的测绘、公路、水电、地震、减灾防灾、工程建设等提供了实际应用的科学手段。

5.5.2　利用地形和地质数据精化局部大地水准面的研究内容

利用地形和地质数据精化局部大地水准面的研究内容主要包括以下几个方面。

(1)利用地形数据和岩石密度数据精化局部大地水准面的各类实用数学模型。

(2)地形均衡垂线偏差的等效地形误差分析数学模型和分析结果。

(3)依托数字地形图和数字岩石密度图，构建能完成自动叠加、提取、分析、处理、计算地形均衡垂线偏差、高程异常差等功能的软件，根据已知GPS水准联测点的高程异常推算局部区域各给定点的高程异常。

(4)对实测GPS网(其中大量点联测水准)，依据由GPS大地高和水准高所计算的高程异常与由精化后的局部大地水准面数字模型查询的高程异常的比较，给出统计分析结果。

(5)对该种精化山区局部大地水准面的方法和GPS水准的获取方法给出实用性评价。

5.5.3　利用地形和地质数据精化局部大地水准面的基础理论

局部大地水准面精化新方法与传统精化方法不同，不直接采用重力异常，而是估算引起重力异常的扰动质量，从而估算扰动位，以此计算地形垂线偏差和均衡垂线偏差，两者之差则为地形均衡垂线偏差，大地水准面差距之差(或高程异常差)可按类似于天文水准的方法获得。假设地球表面没有起伏，而且地壳岩石密度处处一致，扰动质量为零，没有扰动位，大地水准面与正常位水面的倾斜是线性变化的，则显然可以用数学方法表达大地水准面，大地水准面差距或高程异常也可以计算出。事实上，上述假设是不存在的，因而必须估算地形质量和地壳岩石密度分布不均匀引起的垂线偏差非线性变化部分，从而计算出局部大地水准面(或似大地水准面)的起伏变化状态，达到局部大地水准面精化的目的。

应当指出，在局部大地水准面精化中，对于一切有关计算，均是近似的。因为理论上需要全球的相关数据，而事实上只能用局部数据。另外，没有考虑垂线的弯曲，将地面点的垂线偏差视为大地水准面上的垂线偏差。尽管如此，计算研究表明，对局部大地水准面的精化仍可达到 3～6cm 的精度，优于传统方法的精化精度，可进一步提升其应用性，扩充其应用领域和应用范围，以满足更高的 GPS 水准要求。

基础空间数据设施的建立和完善，1∶1 万数字高程模型和数字地形图的覆盖，更详尽的地壳岩石数字分布图的建立，能够更精确、快速、经济地解决应用性区域大地水准面的精化问题。

1. 地壳均衡理论

从重力测量学、动力地质学及大地测量学的观点看，地壳存在均衡现象，即山区的大地体下面的地壳质量有所不足，对铅垂线存在一定的影响，这部分质量和山的可见质量有某种补偿关系(康荣华，2010)。测量上一般采用普拉特-海福特均衡理论及补偿模型。其基本含义是：在地壳下面某一深度存在一个等压面(也称抵偿面或均衡面)。由海水面到等压面的距离处处相等。将地壳分割成断面相等的柱体，海水面以上各柱体的密度相等，而等压面至海水面间不同柱体的密度却不相等，但各个柱体的总质量相等(郭俊义，1994)。为了保持等压面以上的地壳物质均衡，海水面至等压面间密度小的柱体地势就高(如山区)，密度大的柱体地势就低(如海洋)。设海水面到等压面的距离为 D(称为均衡深度)；海水面以上的地壳密度为 δ；对平均海拔为 H_i 的柱体，海水面至等压面之间的地壳密度为 δ_i，见图 5-7。仅讨论山区情况，显然 $H_i>0$，则 $\delta_i<\delta$，此时，$\delta D=\delta H_i+\delta_i D$，即 $(\delta-\delta_i)D=\delta H_i$，令 $\delta_0=\delta-\delta_i$，则得

$$\delta_0=\frac{\delta H_i}{D} \tag{5-86}$$

式中，δ_0 为补偿密度，就是把高出海水面的地壳质量移到海水面至等压面之间使之补偿，成为达到平均密度时需要增加的密度。在海水面与等压面之间每个柱体经过这样的补偿，就保持了地壳的均衡。

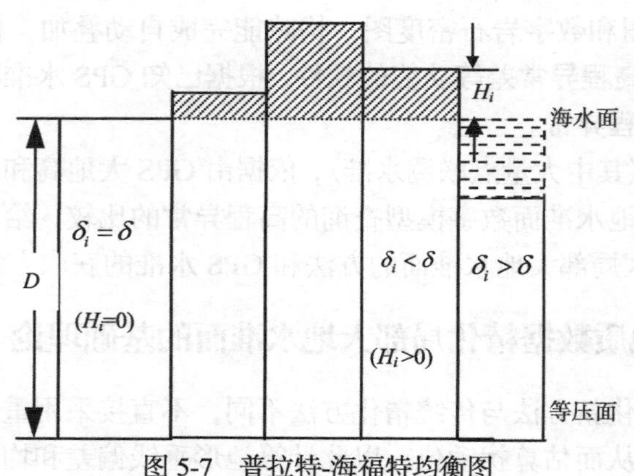

图 5-7　普拉特-海福特均衡图

由地球重力学知道，挠动位 T 的产生是地球内部质量分布不均所致，也就是由挠动质量产生的位，可以表示为

$$T = W - U \tag{5-87}$$

式中，W为地球重力位；U为正常重力位。由于选择正常重力位时，其离心力位与地球重力位的离心力位相同，所以挠动位也具有引力位的性质(彭富清和夏哲仁，2004)。

设想把地球质量分为两部分：一部分为地球椭球面包围的部分，叫做正常部分，产生的位为正常位 U，U=C(常数)表示正常位水准面；另一部分是挠动质量产生的位，叫做挠动位 T。这样，地球总质量所产生的位就是地球重力位 W，$W=\text{C}'$(常数)即地球重力位水准面。正常位水准面与地球重力位水准面一般并不重合，会产生倾斜。设地面上一点 A 的正常重力 $\bar{r}$ 垂直向下，挠动质量对 A 点产生的引力在水平方向的分力为 $\bar{f}$，那么，$\bar{r}$ 与 $\bar{f}$ 的合力 $\bar{g}$ 为实际重力方向，$\bar{r}$ 与 $\bar{g}$ 的夹角 u 就是垂线偏差。见图 5-8，由于 u 通常小于$1'$，所以，

$$u \approx \tan u = \frac{f}{r} = \frac{\dfrac{\partial T}{\partial L}}{r} \tag{5-88}$$

式中，r为正常重力值；f为挠动力在水平方向的分量值。根据位函数的性质，$f = \dfrac{\partial T}{\partial L}$。

垂线偏差的符号如图 5-9 所示。当 O 点的重力 $\bar{g}$ 的方向偏向正常重力 $\bar{\gamma}$ 的西南方，垂线偏差的南北(子午)分量 ξ 和东西(卯酉)分量 η 为正，反之为负。因此，当 ξ、η 为正时，g 在 x、y 轴上的分量 g_x、g_y 为负，于是

$$\xi \approx \tan\xi = -\frac{g_x}{g_z}，\quad \eta \approx \tan\eta = -\frac{g_y}{g_z} \tag{5-89}$$

根据位函数的性质，$g_x = \dfrac{\partial W}{\partial x}, g_y = \dfrac{\partial W}{\partial y}$。而$W = T + U$，对图5-9所选择的坐标系而言，$\dfrac{\partial U}{\partial x} = \dfrac{\partial U}{\partial y} = 0$，所以，

$$\begin{cases} g_x = \dfrac{\partial T}{\partial x} + \dfrac{\partial U}{\partial x} = \dfrac{\partial T}{\partial x} \\ g_y = \dfrac{\partial T}{\partial y} + \dfrac{\partial U}{\partial y} = \dfrac{\partial T}{\partial y} \end{cases} \tag{5-90}$$

同时以平均正常重力值$\bar{r} = r_e(1 + \dfrac{1}{3}\beta)$代替 g_z (其中，$\beta = \dfrac{r_p - r_e}{r_e}$ 为重力扁率，r_e 和 r_p 分别为赤道上和极点处的正常重力值。通常取 r_e=978030mgal，β=0.005302，则$\bar{r}$=979758mgal)，顾及式(5-88)，式(5-89)则为

$$\xi = -\frac{1}{\bar{r}}\frac{\partial T}{\partial x}，\ \eta = -\frac{1}{\bar{r}}\frac{\partial T}{\partial y} \tag{5-91}$$

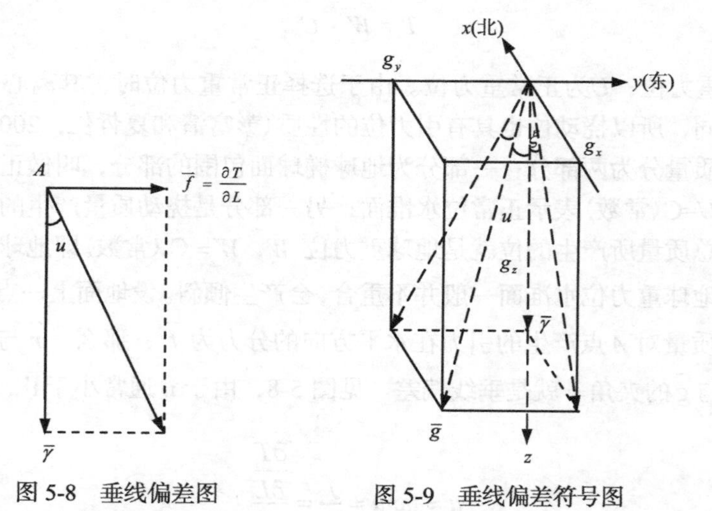

图 5-8 垂线偏差图　　图 5-9 垂线偏差符号图

2. 地形均衡垂线偏差的计算模型

计算地形均衡垂线偏差有两部分的内容：首先计算由地面点(计算点)周围高出或低于它挠动作用的地形质量引起的垂线偏差。然后根据普拉特-海福特地壳均衡补偿模型，计算大地水准面到等压面之间由对大地水准面以上的地形质量的补偿质量引起的垂线偏差，即均衡垂线偏差。地形垂线偏差与均衡垂线偏差之差则为地形均衡垂线偏差(魏子卿和王刚，2003)。计算方法有方格法和梯形法。

1) 方格法

方格法是按 x、y 方向将计算区域 Σ 划分为一定大小的方格，考虑其中一个小方块柱体，取单元柱体的截面元 $\mathrm{d}\sigma = \mathrm{d}x\mathrm{d}y$，挠动地形质量元 $\mathrm{d}m = \delta \mathrm{d}x\mathrm{d}y\mathrm{d}z$。设质量元到计算点 O 的距离为 $\rho = (x^2 + y^2 + z^2)^{\frac{1}{2}}$，根据位函数的定义，$\mathrm{d}m$ 对 O 点产生的位为

$$\mathrm{d}T = G\frac{\mathrm{d}m}{\rho} \tag{5-92}$$

式中，G为引力常数。于是一个小分块柱体的地形质量对O点产生的位为

$$\Delta T = G\iiint \frac{\mathrm{d}m}{\rho} \tag{5-93}$$

由位函数的性质得，一个小方块柱体的地形挠动质量对 O 点产生的挠动力在 x 和 y 方向的分量为

$$\begin{cases} \dfrac{\partial \Delta T}{\partial x} = G\iiint \dfrac{\partial}{\partial x}(\dfrac{1}{\rho})\mathrm{d}m \\ \dfrac{\partial \Delta T}{\partial y} = G\iiint \dfrac{\partial}{\partial y}(\dfrac{1}{\rho})\mathrm{d}m \end{cases} \tag{5-94}$$

根据式(5-91)和式(5-94)可得一个小方块柱体地形挠动质量对 O 点引起的地形垂线偏差：

$$
\begin{cases}
\Delta\zeta_T = -\dfrac{1}{\bar{r}}\dfrac{\partial \Delta T}{\partial x} = \dfrac{G\delta}{\bar{r}}\iiint \dfrac{x}{\rho^3}\mathrm{d}x\mathrm{d}y\mathrm{d}z \\
\Delta\eta_T = -\dfrac{1}{\bar{r}}\dfrac{\partial \Delta T}{\partial y} = \dfrac{G\delta}{\bar{r}}\iiint \dfrac{y}{\rho^3}\mathrm{d}x\mathrm{d}y\mathrm{d}z
\end{cases}
\tag{5-95}
$$

设小方块柱体长、宽、高分别为 $x_2 - x_1$、$y_2 - y_1$、h，并令 $K = \dfrac{G\delta}{\bar{r}}\rho''$（$\rho''$ =206265），$\Delta\xi_T$、$\Delta\eta_T$ 用秒表示，则

$$
\begin{cases}
\Delta\xi_T'' = K\displaystyle\int_0^h\int_{y_1}^{y_2}\int_{x_1}^{x}\dfrac{x}{(x^2+y^2+z^2)^{\frac{3}{2}}}\mathrm{d}x\mathrm{d}y\mathrm{d}z \\
\Delta\eta_T'' = K\displaystyle\int_0^h\int_{y_1}^{y_2}\int_{x_1}^{x_2}\dfrac{y}{(x^2+y^2+z^2)^{\frac{3}{2}}}\mathrm{d}x\mathrm{d}y\mathrm{d}z
\end{cases}
\tag{5-96}
$$

对式(5-96)积分整理后，并令

$$
\begin{aligned}
A_1(h) = {} & h\ln\frac{(y_1+\sqrt{x_1^2+y_1^2+h^2})(y_2+\sqrt{x_2^2+y_2^2+h^2})}{(y_1+\sqrt{x_2^2+y_1^2+h^2})(y_2+\sqrt{x_1^2+y_2^2+h^2})} \\
& + Y_1\ln\frac{(h+\sqrt{x_1^2+y_1^2+h^2})\sqrt{x_2^2+y_1^2}}{(h+\sqrt{x_2^2+y_1^2+h^2})\sqrt{x_1^2+y_1^2}} \\
& + Y_2\ln\frac{(h+\sqrt{x_2^2+y_2^2+h^2})+\sqrt{x_1^2+y_2^2}}{(h+\sqrt{x_1^2+y_2^2+h^2})\sqrt{x_2^2+y_2^2}} \\
& + x_1\left(\arctan\frac{y_1h}{x_1\sqrt{x_1^2+y_2^2+h^2}} - \arctan\frac{y_2h}{x_1\sqrt{x_1^2+y_1^2+h^2}}\right) \\
& + x_2\left(\arctan\frac{y_1h}{x_2\sqrt{x_2^2+y_1^2+h^2}} - \arctan\frac{y_2h}{x_2\sqrt{x_2^2+y_2^2+h^2}}\right)
\end{aligned}
$$

$$
\begin{aligned}
A_2(h) = {} & h\ln\frac{(x_1+\sqrt{x_1^2+y_1^2+h^2})(x_2+\sqrt{x_2^2+y_2^2+h^2})}{(x_1+\sqrt{x_1^2+y_2^2+h^2})(x_2+\sqrt{x_2^2+y_1^2+h^2})} \\
& + x_1\ln\frac{(h+\sqrt{x_1^2+y_1^2+h^2})\sqrt{x_1^2+y_2^2}}{(h+\sqrt{x_1^2+y_2^2+h^2})\sqrt{x_1^2+y_1^2}} \\
& + x_2\ln\frac{(h+\sqrt{x_2^2+y_2^2+h^2})\sqrt{x_2^2+y_1^2}}{(h+\sqrt{x_2^2+y_1^2+h^2})\sqrt{x_2^2+y_2^2}} \\
& + y_1\left(\arctan\frac{x_2h}{y_1\sqrt{x_2^2+y_1^2+h^2}} - \arctan\frac{x_1h}{y_1\sqrt{x_1^2+y_1^2+h^2}}\right) \\
& + y_2\left(\arctan\frac{y_1h}{y_2\sqrt{x_1^2+y_2^2+h^2}} - \arctan\frac{x_2h}{y_2\sqrt{x_2^2+y_2^2+h^2}}\right)
\end{aligned}
$$

可得

$$\begin{cases}\Delta\xi_T'' = KA_1(h) \\ \Delta\eta_T'' = KA_2(h)\end{cases} \tag{5-97}$$

设想在计算区域内经过地形质量的填挖，使其地形变成了过 O 点的平面层，那么该平面层对 O 点水平引力在各方向均等，对垂线没有影响，因此，h 可视为海拔高程 H。于是，式(5-86)可写为

$$\delta_0 = \delta\frac{H}{D} \tag{5-98}$$

所以，在计算一个小方块柱体的补偿质量引起的均衡垂线偏差时，只需将对h的积分换为对D的积分，并用δ_0代替δ即可，可得

$$\begin{cases}\Delta\xi_D'' = K\dfrac{H}{D}A_1(D) \\ \Delta\eta_D'' = K\dfrac{H}{D}A_2(D)\end{cases} \tag{5-99}$$

由式(5-97)与式(5-98)之差得到一个方块柱体对O点产生的地形均衡垂线偏差为

$$\begin{cases}\zeta_{TD}'' = \Delta\zeta_T'' - \Delta\zeta_D'' = K[A_1(h) - \dfrac{H}{D}A_1(D)] \\ \eta_{TD}'' = \Delta\eta_T'' - \Delta\eta_D'' = K[A_2(h) - \dfrac{H}{D}A_2(D)]\end{cases} \tag{5-100}$$

最后，计算区域内所有方块柱体对 O 点产生的地形均衡垂线偏差为

$$\begin{cases}\xi_{TD}'' = \sum K[A_1(h) - \dfrac{H}{D}A_1(D)] \\ \eta_{TD}'' = \sum K[A_2(h) - \dfrac{H}{D}A_2(D)]\end{cases} \tag{5-101}$$

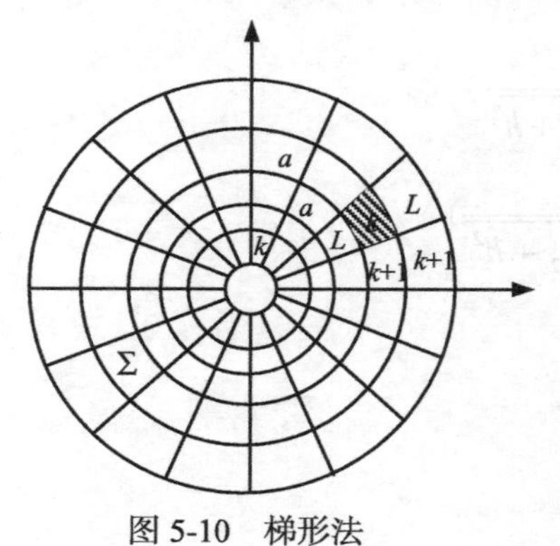

图 5-10　梯形法

2) 梯形法

梯形法是以计算点 O 为中心作若干辐射线和同心圆，将计算区域Σ划成一定大小的圆弧梯形(Vanicek，1976)，如图 5-10 所示，分析其中的一个梯形柱体，截面元 $\mathrm{d}\sigma = r\mathrm{d}r\mathrm{d}A$，挠动质元 $\mathrm{d}m = \delta\mathrm{d}\sigma\mathrm{d}z = \delta r\mathrm{d}rA\mathrm{d}z$，因 $z = r\tan\beta$，则 $\mathrm{d}z = r\dfrac{1}{\cos^2\beta}\mathrm{d}\beta$，那么 $\mathrm{d}m = \delta r^2\dfrac{1}{\cos^2\beta}\mathrm{d}A\mathrm{d}r\mathrm{d}\beta$，可以得到

$$\begin{cases}\Delta\xi_T'' = -\dfrac{1}{\bar{r}}\rho''\dfrac{\partial\Delta T}{\partial x}K\iiint\dfrac{x}{\rho^3}\mathrm{d}m \\ \Delta\eta_T'' = -\dfrac{1}{\bar{r}}\rho''\dfrac{\partial\Delta T}{\partial y}K\iiint\dfrac{x}{\rho^3}\mathrm{d}m\end{cases} \tag{5-102}$$

上式的积分区域是：A为圆弧梯形两腰方位角之差，$A_{n-1} \sim A_n$；r为圆弧梯形两圆弧之内外半径，$a_{k-1} \sim a_k$；β 为$0 \sim \arcsin\dfrac{h}{\sqrt{r^2+h^2}}$。并顾及$x=r\cos A$，$y=r\sin A$，$\rho=\dfrac{r}{\cos\beta}$，于是

$$
\begin{cases}
\Delta\xi_T'' = K\displaystyle\int_{A_{n-1}}^{A_n} \cos A\mathrm{d}A \int_{a_{k-1}}^{a_k} \mathrm{d}r \int_0^{\arcsin\frac{h}{\sqrt{r^2+h^2}}} \cos\beta\mathrm{d}\beta \\
\Delta\eta_T'' = K\displaystyle\int_{A_{n-1}}^{A_n} \sin A\mathrm{d}A \int_{a_{k-1}}^{a_k} \mathrm{d}r \int_0^{\arcsin\frac{h}{\sqrt{r^2+h^2}}} \sin\beta\mathrm{d}\beta
\end{cases}
\tag{5-103}
$$

对式(5-103)积分后，并令

$$
B(h) = h\ln\frac{a_k + \sqrt{a_k^2 + h^2}}{a_{k-1} + \sqrt{a_{k-1}^2 + h^2}}
$$

式(5-103)为

$$
\begin{cases}
\Delta\xi_T'' = K(\sin A_n - \sin A_{n-1})B(h) \\
\Delta\eta_T'' = K(\sin A_n - \sin A_{n-1})B(h)
\end{cases}
\tag{5-104}
$$

类似有

$$
\begin{cases}
\Delta\xi_D'' = K\dfrac{H}{D}(\sin A_n - \sin A_{n-1})B(D) \\
\Delta\eta_D'' = K\dfrac{H}{D}(\cos A_n - \cos A_{n-1})B(D)
\end{cases}
\tag{5-105}
$$

由式(5-104)与式(5-105)之差，并对计算区域内所有圆弧梯形柱体求和，最后得

$$
\begin{cases}
\xi_{TD}'' = \sum K(\sin A_n - \sin A_{n-1})\left[B(h) - \dfrac{H}{D}B(D)\right] \\
\eta_{TD}'' = \sum K(\cos A_n - \cos A_{n-1})\left[B(h) - \dfrac{H}{D}B(D)\right]
\end{cases}
\tag{5-106}
$$

5.5.4　地形均衡垂线偏差不同误差分析模型比较

地形均衡垂线偏差是计算山区高程异常差和精化山区局部大地水准面的基本源数据。由于地形的不规则性，过去没有对地形均衡垂线偏差的计算误差进行分析，可以通过建立等效地形模型来对地形均衡垂线偏差的计算误差进行分析。这里，对地形均衡垂线偏差的计算误差弥补了对地形均衡垂线偏差的计算误差分析和定性认识，对等效地形模型的两种误差分析方法进行了比较(喻国荣，1995)。

地形均衡垂线偏差是以地形和岩石密度数据为基础，对地形起伏和岩石密度分布不均匀而引起的大地水准面变化进行改正的一种计算方法，根据普拉特-海福特均衡理论及补偿

模型，采用梯形法进行地形均衡垂线偏差的计算和误差分析(吴学群，2006)。

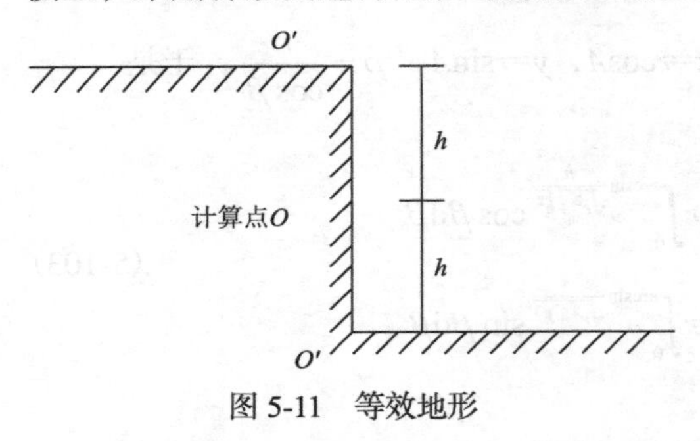

图 5-11　等效地形

1. 误差分析模型的建立

由于地形的不规则性，过去没有对地形均衡垂线偏差的计算误差进行分析，本书采用等效地形的方法来建立分析模型。计算点所处位置的不同，所产生的影响也不相同，计算点的位置有两种情况：①计算点一侧的地形高出计算点 h，另一侧的地形低于计算点 h；②计算点单侧的地形高于计算点 $2h$ 或低于计算点 $2h$，如图 5-11 所示。

对于第一种情况，假定地形均衡垂线偏差的两个分量 ξ 和 η 相等且均为正值，此时按梯形法计算半径 $a_{n-1} \sim a_n$ 一个环带的地形均衡垂线偏差分量为

$$\Delta\xi_1 = 2\sqrt{2}Kh\ln\frac{\left(a_n+\sqrt{a_n^2+h^2}\right)\left(a_{n-1}+\sqrt{a_{n-1}^2+D^2}\right)}{\left(a_{n-1}+\sqrt{a_{n-1}^2+h^2}\right)\left(a_n+\sqrt{a_n^2+D^2}\right)} \tag{5-107}$$

类似的，对于第二种情况有

$$\Delta\xi_2 = 2\sqrt{2}Kh\ln\frac{\left(a_n+\sqrt{a_n^2+4h^2}\right)\left(a_{n-1}+\sqrt{a_{n-1}^2+D^2}\right)}{\left(a_{n-1}+\sqrt{a_{n-1}^2+4h^2}\right)\left(a_n+\sqrt{a_n^2+D^2}\right)} \tag{5-108}$$

式中，$K=\dfrac{3\delta}{4\pi R\delta_m}$；$D$为均衡深度(杨根新等，2013)。对式(5-107)和式(5-108)，取 $a_{n-1}=0$，$a_n=r$ 为计算区域的半径，则得计算半径为r的区域对计算点引起的地形均衡垂线偏差为

$$\xi_1 = 2\sqrt{2}Kh\ln\frac{D\left(r+\sqrt{r^2+h^2}\right)}{h\left(r+\sqrt{r^2+D^2}\right)} \tag{5-109}$$

$$\xi_2 = 2\sqrt{2}Kh\ln\frac{D\left(r+\sqrt{r^2+4h^2}\right)}{2h\left(r+\sqrt{r^2+D^2}\right)} \tag{5-110}$$

2. 误差分析比较

基本分析模型中 h 的取值十分重要。在高山区地面点处于不利地形情况下，地形均衡垂线偏差 u_{TD} 一般不会超过 30″ 。按等效地形计算 u_{TD}，式(5-109)前面的系数 $2\sqrt{2}$ 应取为 4，按式(5-109)取 $D=50\sim100\text{km}$，当 $h=300\text{m}$ 时，$u_{TD}=40.20''\sim45.20''$，所以对不利情况取 $h=300\text{m}$ 的等效地形较为合理。

1) 计算区域外的影响 m_1、m_1'

对式(5-107)和式(5-108)取 $a_{n-1}=r$ 为计算区域的半径，$a_n \gg D$，$a_n \geqslant h$，则得计算区域外对计算点引起的地形均衡垂线偏差为

$$\delta\xi = 2\sqrt{2}Kh\ln\frac{\left(r+\sqrt{r^2+D^2}\right)}{\left(r+\sqrt{r^2+h^2}\right)} \tag{5-111}$$

$$\delta\xi' = 2\sqrt{2}Kh\ln\frac{\left(r+\sqrt{r^2+D^2}\right)}{\left(r+\sqrt{r^2+4h^2}\right)} \tag{5-112}$$

令 $m_1=\delta\xi$，考虑 $r \gg h$，则 $m_1 = 2\sqrt{2}Kh\ln\dfrac{1+\sqrt{1+\dfrac{D^2}{r^2}}}{2}$

同理可得 $m_1' = 2\sqrt{2}Kh\ln\dfrac{1+\sqrt{1+\dfrac{D^2}{r^2}}}{2}$

取 r=20～100km，得 $m_1=m_1'=1.94''$～$0.18''$，可见 m_1（m_1'）随计算区域的增大而显著减小，当计算区足够大时计算区域外的影响极小，见图 5-12。

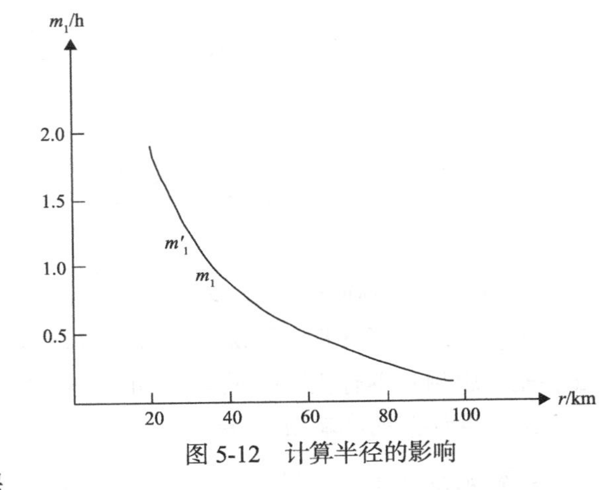

图 5-12　计算半径的影响

2) 计算区域不对称的影响 m_2、m_2'

对梯形法而言，这种误差不存在，记 $m_2 = m_2' = 0$。

3) 高程误差的影响 m_3、m_3'

模板分块平均高程 H，在地形图上根据等高线自动判读或在 DTM 上自动给出，实际计算模型中的 $h_i = H - H_i$（H 为计算点高程，其误差可忽略不计），则 h_i 的误差 m_{h_i} 与 H_i 的误差 m_{H_i} 相等。m_{H_i} 受多种因素的影响，如地面点的高程误差、地球曲率的影响、提取高程的误差等。对式(5-109)取微分并转化为中误差有

$$m_3 = 2\sqrt{2}Kh\left[\frac{h^2}{\sqrt{r^2+h^2(r+\sqrt{r^2+h^2})}} + \ln\frac{D(r+\sqrt{r^2+h^2})}{h(r+\sqrt{r^2+D^2})} - 1\right]m_h \tag{5-113}$$

同理可得

$$m_3' = 2\sqrt{2}Kh\left[\frac{4h^2}{\sqrt{r^2+4h^2(r+\sqrt{r^2+4h^2})}} + \ln\frac{D(r+\sqrt{r^2+4h^2})}{2h(r+\sqrt{r^2+D^2})} - 1\right]m_h \tag{5-114}$$

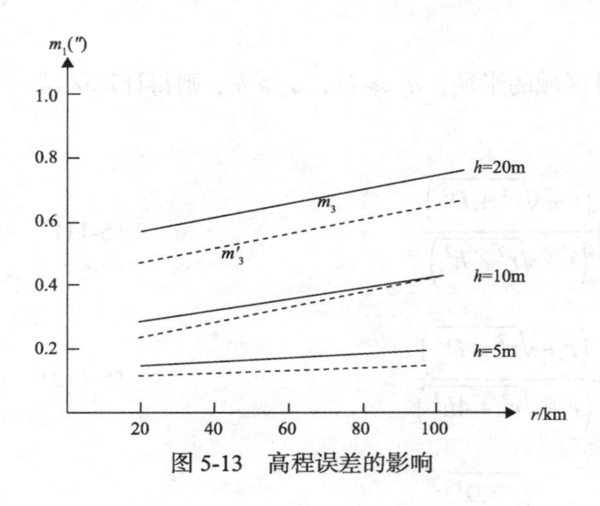

图 5-13　高程误差的影响

取 r=20～100km 时，当 m_h=5m 时，得 $m_3=0.15''\sim0.18''$，$m'_3=0.13''\sim0.15''$；当 m_h=10m 时，得 $m_3=0.30''\sim0.36''$，$m'_3=0.26''\sim0.30''$；当 m_h=20m 时，得 $m_3=0.60''\sim0.71''$，$m'_3=0.51''\sim0.60''$。可见高程误差的影响比较明显，随其增大影响增加较快，但与计算区域大小关系不大，如图 5-13 所示。

4) 均衡深度误差的影响 m_4、m'_4

按照地球物理学的观点，均衡深度应为 50～60km。对具体地区，D 值可根据有关部门提供的数据，当计算区域过大，D 值可能有所变化，况且确定 D 值本身也有一定误差。

按式(5-109)微分后写为中误差有

$$m_4=2\sqrt{2}Kh\left[\frac{1}{D}-\frac{D}{\sqrt{r^2+D^2(r+\sqrt{r^2+D^2})}}\right]m_D \tag{5-115}$$

$$m'_4=2\sqrt{2}Kh\left[\frac{1}{D}-\frac{D}{\sqrt{r^2+D^2(r+\sqrt{r^2+D^2})}}\right]m_D \tag{5-116}$$

当 r>20～100km 时，取 m_D=5km，得 $m'_4=m_4=0.12''\sim0.28''$；取 m_D=7km，得 $m'_4=m_4=0.17''\sim0.39''$；取 m_D=10km，得 $m'_4=m_4=0.23''\sim0.56''$。均衡深度误差的影响与高程误差的影响基本有相同的规律，如图 5-14 所示。

5) 密度误差的影响 m_5、m'_5

计算模型中 $K=\dfrac{3\delta}{4\pi R\delta_m}$，$\rho''=0.003739$，其中，$\delta$=2.67 为地壳平均密度，但实际上由于不同地区岩石种类分布不同，计算区域内的实际平均密度与地壳平均密度会有差异。由式(5-109)和式(5-110)可直接写出：

$$m_5=\left[2\sqrt{2}\frac{3\rho''}{4\pi R\delta_m}\ln\frac{D(r+\sqrt{r^2+h^2})}{h(r+\sqrt{r^2+D^2})}\right]m_\delta \tag{5-117}$$

$$m'_5=\left[2\sqrt{2}\frac{3\rho''}{4\pi R\delta_m}\ln\frac{D(r+\sqrt{r^2+4h^2})}{2h(r+\sqrt{r^2+D^2})}\right]m_\delta \tag{5-118}$$

取 r=20～100km，当 $m_\delta=0.10$ 时，得 $m_5=0.54''\sim0.60''$，$m'_5=0.46''\sim0.52''$；当 $m_\delta=0.15$ 时，得 $m_5=0.80''\sim0.90''$，$m'_5=0.68''\sim0.78''$；当 $m_\delta=0$ 时，得 $m_5=1.07''\sim1.20''$，$m'_5=0.90''\sim1.04''$。由图 5-15 可知，密度误差的影响相当显著，随其增大影响迅速增加但与计算半径基本无关。

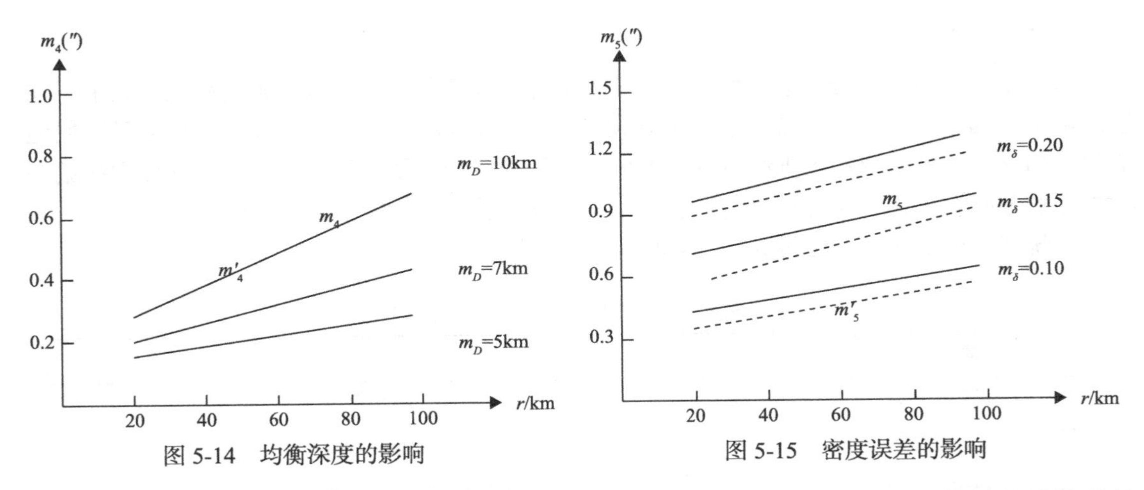

图 5-14　均衡深度的影响　　图 5-15　密度误差的影响

通过上面两种误差分析模型的分析对比，可以得知：影响地形均衡垂线偏差的计算误差对两种分析模型的结果有所差异，但它们引起的误差趋势是一致的，第二种分析模型相对来说更接近实际地形，引起的误差更小。

5.5.5　应用及实施

1. 计算实施要求

计算时，取 K=0.003739，其中，引力常数 $G = 6.67\times10^8 \mathrm{cm}^3/(g\cdot s^2)$，地壳平均密度 $\delta = 2.67\mathrm{g/cm}^3$，平均正常重力值 $\bar{r} = 9.79758\mathrm{gal}, \rho'' = 206265$，$h$ 为分块平均高程与计算点的高程之差，D 值可向地震部门等有关单位索取。当无法得知 D 的确切数值时，按照地球物理学观点，D=50～60km，可采用多个 D 值通过试算的方法确定最佳 D 值，也可用地形均衡垂线偏差转化为天文大地垂线偏差后精度最高的 D 值。

在计算地形均衡垂线偏差前，先确定计算区域 Σ 的范围。各分块方格柱体或圆弧梯形柱体的平均高程在已有的地形图或数字高程模型上提取。因为离计算点越近的地形挠动质量对垂线的影响越大，反之越小。所以，离计算点较近的分块应小些，所用地形图的比例尺应大些，可使获得的分块平均高程较准确；离计算点较远的分块可大些，采用的地形图比例尺可小些。这样，既可保证所计算的地形均衡垂线偏差的准确性，又可以加快计算速度。

2. 开发环境及数据准备

使用 C/C++为编程语言，开发环境为 Visual Studio 2008。系统开发的必要数据包括：①16 万 km^2 的数字高程模型数据(DEM，分辨率为 25m)；②联测大地高和正常高的检核点数据。

理论上还需要有地质密度数据和地壳均衡深度数据，由于数据为模拟数据，而非数字格式的数据，目前无法应用于大规模的自动计算中。

本书涉及的计算是高度密集性的，对于 1 个点的计算需要执行 2 万～3 万次的数字高程模型读写操作。精化区域有 4 万多 km^2，并且按照 100～200m 的间隔进行精化计算，普通计算机的性能很难满足计算的要求，所以对计算机有较高的要求，需要用到 IBM 个人工作站或是服务器。

3. 系统实现

最终系统分为两部分，地形均衡垂线偏差的计算和高程异常计算及查询系统。其中，地形均衡垂线偏差的计算程序需要运行在 IBM 个人工作站或是服务器上，连续工作多日以便建立目标精化区域的地形均衡垂线偏差数据库；高程异常计算及查询系统在地形均衡垂线偏差数据库的基础上工作，对计算机的性能要求不太高，普通 PC 即可满足其要求。

系统实现中所用到的常量如表 5-2 所示。

表 5-2　系统中用到的常量列表

常量名称	常量值
浮点数学零	10×10^{-10}
秒数每弧度	206264.806
万有引力常数	6.67259×10^{-8}（量纲：cm，g，s）
平均正常重力值	9.79758（量纲：gal）
PI	3.14159265358
2 倍 PI	6.28318530718
平均岩石密度	2.67（量纲：g/cm）
地壳均衡深度	45000（量纲：m）
WGS84_a	6378137.0
WGS84_f	1.0/298.257223563
WGS84_j2	484.16685×10^{-6}
WGS84_w	7.292115×10^{-5}
WGS84_gm	3.986005×10^{14}

4. 地形均衡垂线偏差计算的实现部分

地形均衡垂线偏差由地形垂线偏差和均衡垂线偏差两部分构成，系统的实现流程如图 5-16 所示。

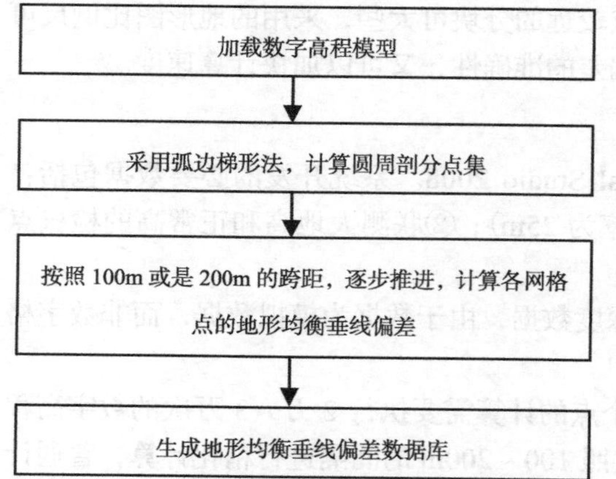

图 5-16　地形均衡垂线偏差的计算流程

数字高程模型有不同的分辨率，分辨率越高，文件的体积越大。除 25m 分辨率的 DEM 覆盖了整个计算区域外，只有极小部分并且分散的区域有更高分辨率的 DEM 数据。本书采用了分辨率为 25m 的数字高程模型，在经过裁减和投影之后，文件以 GeoTiff 的格式存放，体积约有 1.8G。不管对于怎样的计算机，采用一次性加载到内存的方式都是不可取的，本书的底层实现借助了 GDAL 开源库来完成数字高程模型数据的加载及高程数据的查询。

数字高程模型的加载代码如下所示。

```
GDALDataset *poDataset = NULL;  //  数据库存取指针
GDALAllRegister();              //  初始化操作，注册驱动程序

//  载入数字高程模型的数据
poDataset = (GDALDataset *)GDALOpen(szDEMPathFileName,GA_ReadOnly);
if(poDataset == NULL){
    MessageBox(NULL,
          L"数据加载失败!",L"提示",MB_OK|MB_ICONEXCLAMATION);
    return 1;
}
int iRasterCount = poDataset->GetRasterCount();    //  影像文件的波段数
if((iRasterCount>1) || (iRasterCount<=0)){          //  非DEM数据
    MessageBox(NULL,L"非DEM数据!",L"提示",MB_OK|MB_ICONEXCLAMATION);
    return 1;
}
//  获取像素物理坐标与地理空间坐标的6个转换参数(2个起始坐标,2个步进
//  参数和2个旋转参数)
double adfGeoTransform[6];
if(poDataset->GetGeoTransform(adfGeoTransform) != CE_None){
    MessageBox(NULL,L"无坐标转换参数!",
          L"提示",MB_OK|MB_ICONEXCLAMATION);
    return 1;
}
GDALRasterBand *poBand = NULL;
poBand = poDataset->GetRasterBand(1);    //  获取高程波段层的指针
//  获取高程波段层的指针后,即可随时进行高程数据的检索操作
```

计算点的数据结构是系统中的核心，顾及代码的优化和后续课题的深入研究，包括了一系列的信息域，如表 5-3 所示。

表 5-3　计算点的信息域

名称	变量名	类型
当前采用坐标的类型	cdType	unsigned long(4 字节)
纬度或是 X 坐标	w84B 或 w84X	double(8 字节)
经度或是 Y 坐标	w84L 或是 w84Y	double(8 字节)
高程或是 Z 坐标	w84H 或是 w84Z	double(8 字节)
该点处的岩石密度	rckDensity	double(8 字节)
该点处的均衡深度	istDepth	double(8 字节)
该点处的高程异常	hgtAnomaly	double(8 字节)

数据结构的实现如下。

```
typedef struct POS_INFO_TAG{
unsigned long cdType;              //  当前采用坐标的类型

//  空间坐标的多种表示方式
union{  //  使用联合的方式,以提高内存使用的效率
    struct{
        double w84B,w84L,w84H;      //  使用经纬度和大地高表示的坐标
    };
    struct{
        double w84X,w84Y,w84Z;      //  使用WGS84空间直角坐标表示的坐标
    };
};

double rckDensity;    //  该点处的岩石密度
double istDepth;      //  该点处的均衡深度

double hgtAnomaly;    //  该点处的高程异常
}POS_INFO,*POS_INFO_PTR;
```

坐标部分采用联合类型，可以有效地节约内存，使用不同的名称以增加代码的可读性和可维护性。在对计算点的变量进行初始化时，岩石密度采用平均岩石密度，均衡深度采用预先设定的常量值。如果拥有数字化的地壳岩石密度和地壳均衡深度数据图，则可根据结构中指定的坐标来查询相应的信息，然后完成填充操作即可，这为下一步研究地壳岩石密度和均衡深度的影响，预留了程序接口。

采用梯形法计算地形均衡垂线偏差，以计算点为中心作辐射线，辐射线的条数按 ΔA 的取值确定。再按

$$a_{k+1}=\frac{2\rho^{0}+\Delta A}{2\rho^{0}-\Delta A}a_{k} \tag{5-119}$$

作以计算点为圆心的同心圆，给定最小同心圆半径 a_1，可推求 a_{k+1} (k=1，2，3，…)。

函数 bool calcPointSetLocal(…)完成该点集的自动剖分任务，对上述公式进行参数化后，该函数的输入和输出如表 5-4 所示。

表 5-4　点集剖分函数的输入输出参数

输入参数			
i_minRdsRng	const double	最短半径	默认设置 0.1m
i_maxRdsRng	const double	最长半径	默认使用 100km
i_divCount	const long	剖分块数	默认使用 60 块，可根据需要自行设置

续表

输出参数			
o_posInfo	vector<POS_INFO>&	容器，存放剖分出来的节点	存放计算中心点需要用到的计算点
o_rectList	Vector<RECT_INDEXS>&	梯形顶点数组	每个梯形逆时针排序

为了最大效率地使用内存，采用顶点索引数组来存放各剖分点和弧边梯形。如图 5-10 所示，以计算点为原点，向北为 X 轴，向东为 Y 轴，采用本地平面坐标系统，各节点的本地坐标固定不变，且各梯形的环绕方向也固定不变，所以只执行一次剖分计算即可，后续计算只需采用一次平移操作就可以完成各结点的高程查询。

数字高程模型的分辨率为 25m，欲查询的每个平面位置绝大多数情况下都不会严格落在格网点上，为了尽可能地提高计算精度，程序中采用了双线性插值的方式来解决点位高程查询的问题。

如图 5-17 所示，向北为 X 轴，向东为 Y 轴，P_1、P_2、P_3 和 P_4 为待查询点 P 落入栅格的 4 个顶点，坐标和高程已知。

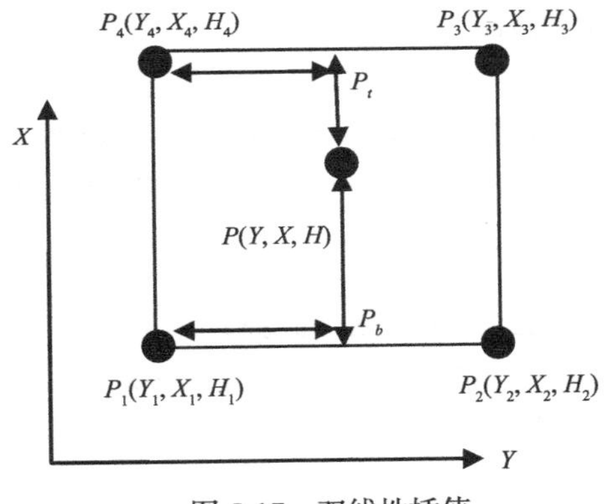

图 5-17　双线性插值

计算 P 点的高程通过三次插值操作完成：①计算 P 点在底边（边 P_1P_2）上的投影点 P_b 的高程[式(5-120)]；②计算 P 点在顶边（边 P_4P_3）上的投影点 P_t 的高程[式(5-121)]；③通过点 P_b 和点 P_t 的高程，插值求出点 P 的高程[式(5-122)]。

$$H_{P_b} = H_1 + (H_2 - H_1)/(Y_2 - Y_1) \times (Y - Y_1) \tag{5-120}$$

$$H_{P_t} = H_4 + (H_3 - H_4)/(Y_3 - Y_4) \times (Y - Y_4) \tag{5-121}$$

$$H = H_{P_b} + (H_{P_t} - H_{P_b})/(X_4 - X_1) \times (X - X_1) \tag{5-122}$$

具体的实现代码如下。

```
/*
**  功能:
**      根据地理空间坐标获取高程数据
**      采用双线性插值的方式插值计算指定点的高程
**
**  Input:
**      @i_poBand           --      波段数据指针
**      @i_GeoTrsArray      --      坐标转换参数数组
**      @i_East,i_North  --      查询高程的地理空间坐标
**      @o_fElvVal          --      查询的高程数据
**
**  Output:
**      成功执行返回true,失败返回false
**
**  Remark:
**      由于DEM数据分辨率的局限性,此处通过双线性插值的方式插值
**  计算指定坐标处的高程
*/
bool QueryElevation(GDALRasterBand *i_poBand,
 double *i_GeoTrsArray,double i_East,double i_North,float &o_fElvVal)
{
 o_fElvVal = 0.0;
 if(i_poBand == NULL)  return false;
 if(i_GeoTrsArray == NULL)  return false;
 int xImin,xImax,yImin,yImax;

 xImin = (int)((i_East  - i_GeoTrsArray[0])/i_GeoTrsArray[1]);
 yImin = (int)((i_North - i_GeoTrsArray[3])/i_GeoTrsArray[5]);

 xImax = xImin + 1, yImax = yImin + 1;
 float Hxlb,Hxrb,Hxlt,Hxrt; //  计算落入框四角的高程
 if(!QueryElevation(i_poBand,xImin,yImin,Hxlt))  return false;
 if(!QueryElevation(i_poBand,xImax,yImin,Hxrt))  return false;
 if(!QueryElevation(i_poBand,xImin,yImax,Hxlb))  return false;
 if(!QueryElevation(i_poBand,xImax,yImax,Hxrb))  return false;

//  计算底部和顶部的高程差
 float dHxb = Hxrb - Hxlb, dHxt = Hxrt - Hxlt;

 double eS, nS;
 //  计算起算点的坐标
```

```
    PixelIndexToCoordinate(i_GeoTrsArray,xImin,yImax,eS,nS);

    float tHyb = (float)(dHxb/abs(i_GeoTrsArray[1])*(i_East - eS)+Hxlb);
    float tHyt = (float)(dHxt/abs(i_GeoTrsArray[1])*(i_East - eS)+Hxlt);

    o_fElvVal =
      (float)((tHyt - tHyb)/abs(i_GeoTrsArray[5])*(i_North - nS)+tHyb);
    return true;
}
```

在弧边梯形的各结点的高程提取出来以后，就要进行垂线偏差的计算。垂线偏差的计算步骤如图 5-18 所示。

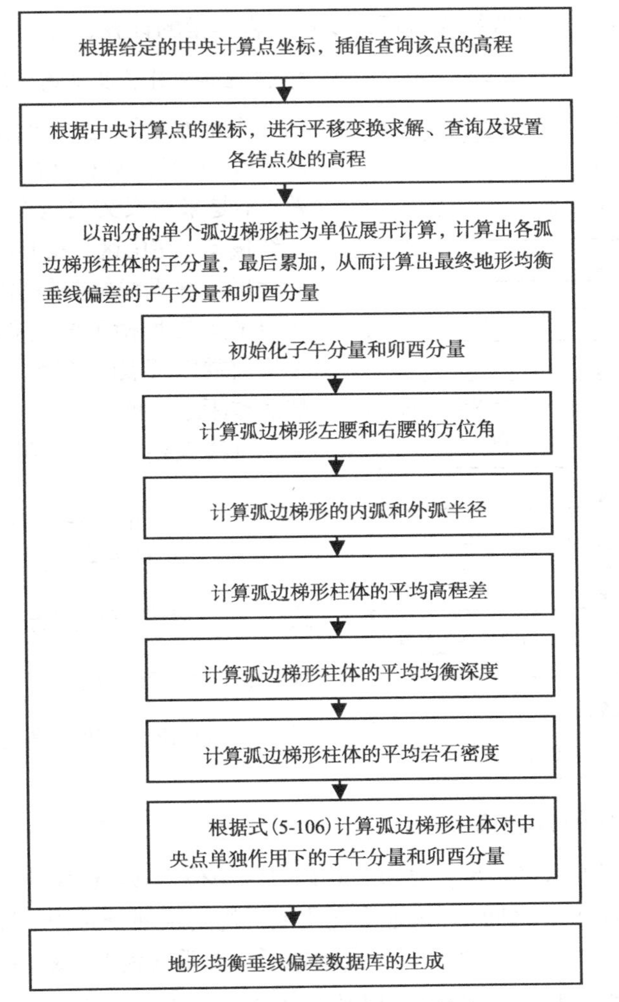

图 5-18　地形均衡垂线偏差的计算流程

在服务器上运行编译好的程序后，最终将会自动生成地形均衡垂线偏差数据库，数据序列片段如图 5-19 所示。

```
165672.5060 2688717.2090
200.0 200.0
805 1079
9.71744 -3.93383    9.50278 -4.89206    9.67990 -5.09232    10.45208    -4.19249
  10.25586 -4.29767  10.07274 -4.03517  10.11910 -3.09781  9.51179     -0.46042
  9.28615 1.86386    8.78867 2.57994    9.10401 1.68757    10.67233    -1.11837
  10.49513 -2.85270
```

图 5-19　地形均衡垂线偏差数据片段

开始的文件头数据表示起始精化区域的起始东坐标和北坐标，接下来的 2 个数据表示东向和北向的精化步进距离，后两个表示精化区域数据点阵的行数和列数，最后就是垂线偏差的分量列表，依顺序存放。

围绕地形均衡垂线偏差数据库就可以实现高程异常的计算、查询及发布系统部分。

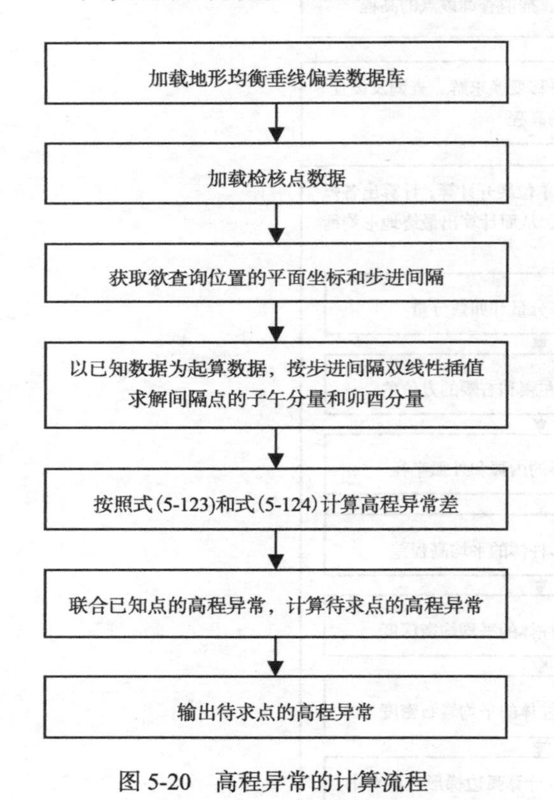

图 5-20　高程异常的计算流程

5. 高程异常计算及查询的实现部分

大地水准面起伏变化可以按天文水准的方法计算，只是推算相邻两点的大地水准面差距之差，不是采用天文大地垂线偏差，而是地形均衡垂线偏差。在山区，地形发生变化处的两点之间的地形均衡垂线偏差是呈线性变化的，可以利用两点的地形均衡垂线偏差在其方向上的分量的平均值乘以两点间的距离，求出两点间的大地水准面差距之差值。

垂线偏差在 1、2 两点方向上的分量为

$$\begin{cases}\theta_1 = \xi_1 \cos A_{12} + \eta_1 \sin A_{12} \\ \theta_2 = \xi_2 \cos A_{21} + \eta_2 \sin A_{21}\end{cases} \tag{5-123}$$

式中，A_{12} 为点1到点2方向的方位角；A_{21} 为点2到点1方向的方位角。取 $\theta = \frac{\theta_1 - \theta_2}{2}$，则1、2两点的大地水准面差距（高程异常差）为

$$\Delta\zeta = \frac{\theta \cdot s}{\rho} \tag{5-124}$$

式中，s为1、2两点间的水平距离；θ和 ρ 均以秒为单位；s以m为单位。

两个 GPS 水准点 A、B 之间，可按地形变化或平均间距划分为若干计算点（含 A、B 两点），A、1、2、…、n、B，分别计算这 n+2 个点的地形均衡垂线偏差，然后按式(5-124)分别计算两点间的 $n-1$ 个大地水准面差距之差，取其和 $\sum\Delta\zeta$，即为 A、B 间的大地水准面差距之差。

采用的计算流程如图 5-20 所示。

系统的运行效果如图 5-21～图 5-23 所示。

图 5-21　加载起算点数据

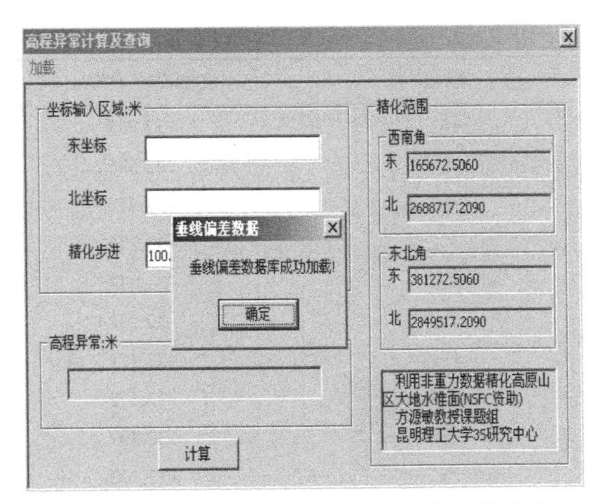

图 5-22　地形均衡垂线偏差数据库加载完成

如图 5-23 所示，“精化范围”在成功加载地形均衡垂线偏差数据文件后会自动更新，以显示当前的精化坐标范围。“坐标输入区域”负责与用户交互，负责读取用户欲查询点处的平面位置和计算的间隔(默认采用 100m 的跨度)。点击【计算】按钮后开始计算，结果显示在“高程异常”区域。

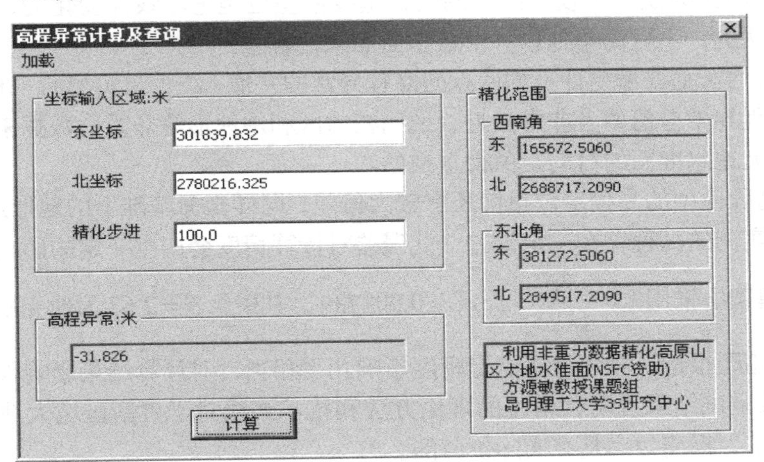

图 5-23　计算的效果

6. 精化实例

精化实例如表 5-5 所示。

表 5-5　检核点的高程异常

点名	实测高程异常/m	计算高程异常/m	实测值与计算值之差/m
P_1	–32.004	–32.011	0.007
P_2	–31.836	–31.800	–0.036
P_4	–31.972	–31.957	–0.015
P_5	–31.835	–31.837	0.002
P_{10}	–32.747	–32.745	–0.002
P_{12}	–32.649	–32.662	0.013

续表

点名	实测高程异常/m	计算高程异常/m	实测值与计算值之差/m
P_{15}	−32.237	−32.254	0.017
P_{16}	−32.575	−32.576	0.001
P_{17}	−32.616	−32.631	0.015
P_{18}	−32.278	−32.284	0.006
P_{19}	−32.032	−32.059	0.027
P_{21}	−32.048	−32.049	0.001
P_{22}	−32.471	−32.450	−0.021
P_{23}	−32.472	−32.453	−0.019
P_{24}	−32.403	−32.445	0.042
P_{25}	−32.172	−32.175	0.003
P_{26}	−31.872	−31.864	−0.008
P_{27}	−32.341	−32.311	−0.03
P_{28}	−32.169	−32.189	0.02
P_{29}	−31.999	−32.024	0.025

7. 小结

(1) 在高原山区即使一个较小的范围内，垂线偏差也是呈非线性变化的，因此大地水准面也是明显起伏的，不宜简单地以一个数学曲面来代替它。

(2) 由地形均衡垂线偏差计算的两点间高程异常的差值$\Delta\zeta$，与实测的 GPS 大地高和水准高求得的高程异常差值两者非常接近，说明在山区利用地形等非重力数据来计算高程异常差，达到精化大地水准面的目的是值得重视的。

(3) 数字高程模型的高程定位目前还有较大偏差，同样坐标基准下的地形点，从 DEM 中采集的高程与实测的高程存在一定误差，此误差对计算精度会产生一定的影响。

(4) 计算模型中采用$k=\dfrac{3\delta}{4\pi R\delta_m}$，$\rho''=0.003739$，其中，$\delta=2.67$为地壳平均密度。实际上由于计算点相距很近，相邻计算点受密度影响几乎相当，对计算结果影响很小。

(5) 试验及测试结果说明，采用的理论方法和技术路线对于更新区域大地水准面精化的方法，降低成本，提高效率是有实际价值的。

第6章 变形监测与变形分析

6.1 变形监测与变形分析概述

6.1.1 变形监测的目的、意义

变形是个很普遍的现象，它是指一个物体在受到各种力的作用下其形状、大小、空间位置发生改变。物体在一定范围内的变形是允许的，但是超过了允许值有可能会发生一些灾难，所以需要对这些会引起灾害的物体变形进行监测，以便分析它以后的变化情况。变形监测是利用专业的仪器和相关的方法对监测对象进行持续观测、对监测对象变形形态进行分析及变形的发展态势进行预测等的各项工作。变形监测的任务是首先在变形区域布置若干变形监测点，然后定期对其进行观测，采集监测点的各期信息并对其分析得到变形体的形状、大小及位置变化的空间状态和事件特征，以便达到预测目的。随着该领域的快速发展，人们越来越重视它。其意义在于：①能够把握工程建筑物的稳定性，为安全运行提供一定的信息基础以便及时发现其变形状况并采取措施，防止重大事故的发生；②它能够通过相关的作业技术方法对陆地、海洋等地物地貌进行长期的观测，为自然灾害预防中心提供一定的信息基础；③能够为某些城市规划发展及局部地区设计提供一个宏观的基础数据信息量。

6.1.2 变形监测的特点

变形观测具有如下特点。

(1)周期性重复观测。地表物体空间位置的监测是建立在对所监测的区域实施周期性重复观测下的。只有对监测区域或者监测点定期的、周期性的监测，然后提取、分析这些数据才能达到宏观地分析所监测区域随时间变化情况的目的。

(2)精度要求非常高。对监测体监测的目的就是保证工程建筑的安全实施及提前发现变形体的变形情况并及时采取措施，防止重大事故的发生。所以，需要在监测过程中保持非常高的精度。

(3)多种观测技术的综合应用。

(4)通过研究监测点的点位变化来宏观把握该区域的整体变形。变形监测的实质就是通过对监测区域一些监测点的监测，来分析整个区域的变化。

6.1.3 变形监测的应用

随着国内外测绘行业的发展，变形监测技术得到了一定的发展，它的应用越来越广泛，可以应用到许多方面的地表监测以降低国家和人民的损失，如用在地震、滑坡、泥石流、地裂缝、桥梁与建筑物的倒塌等的监测。科学手段的发展，带动了工程机械化，加快了工程项

目建设的速度。人类对自然界的改造，使地质灾害时有发生，例如，城市地下水过量抽取造成地面下陷及建筑物的形变；矿区地下大量开采造成沉陷、透水及冒落；水库大坝超荷载的溃坝等。这些地质灾害的发生，对人民生命财产造成巨大损失，严重地扰乱了人们正常的生活秩序，这种危害的产生往往是在自然界的变形达到极限的时候。如果能有效测量物体变形的大小和速度，就可以提出预报和防治措施，从而保证人们生命财产的安全。这个预知的有效手段就是进行变形监测。变形监测是利用测量方法与专用仪器对变形体的变形现象进行监视观测，其任务是在各种荷载和外力的作用下，掌握变形体的形状、大小及位置变化的空间状态和时间特征。所以说，可以用一定的监测技术和先进理论方法来实现对变形体的宏观把握。在工业和民用建筑物方面，需要定时进行沉降观测、倾斜观测、裂缝观测等，来确定其是否在一定的时间内因水平位移或者高程位移而出现很大的偏移，如对大型桥梁桥墩、桥面等监测；大型水坝水平位移、垂直位移观测、扰度、倾斜及裂缝监测；矿区岩层与地表的监测；地下工程的变形监测；还有地质灾害的预防等。因此，不同的变形体需要选取不同的信息获取方法，这样才能为国家的国民建设提供可靠的基础。

6.2 变形监测中一些主要方法及各自的优缺点

6.2.1 常规地面测量方法

常规地面测量方法主要是指用常规仪器(全站仪、水准仪等)测量控制网中角度、边长和高程的变化以测定变形体的形变(李厚芝，2008)。常规测量方法是通过布设成边角网、各种交会法、极坐标法及几何水准测量法、三角高程测量法等实施定期观测。然后，用仪器对各个监测点进行观测，通过平差求出各监测点的坐标，可以比较不同时段的点的位置改变，达到监测的目的。常规的大地测量仪器有光学经纬仪、光学水准仪、电磁波测距仪、电子经纬仪、电子全站仪及测量机器人等。

常规测量方法的主要优点是：①能够对变形体进行宏观的把握；②观测量可以通过对控制网进行平差优化等直接校核及精度评定；③灵活性比较大。也就是说，在一些大型的桥梁、大坝等大型变形体的高程监测过程中通常还是用常规测量方法进行监测，因为精密水准测量仍然是目前沉降观测精度最高、成果最可靠且简便易行的方法。但它也有缺点，其主要缺点如下：①外业工作量非常大，耗费大量的人力、物力；②作业时间比较长，不易实现连续和自动化监测。

6.2.2 近景摄影测量方法

近景摄影测量应用于变形监测中的原理过程：在摄站对变形体进行摄影，然后通过内业数据处理得到变形监测点的坐标，比较不同时刻目标点的坐标差异得到它们的位移。目前已发展到数字摄影测量，利用数字影像处理技术和数字影像匹配技术获得同名像点的坐标，再计算对应物点的空间坐标。地面摄影测量进行变形观测有两种基本方式：固定摄站的时间基线法和地面立体摄影测量法。近景摄影测量是摄影测量和遥感学科的一个重要分支。近 10 年来，近景摄影测量在隧道、桥梁、大坝、滑坡、结构工程及高层建筑变形监测等方面得到了应用，与其他变形监测技术相比较，近景摄影测量的优点是：①可在瞬间精确记录下被摄物体的信息及点位关系；②可用于规则、不规则或不可接触物体的变形监测；③相片上的信息丰富、客观而又可长期保存，有利于进行变形的对比分析；④监测工作简便、快速、安全。

像所有测量一样，近景摄影测量也有它的不足和缺陷：技术含量较高，需要投入昂贵的硬件设备和较高素质的技术人员。

6.2.3 GPS测量

GPS测量技术的主要特点是：测站间无需通视、全天候观测、测量范围大、自动化等。所以，目前常用GPS进行测量，包括变形监测中的测量。用GPS进行变形监测的原理相当于GPS对监测点的测量原理，可以发现GPS用于变形监测中的不足：①GPS接收机在高山、峡谷、地下密林深处等一些地方，由于卫星信号在那些地方会发生多路径效应，其监测精度和可靠性不高，不利于监测；②GPS用于变形监测比传统监测设备成本要高很多；③GPS测量误差源比传统的方法要多，在数据测量中由于误差源比较多，很容易影响最终的监测结果；④监测区域中的监测点可能比较少，难以发现无监测点区域的变形情况。

6.2.4 三维激光扫描方法

三维激光扫描技术是非接触测量的重要手段，主要是获取目标的线、面、体空间等三维数据并进行高精度的三维逆向建模。验证发现：利用激光扫描获得的数据真实可靠，其数据能够最直接地反映客观事物实时的、变化的、真实的形态特性。三维激光扫描仪基本工作原理是：线激光器发出的光平面扫描物体表面，面阵CCD采集被测物面上激光扫描线的漫反射图像，在计算机中对激光扫描线图像进行处理，依据空间物点与CCD面阵像素的对应关系计算物体的景深信息，得到物体表面的三维坐标数据，快速建立原型样件的三维模型。此外，三维激光扫描是通过激光扫描仪和距离传感器来获取被测目标的表面形态的。其过程是以格网扫描方式进行的，可以大范围、快速全面、高精度、高速度和免棱镜地测量地表点，具有高时间分辨率、高空间分辨率和测量精度均匀等特点(徐进军等，2010)。其缺点是：①两次扫描测点不可重复，从而不能直接获取变形；②三维激光扫描仪价格比较昂贵，属于市场高端仪器设备；③野外作业可能比较简单，但是处理数据等费时费力。

6.2.5 合成孔径雷达技术

合成孔径雷达干涉测量技术是使用卫星或飞机搭载的合成孔径雷达系统获取高分辨率地面反射复数影像，每一分辨元不仅含有灰度信息，还包含干涉所需的相位信号。通过获取地面同一地物的复图像对和该地区的SAR影像干涉相位，进而获得其三维信息。利用一些特殊的数据处理方法(如干涉配准、噪声去除、相位解缠等)和几何转化来获取数字高程模型或探测地形形变。InSAR技术的优点：①可以大范围地获取地面监测区域的信息图像，无需布设地面控制点；②可以精确测定图像上每一点的三维位置和变化信息；③能够收集到预测一些自然灾害的关键数据，可以获得某一地区连续的地表形变信息。滑坡的发生具有偶发性并伴有恶劣的天气条件，甚至发生在夜晚，SAR技术在滑坡的监测中可以发挥重要作用(成枢等，2004)。其缺点是：①InSAR技术的时间分辨率低；②对地表长时间监测的时间间隔会导致雷达复图像的失相干；③InSAR技术无法消除大气影响而造成的误差。

6.2.6　利用 GPS 和 InSAR 融合技术对地表进行监测

GPS 和 InSAR 在很多方面都有一定的互补性：①在空间范围上，GPS 的监测范围仅仅局限于一定区域，而利用 InSAR 可以监测大范围的地表，能得出一个地表整体连续的变化趋势。②空间分辨率，SAR 可以达到很高，就星载 SAR 来说已达到 10m 以内，采用 D-InSAR 技术对地观测的分辨率可达到毫米级，且雷达差分干涉测量所得图像是连续覆盖的，由此得到的地面形变也是连续覆盖的。而 GPS 采集数据的空间分辨率则远不如遥感，GPS 连续运行站网当中，站点之间的间隔一般为几十千米不等，而且需要事先建立监测网，会受到地理环境和运作成本等因素的限制，并有必要的测量成果点。所以对于建网困难或常规大地测量无法进行的地区，干涉雷达将发挥独到的作用。③InSAR 以遥感成像方式获取数据，然后通过遥感影像处理的技术手段来达到量测的目的，但是其对大气参数的变化(对流层水汽含量和电离层)、卫星轨道参数的误差和地表覆盖的变化非常敏感，干涉像对之间空间基线和时间基线受一定限制。而 GPS 技术可以推算出对流层延迟和电离层延迟，这是校正 InSAR 数据产品误差的重要依据。GPS 技术也可以进行高精度的定位和变形监测，这些数据可以作为 InSAR 数据处理过程中的约束条件(控制点)。由此可见，利用 GPS 和 InSAR 融合技术对地表沉降进行监测具有非常好的前景。它们在监测过程中有很强的互补性，可以相互弥补自身的缺点，充分发挥各自的优点。很显然，将这两种技术融合在一起具有更大意义(范青松等，2006)。

通过对上述技术的分析，可以知道：①多种传感器、数字近景摄影、全自动跟踪全站仪和 GPS 的应用，将向实时、连续、高效率、自动化、动态监测系统的方向发展。②变形监测的时空采样率会得到大大提高，变形监测自动化可为变形分析提供极为丰富的数据信息。③高度可靠、实用、先进的监测仪器和自动化系统，要求在恶劣环境下长期稳定可靠地运行。④实现远程在线实时监控，在大坝、桥梁、边坡体等工程中将发挥巨大作用，网络监控是推进重大工程安全监控管理的必由之路。

6.3　变形分析方法的介绍

通过不同的观测手段获取到了观测数据，采用什么方法对获取到的数据进行分析以达到预测变形体的走向及及时提出解决方案的目的，是变形监测的另一重要研究方向。下面介绍几种常见的分析方法。

6.3.1　回归分析法

回归分析法是一种静态的数据处理方法，是在具备大量观测数据的基础上，采用数理统计的方法，建立因变量和自变量之间的回归关系函数表达式(称为回归方程式)。在回归分析中，当研究的因果关系只涉及因变量和一个自变量的时候，就叫做一元回归分析；当研究的因果关系涉及因变量和两个或两个以上自变量时，叫做多元回归分析。此外，回归分析又分为两种情况，分别是线性回归分析和非线性回归分析，区别线性和非线性回归分析，主要看自变量和因变量的函数表达式是线性的还是非线性的。如果是非线性的回归问题可以使用数学方法转化成线性回归方程再进行处理。这种方法计算有点复杂，而且在长期预测的精度上比较低，稳定性比较差。那么线性回归分析到底能够解决什么问题呢?

第一，确定几个特定变量之间是否存在相关关系，如果存在，找出它们之间合适的数学表达式。

第二，根据一个或几个变量的值，预报或控制另一个变量的取值，并且要知道这种预报或控制的精确度。

第三，进行因素分析，确定因素的主次及因素之间的相互关系等。

一元线性回归分析的一般步骤：第一步，确定变量的选择问题；第二步，模型的设定；第三步，参数估计；第四步，模型的检验和修正；第五步，模型的运用。多元线性回归分析的原理与一元线性回归分析完全相同，只不过是在计算上要复杂得多。它广泛应用于变形监测数据处理。它是研究一个因变量和多个自变量之间的非确定性关系的最基本方法，其数学模型是

$$y_i = \beta_0 + \beta_1 \cdot x_{1t} + \beta_2 \cdot x_{2t} + \cdots + \beta_i \cdot x_{it} + \varepsilon_i[(i=1, 2, 3, \cdots, n)\ \varepsilon_i \in (0, \sigma^2)] \tag{6-1}$$

式中，各个 x 变量表示各个不同影响因子，上式可用来分析与解释变形与变形原因之间的因果关系。

6.3.2　时间序列分析法

时间序列分析法起源于 20 世纪 20 年代后期，随着它的理论知识的不断发展和改进，该方法逐渐成为现代数据处理方法，它是一种动态的数据处理方法。它的基本原理是：对那些按时间顺序排列、随时间变化而且相互关联着的观测序列进行研究，寻找事物内在变化发展的规律，并且预测它未来的发展状况。当然，它并不是一种简单的预测分析方法，用它预测必须用到一系列的模型，这种模型统称为时间序列模型。在使用这种模型的时候，假定某种数据变化模式或某一种组合模式总会重复发生。因此，可以首先识别出这种模型，然后采用外推的方式就可以预测了。这种方法的主要优点是数据容易得到，相对来说成本较低，计算相对简单。此外，时间序列分析法常用于中短期预测，因为相对短的时间内数据变化的模式不会特别显著。

6.3.3　灰色系统分析模型方法

灰色系统理论是由邓聚龙教授在 20 世纪 80 年代提出的解决信息不完备系统的数学方法。它的出现为解决数据量少的贫信息系统问题提供了新的途径。把一切随机过程看作是在一定范围内变化的、与时间有关的灰色过程，灰色量不是通过寻找统计规律得到，而是用数据生成的方法，把没有规律的原始数据整理成比较有规律的数列。灰度用来表示已知信息和未知信息的比例大小，它的范围是 0～1。建立灰色模型，就是根据观测值序列的特征数据，找出因素之间或者自身的数学关系，以便达到对系统进行解释和预测的目的。

灰色分析法的一般步骤：①数据的检验和处理；②建立模型 GM(1, 1)；③检验预测值；④预测预报。

一般的 GM 模型可以用 h 个变量的 n 阶微分方程模型 GM(n,h) 表示。灰色 GM(1, 1) 预测模型是灰色系统理论中的典型代表，但模型建立的前提是原始数据序列为“光滑的离散函数”。光滑的离散函数，实际上是要求原始数据序列是确定性的，即具有确定性的趋势。

6.3.4　卡尔曼滤波方法

Kalman 在 1960 年提出了卡尔曼滤波方法，它是利用概率论和数理统计的知识，把有限时间的数据作为计算依据，在线性无偏最小方差估计原理下的一种新的线性递推滤波方法。该方法不需要存储以前的观测数据，在有新的观测数据时，仅需要根据新的数据和前一个时刻的估计量，然后借助信号过程本身的状态转移方程，按照递推公式，就可以计算出新的估计量。卡尔曼滤波引入了状态空间的概念，借助系统的状态转移方程，根据前一时刻的状态估值和当前时刻的观测值递推估计出新的状态估值。

卡尔曼滤波的基本思想是利用状态噪声和观测噪声的统计特性，把求得的估计值作为滤波器的输出，将观测值作为滤波器的输入，输入和输出之间通过时间的更新及观测值的更新互相联系，所以滤波过程是一个不断预测和修正的过程。当得到新的观测值时，只要知道上一时刻状态的估值就可以计算出当前的状态估计值。卡尔曼滤波的实质是通过观测值重新构造系统的状态向量，从而对系统的状态做出估计。在滤波更新过程中不需要记录观测值或估计历史信息，而且可以通过计算机程序实现对状态空间模型的优化拟合。因此，卡尔曼滤波法已经成为一种动态数据处理的有效方法，被广泛应用在各种动态测量系统中。

目前，变形分析方法的发展趋势如下：①数据处理与分析将向自动化、智能化、系统化、网络化方向发展，更注重时空模型和时频分析的研究，数字信号处理技术将会得到更好的应用；②会加强对各种方法和模型的实用性研究，变形监测系统软件的开发不会局限于某一固定模式，随着变形监测技术的发展，变形分析新方法研究将不断涌现；③由于变形体变形的不确定性和错综复杂性，对它的进一步研究呼唤着新的思维方式和方法。由系统论、控制论、信息论、耗散结构论、相同学、突变论、分形与混沌动力学等构成的系统科学和非线性科学在变形分析中的应用研究将得到加强。

6.4　利用智能型全站仪和水准仪进行变形监测的理论与技术

全站仪随着光电技术、精密机械制造技术和计算机技术的快速发展进入了一个新时代——智能化时代。智能型全站仪的出现，对传统精密工程测量工作带来了巨大的影响，尤其在大型构筑物的变形监测领域，它极大地降低了外业劳动强度，大幅度提高了作业效率和可靠性。因此，智能全站仪在大型变形监测方面有着广阔的应用前景。

6.4.1　智能全站仪和水准仪的介绍

1. 智能全站仪和水准仪的组成、测量原理

1）智能全站仪的组成、测量原理

智能全站仪的技术组成包括坐标系统、操纵器、换能器、计算机和控制器、闭路控制传感器、决定制作、目标捕获和集成传感器等 8 部分。智能全站仪是将光电测距仪、电子经纬仪和计算机一体化的测量仪器，是由影像传感器构成的视频成像系统。通过影像生成、影像获取和影像处理，在计算机和控制器的操纵下实现自动跟踪和精确照准目标。它通过 CCD 影像传感器和其他传感器对现实测量的“目标”进行识别，迅速做出分析、判断与推理，实现自我控制，并自动完成照准、读数等操作，以完全代替人的手工操作。目前来说，徕卡

TCA2003全站仪、TM300全站仪、Trimble S6等智能全站仪是最高精度的全站仪，它们能够代替人类实现自动搜索、跟踪、辨识和精确照准目标等功能。智能全站仪还能与制订测量计划、控制测量过程、进行测量数据处理分析的软件系统相结合，完全替代测量人员完成许多测量任务，具有全自动、遥测、实时、动态、精确、快速等优点(袁成忠，2007)。

2)水准仪的组成、测量的原理

水准仪主要由望远镜、水准器和基座三部分组成：①望远镜，它提供一条找准目标的视准轴，另外可以调节焦距照清不同距离的目标；②水准器，包括圆水准器(用于仪器的粗整平)和管水准器(精确整平仪器)；③基座，它由轴座、角螺旋、三角压板和底板组成，主要是支撑仪器上部。

几种常见的水准仪：①自动安平水准仪，这种水准仪主要借助自动安平补偿器获得水平视线。当望远镜视线有微量倾斜时，补偿器在重力作用下对望远镜做相对移动，从而迅速获得视线水平时的标尺读数。这种仪器较微倾水准仪工效高、精度稳定。②激光水准仪，它是利用激光束代替人工进行读数，将激光器发出的激光束导入望远镜筒内使其沿视准轴方向射出水平激光束；在水准标尺上配备能自动跟踪的光电接收靶，即可进行水准测量。③电子水准仪，又称数字水准仪，是具有一个基座测量面，以电容摆的平衡原理测量被测面相对水平面微小倾角的测量器。电子水准仪利用数字图像处理技术，把由标尺进入望远镜的条码分划影像，用行阵探测器传感器替代观测员的肉眼，从而实现观测夹准和读数自动化。

水准测量是利用水准仪提供的水平视线，借助于带有分划尺的水准尺来测定地面上两点间高差的方法，可以通过已知点的高程推算出未知点的高程。

2. 智能全站仪和水准仪在变形监测中的应用

以前针对于一些变形体的监测常用一些常规的仪器。例如，对于坝体的定期监测和大型桥梁的监测，一般是通过安排工作人员带着相关的仪器(水准仪和全站仪)定期去测量，然后通过对观测回来的数据进行处理来达到预测和估计变形体的状况的目的。现在测绘科学技术的发展和各种精密先进测量仪器的出现，使测量更加精确。智能全站仪和电子水准仪结合应用于变形监测使人们对变形体的监测更加有效、精度更高、成本更少等。因为智能全站仪能代替人进行自动搜索、跟踪、识别和精确照准目标获取地面点的已知信息，适用于一些地势比较不好的区域，如滑坡、大坝监测等，如果不是针对高精度的高程监测，是可以通过智能全站仪进行全方位的监测的，但是如果一些变形体高程监测需要很高的精度的话，是不能单独用智能全站仪进行监测的，这就需要传统的方法——水准仪监测。例如，现在要对一个大型的桥梁进行监测，使用智能全站仪在平面的精度肯定是没有问题的，但是针对大型桥梁需要对桥的各个方位进行监测(包括桥墩的沉降、桥面的变形等)，就需要用电子水准仪来监测大桥桥面和桥墩的沉降，从而能够更加宏观地把握变形体的整体情况，以做好下一步的预测。

6.4.2　智能全站仪中AMIS系统的功能及应用

1. 自动测量一体化系统AMIS

在各种工程控制网测量及变形观测中，传统的测量模式均为人工测量、记录、复核、计算。为防止错误，还需进行层层核对，但有时错误仍然难以避免。所以，传统测量方式工作强度大，容易出错，严重地影响了工作效率。而目前随着现代科学技术的迅猛发展，各种电子化、数字化、自动化、智能化的新型集成化测绘仪器不断涌现，这就为组建各种自动测量系统提供了有利的条件。将测量学的原理与现代高科技相结合，对自动化的电子全站仪(即测量机器人)进行研究开发，依据国家工程测量规范，为桥梁、大坝、隧道、铁路、公路、市政、地铁等工程的控制测量与变形观测量身定做了一套集外业数据采集、平面与高程内业平差计算、数据分析及成果报表或图形输出于一身的自动测量一体化系统，即自动测量一体化系统(automatic measurement integrated system，AMIS)。

2. AMIS 系统的组成与主要功能

AMIS 系统包括外业自动采集测量数据、内业自动处理分析与成果输出等部分。该系统由瑞士 Leica 公司 TCA 系列的自动化全站仪(如 TCA1800、TCA2003 等)、Leica 棱镜、AMIS 软件、笔记本电脑及专用通信供电电缆构成。它实现了单台或多台自动化全站仪的二维、三维大地控制网及变形监测网的多测回全圆方向法的外业自动测量与内业自动处理。该系统完全可以处理所有的平面控制网，如导线网、三角网、三边网、边角网，也可以处理三角高程网及三维边角网，其作业模式完全符合我国现行的有关规范要求，各项限差的设置也可由用户灵活设定，超限后仪器自动进行处理，确保采集到的数据符合要求，具有一定的智能性。外业采集的数据直接进入系统软件，中间无需任何环节；数据采集结束，软件即可进行网的平差处理，获得控制网及监测点的最终成果，并以各种直观的图形、报表输出，从而实现了从外业数据采集到内业最终成果输出的内外业一体化，极大地降低了测量人员的劳动强度，显著地提高了测量的工作效率。

6.4.3　智能全站仪快速测量处理系统的组成

1)外业数据自动采集

控制网测量时的外业数据采集工作由 TCA 系列的全站仪自动完成。该系列全站仪的主要目标识别部件 ATR(automatic target recognition)像测距仪一样被安装在 TCA 全站仪的望远镜上。红外光束通过光学部件被同轴地投影在望远镜轴上，从物镜口发射出去。反射回来的光束形成光点，由内置 CCD 相机接收，其位置以 CCD 相机的中心作为参考点来精确地确定。假如 CCD 相机的中心与望远镜光轴的调整是正确的，则以 ATR 方式测得的水平角和垂直角，可从 CCD 相机上光点的位置直接计算出来。可以实现自动识别目标、自动瞄准目标、自动跟踪目标，以进行自动测量，从而可以编程实现自动化的智能数据采集。

该项功能避免了观测时人工照准的不确定性，使测量结果不含“人为误差”，大幅度地提高了测量结果的精度，而且降低了测量人员的劳动强度，使测量工作变得轻松、愉快，显著地提高了工作效率。

全站仪自动采集的数据直接记录在笔记本电脑中的系统数据库中，随时供内业处理应用，不需借助任何存储介质，如 PCMCIA 卡、磁盘等，不需借助任何第三方软件，更不需要复杂的专业知识而将数据导入计算机，从而减少了出错环节，避免了数据丢失的危险及烦琐的操作，确保了系统的安全。

2)外业测量数据自动检核

AMIS 系统的外业数据自动检核功能在于野外发现不合格的观测成果，立即自动地组织重测或补测，整个过程自动完成，无需人工干预。在某一工作点上安置好 TCA 自动全站仪后，在 AMIS 软件中设置好仪器自动测量的参数，如测回数、归零差、2C 互差、*i* 指标互差、方向互差、测距互差等，同时还应设置当目标棱镜暂时被遮挡时，仪器应暂停多长时间后继续测量。这些参数在测量时实时地控制全站仪的测量质量，具有很高的智能性。任何一个测量误差超限，软件都会实时地显示出警告信息，并自动地进行处理。这就保证了测量数据的可靠性，极大地提高了工作的质量。最后，合格的测量成果将自动形成一定的野外观测数据格式文件，直接保存到笔记本电脑中。

3) 控制网平差处理

平差时，AMIS 软件自动判断应处理的野外观测数据文件(当然也可手工选择)输入手动测量数据，自动根据型号设定平差参数，自动判断控制网的类型(测角网、测边网或边角同测网)，可以进行平面网及高程网的经典平差或拟稳平差。

4) 输入手动测量数据

AMIS 软件设置了输入手动测量或其他仪器测量数据的接口，只要按照一定的格式编辑好观测数据文件，就可以用该软件进行各种平差处理，具有良好的兼容性。

5) 成果报表输出

为了方便测量资料的存档及查阅，AMIS 软件具有资源管理器的窗口，使原始观测数据、参数限差、平差结果、各期点位变形量等数据一目了然，并提供了形式灵活的报表输出及图形显示，还可将报表及图形形成文件进行保存(包欢等，2005)。

6.4.4 智能全站仪用于二滩水电站变形监测

徕卡自动全站仪可以自动识辨目标、精确瞄准目标、自动正倒镜测量、自动完成数据采录，被称为测量机器人。在对水电站的大坝、近坝区岩体实施形变监测时，徕卡测量机器人充分发挥了其作用。徕卡公司的大坝平面位移监测系统由 TCA2003 全站仪、半自动野外数据采集程序及计算机数据后处理程序组成。通过内置程序，按照技术要求实现了自动观测、读数和计算，并控制多项限差和进行重测处理，直至合格观测数据的记录和储存，真正实现了数据采集的智能化。

二滩水电站永久性变形监测网的首期观测的第一测次使用的是徕卡 T3000 电子经纬仪(0.5″)和徕卡 D12002 测距仪(1mm+1mm/Dkm)。第二测次使用的是徕卡 TCA2003(0.5″，1mm+1mm/Dkm)。两测次采用同精度仪器，在同测区条件下、同工作内容、同观测方案、同观测时间独立观测。取得的数据既可互相对比，又为以后采用 TCA 系统提供了很好的可靠性对比。在首期观测期间，TCA2003 的观测速度较常规化仪器快 1 倍左右，并且不受人为因素的影响，在夜间无须照明就能进行观测。

TCA2003 全站仪采集的水平角、垂直角、斜距等观测数据自动记录在 PC 卡上，观测工作完成后将 PC 卡取出，用笔记本电脑可将 PC 卡上的记录文件读入电脑；记录文件传出后，使用数据处理系统可生成该次观测的观测手簿，以文件形式保存。程序还将对各类观测进行一次全面的合限检查，以确保各项差符合相应等级的规范要求。当全网各测站观测均合限后，程序还可一次性对全部观测进行处理，生成观测成果表。经对比发现，无论是水平位移基准网坐标值中误差还是水平位移监测网点位中误差，或是两个网的边长观测精度，采用 TCA2003 的成果要优于常规方法。专家验收后一致认为，徕卡测量机器人和计算机处理程序而形成的水电站平面位移监测系统，将各种变形信息的野外数据采集由人工观测和记录转化为应用智能化自动采集，其野外采集部分和计算机数据处理部分被有机地结合成一个系统而实现了整个监测工程的一条龙自动化作业，是当今世界先进的测绘仪器结合我国实际的成功应用，对推动我国大坝外部平面位移安全监测领域向自动化迈进有着十分重大的意义。

6.5 利用 GNSS 和 CORS 系统进行变形监测

目前，GNSS 包含了美国的 GPS、俄罗斯的 GLONASS、欧盟的 Galileo(伽利略)系统、中国的 BDS(北斗)。全部建成后其可用的卫星数目达到 100 颗以上，截至目前，欧盟的 Galileo 系统、中国的 BDS(北斗)还未进入有规模的民用阶段。

6.5.1 GNSS 系统测量原理和特点及在变形监测中的应用

1. GNSS 定位原理

GNSS 定位原理类似于传统的后方交会法。在测站点架设 GNSS 接收机，某一时刻同时接受三颗以上的 GNSS 卫星所发射的信号，即测得卫星到测站点的几何距离，可根据后方交会原理确定出测站点的三维坐标。然后，利用距离交会法计算出测站点的位置。与传统的变形监测方法比较，GNSS 定位技术具有定位精度高、不需要通视、可全天候工作等特点。研究表明，利用 GNSS 进行水平位移观测可获得小于 ± 2mm 精度的位移矢量，高程的测量也可获得不大于 ± 10mm 的精度。因此，GNSS 在变形监测中越来越受到广泛的应用，尤其是大型工程。实践还证明，GNSS 定位技术完全可以在各种滑坡外观监测中应用，且不受天气条件影响，可实现全天候作业(谢向进和荣幸，2008)。

2. GNSS 系统的特点

高精度实时在线变形监测系统具有目标明确、结构简单、流程清晰、功能完备等特点。具体如下。

(1)数据采集快，可轻松实现高达 20Hz 连续高速实时的精密数据采集。

(2)变形监测精度高，算法先进，能运用小波精密分析法对数据进行分析处理，实现单历元毫米级高精度连续解算。

(3)硬件层次少，系统组成简单、结构清晰、运行稳定、维护方便。

(4)分析手段多，能计算三维位移分量及各向变形速率，能自动生成变形历时曲线图、变形空间分布图、多变量相关图，能根据实地地形数据生成三维仿真图，并能生成实体变形场等高图或渐变色谱图及其任意剖面图。

(5)信息发布快，能对变形监测数据进行初步分析与简单评价，并能根据预设警界值与实测值对比判别，及时进行多渠道多形式预警信息或状态信息的发布，随时随地掌握运行状态，真正实现远程监控和无人值守。

(6)应用范围广，本监控系统不仅能应用于工程建筑物安全监测监控，还可以在滑坡地质灾害监测、建筑物沉陷监测、水库大坝变形监测、深基坑及周边影响区变形监测、大型桥梁健康监测等领域中广泛应用。

3. GNSS 的应用领域

全球定位系统 GNSS 经过近 10 年的迅速发展逐渐成熟，它可以用比较低的投入达到比较满意的观测精度。目前，GNSS 观测边长相对精度已经能够达到 10^{-9} 的相对精度，比传统大地测量精度提高了 3 个量级，短边和点位精度也达到毫米级。GNSS 技术在变形监测方面主要应用于以下几个领域。

(1) 滑坡变形监测。GNSS 技术解决了常规观测中需要多种观测的问题，观测结果能充分反映滑坡的全方位活动性，对监测滑坡变形、掌握滑坡发育的规律切实可行。

(2) 大型构筑物位移实时监测。该技术具有受外界影响小、自动化程度高、速度快、精度较高等优点，可以全天候测量被测物体各测点的三维位移变化情况，找出被测物体三维位移的特性规律，为大型建筑物的安全营运、维修养护提供重要的参数和指导作用。

(3) 大型桥梁变形监测。在大型桥梁的变形监测中，利用 GNSS 系统建立的监测网，可达到精度高、速度快、费用省、效益好、操作简便等目的。集成 GNSS 技术，建立桥梁监测与预警系统，有助于对桥梁相关安全问题的孕育、发生、发展、演变、时空分布等规律和致灾机理进行研究，为科学预测和预警提供理论依据。能够成为应急救助指挥系统的一部分，科学的监测结果能为减灾救灾提供实时服务。

(4) 水库大坝外观变形监测。GNSS 精密定位技术不仅可以满足大坝变形监测工作的精度要求，更有助于实现监测工作的自动化。GNSS 等空间测地技术的大范围应用，整体性地对地壳运动进行观测，将使地壳形变观测在空间域的控制能力和分辨能力极大地提高，这给 GNSS 等大型工程的变形监测发展带来了新的机遇，也为推进高精度变形监测的研究注入了新的活力。

6.5.2　CORS 系统的组成及在变形监测应用的领域和特点

1. CORS 系统的组成

近年来在局域差分 GPS 基础上发展起来的连续运行卫星定位导航服务系统(CORS)，应用了许多现代科技成果，VRS 和主辅站技术就是其中主要技术之一。CORS 系统与常规 RTK 一样，都是同步观测条件下，流动站接收基准站计算并发送的 GPS 差分改正值，进行实时差分定位。与 RTK 技术不同的是：CORS 具有跨行业特性，可面向不同类型的用户，不再局限于测绘领域及设站的单位与部门；可同时满足不同需求的用户在实时性方面的差异，能同时提供 RTK、DGPS、静态或动态后处理及现场高精度准实时定位的数据服务；能兼顾不同层次的用户对定位精度指标要求，提供覆盖米级、分米级、厘米级的数据。CORS 系统可分为单机站网络 CORS 系统和多基站网络 CORS 系统。

单基站网络 CORS 系统由一套永久性连续运行参考站、一套 CORS 数据服务器、若干网络 GNSS 移动台组成。其作业原理为：参考站采用无线网络或有线网络方式接入 CORS 数据服务器，移动台以 GPRS/CDMA 方式登录到 CORS 数据服务器，CORS 数据服务器将基准站的差分数据发送给移动台，实现 CORS 环境下的 RTK 作业。

多基站 CORS 系统由两个以上连续运行的 GPS 基准站、数据处理控制中心、数据传输与发播系统和移动站组成。其作业原理为：各参考站同时将差分数据发送到 CORS 数据处理中心，数据处理中心利用最好的数据处理技术对接收到的差分信息进行综合优化处理，通过 GPRS/CDMA 网络同步发送给移动台设备，实现多基站网络 CORS 环境下的 RTK 作业。

作业流程如下。

(1) 连续运行基准站系统功能是连续利用 GPS 基准站进行观测并实时将 GPS 观测值传输至数据处理中心。

(2)数据处理中心根据各 GPS 基准站的观测值减去其误差改正，再结合移动站的概略坐标计算出在移动站附近的虚拟参考站的相位差分改正，实时地传输到数据传输与发播系统。

(3)数据传输与发播系统实时接收数据处理控制中心的相位差分改正，并及时发布，供各种移动接收机使用。

(4)移动站是单台 GPS 接收机。它实时接收由数据传输与发播系统发布的相位差分改正信息，结合自身的GPS观测值，组成双差相位观测值，从而快速确定整周模糊度参数和位置信息，完成精确定位。

CORS 系统是现代测量技术的标志，具有全天候、全自动、实时导航定位功能。具有覆盖区域内各种地面、空中和水上交通工具的导航、调度、自动识别和安全监测等功能，还可以服务于高精度中短期天气状况的数值预报、变形监测、科学研究等，特别是在城市规划、交通、地震局、气象局等各行各业的应用，它也是城市信息化的重要组成部分。系统目前采用GPS，以后可能综合GPS、GLONASS、Galileo 和北斗系统。

2. CORS 应用于变形监测领域及特点

1) CORS 系统用于城市地面沉降观测及特点

目前，我国一些地区和城市出现了严重的地面沉降问题。因此，建立实时监测网获取准确的位移量、发现沉降规律、掌握沉降动向已很重要。由于监测面积大、观测距离长、工作量大、误差积累严重、观测周期长等，采用常规水准测量方法难以快速、实时地对地面沉降实施监测。前几年的常规 RTK 技术虽然在很大程度上提高了工作效率，但还是有很大不足。随着国内外 GPS 定位技术的发展，CORS 技术得到了广泛的发展和应用。CORS 技术对地表沉降监测具有快捷方便、精度高、可靠性强和全方位的实时监测等优点。

2) CORS 系统用于大坝、桥梁等大型永久性建筑的监测及特点

在大坝、桥梁等大型永久性建筑建设过程中，由于其规模比较大、建设周期长、施工工作面多等，使用传统仪器进行测量监测费时费力，很难把握精度，最终影响工程的施工，以及不能及时给出针对性的意见。这就需要采取可实时大范围的定位监测及高精度监测的CORS 系统。

CORS 系统用于在大坝、桥梁等大型永久性建筑中监测的特点如下：①自建专用 CORS 数据服务器，可实时监控移动台设备状态；②显著降低系统误差，提高监测精度；③建设周期短，投入少。

6.6　利用传感器进行各类变形监测

6.6.1　遥感新技术及传感器的介绍

1. 遥感新技术的介绍

随着科技的发展，遥感技术也在不断进步。经过这么多年的发展，遥感技术已广泛渗透到国民经济的各个领域，如环境监测、资源调查、工程建设等，对推动经济建设、社会进步、环境的改善和国防建设起到了重大的作用。与其他观测技术相比，遥感技术具有以下几个特

点：大面积的同步观测，时效性高，数据的综合性和可比性强，经济效益和社会效益高。下面介绍遥感方面的一些新技术。

1) 高光谱遥感技术

高光谱遥感是高光谱分辨率遥感(hyperspectral remote sensing)的简称。它是在电磁波谱的可见光、近红外、中红外和热红外波段范围内，获取许多非常窄的光谱连续的影像数据的技术(Lillesand and Kiefer，2000)。其成像光谱仪可以收集到上百个非常窄的光谱波段信息。高光谱遥感是当前遥感技术的前沿领域，它利用很多很窄的电磁波波段从感兴趣的物体获得有关数据，包含了丰富的空间、辐射和光谱三重信息。

2) 干涉雷达遥感技术

合成孔径雷达技术是一种高分辨率有源微波遥感成像系统，能够全天时、全天候地对地物目标大面积成像，从 20 世纪 50 年代问世以来，已经逐步发展成为非常重要的遥感工具。尤其是在 20 世纪 80 年代左右，合成孔径雷达技术研究中引入极化技术和干涉技术后，得到了急速的发展。在信号处理上从光学处理发展到数字实时处理；成像分辨率由几十米提高到厘米级；成像维数从二维发展到三维高程信息的提取；成像目标的研究从静止目标转向动态目标；特别是近几年，星载雷达技术与空间技术的发展使这一技术涉及遥感领域的很多方面。

3) 激光雷达技术

激光雷达是用激光器作为发射光源，采用光电探测技术手段的主动遥感设备。激光雷达是激光技术与现代光电探测技术结合的先进探测方式，由发射系统、接收系统、信息处理等部分组成。发射系统是各种形式的激光器，如二氧化碳激光器、掺钕钇铝石榴石激光器、半导体激光器及波长可调谐的固体激光器及光学扩束单元等组成的激光器；接收系统采用望远镜和各种形式的光电探测器，如光电倍增管、半导体光电二极管、雪崩光电二极管、红外和可见光多元探测器件等组合。激光雷达采用脉冲或连续波两种工作方式，探测方法按照探测的原理不同可以分为米散射、瑞利散射、拉曼散射、布里渊散射、荧光、多普勒等激光雷达。其技术特点是：空间时间分辨率高，探测动态范围大；能部分穿越树林遮挡，直接获取真实地表的高精度三维信息；可获得来自目标的能量分布图像、距离选通图像和速度图像；激光雷达扫描所获取的数据量大，数据点密度高，完全能反映物体表面特征，所以测量精度高；灵敏度高，抗干扰能力强；可用于水下探测和水下通信。

4) 微波遥感技术

微波遥感技术是传感器的工作波长在微波波谱区的遥感技术，利用某种传感器接受地理各种地物发射或者反射的微波信号，借以识别、分析地物，提取地物所需的信息。

微波遥感技术的特点：①能全天候、全天时工作。②对某些地物具有特殊的波谱特征。③对冰、雪、森林、土壤等具有一定穿透能力，微波遥感的这种特性对地下资源探测具有重要意义。④对海洋遥感具有特殊意义。⑤分辨率较低，但特性明显。

2. 传感器技术

传感器是一种能够感受规定的被测量并按照一定的规律转换成可用信号的器件或装置，通常由敏感元件和转换元件组成。传感器是一种检测装置，能感受到被测量的信息，并能将检测感受到的信息，按一定规律变换成为电信号或其他所需形式的信息输出，以满足信息的传输、处理、存储、显示、记录和控制等。在非电量的电测技术中，应用的传感器种类极多，通常可按下列几种方法分类：①根据输入物理量分类，则传感器常以被测物理量命名，如位移传感器、速度传感器、温度传感器、压力传感器等。②根据工作原理分类，则传感器以工作原理命名，如应变式、电容式、电感式、热电式、光电传感器等。③根据输出信号分类，可分为模拟式传感器和数字式传感器。输出量为模拟量，则称为模拟式传感器；输出量为数字式则称为数字式传感器。此外，还可以按能量关系、物理现象等分类。

传感器的主要特性包括传感器的静态特性和动态特性。

(1)静态特性。①线性度，指传感器输出量与输入量之间的实际关系曲线偏离拟合直线的程度。定义为在全量程范围内实际特性曲线与拟合直线之间的最大偏差值与满量程输出值之比。②灵敏度，是传感器静态特性的一个重要指标。其定义为输出量的增量与引起该增量的相应输入量增量之比，用 S 表示灵敏度。③分辨率，当传感器的输入从非零值缓慢增加时，在超过某一增量后输出发生可观测的变化，这个输入增量称为传感器的分辨力，即最小输入增量。④重复性，是指传感器在输入量按同一方向作全量程连续多次变化时，所得特性曲线不一致的程度，等等。

(2)动态特性，是指传感器对随时间变化的输入量的响应特性。传感器的这些特性，使它们可以应用到很多领域。例如，在山区，滑坡、地下采矿引起的地表形变造成灾难。由于条件恶劣及人员难以到达变形区，用常规的大地测量仪器监测地表形变是非常困难的。新型金属型电容式传感器具有很多优点，容量大、测程广、精度高，适合野外及恶劣条件工作。在对不同参考基准研究倾斜与长度位移间转换的基本原理和基本方法方面取得了重大进展。通常，在变形监测中使用的各种传感器必须与大地测量仪器(如全站仪、GPS接收机)相结合。解决传感器在困难地区变形监测中应用的关键是，如何仅仅利用传感器来进行变形监测或尽可能少地辅以使用大地测仪器，所要解决的就是找到倾斜和长度位移(或坐标变化)之间的联系，建立转换基准，获得转换公式。

6.6.2　利用倾斜传感器进行位移监测原理

在不同情况下的传感器变形监测，其原理是有区别的。下面介绍传感器在四种情况下的变形监测原理。

1. 点的位移和其所在平面倾斜的关系

倾斜传感器可以测量给定的两个相互垂直方向(也可以是 X 和 Y 方向)的倾斜角 θ_1 和 θ_2。在任意方向 A 上的倾斜角 θ 可以表达为

$$\theta = \arctan\left\{\sqrt{\tan^2\theta_1 + \tan^2\theta_2}\cdot\cos\left[\arctan\left(\frac{\tan\theta_1}{\tan\theta_2}\right) - A\right]\right\} \tag{6-2}$$

想要知道监测体的 X、Y 水平方向和 H 垂直方向的长度位移，一般用通常的全站仪和GPS接收机测量获得。扰度观测可以用倾斜观测代替，而扰度观测属于水平观测，倾斜观测属于垂直观测。显然，倾斜和长度位移之间必然存在着某种联系。如果找到这些联系并满足一定的条件，水平和垂直位移观测就可以用倾斜观测来代替。监测区域的变形是非平衡力作用的结果，变形状态可以根据所有监测点的位置变化和分别过这些点的水平面变化的综合信息获得。先取垂直面上一个点来分析它的位移变化。当一个垂直的力作用于它时，它仅发生垂直位移；当一个水平的力作用于它时，它仅发生水平位移；当一个力以倾角 θ 作用于它时，它

既发生水平位移又发生垂直位移。当 θ 角不变时，点的运动轨迹为一直线，斜率恒定；当 θ 角不断变化时，点的运动轨迹为一曲线，斜率 $\tan\theta$ 不断变化，点的瞬时移动方向为与过点的水平面成 θ 角的切线方向。当点的移动从水平面的水平状态到与水平面成 θ 角的倾斜面上状态时，原来的水平面相应倾斜了 θ 角。如果观测是连续的或观测周期非常短，点的位移量非常小，于是有 $\tan\theta=\dfrac{\Delta h}{\Delta s}$。当用倾斜传感器监测时，$\theta$ 是已知量，垂直位移Δh 和水平位移Δs 是未知量。要求得Δh 和Δs，必须采用其他方法求得其中之一。简单的方法是测量参考点至移动点之间的距离，计算两期观测的Δs。通常，当监测点很少或布点无规律时，应该分别观测每一个点的Δs。

为了获得大范围中的各点(包括非监测点)的移动信息，常须观测在同一垂直面上部分点的垂直和水平位移，刻画出垂直和水平位移曲线。一般情况是在一个参考点(垂直位移为零的点)到另一个参考点间，每隔一定的水平距离布设观测点，每期观测的垂直移动曲线都可以根据各点的高程 H 相对于参考点高程的变化求得。于是 H 可以表达为水平距离 S 的函数 $H(S)$。每一期观测，可获得 H_i (i=1, 2, …, n 为周期序号)。假设已知 S，距离起始参考点距离为 S 的某点的垂直位移则为 $H_{i+1}(S)-H_i(S)$。计算出 $H(S)$后，水平移动曲线 $D(S)$可由 $R\mathrm{d}H(S)/\mathrm{d}S$ 求得，R 是水平移动系数。倾角 θ 由倾斜传感器测得，表示垂直移动曲线某点的切线方向与过该点的水平方向的夹角，$\tan\theta$ 表示垂直移动曲线上点的斜率。斜率曲线 $F(S)$ 可以由 $\tan\theta$ 来描述。因为 $F(S)=\tan\theta=\mathrm{d}H(S)/\mathrm{d}S$，所以 $H(S)=\int F(S)\mathrm{d}S$。积分常数 C 的确定可由起始参考点的条件 S=0 时，$H(S)$=0 确定。水平移动曲线则为 $D(S)=R\cdot F(S)$。

为了得到 $D_{i+1}(S)-D_i(S)$、$F_i(S)$、$F_{i+1}(S)$、$D_i(S)$ 和 $D_{i+1}(S)$，应按周期 i 和 i+1 分别计算。$D_{i+1}(S)-D_i(S)$ 是距起始参考点为 S 的点在两期间的水平位移。如果观测周期很短或变形非常缓慢，则

$$D_{i+1}(S)-D_i(S)=[H_{i+1}(S)-H_i(S)]/F_i(S) \tag{6-3}$$

多点转换：

假设 S 是已知的并且是等距的，若 θ_i 很小，有

$$\Delta h_i=S\frac{\theta_i}{\rho} \tag{6-4}$$

$$\sum_{j=1}^{i}\Delta h_j=\frac{S}{\rho}\cdot\sum_{j=1}^{i}\theta_j \tag{6-5}$$

当 S 很短时，则有

$$\Delta h_i=S\cdot\tan\theta_i \tag{6-6}$$

$$\sum_{j=1}^{i}\Delta h_j=S\cdot\sum_{j=1}^{i}\tan\theta_i \tag{6-7}$$

当 θ_i 较大，S 较长时，除非满足过监测点 i 的水平面倾斜方向与 i 到 i+1 的方向一致。

设Δh 是参考点到 i 点的高差(由大地测量仪器测得)，点 i 的高差则为

$$h_i = \Delta h + \sum \Delta h_j \tag{6-8}$$

则 k 期与 k+1 期之差是 i 点的垂直位移：

$$\Delta H_i = h_i^{(k-i)} - h_i^{(k)} \tag{6-9}$$

水平位移为

$$\Delta S_i = \Delta H_i \cdot \cot \theta_i^{(k)} \tag{6-10}$$

2. 最小二乘拟合转换

为了研究沿某一方向某些点的位移，沿该方向取一垂直断面，考察这些点在垂直断面上的垂直和水平位移，以及过这些点的水平面的倾斜变化。在这个断面上总可以找到两个临界点(参考点)，因为参考点没有位移且过它的水平面不发生倾斜，所以 θ 总为零。在两个参考点之间的其余点的 θ_i 的绝对值将逐渐增加，然后逐渐减小，或再重复该过程。因为两个参考点之间的其余点的变形是连续的，每期的垂直移动曲线均不相同，所以过不同曲线上的同名点的斜率是不同的。从一个参考点通过若干监测点到另一参考点，曲线的斜率变化从绝对值为零开始，逐渐增加到逐渐减少，最后再回到零。这种变化显示出周期性，且与距参考点的水平距离有关，即 $\tan\theta = F(S)$(杨根新，2007)。因此，可以借助最小二乘拟合方法用带有周期性的三角多项式来描述斜率曲线：

$$F(S) = \tan\theta = a_0 \pm \sum_{k=1}^{n} (a_k \cdot \cos KS + b_k \cdot \sin KS) \tag{6-11}$$

取 $F(S) = \tan\theta$ 作为 Y 坐标，S 作为 X 坐标。在周期(0, 2π)内 m 个等距点的横坐标 S 为 $S_i = (2\pi/m) \cdot i\ (i = 1, 2, \cdots, n)$。观测值为 $\tan\theta$，观测方程为

$$F(S_i) = \tan\theta_i = a_0 \pm \sum_{k=1}^{n} (a_k \cdot \cos KS_i + b_k \cdot \sin KS_i) + \varepsilon_i \tag{6-12}$$

式中，a_0, a_k, b_k 为未知参数；ε_i 为随机误差。当 m>2n+1，可以根据最小二乘原理组成法方程求取未知参数的估值。

$$\hat{a}_0 = \frac{1}{m_i} \sum_{i=1}^{m} \tan\theta_i \tag{6-13}$$

$$\hat{a}_k = \frac{2}{m_i} \sum_{i=1}^{m} \tan\theta_i \cdot \cos KS_i \tag{6-14}$$

$$\hat{b}_k = \frac{2}{m_i} \sum_{i=1}^{m} \tan\theta_i \cdot \sin KS_i \tag{6-15}$$

拟合曲线为

$$F(S)=\hat{\tan}\theta=\hat{a}_0+\sum_{k=1}^{n}(\hat{a}_0\cdot\cos KS+\hat{b}_k\cdot\sin KS) \tag{6-16}$$

标准差为

$$m^{\theta}=\pm\sqrt{\frac{\sum_{i=1}^{m}(\tan\theta_i-\hat{\tan}\theta)^2}{m-2n-1}} \tag{6-17}$$

相关指数为

$$R=\sqrt{1-\frac{\sum_{i=1}^{m}(\tan\theta_i-\hat{\tan}\theta)^2}{\sum_{i=1}^{m}(\tan\theta_i-\overline{\tan\theta_i})^2}} \tag{6-18}$$

可以利用上式检验回归效果。$\hat{\tan}\theta_i$ 是 $\tan\theta_i$ 的估值，$\overline{\tan\theta_i}$ 是 $\tan\theta_i$ 的均值。

垂直移动曲线可以表达为

$$H(S)=\int F(S)\mathrm{d}S=\hat{a}_0\cdot S+\sum_{k=1}^{n}(\frac{1}{k}\hat{a}_k\cdot\sin KS-\frac{1}{K}\hat{b}_k\cdot\cos KS)+C \tag{6-19}$$

当 S=0, $H(S)$=0 时，常数 C 为

$$C=\sum_{K=1}^{n}\frac{1}{K}\hat{b}_k \tag{6-20}$$

因此，

$$H(S)=\hat{a}_0\cdot S+\sum_{K=1}^{n}\frac{1}{K}[\hat{a}_k\cdot\sin KS+\hat{b}_k\cdot(1-\cos KS)] \tag{6-21}$$

于是，可以计算垂直断面上各点与起始参考点之间的高差，然后画出垂直移动曲线。也可得到水平移动曲线 $D(S)=R\cdot F(S)$，其中，R 为水平移动系数。

根据两期观测同一监测点的高差和距离，可以计算出垂直和水平位移。

上述由三角多项式拟合的斜率曲线要求典型的周期变化特征，即垂直移动曲线的斜率变化开始以正方向或负方向逐渐增加，达到极值后再向负方向或正方向逐渐减小，如此往复。某些局部地表移动(如地下采矿引起的地表形变)的垂直移动曲线的斜率变化，通常带有周期性。但是对于滑坡之类的变形，垂直移动曲线往往反映不出周期性，在这种情况下，为了获得斜率曲线，应采用适宜的曲线拟合，如指数曲线、对数曲线、多项式曲线、分段多项式曲线等。其拟合原理均是一致的。最小二乘拟合斜率曲线的最大优点就是除了倾斜角观测外，不需要其他任何观测量。这就是说，倾斜传感器可以独立完成监测。

3. 同一垂直方向不同深度处倾斜和长度位移的转换

对于滑坡，表层和内层的滑动速度不同，表层滑动快，内层滑动速度随深度增加逐渐减慢。设想一根没有弹性的细绳垂直射入稳定的岩土层上，随着滑动变形，细绳将变成一条曲线。沿细绳的竖直方向等间距 L 设置 n 个倾斜传感器(从下到上编号 1, 2, …, n，1 号在稳定层上，n 号在地表)。假定细绳的竖直方向为 Z 方向(向上为正)，滑动体移动方向为 X 方向(移动方向为正)，每一个传感器在 X 方向所测倾斜角是 θ_j (j=1,2,···, n)，$\tan\theta_j$ 表示细绳投影在 XZ 面的曲线的斜率，因此点 i 沿 X 方向的位移为

$$X_i = (i-1)\cdot\sum_{j=1}^{i-1}\tan\theta_i \tag{6-22}$$

XZ 面上的曲线可以表达为

$$Z = f(x) = \frac{a}{2}x^2 + bx + c \tag{6-23}$$

式中，a，b，c 为未知参数。

上式的微分为

$$\frac{\mathrm{d}z}{\mathrm{d}x} = f'(x) = \tan\theta = ax + b \tag{6-24}$$

观测方程为

$$\tan\theta_i = ax_i + bx + \varepsilon_i \qquad (i=1,2,\cdots,n) \tag{6-25}$$

式中，ε_i 为随机误差。如果有多余观测量，在 $\sum\varepsilon_i$ =min 条件下可得下列法方程：

$$n\hat{a} + (\sum x)\hat{b} - \sum(\tan\theta) = 0 \tag{6-26}$$

$$(\sum x)\cdot\hat{a} + (\sum x^2)\cdot\hat{b} - \sum(x\tan\theta) = 0 \tag{6-27}$$

$\hat{a},\hat{b},\hat{c}$ 都是估计值，取

$$\bar{x} = \frac{\sum x_i}{n} \tag{6-28}$$

$$\overline{\tan\theta_i} = \frac{\sum\tan\theta_i}{n} \tag{6-29}$$

通过上面两式可以得到 a，b 的估计值，为

$$\hat{b} = \frac{\sum(x_i\tan\theta_i) - n\bar{x}\,\overline{\tan\theta}}{\sum x_i^{\ 2} - n\bar{x}} \tag{6-30}$$

$$\hat{a} = \overline{\tan\theta} - \hat{b}\bar{x} \tag{6-31}$$

因此，

$$g(\hat{x}) = \tan\hat{x} = \hat{a} + \hat{b} \tag{6-32}$$

且

$$\hat{z} = f(\hat{x}) = \frac{a}{2}x^2 + \hat{b}x + c \tag{6-33}$$

上式中的 c 由条件 x=0, $\hat{z} = f(\hat{\hat{x}}) = 0$ 和 c=0 确定，于是有

$$\hat{z} = f(\hat{\hat{x}}) = (\frac{\hat{a}}{2})x^2 + bx \tag{6-34}$$

倾斜角 θ_i（$i = 1, 2, \cdots, n$）为观测值，由此可计算水平位移和垂直位移。

6.6.3　传感器应用于变形监测的领域和特点

1. 倾斜传感器在桥梁变形监测中的应用和特点

倾斜传感器是一种用于测量角度的仪器。任何空间结构都存在 6 个(3 个平动、3 个转动)自由度。一旦结构受到约束，则平动和转动必能存在一定的对应关系。如果能根据某个桥梁的结构对象的具体条件求出平动和转动之间的关系，就可以用倾斜传感器实现桥梁的变形观测。在桥梁变形监测中，由于倾斜传感器是一种小型密封的微电子器件，因此对比水准仪、全站仪、光电测量等其他的监测方法，倾斜传感器具有安装方便、使用灵活、容易确立基准、能适应恶劣环境长期自动工作等优点(何永琦等，2004)。倾斜传感器的种类有很多，主要有应变式、电位器式、液体摆式、振弦式和力平衡式。利用倾斜传感器进行桥梁变形监测的核心问题是求出两者之间的对应关系。

(1) 桥墩沉降监测，可以在桥墩上布置倾斜传感器，通过测量由沉降而引起的倾角，达到测量倾斜位移的目的。

(2) 桥塔或桥墩的顶部位移监测，桥塔或桥墩的顶部位移指桥墩或桥塔的顶端相对于垂直轴线产生的水平位移，水平位移又分为纵向位移和切向位移。可以把倾斜传感器安装在顶部，监测倾斜角的变化，经一定的数学换算，就可及时获得塔顶位移变化。

(3) 挠度监测，桥梁的挠度是梁轴线上的某一点在垂直于梁变形前轴线方向的垂线位移，通常的挠度监测是对梁体在静荷载和动荷载的作用下产生的挠曲和振动进行监测。假设挠度变形发生在单跨的简支梁上，可以把多个倾斜传感器安装在梁体上。

2. 多传感器在滑坡变形监测中的应用和特点

多传感器是将多个信息源的数据进行相关、整合，以获得目标的精确位置，最后实现对目标的精确定位。由于地质条件复杂、滑坡类型多样等，影响滑坡稳定性的主要因素也不尽相同，尤其是水利枢纽附近的巨型滑坡体，其灾害性更为巨大，一旦塌滑，引起的涌浪、堰

塞湖将对人民财产造成巨大的威胁。为了对其进行较全面的研究与分析，往往在滑坡体上布置不同种类、不同数量的传感器，对滑坡体进行实时动态变形监测，以掌握滑坡体演化过程的综合信息。多传感器应用到滑坡变形监测中具有全面把握滑坡体的工程特性和依时性变化特征。由于监测目标的唯一性，多传感器间具有良好的数据互补性，即多传感器融合系统可以获取比任意单一传感器更多的信息，单一的传感器往往受监测范围的限制，仅仅显示独立特征，大大削弱了监测系统的性能。同时，整个融合系统具有很好的并行性，当单一传感器出现较大误差，造成数据的失真，那么系统会自动甄别，由其他近似的传感器数据进行填补，虽然丢失了部分信息，但仍能获取监测目标的整体动态，使系统能继续运转，良好的兼容性无疑提高了融合结果的容错性，优化了融合结果(彭鹏等，2011)。

3. 传感器在大坝变形监测中的应用和特点

激光传感器测距原理：先由激光二极管对准目标发射激光脉冲，经目标反射后激光向各方向散射，部分散射光返回到传感器接收器，被光学系统接收后成像到光电二极管上，记录并处理从光脉冲发出到返回被接收所经历的时间，即可测定目标距离。以传感器为基础的大坝自动化变形监测系统主要有电气式传感器和光纤传感器两种类型。把具有一种或多种敏感功能能够完成信号探测和处理、逻辑判断、双向通信、自检、自校、自补偿、自诊断和计算等全部或部分功能的器件叫做智能传感器。智能传感器可以是集成的，也可以是分离件组装的，从功能上看具备上述全部或部分功能就是智能传感器，反之，集成传感器也不一定是智能传感器。智能全站仪主要由传感器、调理电路、数据采集与转换、计算机及其 I/O 接口设备几部分组成。

智能传感器的主要功能：①具有自校零、自标定、自校正功能；②具有自动补偿功能；③能够自动采集数据并对数据进行预处理；④能够自行检验、自寻故障；⑤具有数据储存、记忆与信息处理功能等。

智能传感器的特点：①精度高；②高可靠性和高稳定性；③高分辨率；④性价比高。

上述两种传感器用于变形监测具有一定的可行性。另外，电气式传感器是把被大坝变形观测的几何量或垂线法、引张线法、连通管法等人工变形监测系统观测到的几何量转换成与之成比例的电气量，转换方法有电压、电容、电感、电阻等方式。我国已在新丰江等工程中成功应用。光纤传感器是利用大坝变形几何量来调制光纤的光参数，然后将这些光参数变化转化成电信号进行测量，从而进行变形监测，具有防潮、不锈蚀和抗电磁干扰能力强的优点。目前已在葛洲坝、隔河岩等工程中采用。

4. 利用光纤传感器对地质灾害的预测

光纤传感器是一种把被测量的状态转变为可测的光信号的装置，由光发送器、敏感元件(光纤或非光纤的)、光接收器、信号处理系统及光纤构成。光纤传感器的原理是将光源经过光纤送入调制器，然后通过调制器使待测参数与进入调制器的光相互作用后，使光的光学性质发生改变，再经过光纤输入光探测器中经调解获得被测参数。光纤传感器可以分为两大类：①功能型传感器。功能型传感器是利用光纤本身的特性把光纤作为敏感元件，被测量对光纤内传输的光进行调制，使传输的光的强度、相位、频率或偏振态等特性发生变化，再通过对被调制过的信号进行解调，得出被测信号。②非功能型传感器。非功能型传感器是利用其他敏感元件感受被测量的变化，光纤仅作为信息的传输介质，常采用单模光纤。光纤在其中只是起导光作用。光纤传感器的优点：灵敏度高、抗压、抗噪、抗高温、抗腐蚀和容易实现对被测信号的远距离监控等。一些区域，由于其本身的地理位置的关系不适合用常规方法进行监测，这时可以利用传感器进行监测。利用光纤传感器埋于地表的不同深度可以实现自动化监测，获得长时间、连续性、多测点的详细监测数据，以有足够的数据做出最正确的判断。此外，自动化监测可以结合早期预警系统，一旦有滑动可能的地层发生松动就立刻预警，在灾害发生的前夕发出通报，及早做出预防与应对措施。无线发射电路在微处理器的控制下，由编码器将采集到的信息数据进行相应的编码和处理，并用发射模块发射出去。

第7章 基础地理信息系统

进入信息化社会后，人类对信息资源的利用开始步入高效、专业、多样及共享的现代化阶段。而人们日常接触的信息均与地理信息有关，地理信息内容繁杂，形式多样，日益受到各行各业的高度重视，均建立了各自的专题地理信息应用系统。

西方发达国家则出于政治、经济、军事目的及全球战略需要，早在20世纪80年代便开始了基础地理信息数据的规模化生产，国家基础地理信息数据库也先后投入使用，成为国家信息化建设的重要组成部分，为其经济发展做出了重要贡献。为了顺应经济全球化及全球信息化的发展趋势，我国也把“发展信息技术，加快建设国家信息基础设施，早日实现中国的‘数字地球’”作为争先抢占世界科技、产业及经济制高点，走向21世纪的知识经济的发展战略。国土资源部计划实施“数字国土工程”，交通运输部提出实施“智能交通”，国家海洋局提出“数字海洋”，国家测绘地理信息局提出建立“数字中国”地理空间基础框架。2001年10月，国家发展计划委员会、国家地理空间信息协调委员会召开了国家空间信息基础设施发展战略研讨会，指出必须将国家空间信息基础设施的建设和应用作为国民经济和社会信息化的重要内容加快发展，以带动地理空间信息技术的应用和相关产业的发展，并进一步推动经济结构的战略性调整。由此拉开了全国各省市建设“数字区域”地理空间基础框架的序幕。

7.1 基础地理信息

基础地理信息(geo-spatial information)是指其中最具基础性、普适性及共享性的地理信息，它主要描述和表达地形、地物、境界等的空间分布相互关系、随时间的变化、地球形状及地球重力场等，它是各种信息的空间定位与空间分析的统一基础。它一方面基于统一的大地参照系及分类标准，先精确地测定地形、地物、境界等地理实体或现象的空间位置、界限(或轮廓)等，再采用地理空间坐标或者可视化符号进行抽象描述与表达，最终形成模拟、数字地图表象或者数据库产品；另一方面则通过地面的遥感影像真实地记录摄影成像瞬间的地表景观，从而直观形象地反映地表的各种自然现象、人工构筑物的空间分布及相互关系。因此，基础地理信息为人们认识和研究现实世界提供了重要的信息资源及知识储备，它已成为资源调查、环境监测、生态研究、空间探索等不可或缺的重要知识存量，并在行政管理、经济建设、国防建设、日常生活、科学研究、文化教育等领域有着广泛的应用(陈军，2005)。

基础地理信息系统是以基础地理数据为管理对象，实现对基础数据的采集、录入、处理、存储、查询、分析、显示、输出、更新及共享的信息系统。基础地理信息系统内的数据应完整和准确(曾菲，2011)。基础地理信息数据是作为统一的空间定位框架与空间分析基础的地理信息数据，该数据能反映和描述地球表面有关自然与社会要素的位置、形态及属性等信息。地理信息具有时效性，地理信息数据的现势性则反映了其对地理信息现状的表达程度。地理空间数据信息的现势性是地理信息系统的灵魂。

7.1.1　基础地理信息数据的类型

基础地理信息是自然地理信息的核心组成部分，是其他地理信息的空间定位基础与信息载体。主要包括的地理数据和资料有：全国统一的测绘基准数据及各种多尺度的基础地形数据库、基础航空摄影资料、获取基础地理信息的卫星遥感资料、国家基本比例尺地图、影像图及其数字化产品等。下面从不同方面介绍基础地理信息的数据类型。

(1) 按几何形式分类。表示地理现象的空间数据可以从几何上抽象成点、线及面三类，对于点、线、面数据，按照它的表示内容又可以分成下面几种类型(汤国安和赵牡丹，2000)：①类型数据，如道路线、单线河流；②面域数据，如行政区域、双线河流、面状居民地；③网络数据，如道路交叉点、河流交叉口；④样本数据，如气象站、航线；⑤曲面数据，如高程点、等高线、等深线；⑥文本数据，如地名、河流名称；⑦符号数据，如点状符号、线状符号及面状符号。

对于点实体，有可能是点状地物、面状地物的中心点、线状地物的交点、定位点、注记等；对于线实体可能是线状地物、面状地物的边线等；而面实体表示区域、行政单元等。

(2) 按数据模型与数据结构分类。①矢量数据：矢量数据结构是利用欧几里得几何学中的点、线、面及其组合来表示地理实体空间分布的一种数据组织方式。②栅格数据：栅格结构是简单、直观的空间数据结构，又称为网格结构或像元结构，是指将地球表面划分为大小均匀、紧密相邻的网格阵列，每个网格作为一个像元或像素，由行、列号定义，并包含一个代码，表示该像素的属性类型或量值，或仅仅包含指向其属性记录的指针。

(3) 按基础地理数据产品分类：数据产品的主要形式有DLG数据、DOM数据、DEM数据及DRG(是digital raster graphic的缩写，中文叫做数字栅格地图)数据，通称为“4D”产品。

(4) 按要素的内容分类：基础地理信息描述的地理信息要素分类采用线分类法，要素类型按从属关系依次分成四级，大类、中类、小类及子类。其中，大类包括：水系、居民地及设施、交通、管线、境界与政区、地貌、植被与土质、地名，以及空间定位基础；中类在上述各大类的基础上划分出46类；小类和子类按1∶500、1∶1000、1∶2000；1∶5000～1∶100000；1∶250000～1∶1000000这三个比例尺段进行类别划分(张坤，2006)。

7.1.2　基础地理信息系统的特征

目前，国家基础地理信息系统已发展成为一个面向全社会各类用户、应用领域最为广泛的公益性地理信息资源，成为生产要素、无形资产及社会财富，并在经济社会资源结构中发挥着重要的作用。

下面从“资源”和“工具”两个方面介绍其特性。

1) 基础地理信息系统的“资源”特性

(1) 尺度性：在微观、中观及宏观等不同尺度下，规划、建设、管理、运营、决策对地理空间实体或现象的抽象和表达提出了不同的尺度需求，从而形成不同比例尺的系列地形图，并建立相应的基础地理数据库。

(2) 现势性：随着我国经济建设与社会高速发展，地形、地物等要素在不断地发生变化，导致基础地理信息数据的现势性下降，从而直接制约其使用价值及应用范围。

(3) 共享性：由于基础地理信息资源在消费使用上不具排他性，因而要求其具有很强的共享性。

(4) 普适性：传统的地理信息产品的形式和服务模式均较为单一，目前已难以满足多层次、多类型用户千差万别的应用需求。为此需要从下面两个方面考虑：①需提供从全球小比例尺到城市大比例尺的多种比例尺、多类型、覆盖范围广的基础地理信息；②需根据“政务内网”“政务外网”及Internet的不同保密要求，分别提供不同保密程度的各类基础地理信息及其数字产品。

2) 基础地理信息系统的“工具”特性

(1) 数字化建模：通过多种数据采集手段，可以将地形、地物、境界等地理实体及现象的空间位置、界线、属性及其变化数字化，并按点、线、面几何图元或地理对象等多种方式，生成矢量数据库，并生成覆盖地表的影像、DEM等栅格数据集，从而形成易于操作的数字化信息数据。这样使基础地理信息可以实现集成化管理与定量化处理，并为今后的灵性化服务、动态化更新及智能化分析奠定基础。

(2) 集成化管理：以往纸质地形图在存放、管理、查找、拼接等诸多方面存在不足。在实现地形图数字化之后，就能按照统一的地理空间坐标及信息分类编码标准，将分幅的数字化地形图整合成连续的图层，从而实现数据的无缝连接。而原来每一图幅图廓外的信息则以元数据形式加以存储，用户可随意查询。在空间数据库管理系统的支持下，可实现多尺度、多分辨率、多类型、多时相的数字化地图、影像及属性数据的集成，从而进行集中式或分布式的组织管理，将以往大量分散的数据资料变成易于共享的海量数据资源。

(3) 定量化处理：利用基础地理信息系统，可以方便地进行图形编辑(如删除、插入、平移、拷贝、粘连、分裂、合并、整饰等修改)、量算统计(长度、面积、土方、坡度及表面积等)、制图列表、坐标系/投影变换、误差处理等。

(4) 灵性化服务：数字化的基础地理数据，可以方便地用于制作或提供通用型的地理信息产品、可选产品及专用产品。

(5) 智能化分析：随着多尺度基础地理数据原始积累的逐步完成，各级测绘部门也加大了对各级政府规划、管理、决策的服务力度。基础地理信息系统要提供既启发逻辑思维(建模、分析、计算)，又启发形象思维(可视化、地图、图表)的引擎，同时使两者密切结合，以便为启发规划、管理和决策者的创造性思维提供极为重要的平台支撑。

(6) 动态化更新：是指综合利用多种来源的现势资料(如最新航空航天影像、地面实测数据等)，并在基础地理信息系统的支持下，确定与测定全国或指定区域范围内地理要素的位置变化及属性变化，同时对变化要素进行增删、替换、关系协调等修改处理，最终实现主数据库的更新与发布，提供变化信息，并实现客户数据库更新(陈述彭等，1999)。

7.1.3　基础地理信息数据的特性

要完整地描述地理实体或现象的状态，一般需同时拥有地理空间数据与属性数据。如果还需描述地理实体的变化，那么还需记录地理实体或现象在某一个时刻的变化。因而，一般认为基础地理信息数据具有如下三个特征。

(1) 空间特征：一般表示现象的空间位置或所处的地理位置。空间特征又称为几何特征或定位特征，常以坐标数据表示。

(2) 属性特征：表现现象的特征，如变量、分类、数量、质量及名称等。

(3) 时间特征：指现象或物体随时间变化的特征。

空间位置数据与属性数据相对于时间来说，常呈现相互独立的变化，也就是说，在不同的时间里，属性数据发生了变化，但空间位置却不变，反之亦然。基础地理信息数据的管理中，常要求将空间位置数据与非位置数据均作为单独的变量存储。但同一现象或物体的位置数据与非位置数据具有一定的关联性，则对数据组织的方法就要求能灵活有效地实现基础地理信息数据的管理(刘南和刘仁义，2002)。

7.1.4　空间数据分层

基础地理信息都是采用层来管理空间数据，分层就是为了更好地组织和管理空间数据。为此，设计合理的层体系对系统开发与管理非常重要。分层是在分幅的基础上进行的，它根据地图的内容进行划分，不同的内容属于不同的层。

较粗的分层容易影响数据的使用，例如，侧重以几何特征进行分层，包含点、线、面、注记及辅助层。该分层方法可以在很大程度上减少数据采集与编辑的难度与工作量，但采用该方法生产的数据成果在使用过程中易产生下面的问题：①难以有效地表示相互叠加的面状要素。当两个以上的面状要素拥有公共区域时，就很难在同一层进行完整的表示，如房屋和它所在的区域需构面的某区域。②难以有效地进行地学分析。例如，等高线和其他的线状要素混合在一起构建拓扑关系后，在进行地学分析(如生产 DEM)时需重新进行数据加工及处理。③属性数据库冗余。例如面层，从地形图中，可以获取的房屋属性包含名称、建材、楼层、门牌号等，而其余的各种面状要素可能只含有其中一项，如门牌号，故产生大量的冗余数据。

过细的分层则会使数据组织变得烦琐。若仅考虑地形图数据在多种专题信息中的使用，而划分成许多图层，那么将会带来诸多方面的不利：①过多的公共边拷贝。因为许多面状要素的边界由某种线状要素构成,所以过多的分层必然造成大量的公共边的拷贝(如个别边线需要在三四层间拷贝)，这样将使工作量增加，同时也容易产生编码错误。②对模糊要素的定性混乱。分层过细同时也会增加对某些要素归属的判断，如在地形图上对路堤、路堑等有相同或相近的表示。若分层过细，就必须分别存储，但在数据表示时往往难以区分，容易引起混乱。③接边难度增加。GIS 中的空间数据本应是一种连续的、无缝的数据，但地形数据的采集是分幅进行，因而过细的分层就会增加数据接边工作的难度。尤其对于公共边，不仅需要在不同层中分别接边，还需要保持接边后数据的一致性。④空间数据库产生冗余。数据分层过多势必造成部分图形数据的重复存储，这样就会增加空间数据的数据量。

由此可知，基础地理信息数据库设计时不仅要充分考虑利用已有地形图丰富信息，还要考虑地形图的通用性。根据上述存在的问题，在进行空间数据分层过程中应注意下面的问题：①根据要素类型分层，性质相同或相近的要素放在同一层。分层的主要依据是国家相关信息分类标准，如行政区、水系、道路等。②数据和数据间的关系。例如，哪些数据拥有公共边，哪些数据间具有隶属关系等，上述因素均能影响层的设置。③基础信息数据的分层较细，各种专题信息数据常放在单独的一层或较少的几层中。④考虑用户视图的多样性。⑤分层时需考虑数据和功能的关系，如哪些数据常在一起使用、哪些功能起主导作用等。⑥分层时需考虑更新的问题，由于更新一般以层作为单位进行处理，所以需考虑如何将变更频繁的数据分离出来。⑦分层时需顾及数据量的大小，最好做到各层数据的数据量比较均衡。⑧尽量减少冗余数据。

7.2　基础地理信息数据建库

7.2.1　基础地理信息数据库设计总体目标

基础地理信息数据库的建设应满足下列要求：①充分利用现有丰富的地理信息资源，实现数据的高效管理与高效转换处理。②在满足各专业 GIS 用户需要的同时，还要能够生成国家制图标准地图来满足各建设设计及施工单位的需求。③具有完整的数据标准，以满足各种专业及各种类型的 GIS 用户的需要。④建立完善的数据库更新维护体系，以确保数据库的现势可靠。⑤确保数据与系统的开放性。⑥具备时态信息管理功能。⑦具有完备的质量控制系统及数据安全发布系统。

7.2.2　基础地理信息数据库数据的组成

基础地理信息数据库的建设包括国家、省区及市县级，它由地理数据、管理系统及支撑环境组成，其中数据是核心，具有 5 个基本分库：大地测量数据库、DLG 数据库、DOM 数据库、DEM 数据库及 DRG 数据库；管理系统与支撑环境则是数据的存储、管理及运行维护的软硬件与网络条件。

基础地理信息数据库的组成，主要包括以下几种。

(1) 大地测量数据。主要包括市级GPS D、E级点，以及一、二级控制点成果。

(2) 4D产品数据。4D包括DLG数据、DOM数据、DEM数据及DRG数据。

(3) 其他数据。主要包括地形地籍数据、地名数据及元数据等(黄丽虹等，2010)。

7.2.3　基础地理信息数据模型

数据模型是对现实世界中的数据与信息的抽象、表示及模拟。空间数据模型的目的在于寻找一种能有效描述地理实体的数据表示方法，为了更好地应用，需建立实体的数据结构与实体之间的关系。目前，在GIS领域里，已提出的空间数据模型主要有栅格模型、矢量模型、栅格-矢量一体化模型及面向对象的模型等。

1) 矢量模型

建立在2D平面上的矢量数据模型是当前GIS领域应用最为广泛、与传统地图表达最接近的空间数据模型。它采用类似于线条画的表达方式，即采用点、线及面(闭合的线)来表示所关注的空间对象的轮廓、空间位置及其几何关系，并组织好属性数据，从而与空间特征数据共同来描述地理事物及其相互联系。

矢量模型中采用拓扑关系来描述空间关系(如相邻、相离、包含、相交等)。拓扑关系是矢量模型中最为重要的数据模型之一。通过拓扑关系，可方便地判断线状实体的连通关系及面状实体的邻接关系。由于矢量模型无论是在空间数据的组织、拓扑空间关系的表达及拓扑一致性检验方面，还是在图形恢复等方面均具有较强的能力，因而矢量模型已被广泛应用于GIS软件。

矢量模型的优势在于能完全显示与表达点、线及面的空间位置及利用它们间的所有关联关系建立拓扑结构，从而提高空间网络分析的能力，空间位置及输出图形的精度高、数据的存储量小、便于定义及操作单个目标，可以方便地实行坐标变换、距离计算等。不足之处在于缺乏与遥感影像及DTM直接结合的能力，边界复杂或模糊的事物难以描述，数据结构较复杂，因而难以处理多种地图的叠置分析。

2）栅格模型

栅格数据模型是一种最为简单、最为直观的空间数据模型，它将地面划分成均匀的网格，每个网格单元均由行、列号来确定它的位置，同时还具有表示实体属性的类型或值的编码值。在地理信息系统中，扫描数字化数据、遥感数据及DTM等均属于栅格数据。因为栅格结构所采用的行列阵的形式非常容易被计算机存储、操作及显示，所以给地理空间数据处理带来了极大的便利，已受到人们的普遍青睐。在栅格结构中，一个栅格像元所代表的地面区域大小，称为栅格数据的空间分辨率，简称为分辨率（resolution）。栅格数据结构如果要更为精确地表达地理空间实体及空间对象，那么所取的格网就必须足够地精细，即分辨率必须要足够高。

栅格数据模型的优势在于地图输出快，数据结构较简单，面状数据处理容易，可快速获取大量的数据，便于数学模拟，便于多种地图叠置分析，便于进行空间分析，便于描述边界复杂或模糊的地物，尤其适合FORTRAN、BASIC等高级语言进行文件及矩阵处理，这也正是栅格结构被多数地理信息系统所接受的原因之一。它的不足在于：数据存储量大、空间位置的精度低、难以建立网络连接关系、绘图比较粗糙等。

3）矢量-栅格一体化模型

从几何意义上看，空间目标通常有以下三种表达方式。

（1）基本参数表达。一个集合目标可采用一组固定参数来表示，如长方形可由长、宽两参数来描述。

（2）元件空间填充表达。一个几何目标可认为是由各种不同形状及大小的简单元件组成，如一栋房屋可由一个长方形的方体与四面体的房顶组成。

（3）边界表达。一个目标是由几种基本的边界元素，即点、线及面组成。

矢量数据结构与栅格数据结构都有各自的优缺点，而矢量-栅格一体化数据模型则同时具有矢量与栅格两种结构的优点。一方面，它具有矢量数据的全部特性，一个目标跟随了所有的位置信息并可以建立拓扑关系；另一方面，它同时建立了路径栅格与地物的关系，即路径上的任一点都与目标直接建立了相互联系。因此，每个线性目标除了记录原始取样点之外，还同时记录了所通过的栅格，每个面状地物除了记录它的多边形周边之外，还包括中间的回状栅格。不论是点状地物、线状地物还是面状地物，都采用了面向目标的描述方法，即直接跟随位置描述信息并进行拓扑关系说明，因而它完全保持了矢量的特性，且元件空间充填建立了位置与地物间的关系，使它具有了栅格的性质。该数据结构就是矢量-栅格一体化的数据结构，它基本上同时具有两种数据模型的优点。

4）面向对象的数据模型

面向对象（object oriented，OO）的方法源自面向对象的编程语言（object oriented programming language，OOPL）。它以对象作为最基本的元素来分析问题和解决问题。客观世界是由许多具体的事物、抽象的概念、规则等组成的，可把任何感兴趣的事物、概念统称为对象，面向对象方法的基本思想是尽量按照人们认识世界的方法与思维方式去分析、解决问题。计算机所实现的对象与真实世界具有一对一的对应关系，不需作任何转换，从而使OO方法更便于人们理解、接受及掌握。所以，面向对象方法具有非常广泛的应用前景。

面向对象是指不论怎样复杂的事物均能由一个对象准确地表示，该对象是包含了数据集及操作集的一个实体。面向对象数据模型涉及四个抽象概念：分类、概括、聚集及关联。另外，还有继承与传播这两个语义模型工具。很多学者在该领域进行了多方面的研究，利用面向对象技术，即把GIS要处理的地理目标首先抽象成不同的对象，然后建立各类对象的联系图，最后将各类对象的属性和操作封装在一起。

但仅有面向对象的方法是不够的，目前，它尚不能完全应用于GIS中，面向对象的空间数据模型仅仅是GIS空间数据模型中的一部分。需强调的是，面向对象的空间数据模型给GIS的设计与功能实现带来了前所未有的方便和快捷，面向对象设计方法是实现GIS开发与计算的重要思想，很多GIS软件正努力发展自己的面向对象数据模型（张特取，2007）。

7.2.4　空间数据库技术

空间数据库是指管理空间数据的数据库，是由传统数据库管理技术与GIS技术结合并发展而成的交叉、综合技术。GIS最早使用数据库技术时采用关系型数据库存储属性数据，但由于空间数据本身结构不符合关系型范式的规范，因而不得不使用文件管理。20世纪70年代以来，学术界与企业界对如何利用数据库来管理空间数据进行了大量研究，并形成了空间数据库这一多学科交叉的研究领域。

空间数据库技术研究如何利用数据库来直接管理空间数据，从而实现空间数据的有效存储、管理、检索及更新。主要研究内容包括：①空间数据模型的形式化定义和基本操作集定义及空间数据的表示和组织；②空间数据查询语言，扩展标准的SQL；③空间数据库管理系统，扩展现有的关系型数据库管理系统或开发空间数据引擎。

由于空间数据具有空间特征、非结构化特征、空间关系特征、分类编码特征及海量数据特征，采用传统的关系数据库已难以对空间数据进行有效的管理，而纯面向对象数据库的真正成熟尚有待时日。因此，目前较为流行的解决办法是采用对象-关系数据库管理系统。

1. 对象-关系数据库管理系统

对象-关系数据库管理系统是近几年发展起来的一种用于管理空间几何对象数据的专用软件模块。它在传统关系数据库管理系统的基础上进行扩展，使其能同时管理矢量图形数据与属性数据。其扩展有两种方式：①GIS软件商在传统关系库管理系统之上进行扩展，外加一个空间数据管理引擎，如ESRI的SDE和MapInfo的SpatialWare；②数据库管理系统的软件商在关系数据库管理系统中扩展，使其能直接存储与管理矢量空间数据，如Oracle推出的空间数据管理扩展Oracle Spatial。

对象-关系数据库（ORDBMS）结合了关系数据库与面向对象的数据库二者的优点，对象-关系型数据库可以支持多种几何类型（如弧段、圆、复合多边形、复合线及最优矩形），几何物体则采用单行单列的模式，在性能上也有一定的改进。对象-关系数据库系统采用定义的函数与索引方法，使数据类型的定义、存储、检索和处理变得更为便捷。从而使ORDBMS能处理用空间数据类型表示的空间信息，也能处理使用索引方法与函数存取或操作的空间信息。

由于空间此时只是在数据库中表示的另一种属性，因而用户在搜索或浏览数据库时就能把它用作另一种限定词或准则。

在单一数据库中管理空间与属性数据有以下几种好处：①对空间数据可进行更好的管理。用户可通过开放式接口[如结构化查询语言(structured query language，SQL)]访问基于行业标准的全能的空间信息数据库。②由于空间数据存储于企业范围的数据库中，因而能方便地从空间上支持更多的应用。③由于消除了传统GIS数据管理方案以混合与文件为基础的体系结构，因而降低了系统管理的复杂性。

2. GeodataBase 空间数据模型

1) Geodatabase数据模型简介

ESRI公司于1981年推出的Coverage数据模型曾流行一时,但该模型存在一个明显的不足：把所有的空间要素都抽象成相同的点、线及面，使得它们具有相同的行为，如表示河流的线与表示道路的线具有相同的行为。这不符合面向对象的思想，不利于人们对空间要素的理解与处理。

为了弥补Coverage数据模型的不足，ESRI公司推出了Geodatabase。

Geodatabase是一种全新的面向对象的空间数据模型，它建立在DBMS之上。它把空间数据表述为四种形式：矢量数据、栅格数据、不规则三角网(triangulated irregular network，TIN)、地址(address)和定位器(locator)，并将它们都存放在一个关系数据库中，使各种类型的空间数据的集成管理成为可能。它充分利用面向对象技术，将空间要素的行为与属性有机地结合在一起，其中，每个对象都被定义为一个组建对象模型(component object model，COM)组件。它允许用户在基本模型的基础上扩展自己的面向对象的数据模型。同以往的模型相比，它更接近人们对现实对象的认识及表述方式。

Geodatabase的体系结构包括：要素数据集、栅格数据集、TIN数据集、独立的对象类、独立的要素类、独立的关系类和属性域，以及几何网络。

2) Geodatabase的结构

Geodatabase支持多种DBMS结构及多用户访问，且大小可伸缩。从基于Microsoft Jet Engine的小型单用户数据库到工作组，再到部门与企业级的多用户数据库，Geodatabase均支持。目前有两种Geodatabase结构：个人Geodatabase及多用户Geodatabase(multiuser Geodatabase)。

个人Geodatabase，对ArcGIS用户是免费的，它使用Microsoft Jet Database Engine数据文件结构，将GIS数据存储在小型数据库中。个人Geodatabase更像基于文件的工作空间，数据库最大存储量为2GB。个人Geodatabase采用微软的Access数据库来存储属性表。

对于小型的GIS项目及工作组，个人Geodatabase是非常理想的工具。通常，GIS用户采用多用户Geodatabase来存储和并发访问数据。个人Geodatabase支持单用户编辑，不支持版本管理。

多用户Geodatabase则通过ArcSDE支持多种数据库平台，包括IBM DB2、Informix、Oracle(有无Oracle Spatial均可)和SQL Server。多用户Geodatabase使用范围较广，主要用于工作组、部门及企业，利用底层DBMS结构的优势如下：①支持海量的、连续的GIS数据库；②支持多用户的并发访问；③长事务与版本管理的工作流。

基于数据库的Geodatabase可支持海量数据及多用户并发。在众多的Geodatabase实现中，空间地理数据一般存放在大型的binary object中，且GIS数据库的容量与支持的用户数远大于文件的存储形式。

3. Oracle 和 ArcSDE

1) Oracle

Oracle是国内GIS行业运用的最多的数据库平台，其优点如下。

(1) 现在世界上流行的GIS平台，如ArcInfo、MapInfo、MicroStation GeoGraphics、GeoMedia、AutoCad Map等都支持Oracle的数据存储标准。Oracle作为Open GIS标准的具体实现，在地理信息平台的发展中具有很好的前景。

(2) Oracle数据库平台管理方式先进、性能卓越稳定，数据库设计简洁。

(3) Oracle数据库平台可同时对属性数据与空间数据进行很好地管理。

2) ArcSDE

ArcSDE是ESRI公司针对空间数据的存储问题推出的一套空间数据库管理软件。通过ArcSDE，用户可将多种数据产品按照Geodatabase模型存储于商用数据库系统中，并获得高效的管理及检索服务。

SDE管理空间数据并为访问这些数据的软件提供接口，为用户在任意应用中嵌入查询及分析这些数据的功能。SDE将地理特征数据和属性数据统一地集成在关系数据库管理系统(relational database management system，RDBMS)中，如Oracle、DB2、Informix、SQL Servre等，利用从关系数据库环境中继承的强大的数据库管理功能对空间数据和属性数据进行统一、有效地管理。

ArcSDE尤其适用于多用户、大数据量数据库的管理。ArcSDE采用的是客户/服务器(Client/Server)体系结构，大量用户可同时并发地对同一数据进行操作，利用Geodatabase提供的版本编辑功能，可协调多用户并发操作引起的冲突。利用Geodatabase的版本技术，还可以同网络彻底断开，执行离线编辑。

ArcSDE数据库连接管理中间件的工作原理如下：在服务器端，具有ArcSDE空间数据引擎(应用服务器)、RDBMS的SQL引擎及其数据库存储管理系统。ArcSDE可通过SQL引擎执行空间数据的搜索，将满足空间和属性搜索条件的数据在服务器端缓冲存放并发回客户端。ArcSDE可通过SQL引擎提取数据子集，其速度取决于数据子集的大小，而与整个数据集大小无关，所以ArcSDE可以管理海量数据，体系结构如图7-1所示。

此外，ArcSDE还提供了不通过ArcSDE应用服务器的一种直接访问空间数据库的连接机制，该机制无需在服务器端安装ArcSDE应用服务器，由客户端接口直接把空间请求转换成SQL命令发送到RDBMS上，并解释返回的数据。

ArcSDE在服务器和客户端间的数据传输采用异步缓冲机制，缓冲区收集一批数据，然后将整批数据发往客户端应用，而不是一次只发一条记录。在服务器端处理并缓冲的方法大大提高了网络传输效率。

作为GIS数据库连接中间件，ArcSDE支持多种数据库连接，具有极高的灵活性。用户可根据自己的需求选择不同的专属版本。鉴于Oracle的成熟性、跨平台性及对GIS空间数据的支持性，目前绝大多数采用ArcSDE for Oracle。该后台数据库的配置方法，已成为GIS开发的主流。

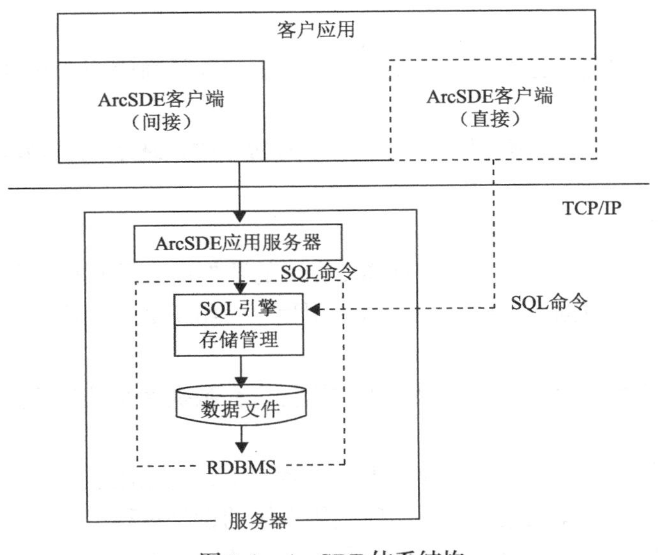

图 7-1　ArcSDE 体系结构

ArcSDE中间件模式管理GIS后台数据库，无论从商业还是技术角度来说，都是一种非常优秀的方案，均具有很大的优势(程丽萍，2007)。

7.2.5　数据库设计

1. 数据库设计的概念

数据库设计是指对于一个给定的应用环境，构造最优的数据库模式，建立数据库及其应用系统，使之能有效地存储数据，满足各种用户的应用需求(信息要求和处理要求)。数据库设计是信息系统开发和建设的核心技术。

2. 数据库设计方法

在数据库设计方法中，最早的是手工试凑法。由于该方法与设计人员的经验及水平有直接关系，因而缺乏科学理论与工程方法的支持，工程质量难以得到保证，常常是数据库运行一段时间后又在不同程度上出现各种问题，从而增加了系统维护的代价。作为改进，后来又出现了基于E-R模型的数据库设计、基于3NF(第三范式的设计方法)、基于抽象语法规范的设计方法等。发展到今天，出现了数据库设计工具软件，如CASE，人们也日益认识到数据库设计和应用设计同时进行的重要性。

3. 数据库设计的基本步骤

1)需求分析

在进行数据库设计之前，需准确了解和分析用户的需求(包括数据和处理)。需求分析是整个设计过程的基础，是最困难、最耗费时间的一步。需求分析做的是否充分和准确都决定了构建数据库大厦的速度与质量。需求分析做得不好，甚至会导致整个数据库设计重做。

2)概念结构设计

概念结构设计是整个数据库设计的关键，它通过对用户需求进行综合、归纳与抽象，形成一个独立于具体DBMS的概念模型。

3) 逻辑结构设计

逻辑结构设计是将概念结构转换为某个DBMS支持的数据模型，并对其进行优化。

4) 数据库物理设计

数据库物理设计是为逻辑数据模型选取一个最适合应用环境的物理结构(包括存储结构及存取方法)。

5) 数据库实施阶段

在数据库实施阶段，设计人员运用DBMS提供的数据语言及其宿主语言，根据逻辑设计和物理设计的结果建立数据库，编制与调试应用程序，组织数据入库，并进行试运行。

6) 数据库运行和维护阶段

数据库应用系统经试运行后即可投入正式运行。在数据库系统运行过程中必须不断地对其进行评价、调整及修改。

设计一个完善的数据库应用系统是不可能一蹴而就的，它往往是上述六个阶段的不断反复。

同时，这六个设计步骤也包括了数据库应用系统的设计过程。在设计过程中把数据库的设计和对数据库中数据处理的设计紧密结合起来，将这两个方面的需求分析、抽象、设计、实现在各个阶段同时进行，相互参照，相互补充，以完善两方面的设计。事实上，如果不了解应用环境对数据的处理要求，或没有考虑如何去实现这些处理要求，是不可能设计出一个良好的数据库结构的。

7.2.6　基础地理数据入库

构筑我国“数字地球”的首要任务是建设我国的空间数据基础设施，国家基础地理信息数据库是国家空间数据库基础设施的重要组成部分。国家基础地理信息系统的目的是形成数字信息服务的产业化模式，通过对各种不同技术手段获取的基础地理信息进行采集、编辑处理、存储，建成多种类型的基础地理信息数据库，并建立数据传输网络体系，从而为国家和省(直辖市、自治区)各部门提供基础地理信息服务。国家基础地理信息系统是一个面向全社会各类用户且应用面最广的公益型地理信息系统，是一个实用化的、长期稳定运行的信息系统实体，是我国国家空间数据基础设施(national spatial data infrastructure，NSDI)的重要组成部分，是国家经济信息系统网络体系中的一个基础子系统。

国家基础地理信息数据库存储与管理全国范围多种比例尺、地貌、水系、居民地、交通、地名等基础地理信息，包括栅格地图数据库、矢量地形要素数据库、数字高程模型数据库、地名数据库及正射影像数据库等。国家测绘局于 1994 年建成了全国 1∶100 万地形数据库(含地名)、数字高程模型数据库、1∶400 万地形数据库等；1998 年完成全国 1∶25 万地形数据库、数字高程模型及地名数据库建设；1999 年建设了七大江河重点防范区 1∶1 万数字高程模型(DEM)数据库及正射影像数据库；2000 年建成了全国 1∶5 万数字栅格地图数据库；2002 年建成了全国 1∶5 万数字高程模型(DEM)数据库，并更新了全国 1∶100 万与 1∶25 万地形数据库；2003 年建成 1∶5 万地名数据库、土地覆盖数据库、TM 卫星影像数据库。目前，正在建立全国 1∶5 万矢量要素数据库、正射影像数据库等。各省正在建立各自辖区的 1∶1 万地形数据库、数字高程模型(DEM)数据库、正射影像数据库、数字栅格地图数据库和省市级基础地理信息系统及其数据库的设计和试验研究。目前，我国基础地理信息数据库建设方式如图 7-2 所示。

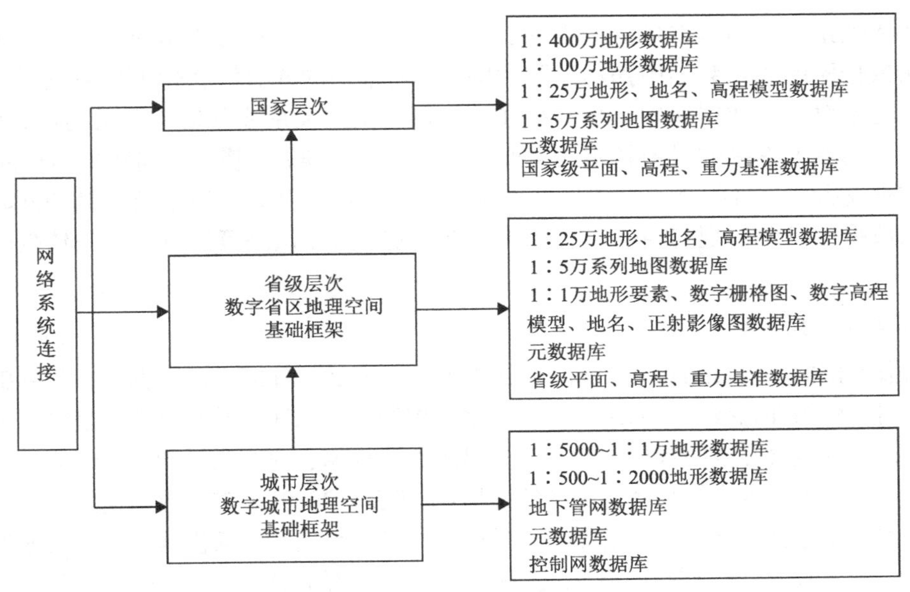

图 7-2　基础地理信息数据库建设的方式

7.3　空间数据挖掘

随着数据库技术和数据获取技术的不断发展，再加上获取数据的手段也日趋多样化，大量的数据被获取、收集及存储。受技术和方法多种因素的制约，出现了“数据丰富、知识贫乏”的现象，即人类具有大量的、丰富的空间数据，却感觉空间数据缺乏(胡圣武和李锟鹏，2008)。这就给人们提出了一系列问题:如何才能避免这大量的数据成为包袱,甚至成为垃圾?如何从大量的空间数据资源中发现所要的知识，并将其应用到实践中？从存储在大型数据库的海量数据中获取所需的信息或知识，需要数据挖掘这个强有力的数据分析工具(贾俊杰，2009)。空间数据挖掘实质上是空间信息技术处理的必然结果。空间数据挖掘技术可以为决策者提供极有价值的知识，带来不可估量的效益，且具有非常重要的研究价值，故空间数据挖掘具有非常诱人的应用前景，已成为国际研究与应用的热点。

7.3.1　空间数据挖掘概述

数据挖掘(data mining，DM)技术最早源自人工智能的学习，于 20 世纪 80 年代末逐步发展起来。它是一门广义的交叉学科，其汇聚了众多领域的研究者，特别是数据库、人工智能、数理统计、可视化、并行计算等方面的学者与工程技术人员。数据挖掘是当今国际上数据库与信息决策领域最前沿的研究方向之一，引起学术界与工业界的广泛关注，已成为当今计算机科学界的研究热点之一。

近年来，随着空间信息技术领域内的对地观测技术(尤其是遥感技术)、测绘技术、数据库技术及网络技术的快速发展，再加上观测平台建设的普及和不断完善，包括资源、环境、灾害等在内的各种空间数据呈指数级增长，获取到的空间数据越来越多。正是基于该原因，作为数据挖掘技术的一个延伸发展，空间数据挖掘应运而生。因为空间数据挖掘是数据挖掘与空间数据库技术结合的产物，所以它不仅继承了现有数据挖掘技术的特点，还具有一些新的特征。

空间数据挖掘作为数据挖掘的更深、更广的研究方向，其与数据挖掘一脉相承。数据挖掘是从数据库的大量数据中揭示出隐含的、先前未知的并有潜在价值信息的过程。空间数据挖掘是指对空间数据库中非显式存在的知识、空间关系或其他有意义的模式的提取。该定义把空间数据挖掘的对象特定为空间数据或空间数据库。基于空间数据与空间数据库的空间数据挖掘，其目的是在继续发展数据挖掘有关的方法论、理论及工具的同时，从大量的空间数据信息中发现与空间信息相关的新知识，为知识决策提供有利的依据(郭美红，2006)。

1. 空间数据挖掘定义

空间数据挖掘(spatial data mining，SDM)是在空间数据库或空间数据仓库的基础上，综合利用多门学科的理论技术，从海量空间数据中挖掘事先未知、潜在有用、最终可理解的可信新知识，揭示蕴含在空间数据中的客观世界的本质规律、内在联系和发展趋势，实现知识的自动获取，提供技术决策与经营决策的依据(王树良，2009)。空间数据挖掘是一个多学科与多种技术交叉综合的新领域，它受多个学科与技术的影响，包括机器学习、数据库系统、专家系统、模式识别、统计学、管理信息系统、基于知识的系统、可视化及空间信息科学等。空间数据挖掘可以应用于对空间数据的理解、空间关系及空间与非空间数据之间关系的发现、空间知识库的建立、空间数据库的重组及空间查询的优化等方面，在 GIS、遥感、影像处理、导航等领域具有非常广阔的应用前景(徐胜华等，2008)。

2. 空间数据挖掘的产生与发展

据统计，人类所生活的地球，80%以上的信息与地理空间位置相关。遥感、雷达、红外、多媒体系统、电子显微成像、TC 成像等各种宏观与微观传感器及成像技术的发展，使各种大小和复杂的空间数据采集成为可能。同时，随着计算机存储技术与网络技术的发展，人类在不同地域收集和存储海量数据的能力得到了进一步的提高。地理空间信息系统萌芽于 20 世纪 60 年代，用于存储、组织和查询空间地理数据中，经过半个世纪的发展，目前已完全成熟，并已广泛应用于遥感影像、医学图像、城市交通、土地区划、精准农业等领域。

空间数据采集技术与空间信息管理系统的成功，使人类获取信息的能力大大增强，从而导致空间数据量的剧增。但空间数据的复杂性程度远远超出人类分析能力的范围。为此，基于数据的管理信息系统已无法满足决策者对数据质量的需求。为了更好地满足决策者对于数据质量的需求，管理信息系统和决策支持系统之间应相互结合，为此一种面向决策的知识管理系统得到了大家的重视，正在蓬勃兴起。1989 年 8 月在美国底特律市召开的第一届国际联合人工智能学术会议上，从事数据库、人工智能、数理统计及可视化等技术的学者们，首次提出从数据库中发现知识(knowledge discovery in database，KDD)。经过 10 年左右的发展，数据挖掘技术已成功将数理统计、机器学习及人工智能等许多理论与技术应用于从数据库中发现用户感兴趣的知识。

最早提出的数据挖掘主要针对关系型数据，而空间数据则是一种复杂类型的数据，包括空间与非空间的属性数据。空间属性可以是物体在 2D 平面上的投影，也可是物体在 3D 空间中的抽象描述，空间属性可表示为点、线、面或者多面体。非空间属性数据是除空间属性外的其他属性数据，是结构化的关系型数据。可认为空间数据库是通用数据库，而传统关系数据库只是空间数据库的特殊形式。此外，传统数据库中数据对象通常假定为独立抽样，数据与对象间不存在关联，然而该假设对于空间数据对象却不成立。在空间数据库中，两个相邻对象之间相互影响，即存在空间相关性。因此，传统的数据挖掘已不能适用于从空间数据库中有效地发现知识。

1994年在加拿大渥太华举行的GIS国际学术会议上，我国学者李德仁提出从GIS数据库中发现知识的概念，并系统地分析了空间知识发现的特点与方法，认为它能将GIS有限的数据变成无限的知识，并进一步用于精练与更新GIS数据，使GIS成为智能化的信息系统。

目前，空间数据挖掘已经成为国际上研究的一个热点，渗透到数据挖掘与知识发现、地球空间信息学及一些综合性的学术活动中。由美国人工智能协会(American Association for Artifical Intelligence，AAAI)主办的国际Knowledge Discovery and Data Mining(DMKD)学术会议，规模正在不断壮大，有关空间数据挖掘的论文数量也在快速增长。空间数据挖掘与知识发现起源于国际GIS会议，目前各种规模的GIS学术会议都将其作为重要的研究主题，国际摄影测量与遥感学会(International Society for Photogrammetry and Remote Sensing，ISPRS)也不例外(郭美红，2006)。

3. 空间数据挖掘的特点

空间对象具有空间位置与距离等属性，且距离邻近的对象之间也存在相互作用，所以空间对象之间的关系也更为复杂，不仅增加了拓扑关系、方位关系，且度量关系还与空间位置和个体之间的距离有关,使空间数据挖掘与其他类型数据的知识发现方法之间存在明显差异。空间数据库的复杂性特征决定了空间数据挖掘的特点，具体如下。

1)海量数据

由于算法难度或者计算量过大而无法实施海量数据的计算，因而需要创建新的计算策略并发展新的高效算法，以此来克服海量数据造成的计算困难。

2)空间属性间的非线性关系

空间属性间的非线性关系是空间系统复杂性的重要标志，它反映了系统内部作用的复杂机制，因而被作为空间数据挖掘的主要任务之一。

3)空间数据的多尺度特征

空间数据在不同观察层次上所遵循的规律，以及所体现出来的特征不尽相同。尺度特征是空间数据复杂性的另一种表现形式，利用此性质可探索空间信息在概化与细化过程中所反映出的特征渐变规律。

4)空间信息的模糊性

空间数据复杂性特征还表现在数据的模糊性上。模糊性几乎存在于各种类型的空间信息中，如空间位置的模糊性、空间相关性的模糊性和模糊的属性值等。

5)空间维数增高

空间数据的属性增加非常迅速，例如在遥感领域，因为感知器技术的快速发展，波段的数目已由几个增加到几十甚至上百个，所以从这几十甚至几百维空间中提取信息、发现知识已成为研究中的难点。

6)空间数据缺值严重

数据缺值现象源于某种不可抗拒的外力。对丢失数据进行恢复并估计数据的固有分布参数，成为解决数据复杂性的难点之一(王新华等，2009)。

空间数据挖掘与通常的数据挖掘的主要区别见表 7-1。

表 7-1　空间数据挖掘与通常的数据挖掘比较

项目	挖掘数据类型	挖掘粒度	发现状态空间	挖掘结果表示
空间数据挖掘	空间数据和非空间数据	矢量的点、线、面、多边形等空间对象及栅格数据的像元等	四维：属性维、宏元组维、模板维及尺度维	包含空间对象，常是图形、地理信息等，难以用简单的文字表示
数据挖掘	事务型数据	交易事务	三维：属性维、宏元组维及模板维	常为数值型结果

4. 空间数据挖掘基本过程

空间数据挖掘的目的是把海量的原始数据转换成为有价值的知识，挖掘过程一般可分为如下几个基本过程(图 7-3)。

(1)数据清理：消除原始数据的噪声或不一致的数据。

(2)数据集成：将多种数据源集成到一起。

(3)数据选择：根据用户需求从空间数据库中提取出与空间数据挖掘相关的数据。

(4)数据变换：将数据统一成适合挖掘的形式。

(5)空间数据挖掘：运用选定的知识发现算法，从数据中提取用户感兴趣的知识。

(6)模式评估：根据某种兴趣度度量并识别表示知识的真正有趣的模式。

(7)知识表示：使用可视化技术及知识表示技术，向用户提供挖掘的知识(贾俊杰，2009)。

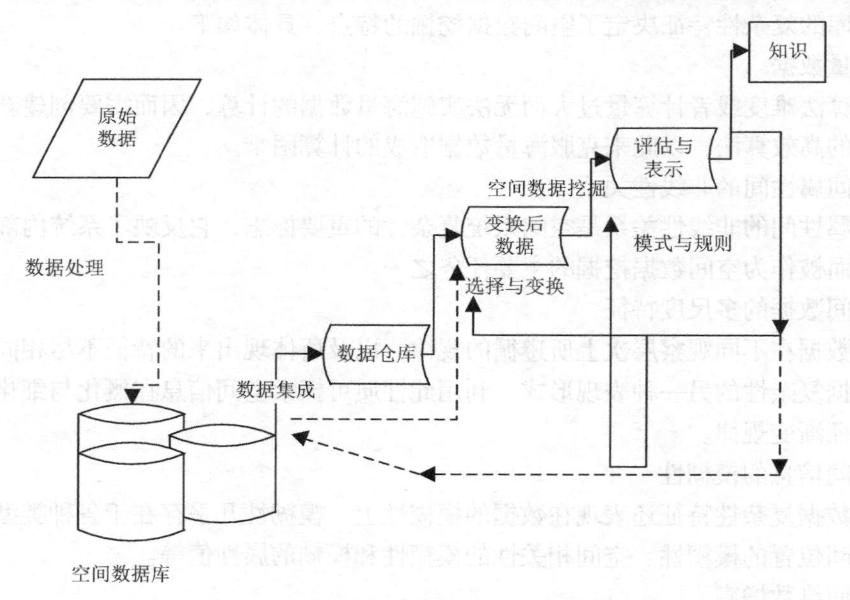

图 7-3　空间数据挖掘的基本过程

5. 空间数据挖掘系统体系结构

空间数据挖掘体系可分成三层结构(图 7-4)。其中，第一层为数据源，是指利用空间数据库或数据仓库管理系统提供的索引、查询优化等功能获取的空间数据或非空间数据。第二层为挖掘器，是指利用空间数据挖掘系统中的各种数据挖掘方法分析被提取的数据，常采用交互方式，用户根据问题的类型及数据的类型与规模，选择合适的数据挖掘方法，但是对于某些特定的专门的数据挖掘系统，则可采用系统自动地选择数据挖掘方法。第三层为用户界面，使用多种方式(如可视化工具)将获取到的信息与发现的知识采用便于用户理解与观察的方式反映给用户，用户则对发现的知识进行分析与评价，同时将知识提供给空间决策支持，或将有用的知识存入领域知识库内。一般情况下，数据挖掘与知识发现中的多个步骤是相互连接的，需反复进行人机交互，方可得到最终满意的结果。很明显，在整个数据挖掘的过程中，良好的人机交互用户界面是保证顺利进行数据挖掘并取得满意结果的基础(邵雯和胡斌，2008)。

徐胜华等(2008)把数据挖掘体系结构分为四层结构：第一层为数据源；第二层为空间数据挖掘系统，其中，包含控制器、挖掘处理过程及初步发现的知识；第三层为知识层；第四层为用户界面。

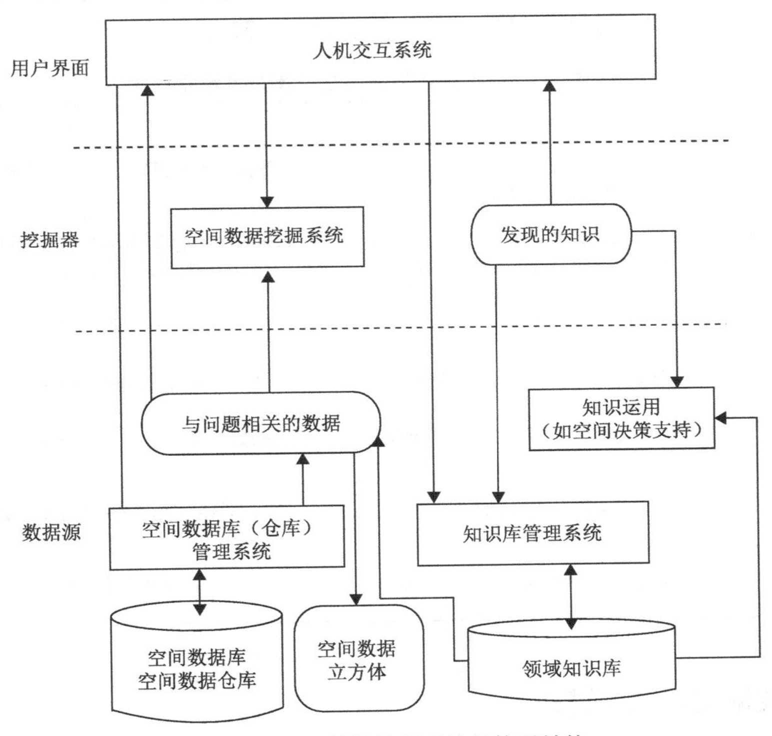

图 7-4　空间数据挖掘系统的体系结构

6. 空间数据挖掘技术与 GIS 的集成

GIS 数据库中存储了大量的空间数据与属性数据，空间数据挖掘技术在 GIS 中的应用，一方面可以使 GIS 查询与分析技术提高到发现知识的新阶段；另一方面从中发现的知识可以构成知识库用于构建智能化的 GIS。为此，空间数据挖掘技术和 GIS 的结合，可以使 GIS 成为一种空间查询与决策、知识的智能空间系统，并将促进 GPS、DPS、RS 及 ES 等技术的完整集成。

地理空间数据是 GIS 的“血液”，而 GIS 则是空间数据库发展的主体。海量的空间数据存储在 GIS 空间数据库中，从而使空间数据的膨胀速度远远超过常规的事务型数据，“数据丰富，但知识贫乏”的现象在空间数据库中显得尤为严重，新的需求正推动着 GIS 从数据库型转化成分析型，从海量的空间数据中挖掘到有用的信息已成为一个迫切需要解决的问题。

当前，GIS 的分析功能尚不能完全满足客户的需求，而提供的功能只限于图形操作，无法析取出隐含其中的规律与知识，不能满足复杂空间的决策需要(郭美红，2006)。

7.3.2　空间数据挖掘方法

空间数据挖掘是多学科与多技术交叉融合的新领域，它汇集了人工智能、机器学习、数据库技术、模式识别、统计学、GIS、基于知识的系统、可视化等领域的相关技术，因而空间数据挖掘的方法很多。根据所采用的挖掘技术方法，可将空间数据挖掘方法分为七大类：基于机器学习的方法、基于统计和概率论的方法、基于集合论的方法、基于图论的方法、基于仿生物学的方法、基于地球信息学的方法及基于计算机理论的方法，各算法特点见表 7-2。为了更好地完成各种数据的挖掘任务，需要根据不同的问题采取不同的挖掘技术，而为了发现某类知识，通常需要综合运用这些方法(王新华等，2009)。

表 7-2　空间数据挖掘方法分类及其特点

挖掘技术	空间数据挖掘方法	特点
基于机器学习的方法	空间关联规则方法、归纳学习方法、图像分析和模式识别方法及决策树方法	一般需先验知识，是一个反复学习的过程，计算量较大
基于统计和概率论的方法	统计分析方法、空间分类方法、空间聚类方法、探测性的数据分析及证据理论方法	运用统计学或概率论知识，对空间数据按某一准则进行统计分析，计算量大且复杂
基于集合论的方法	粗集方法、模糊集理论及云理论	所处理的问题具有不确定性
基于图论的方法	计算几何方法及空间趋势探测	以图论为基础，根据空间拓扑关系等发现知识
基于仿生物学的方法	遗传算法、神经网络算法及人工免疫系统方法	模拟生物处理过程，一般需要学习训练，较复杂
基于地球信息学的方法	空间分析方法及地学信息图谱方法	借助 GIS、地理等工具，算法较复杂
基于计算机理论的方法	可视化方法及空间在线数据挖掘	以可视化或数据库技术为基础

7.3.3　空间数据挖掘的关键技术

空间数据挖掘的关键在于实现空间数据、空间信息及空间知识这三个层次上的空间信息处理与分析过程。它一般涉及空间数据仓库和空间数据挖掘这两大方面的技术。

1)空间数据仓库技术

空间数据仓库是存储、管理空间数据的一种组织形式，其物理实质还是计算机存储数据的系统，只是使用目的不同，存储的数据在量、质及前端分析工具上与传统 GIS 应用系统有所不同。空间数据仓库按其功能可分为以下几个部分。

(1)源数据。为了支持高层次的决策分析空间数据仓库需要大量的数据，而这些数据可能分布在不同的已有的应用中，存储在不同的平台和数据库中。

(2)数据变换工具。为了优化空间数据仓库的分析性能，源数据必须经过变换，以最适宜的方式进入空间数据仓库。变换主要有：提炼、转换、空间变换。数据提炼主要指数据的抽取，如数据的重构、删除不需要的运行信息、字段值的解码与翻译、补充缺漏的信息、检查数据的完整性及相容性等；数据转换主要是指统一数据编码及数据结构，给数据加上时间标志，根据需要对数据集进行各种运算及语义转换等；空间变换主要是指空间坐标与比例尺的统一，赋予一般数据空间属性。需要解决的问题包括：数据转换工具、多元空间数据融合技术及元数据等。

(3) 空间数据仓库。元数据经过变换进入数据仓库。空间数据仓库以多维方式来组织数据与显示数据。多维数据库中的维是一种高层次的类型划分。为了获取较高的系统性能，维将屏蔽掉许多原始数据，决策分析所需的综合数据已预先被统计出来放在其中。空间维与时间维是空间数据仓库反映现实世界动态变化的基础，它们的数据组织方式是整个空间数据仓库技术的关键。在实际的分析过程中，可以按照需要把任意一维和其他维进行组合，以多维方式显示数据，供人们从不同角度、多方位地认识复杂世界。空间数据仓库的数据组织方式可分为基于关系表的存储方式及多维数据库存储方式。基于关系表的数据模型主要有星型和雪花模型；多维数据库数据模型则主要是超立方体结构模型。空间维数据的具体表现形式是空间对象的名称及指向空间对象的指针。空间数据仓库的大多数计算分析主要集中在空间多边形的融合与分离。

(4) 客户端分析工具。空间数据仓库的目标是提供决策支持，它不仅需要一般的 GIS 查询与分析工具，还需功能强大的分析工具，它是空间数据仓库的重要组成部分。客户端分析工具按照其功能可以划分为查询型、验证型、挖掘型，主要采用旋转、嵌套、切片、钻取及高维可视化分析技术，以多维视图的形式展现给用户，使用户能直观地理解、分析数据，从而为决策提供支持。

2) 空间数据挖掘技术

(1) 需求模式调查。空间数据挖掘实际上是面向应用的，因而不同的应用需求模式将导致不同的空间数据挖掘方法。为了实现决策咨询的目标，必须对知识发现结果所基于的需求模式进行调查，总结出一个代表性较强的应用需求集，以便制定挖掘的任务，如空间分类规则、空间关联规则等。

(2) 算法的研究、选择及实现。针对具体问题进行研究、选择或改进挖掘算法，并编程加以实现，这是一个耗费大量时间和精力的繁重任务。对于当前的 GIS 空间数据库来说，一般需从矢量、栅格及场等多种不同表达形式的空间数据的角度，研究空间数据库数据挖掘与知识发现的关键技术。

(3) 拓扑信息的定性空间推理。大多数的 GIS 采用定量方法来存储和分析空间数据，它们与在笛卡尔坐标空间中建造的模型一起工作。但是，定量方法并不是表达空间推理过程的最佳方法。为此，必须使用定性表达，构建更为高效、更为接近人类分析的算法，才更容易被人们理解。

(4) 连续属性数据的离散化。对于连续型的空间属性数据，必须采用适当的方法加以离散化。因为某些挖掘算法难以对整数或实数等连续型变量进行操作，且连续型属性数据挖掘出来的知识通常可理解性较差。

(5) 空间知识表达与可视化机制研究。空间数据挖掘的结果需要利用文字、图表、地图及数字数据等多种形式表达，尤其是地图表达或程序支持下的数字数据可视化机制也是空间数据挖掘特有的一个重要问题。

(6) 解决与现有系统的集成。由于空间数据库系统本身比较复杂，所以在开发空间数据挖掘构件时，要充分利用通用的 GIS 二次开发工具及 VB、VC++和 SQL Server 等，在 Windows 环境下，采用开放数据库互连(open database connectivity，ODBC)标准及对象链接与镶嵌(object linking and embedding，OLE)、动态链接库(dynamic link library，DLL)编程技术提高软件的通用性和开放性(邵雯和胡斌，2008)。

7.3.4 空间数据挖掘面临的问题及其展望

1. 空间数据挖掘面临的问题

(1)大多数的空间数据挖掘算法是由一般的数据挖掘算法移植来的，并未考虑空间数据存储、处理及空间数据本身的特点。空间数据与关系数据库中的数据并不相同，空间数据是采用复杂的、多维的空间索引结构来组织数据的，有其特有的空间数据访问方法，所以采用传统的数据挖掘技术往往不能很好地分析复杂的空间现象及空间对象。

(2)空间数据挖掘算法的效率不高，发现模式不精练。在面对海量的数据库系统时，空间数据挖掘过程中会出现不确定性、错误模式的可能性及待解决的问题的维数都很大的情况，这样不仅增大了算法的搜索空间，也增加了盲目搜索的可能性。所以，必须利用领域知识去除和发现与任务无关的数据，有效地降低问题的维数，设计出更有效的知识发现算法。

(3)缺少公认的标准化空间数据挖掘查询语言。数据库技术得到飞速发展的原因之一就在于数据库查询语言的不断完善与发展，因此，要不断完善和发展空间数据挖掘技术就必须发展空间数据挖掘查询语言，从而为高效的空间数据挖掘奠定基础。

(4) 空间数据挖掘知识发现系统的交互性不强，在知识发现过程中难以充分有效地利用领域专家知识，用户不能很好掌控空间数据挖掘过程。

(5)空间数据挖掘同其他系统的集成不够，忽视了 GIS 在空间知识发现过程中所起的作用。一种方法及功能单一的空间数据挖掘系统的适用范围势必受到诸多限制，目前开发的知识系统仅局限于数据库领域，若要在更广阔的领域发现知识，知识发现系统就应是数据库、知识库、专家系统、决策支持系统、可视化工具、网络等多项技术集成的系统。

(6)空间数据挖掘方法及任务单一，基本上都是针对某个特定的问题，所以能够发现的知识有限(徐胜华等，2008)。

2. 空间数据挖掘的展望

在对数据挖掘和知识发现进行研究的过程中，人们过多地关注对数据挖掘算法的研究，而忽视了对知识表达、定量定性转移、不确定性推理等一些基础性关键技术的研究，这类研究基本上沿用人工智能以往的研究成果，所以会存在一定的弊端。空间数据挖掘是一个非常年轻而富有前景的研究领域，目前该领域只是取得了一定的初步成果，仍有大量的理论和方法需要进行深入研究，主要表现如下。

1)扩展传统的数据挖掘技术进行空间数据挖掘

经过 10 多年的发展，数据挖掘领域已取得了大量的研究成果，但由于空间数据与传统数据存在一定的区别，传统数据挖掘技术不能直接应用于空间数据挖掘，所以必须对传统数据挖掘技术进行修改，可通过加入空间信息的方法加以实现。例如，EM 算法是一种十分著名的划分聚类算法，但它并不能直接用于空间聚类。通过对它的改进，在里面加入空间惩罚因子，引入NEM算法，就可进行空间聚类。

2）基于不确定性和模糊性的空间数据挖掘

受技术手段的限制或人为误差的影响，空间数据存在大量的不确定性和模糊性，研究基于不确定性和模糊性的空间数据挖掘技术就显得尤为迫切。空间统计学、证据理论、模糊集、粗糙集及云理论等方法是处理不确定性的很好方法，将这些方法应用于空间数据挖掘领域有待进一步研究。

3）加入时间维的时空数据挖掘

空间数据挖掘本质上是利用静止的观点来看待空间现象，然而，空间现象是随时间的改变而改变的。因此，时空数据挖掘才能使人们更好地理解空间现象。换句话说，时空数据挖掘是空间数据挖掘发展的必然趋势。

4）有约束条件的空间聚类技术

现有大量的聚类算法在聚类时并未考虑现实空间中可能存在的约束，如河流、湖泊、山脉等障碍物，以及桥梁、隧道等连接设施。研究有约束条件的空间聚类技术具有非常重要的现实意义。

5）栅格矢量一体化数据挖掘

空间数据结构是空间信息管理系统的基础，空间数据库中的数据结构主要有两种：基于栅格的数据结构和矢量的数据结构。研究栅格矢量一体化数据挖掘方法，就能很方便地在这两种数据结构中进行数据挖掘。

6）线形或多边形聚类技术

目前，空间聚类问题的解决方案还局限在对点对象的聚类，该问题的未来方向是处理可扩展对象的聚类，如线形或多边形聚类。

7）空间模式重要性度量研究

空间位置预测的准确性度量并不是预测点位和真实点位比较的准确率概率问题，而是与真实位置有多接近的问题，这种置信度应该如何度量也是空间数据挖掘亟待解决的问题（姜丽华和张宏斌，2009）。

7.4 基础地理信息的集成应用技术

世间任何事物，其发生、发展都在一定的时间与空间范围内具有一定的属性。正如勒什所提出的，如果每件事同时发生，就不会有发展。若每件事存在于同一个地方，就不会有特殊性。只有空间才使特殊成为可能，然后在时间中展开。在现实世界中，分子结构、人体结构、地理环境、宇宙结构等都与空间位置有关。如果把人类社会的生产和生活作为中心，那么空间尺度就是城域、区域、国家及全球，这些尺度上的空间信息都可称为地理信息。地理信息具有以下特点：宏观性、综合性、区域性、层次性、分布性及动态性等。目前，地理信息已在科学研究、经济建设、社会发展及日常生活等方面得到了广泛的应用。

地理信息是宏观定位的依据，这是地理信息最基本的功能。在科研方面，地球科学的许多分支学科进行科研时所需的数据与信息均具有地理空间特点，利用地理信息系统所提供的空间数据管理和空间分析功能并结合专业知识可大大提高工作效率，并提高科研水平。同时，传统非空间信息的空间化，还客观事务本来面目，不仅可以加深对客观事物的认识，而且可以揭示其发展变化的空间规律。在政府部门中，据统计，80%～85%以上的政府职能部门所涉及的信息都具有地理空间属性，地理信息的采集、存储、分析及利用将直接提高政府部门的办公效率，降低劳动强度，使政府职能部门摆脱繁重的事务处理工作而将重点放在决策制订和长远规划上来，更好地为社会服务。此外，人类社会的发展进入信息时代，物质生活的改善，教育水平的提高，环境意识也随之增强，个人和社会对地理环境信息要求也会大大增强。另外，通信条件的提高引起生产和生活方式由集中走向分散，个人和社会都对提供空间信息服务的政府部门和公司企业提出了更高的要求(张健挺，1998)。

近年来，随着 GIS 的应用越来越广泛和深入，目前已建立了大量的地理信息系统。伴随着网络技术的兴起和发展，以及实际的需要，将分散的系统集成运行，可以实现信息共享，并提高运行效率。国家“八五”攻关中就已在该方面开展了大量的研究(熊利亚，1995；池大河和苏亚芳，1993)，“九五”攻关中就系统实用化与运行业务化提出了更高的要求。GIS 集成的重要性得到了普遍的认识(张梨，1996；李德仁，1997)。

GIS 集成可分为两个层次：①地理信息之间相互关系的概念层次集成，主要侧重于地理信息的空间分析；②不同数据与模型之间组织和管理的技术层次集成。本书所指的 GIS 集成主要指后者意义上的集成。

在计算机集成制造(computer integrated manufacture system，CIMS)领域，集成基础结构或集成平台的概念得到广泛的应用，集成平台被认为是实现企业信息集成、功能集成所需的基本信息处理和通信公共服务的集合。IBM 公司基于系统使能器(Enabler)的集成平台在企业应用中取得了极大成功，中国在 CIMS 应用中也广泛使用了集成平台技术，并获得了巨大的经济和社会效益(张健挺，1998；张健挺和万庆，1999；徐晓飞等，1996)。

7.4.1　地理信息系统集成平台的特点和功能

1)地理信息系统集成平台的特点

将集成平台作为地理信息系统集成的框架结构具有如下特点。

(1)集成平台具有协调与反馈机制，因而可将整个系统形成一个有机的整体，实现单个部件无法完成的功能，增强系统的整体功能。

(2)统一的集成平台的基础上，可实现多种信息的共享，在信息融合与深层次挖掘的基础上可产生大量新的有用信息。

(3)减少了集成的复杂度。作为应用系统，它只要求知道如何与集成平台发生联系，而无需知道如何与其他 N–1 个应用系统联系，其复杂性正比于 N，而不是 N 的平方，因此大大降低了系统的复杂性。

(4)减少了各子系统的重复部件，共享某些功能，以提高系统的整体利用率，增强系统的性能/价格比，同时也进一步降低了系统的复杂性，减少了系统冗余，保持了系统的一致性。

(5)业务化运行系统在实际运行过程中的改变是无法避免的，集成系统将来自应用系统的结构关系、交互机制、数据格式、数据结构、通信协议的信息传送并放在集成基础设施中，从而使系统易于修改。

(6)集成平台提供的接口标准，使老系统的改造与更新系统的建立都有章可循，从而促进了应用系统的标准化(张健挺，1998)。

2）地理信息系统集成平台的功能

地理信息系统集成平台具有以下功能。

（1）集成平台提供统一的标准和通信服务机制，完成公共信息服务功能。

（2）集成平台应能容纳多种内容、类型及格式的数据与模型，并对平台接纳的内容进行各种管理，如增加、删除、修改及查询等。

（3）集成平台为系统形成一个统一的整体视图，并为使用者提供不同的用户视图。

（4）集成平台支持在具体数据库和模型的基础上进行整体综合分析功能，如数据库的多源数据融合和模型组合及新模型建立等。

（5）集成平台既与具体的数据库、模型库和前端应用联系起来，起到中间连接的作用，又具有一定的通用性和独立性，不随具体数据、模型和软件的变化而变化，保证系统的稳定性和一致性。

（6）集成平台具有屏蔽功能，将与上层应用无关的下层技术细节屏蔽起来，对使用者透明，方便用户操作（张健挺，1998）。

7.4.2　地理信息系统集成策略

数据集成是功能集成的基础。功能集成就是将需要集成的若干系统的功能进行重新组合或整合，以达到集成后系统的需要。由于系统重建（reengineering）不是一种可取的方法，因此，系统整合（integration）是功能集成较为常用的一种方法，目前常采用 OLE 控件（COM）或 Java 的面向对象的方式、基于 COEBA 技术的方式、基于 Agent 技术的方式等（霍亮，2004）。

下面就几种代表性的 GIS 集成策略进行介绍。

1. 基于数据变换的集成策略

基于数据变换的集成策略主要分为基于数据转换的集成策略、基于 SQL（DLL）的集成策略及基于元数据的 GIS 集成策略。

1）基于数据转换的集成策略

地理信息系统所使用的数据大多是空间数据，其基本构成单元有点、线、面、复杂物体等，并通过空间数据库的形式来组织数据，空间实体的属性信息被作为空间实体的属性项进行存储与管理。基于数据转换的集成策略就是将异构数据通过交换或转换的方法形成同构数据的数据集成方法，包括将异构数据转换为第三方同构数据和将异构数据转换为标准数据格式。

采用独立数据结构、存储模式、检索机制、图形组织等的信息系统，为了与其他系统进行交互操作，需要对本系统与其他系统数据进行双向转换，但是其工作量大，且对于未公开数据格式的数据转换来说是相当困难的。为此，对于该类系统，数据集成通常就要将异构数据转换成标准格式的数据，如E00、SHP、MID/MIF等的数据格式，再利用标准格式数据转换方便的优点进行数据转换，目前大多数GIS软件平台已支持该类操作。

同一个 GIS 平台在不同模块间或不同系统间，因为同一商业 GIS 软件具有一致的数据模型与数据结构，且提供二次开发语言，因而可直接进行数据的交换与转换，这是最简单也是效率最低的一种方式。该模式是一种闭环式操作模式，要实现不同软件平台间的数据共享就很困难。基于数据交换与数据转换的数据集成策略是数据集成方法中一种比较初级的方法。采用该方法对多种数据格式的数据进行集成，在具体应用中并未取得较好的实用性（霍亮，2004）。

2）基于 SQL（DLL）的集成策略

数据库技术经过多年的发展，结构化查询语言（SQL）已形成了统一的规范，采用结构化查询语言（SQL）可以实现DB和DBMS的分离（赵华亮等，2001）。开放式数据库互联（open database connectivity，ODBC）与Java数据库互联（Java database connectivity，JDBC）是一种特殊的动态链接库（dynamic link library，DLL），其本质是连接应用程序和数据库之间的中间件（middle ware），负责功能层与数据层的连接。

随着数据库技术的日益发展和成熟，空间数据库技术也得到了迅速发展，其中最为典型的是支持多种数据类型，包括矢量空间数据、栅格影像数据、普通关系数据等多种数据类型的关系型空间数据库（RDBMS），目前Oracle、Informix、IBM、DB2、ArcInfo 的ArcSDE、MapInfo的SpatialWare 等都支持该类型的数据库，在这种RDBMS中，用户可通过扩充自己的数据类型及SQL操作，实现多种类型数据的紧密结合。空间数据的关系复杂，具有丰富的语义联系，可通过ODBC或JDBC的方式，综合利用SQL查询与DLL调用，实现数据的集成，这种数据集成模式类似于传统的结构化软件分析与设计（霍亮，2004）。

3）基于元数据的 GIS 集成策略

元数据（metadata）是关于数据的数据，可理解为数据的描述，主要包括说明性信息：数据质量信息（如定位与属性精度、数据完整性与一致性、信息来源及生产数据使用的方法）；空间数据组织信息，即在数据集中表示空间数据的机制[如表示空间位置的直接方法（栅格与矢量）、间接方法及数据集中空间对象的数量]；空间参考信息（说明数据集中的参考框架、编码及坐标的含义）；实体与属性信息（关于数据集内容的信息）；数据分布信息（关于获取的数据集内容的信息）及元数据参考信息（关于元数据现势性及负责定位的信息）（常原飞等，2003）。

数据集成中不能缺少元数据。数据是信息的载体，是信息在系统中的表现形式。当前 GIS 建设的具体应用中，信息来源于不同部门，且信息源分散、信息获取的方式多样，信息种类繁多、信息容量巨大，基于元数据的 GIS 集成，从信息共享角度出发，协调统一各种信息源的描述方法，在此基础上从系统集成微观角度进行集成，建立以元数据（元数据字典）为主导的数据模型，为地理信息系统功能纵向集成奠定基础（赵芊，2005）。

2. 基于 OLE/JAVA 的集成策略

对象链接与镶嵌（OLE）是 Windows 操作系统广泛使用的一项技术，该技术具备对象间的互操作功能，用户可根据需要将该系统嵌入自己的系统，从而实现应用程序间的数据交换与功能相互操纵。通过 OLE，一个应用程序便可轻松指挥多个其他应用程序的运行。基于 OLE 的模式其实是对其他系统传输过来的对象数据进行操作，而基于 Java 的策略是在传输数据的同时将操纵这些数据的小程序 Aplet 同时传输到客户端，使程序与数据具有相同的生命周期（霍亮，2004）。

实现 OLE 技术，首先，需在客户端安装对象控件，构建 OLE 容器，即一个包含 OLE 对象的公共用户界面。然后，通过 OLE Automation 建立不同应用程序间的通信与调度。最后，利用 OLE 接口来实现自动化客户对自动化服务器的访问。当前，大多数的应用软件支持 OLE Automation，即允许其他应用程序通过 OLE 的方式将其嵌入自己的系统中。

基于 OLE 与 Java 的集成模式的共同特点在于数据与作用于数据的操作是紧密结合的，空间数据的几何信息与属性信息封装在同一个地理对象中，对象间可继承和组合构成复杂的对象(张健挺，1998)。OLE 可实现 GIS 不论在数据还是功能上的有效集成，并在一定程度上采用了面向对象的设计思想,但 OLE 的实现方式几乎将一个应用系统完整地嵌入到了另外一个系统中，包括需要的部分与不需要的部分，所以集成后的系统不仅比较庞大，而且对集成后系统的稳定性、可维护性、可重用性等均带来了一定程度的不利影响，所以该方案是可行的方案，却不是较好的集成方法。

3. 基于 COM 技术的集成策略

组建对象模型(COM)是一种定义了组件对象间进行交互的方法，是一种允许对象间进行跨进程、跨计算机交互的技术，是 OLE 技术的进一步发展。COM 具有如下特点：具有一定结构和功能、遵循一定的接口标准、即插即用、单独或与其他构件一起共同完成特定的功能、内部实现完全封装(赵华亮等，2001)。

在 COM 技术模式下，软件系统可被视作相互协同工作的对象集合，每一个对象均提供其特定的服务，发出特定的消息，并以标准形式进行公布，从而便于其他对象的调用。COM 技术的接口通过与平台无关的接口定义语言(interface define language，IDL)定义，用户可直接调用执行模块以获取对象提供的服务。COM 建立的是一个软件模块和另一个软件模块间的连接，当该连接建立后，模块间就可通过对象接口(interface on object，IO)的机制进行通信，从而实现 COM 对象和同一程序或其他程序甚至远程计算机上的另一个对象间的交互。

COMGIS 是指基于组件对象平台，以一组具有某种标准通信接口的、允许跨语言应用的组件构成的 GIS，该组件称为 GIS 组件。COMGIS 是面向对象技术与组件技术在 GIS 软件开发中的应用，GIS 组件间及 GIS 组件与其他组件间通过标准的通信接口实现交互。COM 是典型的面向对象思想的实现，GIS 控件将数据与基于数据的操作紧密结合，空间数据、属性信息及数据操作被封装在一个对象中，在数据库中存储统一的地理对象，对象间通过消息进行通信。目前，GIS 厂商提供了许多优秀的控件，如 ESRI 的 MapObject、MapInfo 的 MapX、GeoStar 的 GeoMap 等。

控件的方法是实现 GIS 功能集成较好的一种方法，GIS 构件(component)技术使 GIS 具有良好的可继承性与可拓展性，为大型信息系统的设计与实现奠定了基础，集成后的系统具有良好的性能，如可继承性、可维护性等。该方法的主要问题有：集成系统的功能受控件功能的约束，几乎无法添加及修改原有控件的功能；进行 COM 的独立研发时，其工作量几乎等同于开发一个底层的软件平台。因此，集成系统的功能很大程度上受到了采用控件所提供功能的制约(霍亮，2004)。

4. 基于 CORBA 技术的集成策略

当前,实现分布式信息系统的主要技术有 OMG 的分布式对象系统(common object request broker architecture，CORBA)、Microsoft 的分布式组件对象模型(distributed component object model，DCOM)和 SUN 的 Java。OMG 是 1989 年成立的一个非营利性国际组织，已得到软件界与标准化组织的广泛支持，OMG 于 1994 年完成了 CORBA2.0 标准的制定，国际标准化组织(International Organization for Standardization，ISO)也采用了 OMG 的标准。

基于 CORBA 技术的集成策略是实现 GIS 集成的理想方式。CORBA 是计算机工业从事的最为重要的中间件项目，其关键在于 CORBA 定义了包含几乎现有 C/S 模式中间件的每一种格式。CORBA 将对象作为一个整体的隐象征，将现有应用软件均规划到对象请求代理(object request broker，ORB)的软件总线上。CORBA 对于系统是自描述的，服务规范与实现分离，允许将现有系统合并到 ORB 上(Orfali et al.，1999)。

互联网 ORB 间协议(IIOP)是为实现 ORB 互操作而制定的，它不仅可以支持分布式 GIS 应用集成框架的建立，满足协同工作的需求，而且可以采用多层次的软构件技术，使分布式 GIS 框架及构建的开发更为便宜，特别支持以软构件形式实现集成平台的系统管理与公共服务。CORBA 标准具有操作系统的中立性与开发语言的中立性特点，为分布式计算模型架设了基础设施。CORBA 允许应用系统与远程的对象通信，动态或静态地激活远程操作，屏蔽了操作平台和通信机制，支持对象异构平台的互操作与可移植，可以实现分布式对象的透明访问。

CORBA 使分布式 GIS 具有了良好的开放性与扩展性，它是构建分布式信息系统的一种重要技术规范。信息的分布性是 Web 环境下企业信息集成的基本特点，GIS 系统要实现对现有信息系统的集成，需要从异构的系统中获取相关信息，对信息资源进行合理共享与优化利用，Web 与 CORBA 技术无疑是当前解决分布、异构问题的最为有效的技术(霍亮，2004)。

5. 基于 Agent 技术的集成策略

随着网络技术的快速发展，GIS已全面走向分布式模式，分布式信息系统已成为信息系统发展的主要方向。但不论是基于过程还是面向对象的分布式信息系统，都是基于客户/服务器(client/sever，C/S)体系或三层、多层C/S体系，而这些模式适合于传统的相当稳定的网络环境和应用程序，相互间缺乏直接的交互，缺乏智能化、动态化的信息处理能力(罗英伟，1999)。Agent技术是分布式人工智能领域中发展起来的一种新型计算模型，它具有智能化程度高、分布式信息系统构造灵活、软件的复用性强等优势，Agent 技术的发展为分布式GIS 建设提供了新的概念和方法，很多专家学者认为基于Agent的分布式GIS是下一阶段分布式GIS的发展方向。

由于 Agent 技术在基于网络的分布式计算这一当今计算机主流计算领域中发挥着越来越重要的作用，因而它被认为是软件领域具有深远意义的突破。首先，Agent 技术为解决新的分布式应用问题提供了有效的途径。其次，Agent 技术为全面准确地研究分布式计算系统的特点提供了合理的概念模型。Agent 的这种特点特别适合于智能化的搜索、异构环境分布式数据的挖掘及复杂的计算模型。

基于 Agent 的多层对象总线结构模型屏蔽了现有体系结构的弱点，是现有分布式信息系统构造技术的合理改进，具有完整的纵向、横向、节点和子节点的部件构造方法。基于 Agent 的多层对象总线结构模型尤其针对异构功能和异构数据(资源)的集成问题，为 GIS 集成问题的解决提供了新的思路。

6. Web 服务组合中地理信息的集成

地理信息在 Web 服务组合中的应用主要体现在以下两个方面：①位置作为重要的地理信息是很多服务所固有的一种属性，可以按位置属性在地图上呈现服务；②许多服务运行后的输出结果是地理信息数据，一个流程中可能包含多个这样的服务，此时常常需要将这些服务的输出结果合并在一幅图上显示。

实现这两种应用，组合平台中必须完成一项任务，即对不同来源的地理信息进行集成并处理，转化成直观的图形化的呈现方式。OpenGIS 组织定义了标准化的规范，用于将地理信息的交互和处理服务化。但是按这些规范构造的服务具有特殊性，难以和普通的 Web 服务进行交互并协同工作。

Web 服务组合中多源地理信息集成原理为：为了适应面向服务的计算环境，OpenGIS 组织定义了标准化规范，以实现地理信息的交互和处理服务化，包括用来完成多源地理信息集成及显示功能的规范：Web Map Service Specification、Web Feature service specification 及 Web Coverage Service specification，据此构造的服务分别用 WMS、WFS 及 WCS 来表示。图 7-5 表明了使用 OpenGIS 服务实现对分布环境下多源地理信息集成及显示的原理(张程等，2006)。

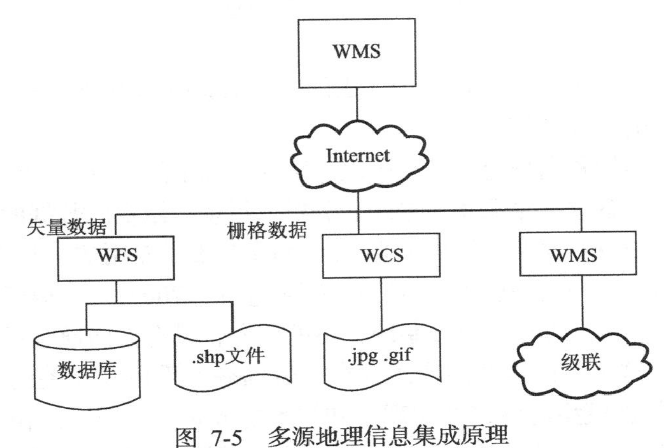

图 7-5　多源地理信息集成原理

第 8 章　三维地理信息系统的核心理论与技术

地球空间信息技术、生物技术和纳米技术被认为是当今世界的三大新兴技术(Gewin 2004)，其在人们社会生活中的影响日益深远和广泛。三维地理信息系统(3DGIS)作为地球空间信息技术的重要分支之一，已成为目前研究的热点之一。

8.1　3DGIS 概述

随着 IT 技术的迅速发展，以 GIS 为代表的空间信息技术得到了更广泛的应用，3DGIS 是目前一个非常活跃的研究领域。

因此，为了更加确切和完整地表示和再现真实的三维空间信息，3DGIS 的研究开始逐步兴起，3DGIS 的目标是建立一个采集、管理、分析、再现三维空间数据的信息系统。应用需求较为迫切的部门，如采矿、地质、石油等领域，已率先开发了专用的具有部分功能的 3DGIS，如加拿大 LYNX Geosystems 公司的 LYNX 系统(吴慧欣，2007)。但由于这些系统一般是针对特定领域开发的，没有从理论上进行系统完整的研究，没有面向通用平台进行设计，因此具有较大的局限性，这也是由当时的应用要求、数据获取手段及相关的计算机技术发展条件决定的。2DGIS 数据模型与数据结构理论和技术的成熟，图形学理论、空间数据库技术及其他相关技术的进一步发展，促使了 3DGIS 的深入研究与发展。3DGIS 与 2DGIS 一样，需要具备最基本的空间数据处理功能，如数据获取、数据组织、数据操纵、数据分析和数据表现等。

相比于 2DGIS，3DGIS 具有以下优势。

(1)空间信息的展示更为直观。从人们懂得通过空间信息来认识和改造世界开始，空间信息就主要是以图形化的形式存在的。然而，用二维的图形界面展示空间信息是非常抽象的，只有专业的人士才懂得使用。相比于 2DGIS，3DGIS 为空间信息的展示提供了更丰富、逼真的平台，使人们将抽象难懂的空间信息可视化和直观化，人们结合自己相关的经验就可以理解，从而做出准确而快速的判断。毫无疑问，3DGIS 在可视化方面有着得天独厚的优势。虽然 3DGIS 的动态交互可视化功能对计算机图形技术和计算机硬件也提出了特殊的要求，但是一些先进的图形卡、工作站及带触摸功能的投影设备的陆续问世，不仅完全可以满足 3DGIS 对可视化的要求，还可以带来意想不到的展示和体验效果。

(2)多维度空间分析功能更加强大。空间信息的分析过程，往往是复杂、动态和抽象的，在数量繁多、关系复杂的空间信息面前，2DGIS 的空间分析功能常具有一定的局限性，如淹没分析、地质分析、日照分析、空间扩散分析、通视性分析等高级空间分析功能，2DGIS 是无法实现的。由于 3DGIS 已充分考虑了与 2DGIS 的联动效应，因此 3DGIS 自然也能包容 2DGIS 的空间分析功能。3DGIS 强大的多维度空间分析功能，不仅是 GIS 空间分析功能的一次跨越，在更大程度上也充分体现了 GIS 的特点和优越性。

3DGIS 除了具备二维 GIS 的传统功能以外，还应该具有如下独有的功能(吴慧欣，2007)。

(1) 包容一维、二维对象。3DGIS 不仅要表达三维对象，而且要研究一维、二维对象在三维空间中的表达。三维空间中的一维、二维对象与传统 GIS 的二维空间中的一维、二维对象在表达上是不相同的。传统的 2DGIS 将一维、二维对象垂直投影到二维平面上，存储它们投影结果的几何形态与相互间的位置关系。而 3DGIS 将一维、二维对象置于三维立体空间中考虑，存储的是它们真实的几何位置与空间拓扑关系，这样表达的结果就能区分出一维、二维对象在垂直方向上的变化。2DGIS 也能通过附加属性信息等方式体现这种变化，但存储、管理的效率就显得较低，输出的结果也不直观。

(2) 可视化三维对象。3DGIS 的首要特色是要能对三维对象进行可视化表达。在建立和维护 3DGIS 的各个阶段中，不论是对三维对象的输入、编辑、存储、管理，还是对它们进行空间操作与分析或是输出结果，只要涉及三维对象，就存在三维可视化问题。三维对象的几何建模与可视化表达在 3DGIS 建设的整个过程中都是需要的，这是 3DGIS 的一项基本功能。

(3) 三维空间 DBMS 管理。3DGIS 的核心是三维空间数据库。三维空间数据库对空间对象的存储与管理使得 3DGIS 既不同于 CAD、商用数据库与科学计算可视化，也不同于传统的 2DGIS。它可能由扩展的关系数据库系统，也可能由面向对象的空间数据库系统存储管理三维空间对象。

8.2　3DGIS 数据结构、模型建立及算法表达

8.2.1　3DGIS 数据结构

三维数据结构同二维一样，也存在栅格和矢量两种形式。两类数据结构都可用来描述地理实体的点、线、面、体的四种基本类型。栅格结构将地理实体的三维空间分成细小的单元，称为体元或体元素，地理实体的位置由它们的行、列、深度号来定义，栅格的值表示了这个位置的状态(王迷军等，1997)。矢量数据结构将现实世界的物体用点、线、面、体来描述，每一个实体的位置由所在参考坐标系中的空间坐标来定义。存储三维栅格数据需要大量的空间，八叉树是其中一种较为复杂的表示法；三维矢量数据结构表示有很多种方法，其中八叉树表示法和具有拓扑关系的三维边界表示法是两种运用最普遍的方法。

8.2.2　3DGIS 数据模型建立及算法表达

模型是对现实世界中事物或现象的抽象、简化和模拟表达，是进一步获取客观规律的重要方法和手段。GIS 数据模型是对现实世界的几何对象的一种归类及抽象、简化的描述，从而能够建立一定的数学模型并对空间的几何对象进行必要简化、抽象描述和管理。三维空间数据模型是关于三维空间数据组织的概念和方法，它反映了现实世界中空间实体间的相互联系。定义一个三维数据模型需要解决三个问题：确定待描述的对象；三维数据的存储及其逻辑关系表达；显示模型。三维数据模型是对现实世界的理解和抽象，它直接关系 GIS 中数据的输入、存储、处理、分析及输出等各个环节，是建立三维数据库的基础，是 GIS 系统设计、开发的基础。数据模型的好坏直接影响系统的性能和应用的成败。

1. 三维空间数据模型分类

空间数据模型可以分为三类：基于面表示的模型、基于体表示的模型及混合模型，如表

8-1 所示(吴立新等，2003)。

表 8-1　三维空间数据模型分类

面模型 (facial model)	体模型 (volumetric model)		混合模型 (mixed model)
不规则三角网(TIN)	体素(voxel)	四面体格网(TEN)	TIN-CSG 混合模型
网格(grid)	八叉树(octree)	金字塔(pyramid)	TIN-Octree 混合模型
边界表示模型(B-rep)	针体(needle)	三棱柱(TP)	Octree-TEN 混合模型
线框模型(section)	规则块体	地质细胞	Wire Frame-Block 混合模型
断面		不规则块体	
断面-三角网混合		实体(solid)	
多层 DEMs		广义三棱柱(GTP)	

2. 建模方法

下面对上节中分类的构模方法进行详细描述(谭泽琼，2011；吴立新等，2003；李清泉，2003；胡超，2007)。

1)基于面表示的模型

基于面表示的数据模型(facial model)侧重于 3D 空间的表面表示，如地形表面、地质层面等。它所模拟的表面可能是封闭的也可能是非封闭的。其中，采样点的 TIN 模型和基于数据内插的 Grid 模型通常用于非封闭表面模拟；而 B-Rep 模型和 Wire Frame 模型则通常用于封闭表面或外部轮廓模拟。Section 模拟、Section-TIN 混合模型及多层 DEM 模型通常用于地质构模。基于面表示的数据模型便于数据显示和更新，但其空间分析难以进行。

(1) TIN 与 Grid 模型。可用来表示物体表面的模型很多，如 TIN 模型、Grid 模型、等高线模型等。最常用的表面构模的方法是 TIN 模型。TIN 方法的思想是将一系列不重复的离散点按照某种既定的规则(如 Delaunay 规则)进行三角剖分，形成连续但不重复的不规则三角网，并以此来描述三维物体的表面；Grid 模型考虑采样密度和分布的非均匀性，经内插处理后形成规则的平面网格。

(2)三维边界表示法。在众多的三维物体中，平面多面体在表示和处理上比较简单，而且平面多面体可以用来逼近其他各种物体。平面多面体的每个面都是一个平面多边形，平面多边形又由多条边构成，一条边有两个顶点，因此平面多面体表示法由点、线、面、体这四类基本几何元素构成。这种通过指定顶点位置、构成边的顶点及构成面的边来表示三维物体的方法被称为三维边界表示法。比较常用的三维边界表示法是采用三张表来提供点、边、面的信息。对于边表和面表，一般使用指针的方法来指出有关边、点存放的位置。三维边界模型的特点是：详细记录了构成物体形体的所有几何元素的几何信息及其相互连接关系，以便直接存取构成形体的各个面、面的边界及各个点的参数。边界表示模型描述结构简单的 3D 物体是十分有效的，但是对于描述不规则的复杂 3D 地物比较困难，效率低下。

(3)线框模型。线框(wire frame)模型的思想是把建模对象的两两相邻的采样点(或特征点)用直线直接相连，形成一系列多边形，然后将这些多边形面拼接起来形成一个多边形网格来模拟三维对象的表面。某些系统以 TIN 来填充线框表面，如 DataMine。当采样点(特征点)

沿环线分布时，所连成的线框模型也称为连续切片(linked slices)模型。线框模型能够较好地反映空间对象的表面结构，但是描述空间对象的内部结构非常困难。

(4)断面模型。断面(section)模型实质上是将 3D 模型转化成 2D 问题的结果。断面构模技术是传统地质制图方法的计算机实现，在传统的地质制图方法中，为了得到矿床或构造的空间形态分布，利用一系列平面或是剖面去切割矿床，得到矿床和构造在剖面图上的分布，这样大大简化了程序设计。但是断面模型对所描述对象的表达是不完整的，往往需要与其他构模方法结合使用，同时由于其采用的是非原始数据而存在误差，构模精度一般难以满足工程要求。

(5)断面-三角网混合模型。在二维地质剖面上，主要信息是一系列表示不同地层界线的或有特殊意义的地质界线(如断层、矿体或侵入体的边界)，每条界线赋予属性值，断面-三角网混合模型(section-TIN)将相邻剖面上属性相同的界线用三角面片(TIN)连接,这样就构成了具有特定属性含义的三维曲面。

(6)多层 DEM 模型。多层 DEM 模型是利用 DEM 模拟各个地层分界面，以实现对地层构模的目的。其中，DEM 可以是规则三角网，也可以是不规则三角网，或是二者的混合。首先，基于各地层的界面点按 DEM 的方法对各个地层进行插值或拟合。然后，根据各地层的属性对多层 DEM 进行交叉划分处理，形成空间中严格按照岩性为要素进行划分的三维地层模型的骨架结构。在此基础上，引入地下空间中的特殊地质现象、人工构筑物等点、线、面、体对象，完成对三维地下空间的完整剖分。多层 DEM 模型建模过程中层次清晰，虽然能正确表达地层的分界面，但是难以描述其内部信息。

2)基于体表示的模型

基于体表示的数据模型(volumetric model)侧重于 3D 空间体的表示，如建筑、水体等。体模型是基于三维空间的体元分割和真三维实体表达，体元的属性可以独立描述和存储，因而可以进行三维空间操作和分析。体元模型可以分为四面体(tetrahedral)、六面体(hexahedral)、棱柱体(prismatic)和多面体(polyhedral)四种；也可根据体元的规则性分为规则体元和非规则体元两类。

a. 规则体元

规则体元包括 CSG-tree、Voxel、Octree、Needle 和 Regular Block 五种模型。基于体表示的数据模型的优点是适于空间操作和分析，但其占用的存储空间较大，计算速度也比较缓慢。

(1)结构实体几何模型(constructive solid geometry，CSG)。结构实体几何模型的思想是：通过对预定的规则形状的基元(如立方体、圆柱体、球体、圆锥等)进行几何变换及相互之间的布尔操作(交、并、差)来得到一个组合的空间对象。通常 CSG 模型被表示成一棵布尔树(称为 CSG 树)，基本的体素和参数作为树的叶结点，正则布尔运算符则作为树的根结点和中间结点。CSG 模型对描述具有规则结构的三维空间对象效果较好，然而描述复杂的不规则三维空间对象时效率大大降低。同时，其对对象之间拓扑关系的描述能力差。

(2)3D 体元模型(voxel)。3D 体元模型也就是 3D 栅格模型，它是二维栅格扩展到三维空间的结果。该模型中，建模空间被划分成一组规则的且大小一致的 3D 空间阵列，阵列值为 1(物体被物体所占据)和 0(空)。3D 体元模型的优点是采用隐含的定位技术来进行程序编制，节省存储空间和计算时间，同时其结构简单，操作方便；但是该模型对于空间位置的表达精度较低，并且不适于对象之间空间关系的表达和分析。

(3) 针体模型(needle)。针体模型同时被称作行程模型，它是在 3D 栅格模型的基础上采用数据压缩技术产生的。其原理类似于结晶的生长过程，用一组具有相同截面但不同高度的针状柱体对某一非规则三维空间、三维地物等进行分割，用其集合来表达该目标空间、三维地物或地质体。

(4) 规则块模型(regular block)。规则块模型把待建模的空间按照一定的方向和间隔分割成规则的三维立方网络，称为块段(block)。每个块段都被看做均值同性体。该模型是传统的地质构模方法，其每个块段在计算机中的存储地址对应于其在自然矿床中的位置。该模型的优点是数据结构简单、规律性强，编程实现简单；缺点是描述矿体形态能力差，在矿体(尤其是复杂矿体)边界处误差大等。该模型适用于属性渐变的三维空间。

b. 不规则体元

不规则体元主要包括四面体模型(tetrahedral network，TEN)、金字塔模型(pyramid)、三棱柱体模型(tri-prism，TP)、地质细胞模型(geocellular)、非规则块模型(irregular block)、实体模型(solid)、3D-Voronoi 模型及广义三棱柱模型(generalized tri-prism，GTP)。

(1) 四面体格网模型(TEN)。四面体格网模型是一种特殊形式的栅格模型，是二维 TIN 结构在三维空间上的扩展。该模型以四面体作为描述空间实体的基本元素，将任意一个三维空间实体划分为一系列互不重叠的相邻不规则四面体。四面体由四类基本几何元素组成，分别是点、线、面和体。其中，每个四面体都包含四个三角形，每个三角形有三条边，每条边有两个顶点。

(2) 金字塔模型(pyramid)。金字塔模型类似于 TEN 模型，TEN 模型是用四个三角形的四面体来对空间实体进行划分，而金字塔模型则是用四个三角形和一个四边形组成的金字塔状的模型来实现对空间数据场的剖分。该模型数据维护和模型更新困难，一般较少采用。

(3) 三棱柱体模型(tri-prism，TP)。三棱柱体模型是一种较简单的模型，它以三棱柱作为基元来对空间对象进行建模。该模型中的基本体元由构成三棱柱的顶点、棱边、三角形边、三角形、侧面四边形及三棱柱体构成。根据约束条件的不同，三棱柱体分为正三棱柱体(NTP)和似三棱柱体(QTPV)。正三棱柱要求棱边相互平行，上下三角形也相互平行，因而难以应用于构建三维地质对象；似三棱柱由于不受上述条件约束，其应用更为灵活。

(4) 地质细胞模型(geocellular)。地质细胞模型的实质是 Voxel 模型的变形。其在 *XY* 平面依然采用标准的 Grid 进行剖分，不同的是，在 *Z* 方向上依据数据场的类型或者地层界面的变化进行划分，形成逼近实际界面的三维对象的空间剖分。

(5) 非规则块模型(irregular block)。非规则块是相对于规则块而言的，它们的主要区别在于：规则块在 3 个方向上的间隔可以不相等但必须为常数，而非规则块在 3 个方向上的间隔不仅可以不相等且不为常数。非规则块相较于规则块而言具有的优势是：其可以根据地质体空间界面的实际变化来进行建模，因此建模精度相对较高。但其不规则性导致建模过程与处理较为复杂，且空间位置信息不能像规则块一样隐含表达。

(6) 实体模型(solid)。实体模型采用多边形网格来描述地质体的边界，同时采用传统的规则块模型来描述实体内部的属性分布。该模型综合两种模型的优点，在保证边界构模精度的同时简化实体内部属性的表达和体积计算，该模型适用于内部结构复杂的实体构模。其缺点是人工作业量大。

(7) 3D Voronoi 图模型。3D Voronoi 图模型是 2D Voronoi 图在 3D 空间的扩展。其思想是基于一组离散采样点，在约束的空间内形成一组面和面相邻且互不交叠的多面体，用生成的多面体完成对目标空间的无缝分割。

(8) 广义三棱柱体模型(GTP)。最初齐安文等针对地质钻孔的特点，提出一种不受三棱柱棱边平行限制的类三棱柱体模型 ATP(analogical tri-prism)，后经发展成为广义三棱柱体模型(GTP)，TP 模型为其特例。GTP 的思想是：用 GTP 模型的上下三角形集合所组成的三角网来表达不同的地层，利用 GTP 侧边的四边形来描述地层间的空间关系，利用 GTP 模型的柱体来表达层与层间的内部结构。

3) 基于混合构模的数据模型

混合模型(mixed model)的目的是综合面模型和体模型的优点，以及综合规则体元与非规则体元的优点，取长补短。目前，混合模型主要有 TIN-CSG 混合模型、TIN-Octree 混合模型、Wire Frame-Block 混合模型及 Octree-TEN 混合模型等。

(1) TIN-CSG 混合模型。这种模型是当前城市 3DGIS 和三维城市(3DCM)构模的主要方法，它以 TIN 模型表示地形表面，以 CSG 模型表示城市建筑物，两种模型的数据分开存储。为了更好地实现 TIN 与 CSG 的集成，在 TIN 模型形成过程中添加建筑物的地面轮廓为内部约束条件，同时将 CSG 模型中建筑物的编号作为 TIN 模型中建筑物地面轮廓多边形的一个属性，将两种模型集成在一个用户界面(李清泉，1998；孙敏和陈军，2000)。这种方式只是表面上的集成方式，一个目标只由一种模型表示，最后通过公共边界将它们连接起来，其操作和显示是分开进行的。因此，该模型效率较低。

(2) TIN-Octree 混合模型。这种模型以 TIN 模型来表达空间实体的表面，以 Octree 表示空间实体的内部结构，用指针建立它们之间的联系，其中，TIN 主要用于可视化和拓扑表达。TIN-Octree 混合模型集中了 TIN 模型和 Octree 模型的优点，对拓扑关系的搜索较为有效，并且可以充分利用映射和光线跟踪等可视化技术。其缺点是 Octree 模型数据较为依赖 TIN 模型数据，Octree 模型数据必须跟随 TIN 模型数据的改变而改变，这就导致了数据维护的极大困难。

(3) Wire Frame-Block 混合模型。该模型主要用于地质体建模，用 Wire Frame 模型来描述实体的轮廓或开挖边界，用 Block 模型来进行内部填充。为了提高内部模拟的精度，可以根据需要按照某种规则对 Block 进行细分。例如，以 Wire Frame 模型的三角面与 Block 体的截割角度为准则来确定 Block 的细分次数。该模型实用效率较低，数据更新比较困难。

(4) Octree-TEN 混合模型。李德仁等曾经提出将八叉树(octree)和不规则四面体(TEN)相结合的数据结构。八叉树模型结构简单，操作方便，并且基于八叉树的许多空间算法的计算也相对简单，但由于八叉树模型只是一个近似模型，其中很难保留最原始的采样数据，数据量随着空间分辨率的提高成倍增加。不规则四面体模型虽然能够很好地保存原始观测数据，并具有精确表示目标和空间拓扑关系的能力，但与八叉树相比，四面体模型比较复杂且数据量较大。在很多应用领域，单一的八叉树或不规则四面体模型都很难满足需要。在八叉树和不规则四面体相结合的混合模型中，八叉树主要用于全局描述，在八叉树的部分栅格内嵌入不规则四面体作局部描述。这种混合模型适于表达内部破碎、表面规整的对象。如图 8-1 所示，这种结构中八叉树用于表达表面及内部完整的部分，同时在八叉树特殊标识的结点内嵌入不规则四面体网表达内部破碎的部分。

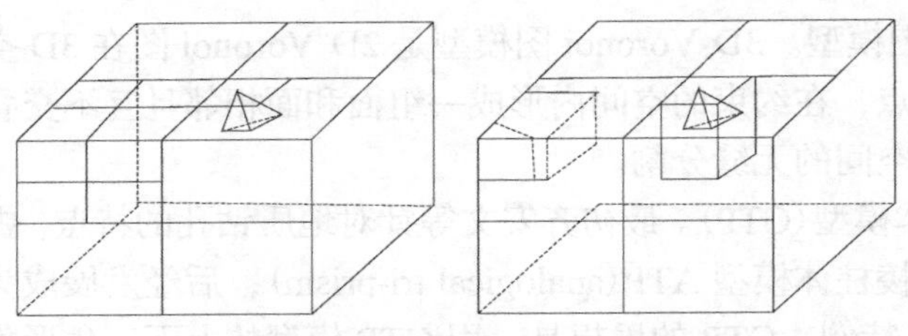

图 8-1 八叉树与 TEN 的结合

8.3 空间复杂实体三维构建的理论与方法

传统的 GIS 将现实世界投影到二维平面来进行分析和计算，已无法满足日益发展的数字城市、地质勘探、矿山生产、环境监测、水利枢纽和国防军事等众多领域新增的应用和要求，3DGIS 为解决这些问题提供了方案。但是，3DGIS 对于复杂地形和实体的建模依然很困难。尤其是在我国西部地区，矿藏等资源丰富，一些大型的金属矿山经过多年的开采，地下井巷、采场工作面和采空区等极为复杂，精细的测量数据获取较为困难，建立 3DGIS 应用系统也有很大难度。由于三维激光扫描仪使用范围的局限，尽管其具有高精度和成片测量的特点，但依然难以成为主要获取手段。对于复杂空间对象，主要手段还是获取其离散特征点的信息。因此，对一系列特征数据集进行三维建模，实现三维空间的插值和分析，是目前 GIS 研究的热点之一，也是对复杂空间实体构建三维 GIS 必须解决的关键问题之一。

8.3.1 三维数据采集

三维数据是 3DGIS 的核心，三维数据获取的方式有很多种。目前，获取空间形体三维数据的技术主要分两类：接触式测量和非接触式测量，如图 8-2 所示(张镇和吕秋娟，2009；陈杰，2012)。

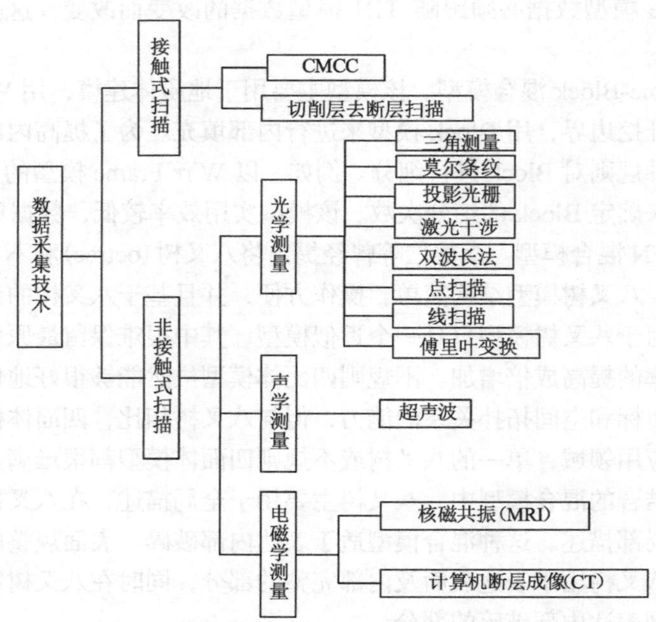

图 8-2 三维数据采集技术分类

8.3.2　空间复杂实体三维构模方法

对空间复杂实体进行三维建模是一项复杂的工程，由于实体的不规则性，对该类实体的建模需分多个层次进行，并且不同的构造需要用到不同的建模方法。下面主要介绍四种基于点云(点集)的三维建模方法：向量平衡点约束条件下几何式三维建模算法、基于潜在连接点集的构模算法、基于空间凸包的收缩式建模算法和孔洞的三维建模方法(陈杰，2012)。

1. 向量平衡点约束条件下几何式三维建模算法

该建模算法是一种针对空间点集的建模算法。该算法的原理是在逐点插入的过程中进行实时优化，同时采用有效的方法规避了由于 K(给定的最近邻点数)取值有限所带来的局部“孤立点群”的问题，同时对“同棱点”也做了有效的处理。该算法在对地下采空区进行激光扫描获取的点云数据进行处理时，对点群进行逆向计算求定站心坐标作为本算法中的虚拟中心，建模结果能最大化逼近采空区的真实形态。该算法属于较粗粒度级的实现，其适合作为层次化建模的基础。

1)同位点

设有阈值 $\text{Threshold} > 0$ ，对于给定的两个点 P_1 和 P_2 ，如果两点之间的距离 $\text{Distance}(P_1, P_2)$ ，存在 $\text{Distance}(P_1, P_2) \leqslant \text{Threshold}$ ，则认为两个点 P_1 和 P_2 为同位点。

2)邻接表

设有点集 P_n，在遍历点集的过程中，每个点作为邻接表的表头，分别计算处理与其相邻的最近的 K(选取 K=8)个点，并将其记录到邻接表中。每条记录的 K 个邻接点按照距离升序排列，对于全部的邻接表则按照每条记录的首个邻接点的距离的升序进行排列。表 8-2 为本书采用的邻接表的形式，EI[i，j]表示表头点 i 的第 j 个邻接点的索引，D[i，j]表示表头点 i 的邻接点 j 到 i 的距离。

表 8-2　邻接表形式

表头点索引	邻接点1	邻接点2	…	邻接点k
表头点1索引	EI[1,1]，D[1,1]	EI[1,2]，D[1,2]	…	EI[1,k]，D[1,k]
表头点2索引	EI[2,1]，D[2,1]	EI[2,2]，D[2,2]	…	EI[2,k]，D[2,k]
⋮	⋮	⋮		⋮
表头点n索引	EI[n,1]，D[n,1]	EI[n,2]，D[n,2]	…	EI[n,k]，D[n,k]

3)点 P 与以 C 为中心的各表面片的位置关系

假设边是有方向的，对于边 P_iP_j，P_i 为起点，P_j 为终点。对于给定点 P，点 P 与边 P_iP_j 的位置关系可以转化为向量 $\boldsymbol{CP}$ 与面 ΔP_iP_jC 的位置关系。设有 ΔP_iP_jC 的外法向量 $\boldsymbol{V}_n$ ，则有点积 $\boldsymbol{CP} \cdot \boldsymbol{V}_n$ ：

$$\begin{cases} \left| \boldsymbol{CP} \cdot \boldsymbol{V}_n \right| < \text{Threshold2} & P\text{在}P_iP_j\text{之上} \\ \boldsymbol{CP} \cdot \boldsymbol{V}_n > \text{Threshold2} & P\text{在}P_iP_j\text{左} \\ \boldsymbol{CP} \cdot \boldsymbol{V}_n < \text{Threshold2} & P\text{在}P_iP_j\text{右} \end{cases} \tag{8-1}$$

如果点 P 位于面表中某一面片 3 条边的左侧，则计算向量 $\boldsymbol{CP}$ 与当前面片外法线向量的点积，如果点积≥0，则表明该点位于三棱锥内部；如果点 P 位于某条边上，则计算点 P 与起点的距离，如果距离小于当前边的长度，则位于边上，反之位于外部；如果点 P 既不在棱锥内部，又不在某条边上，则表明该点为外部点。待插入点与三棱锥构成如下三种位置关系：图 8-3 为矢量 $\boldsymbol{CP_i}$ 在三棱锥内部，点 P_i 位于三棱锥 $C-P_1P_2P_3$ 的内部。将现有面 $P_1P_2P_3$ 切分为 3 个面片 $P_1P_2P_i$、$P_2P_3P_i$ 和 $P_3P_1P_i$，同时新增 3 条边 P_1P_i、P_2P_i 和 P_3P_i。更新面表和边表中相关的拓扑信息。完成点位于某棱锥内部的插入工作。图 8-4 为矢量 $\boldsymbol{CP_i}$ 在三棱锥侧面上，点 P_i 位于面 P_1P_3C 上。如果边 P_1P_3 左侧的面片索引有效，则将左侧对应的三角面片分割为 2 个新的面片 $P_1P_iP_4$ 和 $P_3P_4P_i$。同理，如果边 P_1P_3 右侧的面片索引有效，则将右侧对应的三角面片分割为 2 个新的面片 $P_1P_2P_i$ 和 $P_iP_2P_3$。边 P_1P_3 将被切分为 2 条新边 P_1P_i 和 P_iP_3。对应的，如果左侧面片有效，则插入一条新边 P_iP_4；如果右侧面片有效，则插入一条新边 P_2P_i。图 8-5 为矢量 $\boldsymbol{CP_i}$ 在三棱锥的外侧，如果当前点位于已建立的棱锥的外部，需要进一步判定其是否与已有棱锥的侧棱同棱，如果与某条侧棱同棱，则将其标记为“同棱点”，等待后续处理，否则继续执行主建模流程。图 8-5 中点 P_i 位于已有棱锥的外部，首先遍历边表，如果边表中当前边的两侧面片的拓扑信息都有效(不为−1)，则跳过；如果只有一侧有效，判断向量 $\boldsymbol{CP_i}$ 与该边的位置关系，在一条边只能被 2 个面片所共享的条件下，完成外侧边的插入。图 8-5(a)中待插入边 $\boldsymbol{CP_i}$ 只能看到部分棱锥，而图 8-5(b)中的待插入边 $\boldsymbol{CP_i}$ 则能看到已有棱锥的全部外侧面，执行相应的插入，并更新面表和边表中相应的拓扑信息。

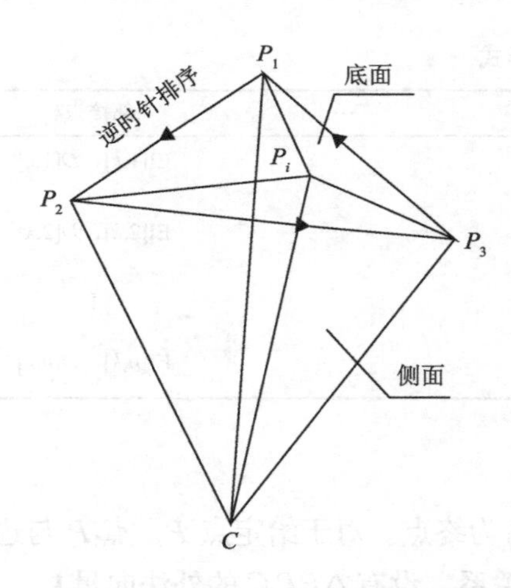

图 8-3　当前点位于三棱锥内部

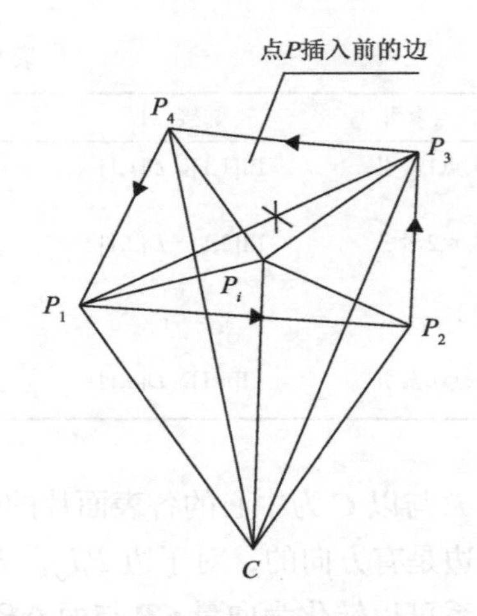

图 8-4　当前点位于棱锥的侧面上

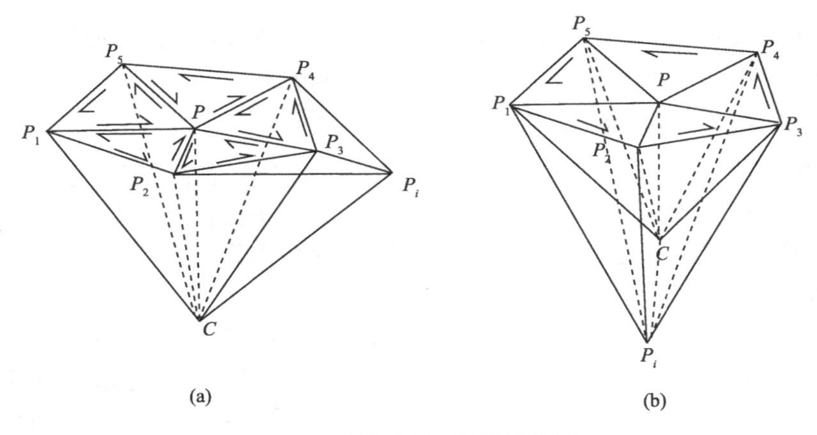

图 8-5　当前点位于棱锥的外侧

4) 三维构造算法

设有空间数据点集 P_n，以 P_n 为对象，具体的三维构造算法如下。

(1) 剔除点集里的同位点(两个同位点中剔除一个)，同时建立邻接表。

(2) 取权重 $k_i=1$，计算向量平衡点 C、主点集列表中各点相对于平衡点 C 的向量 $\boldsymbol{CP}_i$ 及其长度范数 L_v，计算公式如下。在不同的应用中，可根据需要及相应的特征来确定权重的计算方法。

$$C(x_c,y_c,z_c)=\frac{1}{n}\left(\sum_{i=1}^{n}x_i,\sum_{i=1}^{n}y_i,\sum_{i=1}^{n}z_i\right) \tag{8-2}$$

$$\boldsymbol{CP}_i=(x_{p_i},y_{p_i},z_{p_i})-(x_c,y_c,z_c) \tag{8-3}$$

$$L_v=\left|\boldsymbol{CP}_i\right| \tag{8-4}$$

(3) 起始边及起始面片的确立。从邻接表中选取最短边作为起始边，按照最小角最大化的原则筛选该最短边的 K 临近点，选择最优点建立三角形作为起始三角形面片。以 C 为中心构建起始三棱锥，然后利用 $\boldsymbol{V}_D\cdot\boldsymbol{V}_n$（$\boldsymbol{V}_D$ 为点 C 到三角面片中心的方向向量，$\boldsymbol{V}_n$ 为自然顺序下球的法线向量) 来确立三角面片的环绕方向，如果 $\boldsymbol{V}_D\cdot\boldsymbol{V}_n\geqslant 0$，则使用自然顺序，反之，将点反序排列。创建面片变量，按计算所得的顺序来填充对应的顶点信息域，同时将其加入到面表中。创建 3 个边变量，使用初始面片的信息填充变量的各个域，将它们加入边表中，同时根据边表中的边信息填充面片中相应边的索引信息，并且将构成该面片的 3 个顶点状态设置为“已使用”。

(4) 建立循环遍历邻接表。在建模过程中建立一个变量跟踪待插入点，优先选择当前插入点的 K 个近邻点中的点作为当前插入点；在其邻近点都已插入完的情况下顺序遍历邻接表，取下一个表头点作为当前插入点。这样能有效消除由邻接表中 K 的取值的有限性所导致的局部点群“孤立”的现象。

(5) 将当前点的状态标记为“已使用”，循环直到 K 邻接表的表头点全部处于“已使用”或“同棱点”状态。

(6)遍历主点集列表，对每个标记为“同棱点”的点插入到与其最近邻的点构成的面片中，包括局部面片的打破和重建操作，以获取最佳拓扑连接。

2. 基于潜在连接点集的构模算法

对于指定的某个点，与之距离较近的点相对距离远的点来说存在拓扑连接的可能性较大。潜在连接点集就是：对给定的点集(采样自空间形状表面)进行遍历，选定起始点后，按照某种距离筛选规则对原始点集进行遍历排序之后建立起来的点集。

1)数学 K 近邻

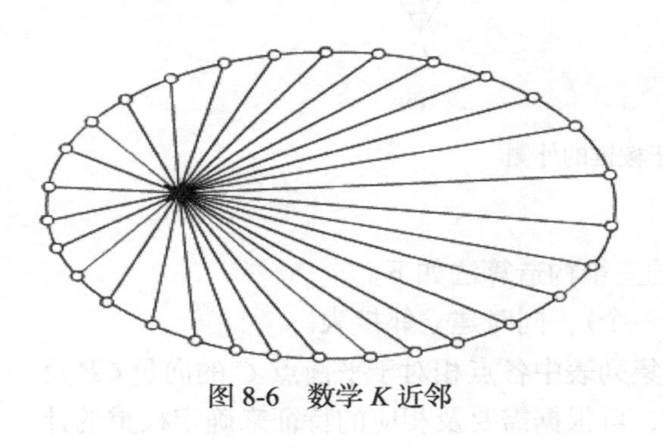

图 8-6　数学 K 近邻

数学 K 近邻计算点集中的每个点的距离最近的 K 个点。若采用欧氏空间距离计算 K 近邻，就不需要进行复杂的运算，且很方便。但其得到的 K 近邻在空间上的分布有可能不均匀，会出现“过于集中”的现象。如图 8-6 所示，中心点处的数学 K 近邻在 K 值(K=6)确定的情况下，选择的点将集中于左侧，而右侧的选择点比较稀少。这样一种空间分布上的不均衡将会导致在表面拓扑推进中无法实时获取最优格网，算法在后续的优化过程中将更加困难。

2)空间定向 K 近邻

为了避免数学 K 近邻在理论上的近邻分布不均匀的问题，引入一种带有空间分布约束的定向近邻。其主要思想是：以给定的点为中心，在其空间的某一平面上给定的每个空间划分范围内选定一个点，这些点的集合组成了空间定向 K 近邻。具体的操作是：以给定点为中心，在确定的某平面上进行等角度划分，将其划分为 K 个象限($K=1,2,3,\cdots$)。在每个象限中选择一个距离中心点最近的点，所选的所有点组合起来成为邻近点集。通过象限的约束，选择得到的邻近点集在空间分布上比较均匀，这样在表面格网拓扑推进中，实时建立的格网的质量也较好。

3)自然 K 近邻

Voronoi 图的许多数学特性，为研究地学、计算机科学和数学等领域中的一些问题提供了有力的工具。其中，与 GIS 空间数据建模相关的若干重要性质包括势力范围特性、侧向邻近特性、线性特性、局域动态特性和与 Delaunay 三角网对偶性等。其中，势力范围特性是指：对一个空间生长目标而言，凡落在其 Voronoi 多边形范围内的空间点距其最近。因此，该 Voronoi 多边形在一定程度上反映了其影响范围或势力范围。而对于二维空间中任意一点来说，除非其位于公共边上，否则必然落在一个 Voronoi 多边形之内；侧向邻近特性说明，除了公共边之外，Voronoi 图中的各个多边形互不重合，且铺满着整个二维空间。这种空间铺盖将各空间生长目标联系在一起，隐含地表达了空间生长目标之间的全部侧向邻近信息。根据这一重要性质，可以较为方便地回答诸如最近目标对和最邻近目标等问题；线性特性是指 Voronoi 图的尺寸随点集中点数 n 呈线性比例增加，具有并不复杂的结构。

周培德(2005)以定理的形式给出了 Voronoi 图的一些几何性质，并做了相关的证明：①具有 n 个点的点集 P 的 Voronoi 图至多有 $2n-5$ 个顶点和 $3n-6$ 条边。②每个 Voronoi 点恰好是三条 Voronoi 边的交点。③设 v 是 $V(P)$ 的顶点，则圆 $C(v)$ 内不含 P 的其他点。④点

集 P 中点 P_i 的每一个最近邻点确定 $V(P_i)$ 的一条边。⑤Voronoi 图的直线对偶图是 P 的一个三角剖分。

依据 Voronoi 图的定义及其性质，将 Voronoi 图所确定的点的邻居点视为自然邻居。

4) 潜在连接点集的构建算法

虽然利用不同的近邻理论计算出来的潜在连接点集也不同，但潜在连接点集的构建算法则相同，具体步骤如下：①构建潜在连接点集队列和 K 邻近邻接表。②计算点集中每个点的 K 近邻，并将其存于邻接表中。③选定潜在连接点集的起始点，并置入潜在连接点集中。起始点一般选择 X、Y 或 Z 坐标分量的最值点(最大值或最小值)，这样能比较容易确定出三角面片的外法线方向，直接构建外法线下逆时针的面片序列。④顺序遍历潜在连接点集，选择点作为当前点，判断其邻居点是否位于潜在连接点集中，如果是，则测试下一个邻居点，否则将该邻居点置入潜在连接点集中。⑤循环直至潜在连接点集遍历完毕。

5) K 近邻条件下的表面拓扑推进三维建模算法

该算法中需要用到主点集列表、面表、边表、K-邻近连接表、旧轮廓表和新轮廓表。其中，主点集列表用于存放空间点集中每个点的真实三维信息。面表、边表、K-邻近连接表和轮廓边表中存储的不是点的真实信息，而是点在主点集列表中的索引，这是因为每个顶点都包含于多个面片中，而每条边也都被两个面片所包含，如果以边或是面片为单位采用真实坐标计算,可能会带来潜在的裂缝问题(即由浮点计算的精度问题导致同一点在不同边中的坐标不完全相同)。具体的建模算法如下。

(1) 最佳投影平面的拟合。根据最小二乘平面拟合理论确定。

(2) 邻接表的建立。根据最近邻平均邻居数理论中 K 值的确定方法，给定表头点的邻居数可确定为 6 个。具体的结构为：在每条记录中，根据各邻接点至表头点的距离由升序存放。

(3) 起始面片和起始方向的确定。首先遍历 K-邻近连接表，选择其中最短的边作为起始边，对该边的两个顶点的潜在连接点按照距离的升序排序，然后按照最小角最大化的原则从中选定第三个点，构建起始三角面片。计算起始面片的法线向量，根据下述确定方向的原则，确定该起始面片的外法线方向。

分别找出点集 P_S 三维坐标系下最值($X_{\min}$，$X_{\max}$，$Y_{\min}$，$Y_{\max}$，$Z_{\min}$ 和 $Z_{\max}$)处对应的六个点，这六个点组成起始点集。最终的面片模型上 $X_{\min}$、$Y_{\min}$ 和 $Z_{\min}$ 处的外法线方向沿各对应坐标轴的负方向，数学上面片处的法线方向取与相应轴负方向向量的点积大于 0 的方向；而 $X_{\max}$、$Y_{\max}$ 和 $Z_{\max}$ 处的外法线方向则沿对应坐标轴的正向，数学上面片处的法线方向取与相应轴正向向量的点积大于 0 的方向。

(4) 点位中心面片的建立。首先构造初始局部面片序列，然后从中选择与中心点相连的最短边作为起始边，遍历面表，利用余弦定理对初始局部面片进行优化，优化的准则为保持内角的最大化。初始局部面片构造如下。

以邻接表表头点为中心点，将其邻近点投影到最佳二乘拟合平面上，以便在该平面上构建最佳局部面片。然后以该最佳二乘拟合平面的法向量为基准，进行空间旋转，使该法线与三维直角坐标系下的 z 轴重合，以便在 xy 平面上进行局部最佳面片的构建。

经过坐标系的正变换后，将局部空间点集变换到了标准坐标轴的平面上，以表头点的投影点作为极点，对各邻近点的投影点相对于该极点进行变换，变换到极坐标空间下，得到极坐标系下的坐标序列 $\{(L_1,\theta_1),(L_2,\theta_2),\cdots,(L_n,\theta_n)\}$，其中，$(L_i,\theta_i)$ 为极坐标下的坐标表示，L_i

为邻近点相对中心点的距离，θ_i 为以邻近点为中心的极轴下的极角。以角 θ_i 升序排列来构建出初始局部面片序列。同时，对于具有相同极角的点，则按照相对中心点的距离的升序排序。

(5)潜在连接点集的确定。遍历 K-邻近连接表，结合最佳二乘平面的拟合，以广度遍历的方式从各表头点的邻近点中选择潜在连接点加入潜在连接点集中。构建中有两个原则需要遵循：①由于空间点群自身的分布特性，应通过遍历主点集来避免单从邻接表中遍历可能导致的“局部孤立点群”的出现；②在以点位中心面片建立局部面片时，应优先选择在极坐标系下 360° 范围内分布较为均匀的点。

(6)空间网格的拓扑生长。遍历轮廓边表，从中选择边作为当前边，以此边为对象，遍历该边对应的两个端点的邻近点，如果遍历到的邻近点的状态为“已使用”或“使用中”，则跳过该点；否则，对该点与两端点组成的三角形进行最小角最大化的判断，得出最佳的邻近点来构成三角面片，将该点标记为“使用中”。同时，将当前边标记为“已使用”，并将新增的两条边依次加入新轮廓边表中待后续处理。如果该边端点所有的邻接点的状态均处于“已使用”或“使用中”，就直接将其插入新的轮廓表中；循环直到旧轮廓边表中的所有边被遍历结束为止。

对于相邻的两条边，在空间网格拓扑推进的过程中，如果有一个点对这两条边而言都是最佳连接点的话，会根据执行判断的先后顺序，将其置入一条边中，在另一条边的构建中由于该点的状态为“使用中”而跳过。同时，需要对新生成的轮廓表中的边进行优化处理，优化的准则为：以新轮廓表中的各个端点为依据，判断与其相邻的两个端点是否满足向外拓扑推进的准则，满足则建立连接，新增三角面片并将其置入主面片中，同时将原有的两条边的状态标记为“已使用”且置入主边表中。将已经变为内部边的轮廓边从新轮廓边表中移除。将新轮廓边表变为旧轮廓表，执行上述循环，直到所有点遍历完毕为止。

(7)闭合处理。在执行完表面拓扑生长后，所有点都被包含到模型中。最终轮廓边表中的所有边首尾相连构成的空间多边形相对于该模型而言，处于开区域状态，需要对其进行闭合处理，以完成空间格网的构造。

3. 基于空间凸包的收缩式建模算法

凸壳是一个重要的几何结构，它的应用十分广泛，如模式识别、图像处理、图形学和人工智能、GIS、地学三维建模等。本节将以空间点集的凸壳为出发点，将平面凸壳的概念延伸到三维空间，讨论一种基于空间收缩的三维建模算法。

1)空间凸壳的生成

总结众多学者所做的大量研究，生成凸壳的方法主要有卷包裹法、分治算法和快速凸包构建算法等。

(1)卷包裹法。卷包裹法的主要思想是：首先将输入点集中的点投影到水平面上，同时计算出该投影集的平面凸包。然后以构成该平面凸包的边为基本对象，从剩余点集中选择最佳点，以保持其余的点均被包含在内，对新增三角形的其余边也做相同的处理，直到当前边表中的边均被使用过两次为止。最优点通过计算相邻面片构成的二面角的平面角来确定。

(2)分治算法。分治算法的基本原理是首先将输入点集划分成两个子点集（点数大致相同），分别对这两个子点集进行空间凸壳的计算，然后将得到的两个凸壳进行合并。合并的做法是：先从两个凸壳中分别选择一个点来构建一条棱，确保该棱位于最终的空间凸壳上；再由此棱开始，进行三角网的重建，直至循环回到该棱为止。分治算法的优点在于对点集进行划分处理，使子群的空间构造更容易实现，这样将问题的处理难度降低。该算法相比卷包裹算法已经有了极大的优化。

(3) 快速凸包构建算法。Barber等将二维的快速凸包求解算法扩展到三维空间中，并综合了其他相关算法的优点，研究出了三维的快速凸包构建算法。该算法的运行速度更快，并且减少了对内存的依赖。

2) 空间收缩理论

空间凸包表示了对应形状的一种较为粗糙的包围层次，为了能够获取到对象形状更为精细的表示，需要以点集中剩余点作为约束，对空间凸包构成的空间进行收缩，以最大化地逼近空间物体的空间形状。

形状建模的难点在于很难用数学语言对其做出精确描述。考虑空间点集的采样密度，结合人类自身视觉的感知，得出一些指导性的辅助建模的准则，如下：①构成空间凸包的面中，其面积越大对模型形状细节忽略的可能性越大；②构成空间凸包的边中，其长度越长对模型在该边周围细节忽略的可能性越大。

根据上述准则，符合①和②的面和边所在的区域就是需要被处理的区域。有两种方式来实现模型的进一步逼近：选择面积最大的三角形作为待细分面，从剩余点集中选择距离该面片最近的点作为待插入点；选择长度最长的边进行细分。但这样存在两个问题：构成面积最大面的边不一定最长，同样最长边不一定位于最大面中。在将某一个点插入面片中时只拆分当前面片可能是不足的，还要在相关的多个面上进行拓扑收缩处理，如图 8-7 所示，图中点 P 作为$\triangle BCD$ 最佳点，在插入的过程中，仅仅将$\triangle BCD$ 拆分成三个面片$\triangle BPD$、$\triangle BCP$ 和$\triangle PCD$，如图 8-7(a) 所示，结果不符合最小角最大的原则，不能令人满意，而图 8-7(b) 则符合规定。

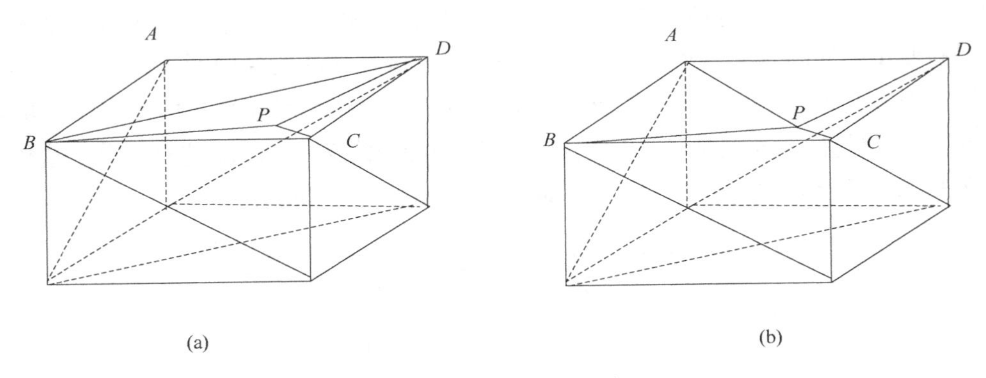

图 8-7　点插入面片的剖分过程

为了避免最大面和最长边之间的矛盾，以及相邻面片拓扑重建的复杂性，采用这样一种协调的机制：从当前格网中选择最大的面，然后从该面中选择最长边作为潜在的细化对象进行格网模型收缩处理。具体做法为：被细分处理的边只被两个面共享。对该边的左右两侧面片的最优点进行判定，存在三种情况：两侧无点、两侧只有一个点及两侧有两个点，如图 8-8 所示。对于两侧有点的情况，在插入该点的时候将对应的三角形拆分为 3 个。在拆分完对应的面片之后，对当前最长边进行拆分处理。在面片拆分之后，最长边的两侧会产生新的三角面片。构成当前最长边的两个顶点和构成其两侧面片的两个顶点可构成一个四面体，对这个四面体进行处理，该处理构成空间收缩算法的核心。此时需计算左右两侧顶点连线的长度，如果该线的长度小于当前长边，则表明当前长边可以用更细节化的短边来替代，但此时不能直接将其细分。还需对四面体进行判定，如果该四面体中无点，则可以细分，如果有点，则不执行细分。这是为了保持剩余点集位于当前闭合格网内部，并且在格网收缩的过程中，保持最大化的顾及表面的细节信息。图 8-8 中，边 AB 为最长边，$\triangle ABC$ 和 $\triangle ABD$ 为其两侧的三角面片，图 8-8(a)、(b)、(c)、(d)显示两侧面片与最优点存在的四种关系。将对应的面片进行拆分，原始面片就被拆分为 3 个新面片。执行完面片的拆分处理之后，对长边 AB 结合两侧面片的第三个顶点形成新的四面体进行处理。在满足下述两个条件的情况下，边 AB 被两个侧面顶点的连线[图 8-8(a)中 CD，图 8-8(b)中 ED，图 8-8(c)中 CF，图 8-8(d)中 GH]细分。条件：①新边比边 AB 短；②四面体中不含剩余点集中的点。其中，条件②的优先级高于条件①。

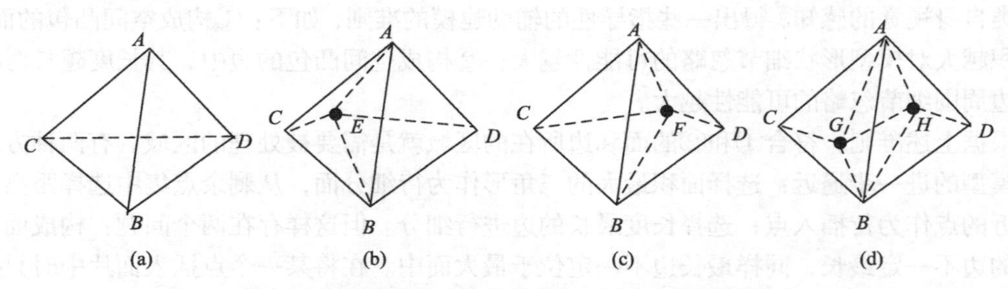

图 8-8　边的两侧面与最优点的四种关系及处理过程

存在一种特殊情况：有一点位于当前最长边较近的位置，且与左右两侧三角面片的距离相等。考虑浮点计算精度的问题，这种情况下，该点可被任意划至左右两侧。

当面临复杂的情形时，只针对面距测试和对角线长度测试是不够的，因此这里加入一种圆柱形进行测试。如图 8-9 所示，设$\triangle ABC$、$\triangle ACD$ 和$\triangle ABD$ 为某模型的局部格网，点 P_1 和点 P_2 分别为$\triangle ABC$ 和$\triangle ACD$ 的待插入点。这两个点均需满足距对应平面距离最近和 $\overline{P_1P_2} < \overline{AC}$。在执行插入处理时，用 $\overline{P_1P_2}$ [图 8-9(b)中的虚线]对长边 $\overline{AC}$ 进行剖分。这样就导致图 8-9 中$\triangle AP_1P_2$ 和$\triangle P_1P_2C$ 所构成的二面角相对模型形成“凹角”。

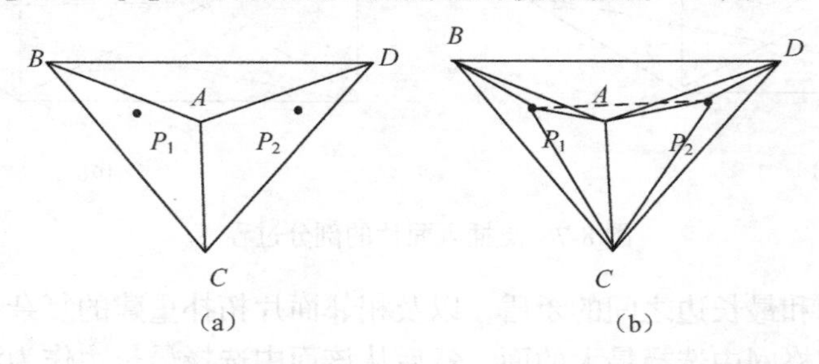

图 8-9　建模剖分中形成的凹角

虽然这种情况存在实际物体表面是一种常规现象，但是考虑输入点云的采集手段和点集的密度问题，本算法研究中将避免该问题的出现。具体做法是：在对通过面距测试和对角线长度测试之后，再执行两次棱锥顶点的投影面测试，将图 8-9 中点 C 沿面$\triangle AP_1P_2$ 的法线进行投影，同时测试是否位于该投影面中，同样对点 A 进行测试。如果点 C 的投影不在面$\triangle AP_1P_2$ 上，点 A 的投影不在面$\triangle P_1P_2C$ 上，那么 P_1P_2 被确定为新边，长边 AC 被剖分，同时将边 P_1P_2

加入模型中；否则，只执行局部三角面片的剖分处理。

3) 三维建模

首先在凸包的基础上进行空间收缩建立起始格网，然后在起始格网的基础上进行点集的局部投影，最后在投影平面上完成模型的精化建模。①构建空间凸壳，同时将位于凸壳中的点的状态标记为“使用中”；②遍历主点集列表，计算点集中剩余点的潜在可视面片队列(即点沿面片法线的投影在该面片内部)；③建立面片队列，将构成凸壳的面片按面积大小的升序排列；④计算点集中各剩余点的最近平面，并按照距离由小到大的顺序添加至对应面片的队列中；⑤遍历面表，选择面积最大的面片，并选择其中最长的边作为当前边，从左右两侧中进行剖分点测试，然后执行插入操作，判断中间四面体的消除性；⑥更新面表和相关面表的点集队列；⑦循环直至长边被细化到退出条件为止；⑧计算剩余点的垂直投影面，并按距离由小到大添加至点的面片队列中；⑨遍历剩余点的面片队列，将点的索引添加至其距离最近的面片的投影点队列中；⑩以各面片为基准面，进行空间旋转，旋转至水平状态，在该面控制的范围内对队列中的点进行三角构网。

给定空间轴，在其垂直平面上旋转θ角，其中，θ为正时为逆时针旋转，为负时为顺时针，计算方法有欧拉角、向量方式和四元素方式等。其中，欧拉角存在万向节死锁的问题，一般通过向量旋转或是四元素的方式实现，本算法中采用向量的方式计算，变换矩阵为

$$\boldsymbol{R}=\begin{bmatrix}\cos\theta+(1-\cos\theta)\boldsymbol{r}_x^2 & (1-\cos\theta)\boldsymbol{r}_x\boldsymbol{r}_y-\boldsymbol{r}_z\sin\theta & (1-\cos\theta)\boldsymbol{r}_x\boldsymbol{r}_z+\boldsymbol{r}_y\sin\theta \\ (1-\cos\theta)\boldsymbol{r}_x\boldsymbol{r}_y+\boldsymbol{r}_z\sin\theta & \cos\theta+(1-\cos\theta)\boldsymbol{r}_y^2 & (1-\cos\theta)\boldsymbol{r}_y\boldsymbol{r}_z-\boldsymbol{r}_x\sin\theta \\ (1-\cos\theta)\boldsymbol{r}_x\boldsymbol{r}_z-\boldsymbol{r}_y\sin\theta & (1-\cos\theta)\boldsymbol{r}_y\boldsymbol{r}_z+\boldsymbol{r}_x\sin\theta & \cos\theta+(1-\cos\theta)\boldsymbol{r}_z^2\end{bmatrix} \tag{8-5}$$

式中，$\boldsymbol{r}=(r_x,r_y,r_z)$为空间向量且为归一化的(单位向量)；$\theta$为旋转的角度，俯视空间向量$r$，$\theta$为正时为逆时针旋转，为负则为顺时针旋转。在实际使用的时候，指定面片的外法线的单位向量为该空间旋转轴。

具体的旋转公式为

$$\boldsymbol{P}_{\text{new}}=\boldsymbol{R}\cdot\boldsymbol{P} \tag{8-6}$$

式中，$\boldsymbol{P}=[x,y,z]^{\mathrm{T}}$，$\boldsymbol{P}_{\text{new}}$为经过旋转后的坐标。

对旋转过的点集进行平面的三角构网处理，坐标采用变换后的坐标，建立好三角网之后，对应到模型中采用原始坐标。三角构网的具体方法可采用贪心算法，其构建结果将获取到一种边的总和最短的构造，也可采用 Delaunay 三角剖分算法。贪心算法的时间复杂度较大，很难满足实时计算的需要，Delaunay 的时间复杂度较小。对面片队列中的全部面执行该处理。

起始格网边的短化处理。按照局部投影的方式对各面片进行局部投影构网之后，便获取了一种接近格网真实形态的表达，还需要对构成原始空间格网的边进行短化处理。在经过前述处理后，每一条原边被两个三角面片共用，长边的存在导致了模型的细节比较粗糙，具体的做法是，采用另两个点作为对角线，进行重构处理，这样的重构处理需要循环直到相关的面片的边达到均匀为止。

4. 孔洞的三维建模

空间实体并不一定是规则的，对于大部分的空间实体而言，往往存在很多孔洞。如果能

够有效地对这样的孔洞做出定义，在建模中顾及此类情况的话，建模算法的表达能力和精确度将会显著增强，同时也能极大地拓宽算法的适用范围。本节首先从二维的角度对孔洞进行讨论，最终将其拓展到三维空间中，并在此基础上对基于自然邻近条件下的表面拓扑建模算法进行扩展，以便解决带有孔洞的空间实体的建模问题。

1）点可移动条件下的剖切划分

设参数 Δd 为点可允许移动的范围，该参数在平面上表现为圆形，在空间中则表现为球体。但无论是圆形还是球体，都会带来一定程度上的复杂性。结合待解决问题的性质，对移动实施一定的约束，也就是说，使点只在一定的方向上移动，这样就会降低问题的难度。具体的做法是：对目标点群建立空间平面簇，即该平面簇间的距离为 $2\Delta d$，而点只允许沿着平面簇的法线方向移动。显而易见，点群在参数的控制下，以相邻平面间的中心平面为界，进行了各自的投影。结合空间形状的连续性，相邻切平面上的形状具有一定的相似性，参数 Δd 的取值越小，切平面拟合对象的精度越高。同时，通过该参数，也引入了交互式控制模型格网精细程度的方法。理论上，任意法向的切平面簇都可以用来对点群进行剖切，为了建模计算上的便利，通常选用同坐标平面平行的切平面簇，即水平切平面簇和垂直切平面簇。

在不同 Δd 参数水平下，能够看出各切平面上投影的相似性，从而将复杂的三维建模问题降阶为二维问题。

2）平面点群的形状重建及孔洞的识别

在上述切平面剖切的基础上，对平面投影上的点集进行形状重建成为建模的重点之一。很多学者对平面点集的边界重建问题进行了研究，但是鲜有算法能够对带有环形的平面边界进行重建。结合关于平面孔洞的研究，提出如下针对平面点集更为一般的边界重建算法：①计算平面点集的平面凸壳；②计算平面点集对应的 Voronoi 图；③使用平面凸壳对计算出的 Voronoi 图进行裁剪，以便获取到有限的区域；④联合原始点集中的点和 Voronoi 图顶点进行平面三角网的构建；⑤剔除包含 Voronoi 图顶点的边；⑥剩余的边即为平面形状对应的轮廓边；⑦获取到平面点集的轮廓表示。

3）多剖面形状线的闭合

对于切平面上的非闭合边界需要进行闭合处理，才可得到空间对象的闭合格网模型。但是在对相邻轮廓线进行闭合处理时，面临一个问题：平面形状线不可能全为简单的闭合多边形，也可能是包含有孔洞的平面多边形，还可能是相互独立的复合闭合多边形，如图 8-10 所示，不能简单处理。

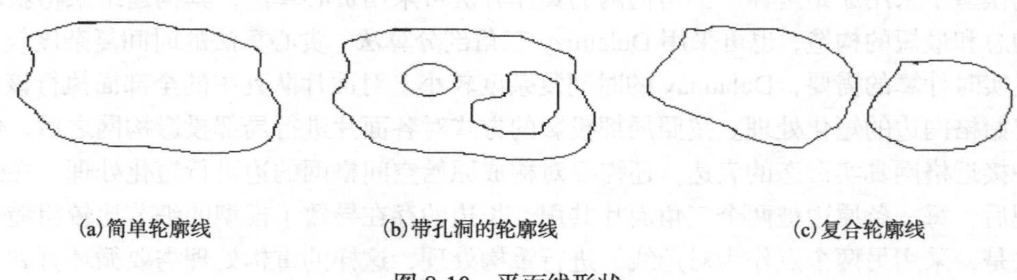

图 8-10　平面线形状

因此，经过切平面的边界重构，问题变成了针对相邻平行平面间轮廓的缝合问题。该问题可以总结为两种：一是如果在邻近平行平面上，各自都有一条轮廓线，则为单轮廓线的缝合问题；二是如果相邻平行平面上，其中至少有一个平面上的轮廓线多于或等于两条，则为多轮廓线的缝合问题。单一轮廓线的缝合较为简单，而多轮廓线的缝合则比较复杂，其涉及子轮廓线的对应问题。

计算机图形学中，遵守逆时针的方向准则，此处，对平面边界进行逆时针顺序的处理，即轮廓线的环绕方向和切平面的法线的正向遵循右手法则。轮廓线的缝合通过对上下两层的端点进行连线，使两层轮廓线间的区域被三角化。

对上下两层轮廓线进行三角面片的缝合处理时，在内部不存在面片相交的前提下，可以得到众多的排列组合。Fuchs 等(1977)指出了面片缝合遵循的相关准则：① 对于切平面上的每一条轮廓线的线段只能在一个基本的三角面片中存在。由此可知，如果上下两条轮廓线各有 m 条和 n 条子线段，则最终得到的三维模型表面只能包含 $m+n$ 个三角面片；② 上下两层端点间的连线仅能被相邻的两个三角面片所共享。

关于单一轮廓线的缝合算法，一种具体的算法是基于最短对角线的。具体的步骤是：①在上层轮廓线中找出距下层轮廓线距离最近的点作为起始点，并连接下层轮廓线中距离该点最近的点作为起始边；②以该起始边开始，顺次拓扑推进，寻求最短对角线来构建三角面片；③循环，直至缝合完毕。

关于多轮廓线的缝合处理，现有的常规方法多需进行轮廓线子分支的对应处理。其中，一个主要的步骤便是最小生成树的计算问题，Meye 对此作了较为详细的论述，并提出了相应的算法。

本算法简单易行，并且效果较好，但其不适用于局部点集密度不足的情况。针对这种情况，可以采用将两条轮廓线变换至同一平面中及对轮廓线进行中心点对齐等方法来改进。

缝合的过程中，除了可以遵循最短对角线准则之外，还可以利用其他条件来进行约束，如体积最大法(Keppel，1975)和同步推进法(Ganapathy and Dennehy，1982)等。

8.3.3　离散数据可移动条件下的空间复杂实体的三维建模

在满足空间分析和不影响视觉效果的条件下，对精度有冗余的离散点，如高精度全站仪采集的特征点，在给定的约束条件下，特征点可以移动，这里叫做离散数据可移动条件下的空间复杂实体的三维建模。

若将传统的建模方法看作是一种硬性的建模，那么点可移动的建模方法被认为是柔性建模。移动是在一定范围内按照一定的准则改变三维坐标值，改动后的数据有利于模型的构建与分析。结合并行算法的设计思路，将建模算法实现并行处理，实验表明离散数据可移动条件下的三维建模并行算法是可行有效的，达到了一体化建模的目的。

我国矿藏资源丰富，特别是在西部地区，不少矿山经过多年的开采，使地下采空区和井巷变得十分复杂，出于地下环境和安全性的顾虑，进行精细测量来获取数据并以此建立 3D GIS 应用系统有很大的难度。对一系列特征数据集进行三维建模，实现三维空间的插值和分析，是目前 GIS 研究的热点和重点之一，也是对大型地下采矿的复杂矿山构建 3D GIS 必须解决的理论和实践问题。

目前，对复杂空间实体的建模方法主要有：将 Delaunay 三角网通过线性逼近的方式应用到直圆柱表面建模上；采用三维构网的方法实现对悬崖和断层等复杂地貌构建地面模型；在数字矿山中对地质模拟和巷道的特殊建模方法；在数字城市中，基于三维激光扫描仪、雷达扫描采集的数据进行城市三维模型的构建方法；利用球面投影实现由激光扫描获得的点云数据进行三维构网。可见，三维建模在地形地貌、数字城市、数字矿山、文物保护等领域都发挥着重要作用。

随着测量技术的发展和进步，数据采集的精度越来越高，离散可移动的建模思想被提出。将空间实体的表面看成是一个柔性表面，通过移动数据进行建模，探讨移动后的离散数据是否更有利于进行分析和模型的构建。这里主要讨论空间复杂实体表面模型的构建，研究对象是空间离散数据，如三维激光扫描仪采集的点云，建模结果以规则格网或不规则三角网来表达。

1. 离散数据可移动条件下的三维建模算法

离散数据可移动条件下的三维建模是一次新的尝试，下面分别论述基于离散点移动和基于格网节点移动的三维建模算法。

1) 离散数据的移动规则

a. 沿投影方向移动

三维建模的工作必须把这些杂乱无章的点通过一定的方法集结在一起表达出完整的实体。很多现有的算法都采用降维的方法，先按照一定的规则将三维的点数据映射到某一投影平面上，建立平面模型，确定离散点之间的关系，然后根据投影规则恢复到原来的三维数据。若模型精度要求不高，则可不恢复数据，即看成是将离散点移动到投影面，建好模型后不再对数据进行恢复。在图 8-11 中，投影面可以是平面或曲面，可根据最小二乘准则进行拟合求得，将离散点移动到投影面上，建立相应的表面模型。

b. 沿法线移动

如图 8-12 所示，直线 AB 是曲线在点 P 处的法线，将法线分成径向和切向两个方向，通过法线的约束，将点 P 的移动限制在径向或切向上。对于利用曲线或曲面拟合构建的模型，首先通过拟合得到函数表达式，然后按照径向或切向的移动规则将拟合点移动到函数表达式所表示的模型上，法线可对函数求一次导数确定，最后按顺序用线段连接相邻的点，即可建立起离散点之间的空间关系，从而建立实体模型。

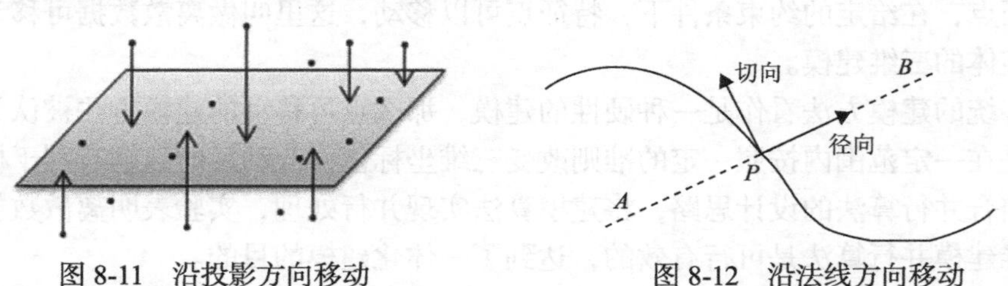

图 8-11　沿投影方向移动　　　　图 8-12　沿法线方向移动

c. 沿特定方向移动

所有离散点的分布或许会存在某些规律，例如，呈轴向分布或球面分布，如巷道或高楼大厦。对于这样的模型，可先设法找出点集分布的轴线，或称为实体的内部旋转轴，离散点可看作是以不同半径绕轴旋转而得到的，图 8-13 是离散点沿垂直于旋转轴的方向移动。

上面所述的移动规则还很有限，实际建模时应根据实体的表面特征采用合适的移动规则来约束离散点，做到具体问题具体分析，使模型的最终效果更贴近实体，尽可能地还原实体的表面特征。

2)离散点移动建模算法

基本思路是按投影方向将离散点移动到平面上，通过构建外围轮廓线进而生成实体表面模型，算法的具体流程如下。

(1)根据离散点的分布特征提取轴线，可将离散点按某一方向分成若干部分，分别计算每一部分的重心点，然后对所有重心点进行直线拟合，从而得到模型轴线。计算轴线所在的法向量,单位化后即是轴线与三维坐标轴夹角的余弦值,最后旋转模型使得轴线平行于某一坐标轴。

(2)用垂直于轴线的平面切分实体，根据离散点的密度或模型的精细程度，确定相邻两层平面之间的间隔，通过坐标极值可计算切分平面个数。

(3)将平面上下一定范围内的离散点移动到平面上，即改变离散点在投影方向上的坐标值，同一平面上的点，投影方向上的坐标值是一样的。

(4)循环每个平面，先生成各个平面的凸壳，再通过凸壳收缩生成外围轮廓线。

(5)在相邻两条轮廓线之间构建三角形，形成带状三角网(图 8-14)，并对轮廓线两边的三角形进行优化，避免狭长三角形的出现。

(6)根据轴线的法向量还原模型。

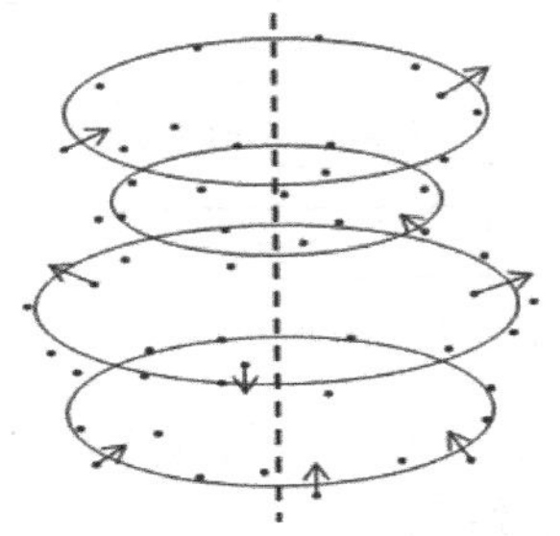

图 8-13　沿特定方向移动

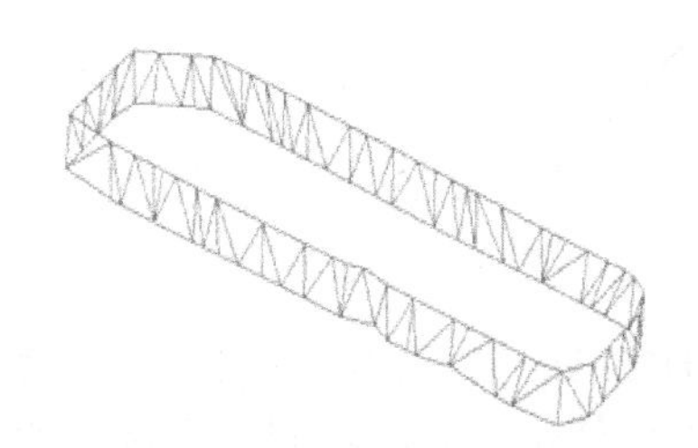

图 8-14　带状三角网

该算法有两个难点：其一是生成每个切分平面的外围轮廓线。首先利用格雷厄姆凸壳生成算法构建平面凸壳，然后循环凸壳的每一条边进行收缩。如图 8-15 所示，以当前凸壳边作为直径，在该圆范围内搜索 α 值最大的点，为使轮廓线保持一定的光滑，还需对 β_1 和 β_2 进行限制，如大于 90°。由于离散点移动到平面后，可能会出现离散点分布过于密集的情况，这会导致狭长三角形的产生，所以，最后需要检测轮廓线上相邻两点之间的距离，若小于给定的阈值则删除一点，阈值可根据平面间隔来设定，最终生成的轮廓线的节点按逆时针顺序排列。其二是在相邻两条轮廓线之间生成三角形，最终形成如图 8-14 所示的闭合带状三角网，构建过程如下：以下面轮廓线的起始节点 A 开始，首先在上面的轮廓线搜索与点 A 最近的节点 B，构成起始边；然后分别计算上下两条轮廓线的下一个节点与边 AB 构成的夹角，选用夹角大的节点组成新的三角形，循环每个节点直至回到起始边；最后需对轮廓线两边的三角形进行优化，与局部优化过程(local optimal procedure，LOP)算法相似，只是在计算角度余弦值所用的边长是空间距离。

每一层的带状三角网叠加在一起就组成最终的表面模型，外围轮廓线并没有包含切分平面上的所有离散点，轮廓线上的节点一般是轮廓上的特征点，其数量由两相邻节点之间的最小距离、离散点的分布和密度共同决定，最终的模型由不同层次轮廓线上的节点组成，节点的数量远小于原来离散点的数量，所以该算法在建模过程中，同时实现了模型数据的精简(图 8-15)。

3) 格网节点移动建模算法

格网节点可移动的三维建模方法实质上是对整个格网进行收缩或扩张从而逼近原始实体的过程，移动的幅度可使用内插方法来计算，建模算法的流程如图 8-16 所示。

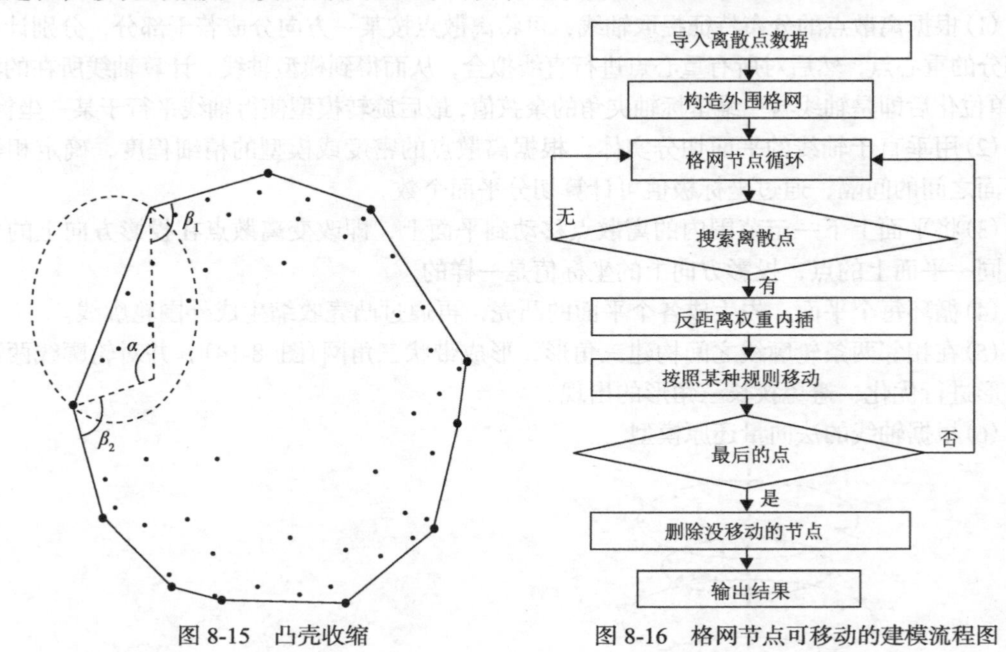

图 8-15　凸壳收缩　　图 8-16　格网节点可移动的建模流程图

构造外围格网时需根据离散点的分布特征进行选择，不同的格网其节点的移动规则不一样，内插的属性值也会有所不同，直接影响最终模型的效果。

常用的内插方法有多项式内插、样条内插、克里金内插、加权平均值内插等，本书使用反距离权重内插，如图 8-17 所示，先根据应用需求设置格网节点的搜索范围，再搜索落在范围内的离散点，假设要确定节点的属性值 S，搜索到的离散点相应的值为 S_i，通过计算离散点到节点的距离来定权，最后按照式(8-7)计算格网节点的属性值。

搜索范围需设置适当，过小会导致搜索不到离散点，从而形成局部空洞；过大会降低效率，甚至会导致格网节点属性值失真。

$$S=\frac{\sum_{i=1}^{n}P_iS_i}{\sum_{i=1}^{n}P_i},\ P_i=\frac{1}{L_i^2} \tag{8-7}$$

2. 并行算法的设计与实现

传统的数据处理程序几乎都是串行程序，即不管数据量有多大、数据之间是否独立，程序都从一而终地按照一个顺序进行处理，而并行程序却能对彼此独立的数据同时进行处理。肖汉利用并行算法实现高效的影像匹配计算，Wu 等(2011)实现对 LiDAR 数据构建 Delaunay 三角网的并行算法。可见并行算法能够大大提高数据处理的效率。

1) 并行算法的原理

一个物理问题并行求解的最终目的是将该问题映射到并行机上，如图 8-18 所示，通过不同层次上的抽象来实现。并行程序设计是将问题转化成适合并行计算模型的并行算法，首先将问题的内在并行特征充分体现出来，其次是使并行求解模型和并行计算模型相吻合。

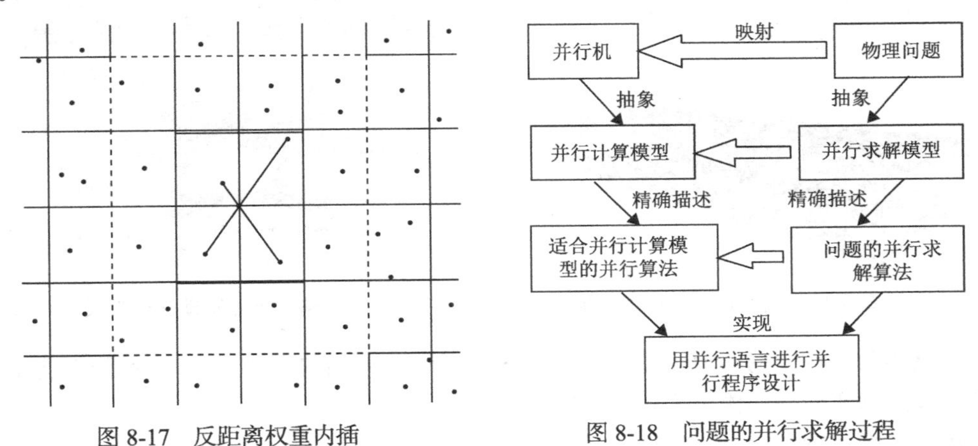

图 8-17　反距离权重内插　　图 8-18　问题的并行求解过程

2) 三维建模并行算法设计

对于本书研究的算法，利用离散数据构建实体表面模型是待解决的问题，因此采用数据并行的编程模型。根据离散点移动建模算法的步骤，可知每层轮廓线之间都是独立的，所以分别在生成外围轮廓线和相邻轮廓线之间生成带状三角网这两步实施并行处理。

而在格网节点移动建模算法中，初始外围格网的构建非常高效，制约整个算法效率的瓶颈是节点的内插，每个节点在进行内插计算之前必须先搜索一定范围内的离散点，原始数据越多，格网越细致，建模耗时会急剧增加。由于每个节点的搜索及移动是彼此独立的，不影响临近的节点和原始离散点，所以可同时对多个节点进行并行处理，从而缩短建模时间。

现在大部分的计算机的中央处理器都是多核处理器，可同时运行多个线程，即多线程可以实现并行处理。多线程技术是在多核心处理器上实现并行处理的基础，处理器的核心越多，能同时处理的线程就越多，线程之间的轮换时间就越短，程序的运行效率就越高。

3. 实验和分析

1) 实验效果

为了验证研究的算法，在 Visual Studio 2008 开发平台上采用 C++语言编程实现离散点移动建模算法和格网节点移动建模算法，实验数据是一段巷道点云，总共 3271 个离散点，大致呈长方体分布，长约 54m，宽约 17m，高约 6.3m，两个算法的建模效果如图 8-19 和图 8-20 所示。

从图 8-19 和图 8-20 中可看出，在离散点移动建模算法中，根据离散点的密度和分布，将模型切分成 50 个平面，平面间隔为 1.081m，构建的模型与实际情况相符，能较好地还原巷道面的凹凸情况。而在格网模型中，格子是正方形，边长为 0.878m，可见，格网模型较三角网模型光滑，但在某些地方表现不够细致。

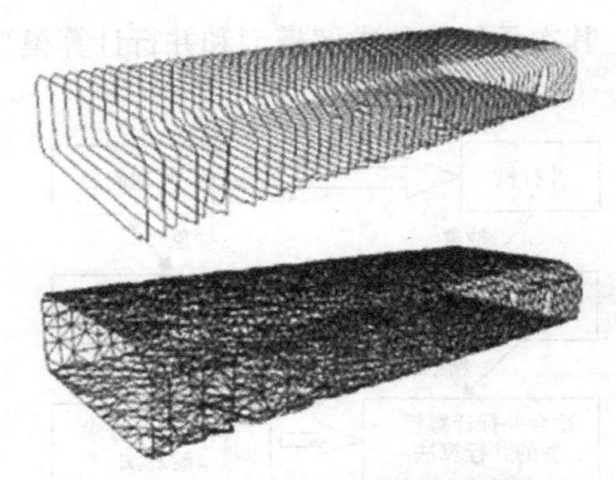
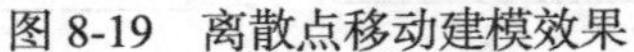

图 8-19　离散点移动建模效果

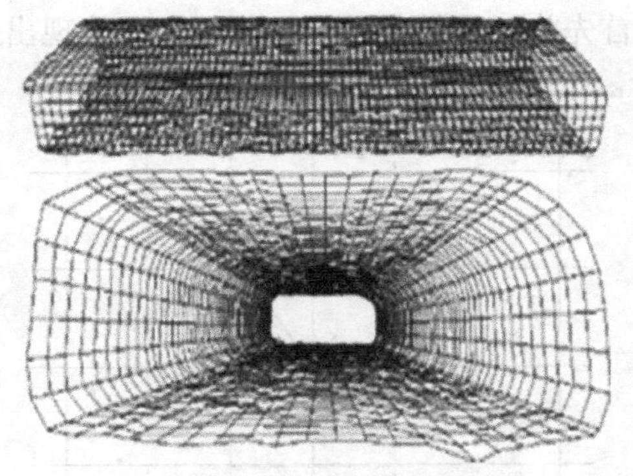

图 8-20　格网节点移动建模效果

离散点移动后构建的巷道模型只保留 2823 个点，占原始数据的 86.3%，精简率达 13.7%，这说明该算法确实能在建模过程中起到精简数据的作用。

2) 建模效果评价

由于离散点移动建模算法改变了原始离散点的位置，其点位的期望和方差也相应改变，而格网节点移动建模算法是在原始数据的基础上以内插方法计算出节点的属性值，最终模型不包含原始离散点数据，因此实验中按式(8-8)计算模型的重心坐标，按式(8-9)计算重心的偏移量，以此评估建模后模型的整体位置是否发生变化。

$$X_0 = \frac{1}{n}\sum_{i=1}^{n} X_i,\ \ Y_0 = \frac{1}{n}\sum_{i=1}^{n} Y_i,\ \ Z_0 = \frac{1}{n}\sum_{i=1}^{n} Z_i \tag{8-8}$$

$$\Delta S = \sqrt{(X_0' - X_0)^2 + (Y_0' - Y_0)^2 + (Z_0' - Z_0)^2} \tag{8-9}$$

式中，(X_i,Y_i,Z_i) 为原始离散点的三维坐标；(X_0,Y_0,Z_0) 为建模前的重心坐标；(X_0',Y_0',Z_0') 为建模后的重心坐标。

表 8-3　巷道重心坐标和偏移值　　(单位：m)

建模算法	X	Y	Z	ΔS
原始模型重心	20.152	–11.648	1.406	—
离散点移动建模算法	20.296	–11.684	1.442	0.153
格网节点移动建模算法	20.903	–11.503	1.267	0.777

表 8-3 列出了建模前后模型重心的三维坐标，如图 8-21 所示，离散点移动建模算法改变了离散点的位置和精简了模型的点数，但重心的偏移量并不大，表明该算法是可行的。而对于格网节点移动建模算法，格网模型的重心偏移比较大，是离散点分布不均匀所致。构建的格网是均匀分布在实体表面，而离散点的分布可能会根据模型的形状或精细程度有所不同，因此导致格网重心与原始模型重心的偏移量较大的情况。

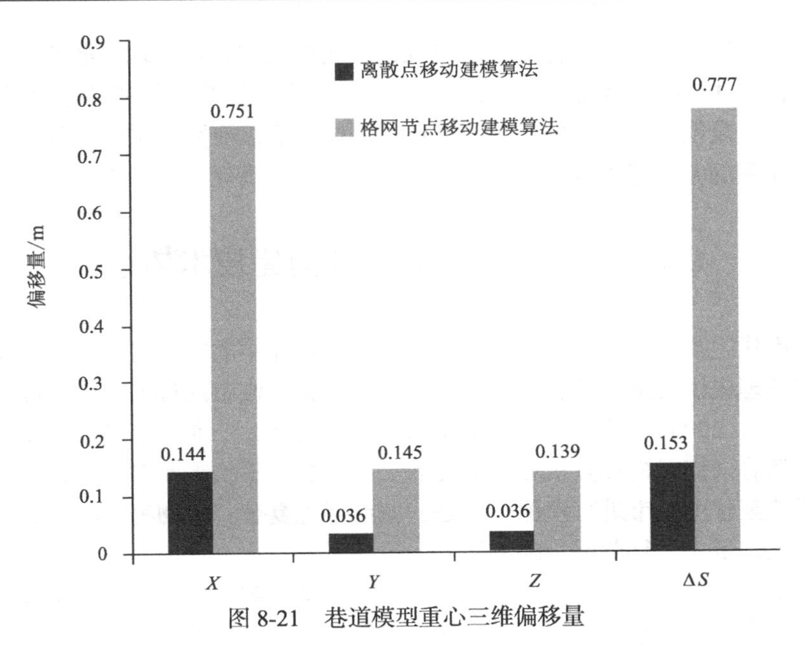

图 8-21　巷道模型重心三维偏移量

3) 建模效率比较

为探究本书所述算法的建模效率，下面与逆向工程软件 Geomagic Studio 10.0 进行比较。由于巷道模型的数据量太小，不能很好地反映建模效率之间的差异，所以用一份包含 41364 个离散点的数据进行建模，结果如表 8-4 所示。

表 8-4　建模效率比较

算法	耗时/s
Geomagic Studio 10.0	12.63
离散点移动建模算法(单线程)	0.154
离散点移动建模算法(多线程)	0.092
格网节点移动建模算法(单线程)	8.844
格网节点移动建模算法(多线程)	1.380

对于 Geomagic Studio 软件，只能通过秒表近似地记录建模时间，而本书算法可精确获取程序执行时间，通过重复数次实验，得出建模的平均时间。从表 8-4 的数据可知，离散点移动建模算法的效率大概是 Geomagic Studio 的 82 倍，而格网节点移动建模算法的效率是 Geomagic Studio 的 1.4 倍。可见，点移动算法在效率上具有明显优越性。

当将算法改造成并行建模算法后，离散点移动建模的效率比原来提高 40%，格网节点移动建模的效率比原来提高 6.4 倍，这表明并行算法可以大大减少建模时间，能更好地应对大数据量的三维建模。

实验表明，离散数据可移动条件下的三维建模思想是可行有效的，离散点移动建模算法可以高效地构建实体表面三角网模型，能很好地还原实体表面的起伏情况，同时起到精简模型数据的作用。虽然，离散点移动后改变了模型的局部形状，但对模型的整体位置影响不大。而格网节点移动建模算法能高效地构建比较光滑的格网模型，增强视觉效果。

通过发掘原算法中可实施并行处理的步骤，利用多线程技术实现离散数据可移动条件下的三维建模并行算法，效率得到很大的提高，充分体现出离散数据可移动建模思想的优越性。受限于实验条件，没能在多核心的计算机上进行测试，后续研究可进一步利用图形处理器的核心实现更加完善的并行建模算法，使效率得到更大的提高。

8.4 城市建筑物的三维构建技术体系

大规模城市建筑物群的构建是三维数字城市场景构建中的热点之一，其为城市规划、城市建设和城市管理提供支持。随着城市规模的不断扩大，城市的规划、建设和管理显得越来越重要(刘利峰等，2009)。随着三维建模技术的不断发展，三维 GIS 已成为城市规划和管理的有效手段。随着人们对模拟真实城市需要的日益增加，不仅需要对单个建筑进行模拟，还需要对建筑群甚至整个城市进行模拟。但是，城市环境复杂，地物种类丰富，对城市整体进行建模是一项工作量大、复杂困难的工作。

刘先林院士 2015 年着重提到，传统的三维建模将会被全要素的三维建模取代。而全要素的城市三维，将会是智慧城市的一个数据空间基础。全要素城市三维，就是要把地表的所有东西分出来、分成层。目前，可以分到 50 层左右，将来就要分到 500 多个层。

8.4.1 城市建筑物三维数据获取技术

城市建筑物三维模型数据常用的数据源有中高空航天航空影像、低空影像、地面近景影像、机载或车载激光扫描仪获取的高密度三维点云等，图 8-22 为数据获取平台。

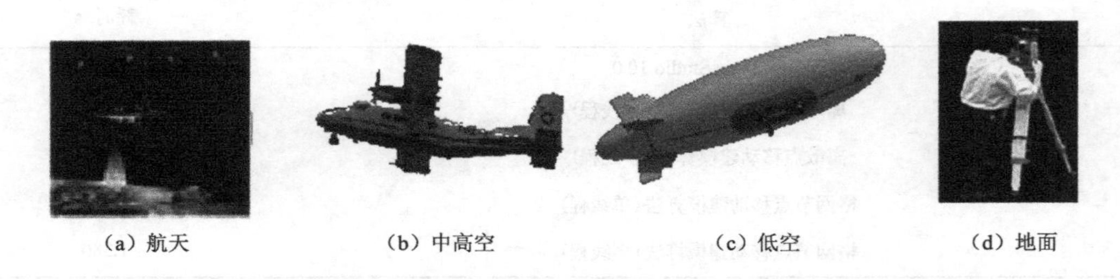

(a) 航天　(b) 中高空　(c) 低空　(d) 地面

图 8-22 三维数据获取平台

1. 中高空航天航空摄影测量与机载激光扫描

中高空航天航空摄影测量能够得到地面高程信息、地物地貌信息，对轮廓明显的建筑物能获得较高的三维重建精度，是目前城市建筑物三维信息获取的主要手段之一。图 8-23 为利用航空摄影测量方式获取的建筑物影像。从图中可以看出，航空摄影测量的方式大多能获得较全面的顶面信息，很少能有效地获取到建筑物立面的纹理信息，还会出现阴影等干扰信息。

通过高精度姿态和位置测量系统，激光雷达可以直接获取被扫描点与激光器之间的距离，获取扫描点的三维坐标，生成密集点云，可用于检测和分离建筑物区域(张小红，2007)。通过对三维点云进行分割和拟合，得到组成建筑物表面的多个平面结构，生成整个建筑物三维模型，但 LiDAR 数据的离散特性，通常不足以精确定位目标场景中的高度突变，只能生成简单表面结构的建筑物模型，因此，LiDAR 数据通常与其他数据源结合起来用于建筑物三维重建(邓非，2006)。图 8-24 所示为机载激光扫描系统及扫描获得的建筑物点云数据。

影像质量

影像重叠度：航向>60%
旁向>40%

RMK-TOP，GSD=25m

3条航带

Ultracam，GSD=20m

图 8-23　航空摄影测量

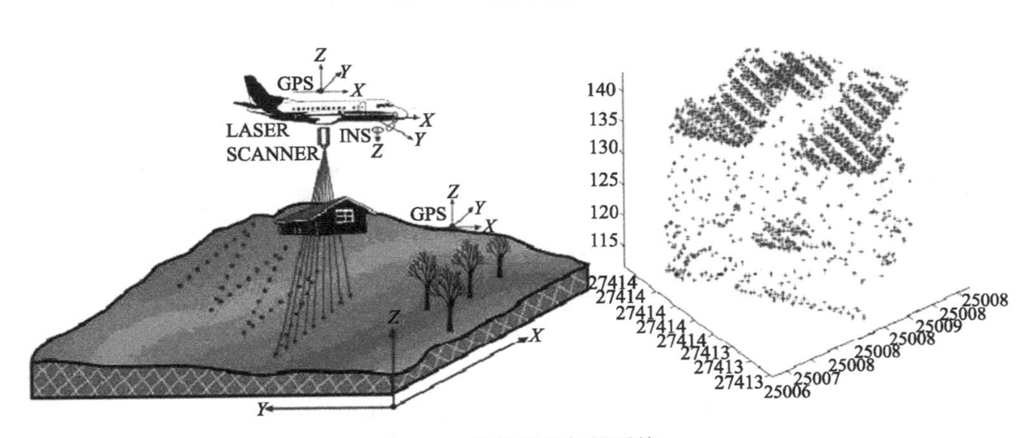

图 8-24　机载激光扫描系统

2. 低空摄影测量

低空飞行器具有成本低、操作灵活、影像清晰度高、受天气影响小等特点，如无人驾驶飞机、无人飞艇、有人直升机等，尤其适用于小区域范围的城市航空影像的获取，其在三维数字城市建设中作为一个新型的三维数据获取源发挥着越来越重要的作用。

针对使用低空摄影测量技术获取影像数据，桂德竹(2010)提出了基于无人驾驶飞艇(unmanned aerial vehicle，UAV)进行城市建筑物三维数据获取的方法，图 8-25 为利用无人飞艇搭载的单相机对一栋建筑物进行拍摄获取的影像。虽然无人飞艇具有操作灵活、成本低且获取影像较清晰的优点，但其依然存在不少缺点，重量轻，抗风能力较弱，致使其在飞行过程中不稳定，获取的影像倾斜角、重叠度、比例尺等变化较大，需要利用相应的影像数据处理方法对其进行非常规处理。图 8-26 给出了一种 GIS 信息辅助的无人飞艇单像立体建模方法。该方法首先利用建筑物墙面存在的平行竖直线性特征，通过计算建筑物 X、Y、Z 三个方向的灭点来求取影像的外方位元素，然后结合大比例尺地图数据解算模型比例因子，最后实现建筑物的单像立体量测、纹理获取和三维重建。

图 8-25　无人飞艇获取的影像

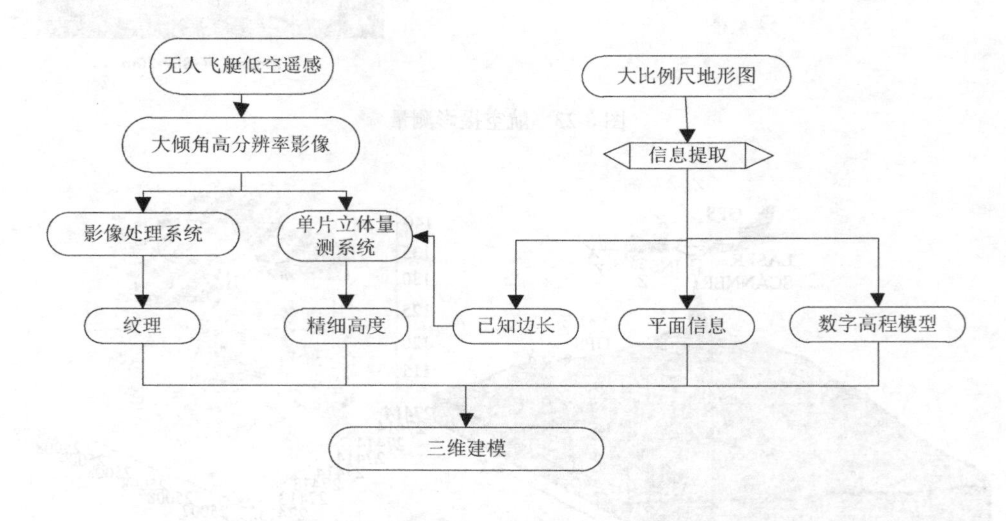

图 8-26　GIS 信息辅助的单像立体建模

吴军(2003)提出了一种直升机拍摄获取的建筑物序列影像结合建筑物二维矢量地图及 LiDAR 高程数据进行建筑墙面纹理快速获取的方法。但受国家安全的限制，直升机只能在一定的高度范围内飞行，无法实现城市低空飞行，这对获取影像的质量有一定的影响，同时直升机价格昂贵、运行成本高，因此使用直升机来获取序列影像进行三维建模仍具有一定的局限性。

Gruen 等(2003)提出了利用有人直升机运载三线阵相机进行城市超高层建筑三维建模纹理提取的方法。三线阵航空数码相机的原理是通过一个光学镜头和焦平面上的 3 个位置不同的线阵 CCD 传感器以三个不同方向(前、直下和后)来获取地面的立体影像。前后视影像顶部无遮挡部分可用于三个视角的影像匹配、墙壁可用来提取纹理，而直下视影像则用于提取房屋轮廓及纹理。由于三线阵相机影像 RGB 通道的感光时间不同、对地面移动物体和超高地物产生色彩偏差，并且三线阵影像适合于超高建筑物的三维建模和纹理提取，所以其对低层建筑物效果不太好。

3. 地面近景摄影测量

近景摄影测量是指近距离通过从不同方向拍摄的同一地物具有一定重叠的多幅影像，获取物体的三维空间信息。基于多传感器集成的车载移动测量系统(MMS)是一种近景测量系统，其可以采集行驶路径附近 360° 的影像，并可以通过高精度姿态和位置测量系统实现影像中任意地物的绝对测量和相对测量，其中绝对测量的精度可以达到0.5m，相对测量精度可达到厘米级(李德仁，2006；李德仁等，2008)。显而易见，由于该系统是车载的，因此它只适合道路两旁的建筑物测量，无法拍摄到建筑物顶部。

基于近景摄影测量所拍摄到的具有一定重叠度的多幅影像可进行三维建模。在没有任何额外信息的情况下，仅使用一幅照片不能计算出它的深度信息。但是使用两个或两个以上的照相机对同一场景从不同的角度拍照，根据人类双目线索感知距离的原理，从所得照片的视差恢复照相机位置，就可以求得场景的三维信息，达到重建的目的。其中，基于多幅图像的几何三维重建方法包括立体视觉法、运动图像序列法、光度立体学方法等。

基于图像的几何三维重建如图 8-27 所示，其一般步骤如下：①照相机的校准，根据各个坐标系之间不同的相互关系，可以得到不同的成像几何模型(照相机模型)。基于图像的几何三维重建的第一步是照相机的校准(照相机的标定、照相机的校正)，即借助于像平面上一些点在世界坐标系中的坐标，确定照相机的内、外参数，得到有效的成像模型，以达到在像平面上像素点与三维空间中的点之间建立映射的目的。②特征点的提取和匹配，又分为人工匹配和自动匹配两种方式。特征的提取和匹配是最为关键的一步，它的精度与重建场景的准确性密切相关，因为后续的工作都是在匹配点的基础上进行的，所以匹配点的精度和数量严重影响着最后重建出来的三维点的精度和数量。特征的提取需要解决三个问题，即提取什么样的特征、按照什么规则对特征进行提取和怎样提取特征。特征匹配则是建立三维空间中同一基元在不同图像中的对应关系。经过特征的提取与匹配，就可由空间几何关系获取三维信息，重建初始模型。③三维重建，在得到了初始模型后，要恢复整个场景的结构和完整的可视表面，利用图像上的匹配点和投影矩阵生成三维投影线，再通过三角测量原理获得投影线的焦点从而估计出空间点的三维坐标，还需要借助三角化、线性或非线性插值、参数表面的拟合、误差校正等手段和纹理映射技术来完成整个重建工作。

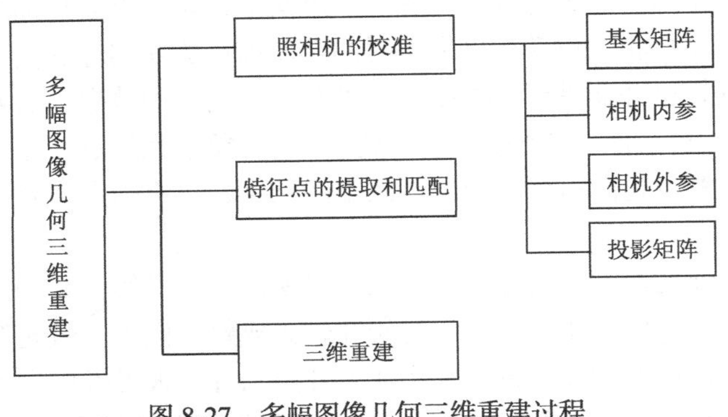

图 8-27　多幅图像几何三维重建过程

8.4.2 任意摄影构建城市仿真三维景观的简易技术方法

对于经费投入不足的状况，GIS 企业难以采用先进的数据采集和整合技术规模化地进行三维建模，仍然采用较原始的建模流程：对目标区域进行基础地形底图的补测，实地拍照获取相片，采用 3D 造型软件(如 3DS Max、Maya 等)进行模型的加工，使用 PhotoShop 等软件进行纹理处理及提取，然后集成于 GIS 应用平台上。

由于三维世界的复杂性，如果模型全部采用最精细的建模，工作量会很大，时间跨度会较长；如果降低模型质量，最终结果就会显得比较粗糙。因此，目前多数情况下，将所面对的对象根据其重要性进行分等定级，越重要的对象，要求的精细程度越高。模型的分级策略是迫于建模流程过于“劳力密集”而做出的一种折中。技术上，即使采用分级策略，对于最高精度等级的模型，通过人工加工出的格网和纹理也会显得比较粗糙。本质上，格网特征区域的点集密度、纹理中的噪声和光照等是影响模型质量的理论问题，充满模糊性的人工处理方法很难在高效和精细程度上达到统一。在条件允许的情形下，可借助于三维激光扫描仪、LiDAR 或是车载激光扫描设备等。不过此类设备由于其高成本、数据量庞大和使用条件限制等，很难全方位地推广使用。对问题进行重新审视，在现有数据采集设备和数据的基础上，如何能够高效、高精度和自动化地完成目标物的建模，是极具挑战性的科学问题和经济适用的应用问题，也是测绘和 GIS 交叉需亟待解决的难题。

在构建数字城市的过程中，高效快速地三维建模是亟待解决的难点和研究的热点。一种简洁、快速、经济的数字城市三维景观构建的理论与方法，是以数码相机对目标场景进行拍摄获取的具有一定重叠度的图像序列为研究对象，研究相应的理论和算法，以实现无控制点条件下特征点的配准、粗差的剔除、配准精度的评定、起始参数的确定、像对相对姿态参数的计算、图像序列尺度比例因子的统一、统一尺度因子下场景格网的建立、以对象为单位“粒度”因子控制下的格网分割、离散化、建模、“像素级”纹理的提取融合和插值补全等，最终建立自动化处理流程以实现无约束条件下对图像序列场景所含信息的提取及对象的三维自动重建工作。

随着数据获取方式和数据种类的不同，目标物的三维建模算法也存在着很大的差异。现阶段获取空间形体三维数据的技术大体上可分为激光扫描、摄影测量和遥感等，理论上问题可被描述为针对点集的建模和针对图像的建模。

空间点群和点云通常都较为庞大，一般都是仪器扫描的结果。扫描时都遵循一定的规则，如按照固定的角度增量水平、垂直旋转。在这个意义下，研究点云数据的建模问题似乎变得毫无意义，因为只需遵循相关设备数据采集时的次序即可建立相应的模型。然而在实际工作中，对于空间对象的扫描并非进行一次扫描即可获取到完整的数据，需要进行多角度多次扫描之后对多套数据集进行合并才能最终获取描述空间对象的完整点云数据。同时，也存在着大量的特征点集数据和通过随机测量获取到的空间点集，对空间点集和点云进行三维建模有着较大的研究价值。

产业界的现实作业情况和国内外相关的三维建模研究，虽然已经取得了一系列的成果，但仍然面临着如下一些问题：①针对点云的研究较为成熟，但由于激光扫描设备成本高，点集数据量庞大，对硬件性能的要求较高和作业条件限制等，很难推广应用。②无人飞机航拍技术和 LiDAR 等需要地面布设相应的控制点，由于距地面距离较远而很难达到精细的程度，也受限于法律法规，并且成本高，所以使用范围有限。③针对图像和图像序列进行三维重建的研究，目前多处于实验室环节。相较而言，户外环境复杂多变，针对目标物的多视点图像无论光照还是采样距离等都有较大差异。并且，采集的图像本身是对现实三维场景的快照，包含了一系列复杂的对象，较实验室而言，研究的对象已不再单一，包含了系列相关的问题。④既有的作业模式较为低效，对人力和财力资源造成较大的浪费。

总的说来，以数字城市构建中的精细建模为出发点，对获取到的图像序列进行研究，建立相应的算法和流程来实现对象的分割、建模和纹理优化是一项值得深入研究的课题。

1) 实施步骤

(1) 图像序列中特征点的配准及失败配准点的剔除。传统摄影测量多通过布设控制点的方式来辅助工作的进行。在观测目标上标定控制点，虽然能够降低所面对问题的难度，但是最终成果的应用会受制于相应的约束，并且大部分情形下，在目标物上布设控制点是不切实际的。对具有重叠区域的图像序列而言，其中包含了大量充足的信息。考虑图像采样的时间间隔较短，最终获取到的图像序列中所包含的对象，不会受变形等影响使目标上的同一区域在不同图像上表现出材质上的显著差异(视点变换所带来的仿射变换不会影响目标对象的材质)。同时，加之观测距离较近，可以避免较粗分辨率导致的精度问题。

特征点的配准、失败配准点的剔除及精度评定是研究中的重点之一，在最大化减少外界控制条件的前提下，实现高精度的配准是对象级图像分割、不同视点对象融合、模型格网精化、纹理提取及融合等的基础。

(2) 根据特征点匹配基线确定相应图像对之间的尺度因子参数和相片的相对姿态参数。对于一张相片而言，相片自身中所包含信息存在内在的比例。而对于具有重叠区域的相片序列而言，每张相片拍摄时的姿态，必然会引入平移、旋转和缩放等，使相片相互之间不存在为常数的比例因子。重叠区域的特征点基线对是联系相片序列的纽带，通过该联系可建立筛选规则，来选择作为基准的相片，从而求解出各张相片对应于基准相片的姿态参数。除了相片拍摄时相机视角的影响外，目标场景相对镜头的深度信息也影响着姿态参数的计算。

综合内在和外在的因素，需将相应的影响因子进行分类。不同于既有的在确定地面控制点条件下的建模方式，针对图像序列中所包含的富余信息，结合对象的几何性质，研究起算参数的确定方法及姿态参数的求解算法是另一个重点。

(3) 特征点约束下的图像散点化，具有重叠区域的像对的格网化。对于具有重叠区域的像对而言，重叠区域容易被格网化。同时，对于多幅图像包含同一重叠区而言，存在多余的信息用于精细格网的建立。在点云离散化的基础上，以配准点为约束，结合对象自身的几何性质，如给定的不重合的空间三点确定一个闭合三角形等，将重叠区域的离散点云融合在一起，其中需要根据相应的尺度因子和相片的姿态参数等进行换算。

(4) 对象分割。对给定的两个空间对象而言，边界在数学上存在着相应的“突变”性质，具体表现为局部领域内的不连续性，依此可作为点云分割的方法之一。实际上，对于研究的对象而言，也需要做出相应针对“粒度”的考虑，相邻的两栋楼宇是两个对象，一栋建筑物上相邻的两个窗户也可以视为两个对象。通过这样实际的观察，不难引入“粒度”的概念辅助建立相应的“粒度”因子，从而有效地控制，以实现不同“粒度”下对象的分割和提取。

(5) 建模及精化。如果是对单一像对而言，只需求解出像对重叠区域像素的深度信息或是相对深度信息，然后按照规则的方式进行规则格网化处理即可。对于图像序列而言，则可能在多幅相片中存在相同区域的图像信息。研究中所面对的情形，后者占绝大部分，充分利用多像片中的信息，将能够获取到最为精细的模型。

(6)纹理的提取、融合及遮挡区域的插值。在对对象进行建模后，可获取到对象的格网模型。实际上，对于目标对象而言，在进行图像序列的拍摄时，可能在某个角度，由于一些植物或其他因素的遮挡，而获取了部分信息，而在别的角度进行拍摄时，则对前述遮挡区域进行了完全的采样。从各幅图像中提取纹理信息，将能够充分利用既有的信息实现对象视觉层次上的最佳建模。实际上，对象的局部遮挡现象是一个不可避免的问题，如门口停放的一辆自行车等，对于这样细小区域的贴图问题也可以采用像素插值的方式来补全。

2)应解决的问题

(1)无表面控制点条件下的图像特征点配准、粗差的剔除及配准精度的评定。

(2)无控制点条件下各项起始参数的确定方法，相片相对姿态参数、各项内在比例因子的计算模型。

(3)基于内在几何属性特征尺度一致性条件“粒度”因子控制下对象的分割、离散化及融合。

(4)模型的精细格网化建模。

(5)纹理的提取、融合及遮挡区域像素级的插值。

3)关键技术手段

(1)图像特征点配准、粗差剔除及配准精度评价的研究。尺度不变特征变换(SIFT)算法是图像处理领域中的著名配准算法，其拥有众多的优点，如受尺度变换和光照的影响较小等，但也具有一些缺点，错误匹配不可避免，对经过 SIFT 特征匹配的点对进行过滤处理以实现错配点对的剔除，然后在这些内在信息的基础上对配准精度进行评价。

(2)以某种最优的原则(相对图像序列对应的三维场景)选取指定的相片作为理论上的“基准相片”，结合常规的立体视觉技术，确定相应的起算姿态参数。以成功配准的基线序列为条件，求解图像序列组中其余相片相对“基准相片”的姿态参数。

(3)图像序列中的针对同一目标不同角度的图像中存在相应的比例缩放。视配准点为“控制点”，求解其控制范围内像素点的相对深度信息，实现图像像素的深度化处理，进而变换为空间点集，然后在点集的基础上实现点云的分割和对象的建模。点集中的点均采样自空间对象表面，立足于“距离较近的点”相对“距离较远的点”间存在拓扑连接的可能性要大，研究基于潜在连接点集的构模算法。在理论的基础上将其划分为三种空间近邻：数学近邻、空间定向近邻和自然近邻。各自具有不同的优缺点，在此基础上研究各自潜在连接点集的建立方法，在近邻的基础上研究对象表面的拓扑推进重建算法。“孔洞”是组成空间目标物更为一般化的元素。从二维平面的孔洞出发，研究其自身的性质，并结合 Voronoi 图研究二维平面带孔洞对象的重建算法。将该二维的概念扩展到三维空间中，最终实现三维空间中带孔洞的更一般化对象的建模。

(4)在求解出各像素点的相对深度之后，结合 K 近邻理论即可有效地实现遮挡物噪声纹理的剔除，即相邻像素的深度是呈局部连续的，如果有显著突变，即可视为噪声，此处的“显著”需从理论的角度进行量化性的研究。使用图像序列中的多余信息来实现纹理的精密融合，针对空缺区域可通过插值的方式进行逼近处理，也可以通过再拍摄采样的方式实现局部纹理的补全。

(5)对前述的研究方法和成果进行综合，将“尺度”参数化，最后即可在其控制下实现不同“尺度”的对象分割、建模及纹理融合，从而实现“精细度”可控的建模。

8.5　城市建筑物三维模型表达技术

选择适当的模型来进行建筑物的三维建模是很关键的。模型的选择关系到后续建模质量的好坏。刘利峰等(2009)认为建筑物的构建主要包括几何构建和墙面纹理的构建，而一个城市的建筑物成千上万，单纯依靠人工来完成几何建模及纹理的粘贴，是几乎不可能的事情。因此，建筑物的建模主要依靠自动或半自动的方法来实现。目前，建筑物的自动建模方法主要有三种：基于规则几何体的建模方法、基于影像数据的建模方法及基于计算机辅助的建模方法。

1)基于规则几何体的建模方法

鉴于城市中建筑物(如居民房等)大多具有相对规则的外形，因此可以用规则的几何体(三角形、长方形、三棱体等)或它们的组合对其加以描述。由于三维城市的重构主要是城市规则建筑物实体的构建，因此，利用该方法可以方便地构建大范围的简易三维城市模型。该方法的优点是处理过程简单，同时可以实现大面积的城市建筑物群的构建，效率较高。但该模型也有一些缺点，具体如下(胡春，2004)。

(1)由于缺乏纹理信息和准确的三维数据及空间关系的表达，建筑物模型的描述过于简单，所构建的模型缺乏真实感。

(2)这类模型仅适用于相对规则的建筑物的模型构建，但大部分建筑物不只由单一的简单的集合体构成，而是由各种几何体的组合构成。

(3)很多建筑物模型很难用一定规律的几何公式进行描述，因而基于函数构造的建模方式只能是针对形状进行近似的描述，会大大影响表面真实感的表现效果。

2)基于影像数据的建模方法

基于影像数据的建模方法是通过影像图像分析与模式识别来获取模型构建的信息，并提取出纹理信息的方法，该方法具有能自动从影像数据中提取纹理的优点，自动化程度高，缺点是在处理复杂建筑物时需要人工干预，不能实现全自动。其主要存在的问题有：①二维的影像数据并不能完全反映出三维的数据消息；②由于图像分析和模式识别技术有其局限性，其并不能很准确地识别出建筑物的集合构造；③由于提取出的纹理大多会有缺损，往往需要进行复杂的纹理修复，这一过程需要较多的人工干预，不能实现完全的自动建模；④由于建筑物的严重遮挡，自动提取的纹理效果不好，有些墙面无法直接提取到纹理。

3)基于计算机辅助的建模方法

计算机辅助的建模方法为人们对现实世界的三维建模提供了一个很好的途径。但是大规模城市建筑物群的构建过程中，完全通过人工的手段来构建会耗费很长的时间，不能实现大规模城市场景的快速构建。另外，在城市的建筑物场景中，标志性建筑物是需要突出而逼真的，但是很多楼群等太多细致的刻画与区分是不必要的。

桂德竹(2010)则认为模型描述了物体的几何信息和拓扑信息，建筑物的几何信息一般指其在欧氏空间上的位置、形状、大小等；建筑物的拓扑信息则是指建筑物各分量的数目及相互之间的连接关系。桂德竹认为根据描述建筑物所使用的集合特征大小和类别的不同，建筑物的表达方法可分为如下四类。

(1)基于三维点的表达方法，主要使用建筑物表面点的法向方向和曲率的大小等信息。

(2)基于轮廓的表达方法，主要使用建筑物的边缘信息。

(3)基于表面的表达方法，主要使用建筑物的表面信息，如平面、球面、二次曲面及面与面之间的连接关系等。

(4)基于体的表达方法，主要使用体元、椭球体、超级椭球体等进行描述。

任何单一的模型都不能满足建筑物建模的需求，因此，越来越多的人开始用混合模型来对建筑物进行建模。比较有代表性的是结构实体几何模型与边界表示法结合的混合模型。该模型用结构实体几何模型来构建建筑物的外部模型，用边界表示法来建立建筑物内部模型。它同时吸取了结构实体几何模型和边界表示法的优点，但该模型在对建筑物进行描述和建模时也存在一些问题，其中最大的一个缺点就是不能直观地显示建筑物外观及几何拓扑信息。

值得一提的是，2014年武汉大学航空航天测绘研究所副所长邓非提出了一种新技术——倾斜摄影与街景结合的城市实景三维。

传统的建模方式，现在的处理手段基本上以3DS Max等方式进行，缺点在于：建模模型和实景差异比较大，虽然做得很漂亮、精雕细刻，但是真实性不够强，而且造价太高。另外一种方式，是利用多视角的影像通过密集的匹配，自动生成三角网的模型，它可以通过自动匹配的方式生成密集的点，然后用密集的点来构造一个三角网，并且把纹理映射上去，但是它的瑕疵非常严重，到地面看的时候，它的瑕疵基本上无法与手工的相比，因为手工建模都是非常规整的，而三角网做的模型，即使是近距离看墙面也是不平整的，有很多空洞。

倾斜影像和传统垂直拍摄影像的区别在于，倾斜影像是45°角获取数据，可以获得比垂直向下的影像更好的视角，特别是立面上的信息及街面上的信息。现在倾斜摄影的相机都是在传统的航摄相机上做一个扩展，传统只是一个相机，而倾斜摄影是5个相机，竖直与45°各个方向来拍摄，形成了一个全景。它通过低空云下摄影，从一个垂直和4个以上45°倾斜的方向获取高清晰度的地物影像，可供多角度观察；在高精度定位定姿POS系统的辅助下，影像上每个点都具有三维坐标，基于影像可进行任意点线面的量测，获得厘米级到分米级的测量精度。相比正射影像，它还可以获得更精确的高程精度，对于建筑物等地物的高度可以直接量算；影像中包含真实的环境信息，信息量丰富，可进行影像信息的数据挖掘；倾斜影像通过专门软件处理，能较高效率地完成城市三维建模，相比传统方法，其建设周期更短、成本更低。

街景地图是一套基于传统地图系统再开发的产品，它沿用了传统地图系统的地理位置系统，但是在这个基础(也就是原有道路数据)上增加了诸多个点，给予每一个点方向信息，然后把对应的每一张照片放置在点上，就是街景系统了。街景系统的主要工作有以下三步：第一步是在预定好的位置收集各种各样的照片，一般采用街景车的形式，为了拍摄全景照片，采用的是矩阵式相机，一般街景车会使用8台相机按照45°的夹角放置，一次性拍摄8个角度的照片，然后通过机内运算处理合成 1 张格式非常特殊的照片；当然在特殊地区也会使用其他交通工具，甚至徒步行走。第二步就是对这些照片进行处理，以保证照片符合特定的要求，如将照片中出现的人和车牌号等进行打码等。第三步就是把照片上传至对应的位置进行匹配。街景影像，所提供的精度是测量级精度的数据，可以直接在影像上进行多种数据的采编，还可以和各种城市的数据进行对应，包括城市的地下管网、城市的构建等。一方面，拍摄的纹理可以作为三维城市建模的数据版本；另一方面，它也可以作为测量城市构建采集的数据。从街拍的影像当中，可以直接提取矢量的数据，可以量测或者进行一个对应，或者是进行一些模型的种植。

通过增强现实系统，可以得到和三维建模的场景进行套合的场景。在这个场景里，通过这个三角网可以调取它的实景的影像。影像和模型是有一些区别的，因为再好的建模系统，也达不到实景的影像的效果，如果有了多角度拍摄的倾斜影像，包括地面街景的影像以后，那么对建模的需求会大幅度的降低。

现在所建的三维数字城市模型是一个虚拟现实，是基于图形的。图形学的最高境界是照片级的渲染,只要照片足够多,照片覆盖的范围足够多,就可以在各个角度进行,如空中 360°、地面 360°，这样就失去了建模的意义，而且可以从照片上完成以前在三维建模里都可以完成的工作。因为影像已经跟模型完全套合了，所以在三维场景中建模时，三维场景里面做的工作，例如，查询一个属性，在模型里进行一些坐标的量测都可以完成，可以用自动化程度很高的模型生成一个不那么细密的城市三维场景，这样的成本可以比现在降低 10 倍以上，但是感官的效果反而没有降低，因为再好的建模也建不出实景照片的效果。通过构建模型，生成一个可以在多角度浏览的三维场景。现在有多角度的影像以后，反而对三维场景建模的需求可以通过技术手段进行改变。

8.5.1　城市建筑物三维模型构建技术

随着传感器类型的不断增多及影像分辨率的不断提高，建筑物三维模型的构建方法不断得到简化，且实现过程更加自动化。桂德竹根据建筑物三维模型表达技术的不同，将建筑物三维模型构建的方法分为四类：基于点特征的构建方法；基于线特征的构建方法；基于面特征的构建方法；基于参数化体模型的构建方法。

1)基于点特征的建筑物三维构建

该类方法主要是指通过解析测图仪或数字摄影测量工作站来获得建筑物的三维点云，然后进行分割和拟合生成建筑物表面的平面结构，进而通过拼接这些平面来得到建筑物多面体结构模型。该方法比较有代表性的软件是由瑞士苏黎世高等工业大学大地测量与摄影测量研究所(IGP)研制的 CyberCity Modeler(CC-Modeler)系统。该系统包含了三维平面与点集的配准算法，其不仅能对建筑物进行测量，还能对城市中的其他地物(如道路、桥梁、广场、河流等)进行测量。图 8-28 为基于点特征的建筑物三维模型构建(以 CC-Modeler 为例)，该系统需测量人员人工测量获得大量的三维点，测量时还必须区分出建筑物的边界点和内部点，且在测量边界点时必须按照固定的顺序(顺时针或逆时针)，内部点则不用(Gruen and Wang，1998)。

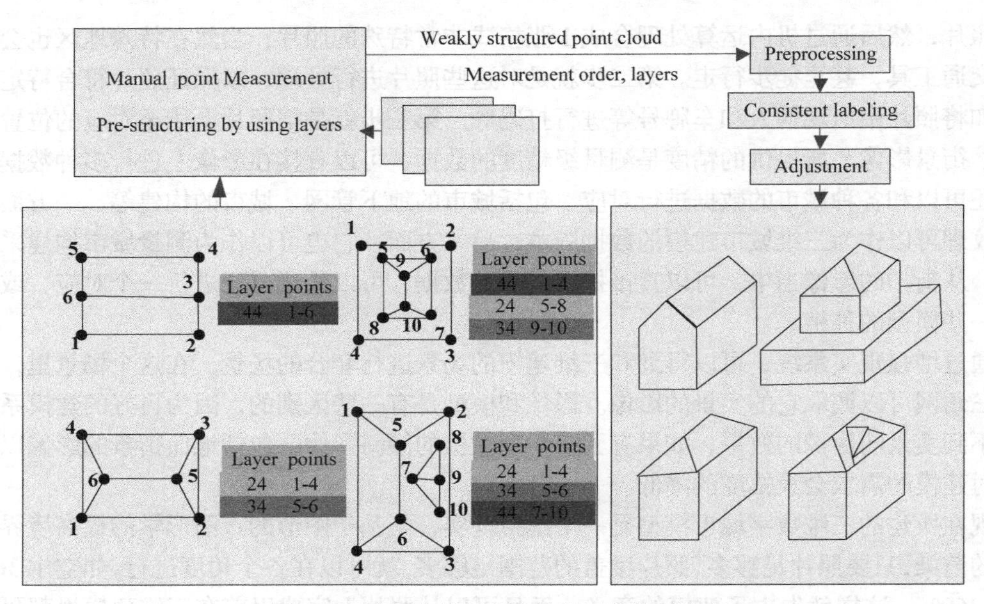

图 8-28　基于点特征的建筑物三维模型构建

2) 基于线特征的建筑物三维构建

除了点特征外，通常建筑物中还包含了大量的线特征。线特征主要表现为建筑物的边界，是点特征的集合，同时也是区分建筑物和其他地物的最主要标志，使用边缘特征来进行建筑物的三维建模比使用点特征建模更为简洁、更稳定。比较有代表性的基于线特征的建筑物三维建模算法是 SMS(分割、合并、成型)算法(胡翔云，2001；饶见有等，2005)。该算法主要有以下几个步骤：首先，由人工选择地面点并进行匹配，得到地面的高程，进而计算建筑物的高度。然后，由系统自动在多张影像上的相关区域进行边缘提取，通过对边缘的特征像元进行筛选得到的特征线段与前方交会获取屋檐的三维线段，重建建筑物初始模型。在三维平面上，分析判断是否要将相邻房屋单元“合并”成一个房屋单元。最后，在高度方面，进行共面处理房屋外形“成形”，如图 8-29 所示。

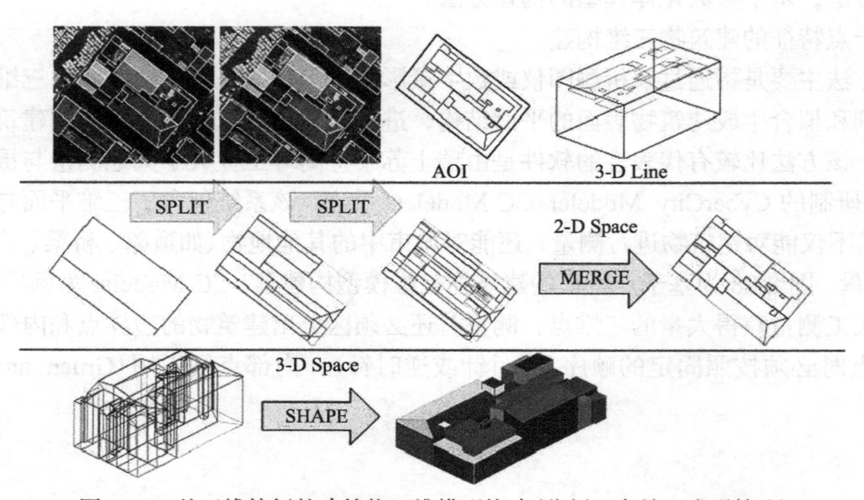

图 8-29　基于线特征的建筑物三维模型构建(分割、合并、成形算法)

3)基于面特征的建筑物三维构建

由于绝大部分建筑物都是由一些空间曲面包围而成的闭合体，在几何空间上可以使用三维的面片模型对建筑物进行表达。基于面特征的建筑物模型构建是用基于面片结构的数据模型来构建建筑物的三维几何对象。图 8-30 表示的是基于平面的建筑物三维模型构建实例。

(a)部分建筑物影像

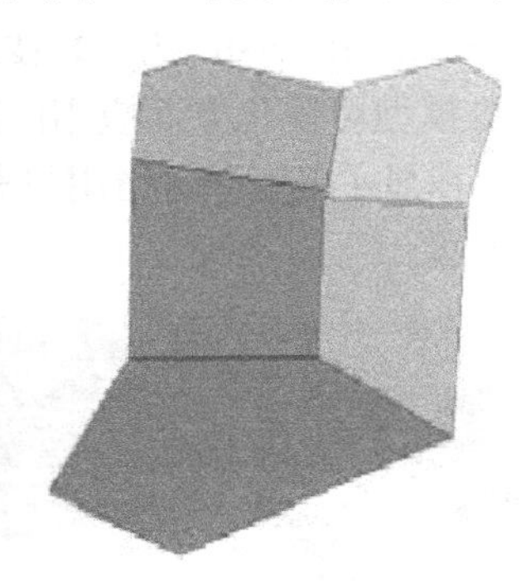
(b)部分建筑物模型

(c)加入纹理信息的建筑物模型

图 8-30　基于平面的三维模型构建

4)基于参数化体模型的三维构建

基于参数化建筑物模型基元的方法是将预先定义的各种建筑物模型基元与影像上建筑物丰富的边缘信息进行模型参数初始值计算及迭代精化。德国 INPHO 公司的商业化软件 inTECT 就是一种典型的基于参数化建筑物模型基元的方法。该软件以一个包含多种常见建筑物的线框三维模型的数据库为基础，操作员根据影像的内容选择特定的建筑物模型，并指定建筑物的大概位置和姿态，由计算机自动拟合建筑物的参数模型到图像，求解变换参数并自动计算建筑物的结构尺寸。图 8-31 显示的是对部分建筑物基于参数化模型导向的建筑物三维重建的过程(Gulch et al.，1997)。

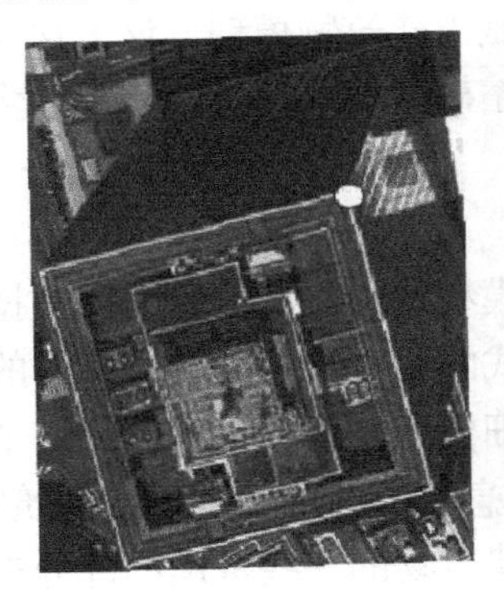
(a)基点的选择

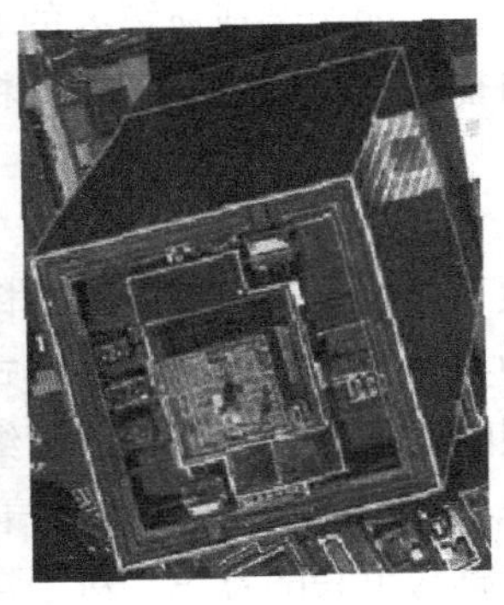
(b)高度搜索

(c)最终结果

图 8-31　基于参数化模型导向的建筑物的三维重建

8.5.2　城市建筑物三维模型可视化技术

目前，建筑物的三维可视化方法大多是基于已存在的地形模型(数字高程模型)和房屋的几何模型，通过计算机自动化建立它们的三维立体模型，并在给定观察点和观察方向的基础上对其进行着色、消隐、纹理、光照和投影等一系列的后续处理，然后产生虚拟的场景(张正峰等，2007)。

建筑物的几何特征明显，对其进行初步建模相较其他复杂地物简单，但是，不是所有的应用对建筑物模型的表达精度和精细程度的要求都一样(图 8-32)，例如，房地产公司对建筑物的虚拟三维模型就要求尽可能精细，构建的模型就需要表现每栋单元楼，甚至每个房间内的布局。而三维城市模型则不需要特别精细。由于建筑物三维模型在显示的时候要求远近景不同，且逐渐细化，而多层次细节(levels of detail，LOD)技术能够提高场景显示速度、实现实时交互，因此该技术在建筑物三维模型可视化方面应用广泛。该技术的原理就是对相同的景物实现多个不同精细程度的模型，在显示的时候，当用户离景物较远时，显示粗糙的模型；当用户离景物较近时，显示精细的模型。

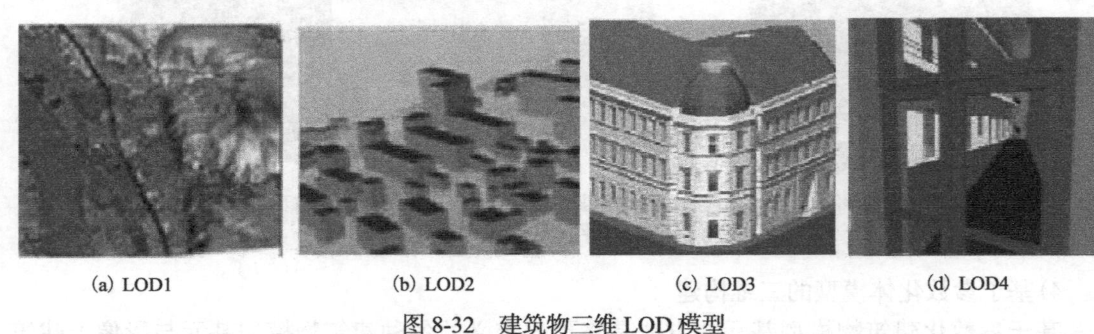

(a) LOD1　(b) LOD2　(c) LOD3　(d) LOD4

图 8-32　建筑物三维 LOD 模型

8.5.3　城市建筑群快速三维模型的构建

由于城市规模的不断扩大，在对城市进行三维建模的时候，不仅需要对单栋建筑物进行建模，更需要表达建筑群及整个城市的模拟景观。但是，由于城市环境的复杂性和规模的巨大，对城市进行大规模建模是一项工作量巨大的工程。针对此问题，刘利峰等(2009)提出了三维数字城市建筑物群的快速构建方法。该方法预先建立对应的城市模型构建的模型库，并通过地理描述来获取城市模型构件，从而组装成所需要的城市建筑物模型。该方法大大降低了城市建模的工作量，同时由于将描述信息与建筑物模型精确建模进行结合，从而大大提高了城市模型的真实感。

1)建模思路

描述性过程式快速建模，吸取了上述基于规则几何体模型的构建、基于影像数据的模型构建、基于计算机辅助建模这三种方法的优点，提出过程式的逐步细化建模，初步的建模可以看做是一个基于规则几何体模型的建模过程，而基于精细模型构模的加入，是一个逐步求精的过程。该方法预先建立素材库，根据实际的 GIS 地理信息数据的描述来构建建筑物模型，并在构建的方法上，提出模型的分解与组装的思想，对于建筑物的一些常用的部分进行单独构建并存储于素材库中。整体设计如图 8-33 所示。

2) GIS 矢量数据

基于描述性的地理数据主要来源于对真实城市环境信息的描述，包括对城市建筑物的形状、位置、高度及轮廓等信息的描述。除了已有的地理数据的矢量数据，对于局部新增的建筑物群，刘利峰等利用简化的影像数据的方法对其进行处理，提取出建筑物的矢量信息，具体过程如图 8-34 所示。

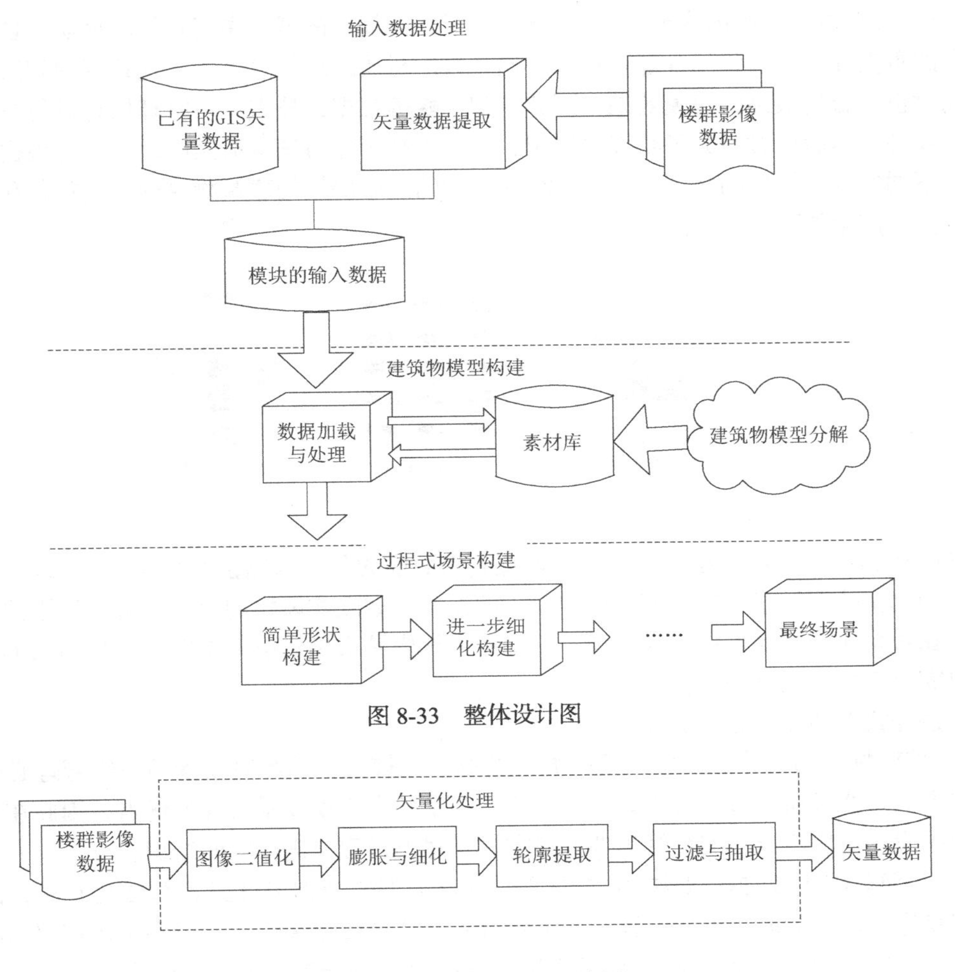

图 8-33　整体设计图

图 8-34　影像数据的矢量提取

3) 素材库的建立

首先，将建筑物分解成很多构件(如楼顶、楼梯、底座、阳台、窗户等)。然后，根据建筑物的具体属性信息进行构建的组装，使其更贴近实际地物。这样把建筑物分割成可以渲染的构件的过程，是自顶向下的过程，需要将建筑物进行分类，再根据类别的不同选取不同的分割方法。构件的生成是素材库建立的核心部分，构件主要分三类：几何算法生成的构件、存放在数据库中的成形建筑物构件和小模型构件。

(1) 几何方法生成的构件。很多建筑物因为有较规则的外形，可以通过几何算法去描述建筑物中的几何结构。根据矢量数据中描述信息的不同可以调用不同的几何生成算法，还可以根据建筑物描述信息来选取不同的几何实现。图 8-35 为建筑物顶部模型，假设建筑物顶部的描述信息为尖顶，对顶部的建模就调用尖顶的生成算法；若对其顶部的描述信息为穹庐顶式，就调用穹庐顶式的生成算法。该方法生成分子构件的速度较快，比较适用于过程式的建模，如生成规则几何形状的分子构件。

图 8-35　建筑物顶部模型

(2) 存放在数据库中的成形建筑物构件。由于在大规模的城市中建筑物的材质纹理信息存在一定的重复性，而对每一种建筑物都存储各自的材质纹理信息是十分耗费存储和渲染资源的，同时也会影响最终的建模效果。因此，刘利峰等根据该特点，将纹理信息进行细分，得到分子纹理，然后通过对分子纹理的复用，大大提高了城市场景渲染的效率。可根据不同需要选择不同的分子纹理的复用方法。图 8-36 显示的是居民楼的建筑物纹理根据重复和替换两种复用方式产生的不同效果。

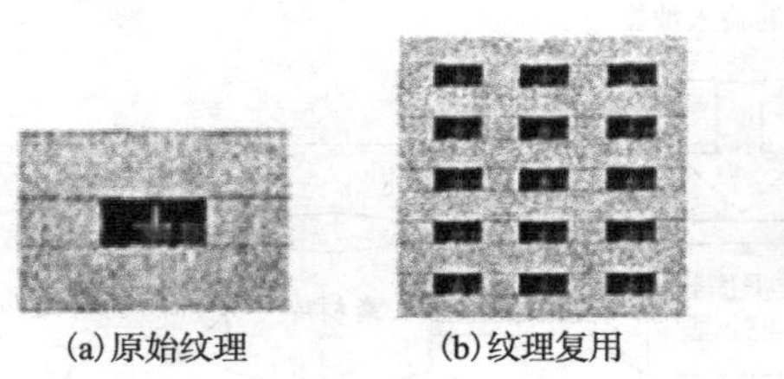

图 8-36　纹理复用

(3) 小模型构件。小模型是利用一些模型制作而成的分子构件，利用小模型可以提高建筑物模型的真实感。对于规则几何体很难表现的模型，如欧式风格的房顶，可以使用预先制作并存储在素材库中的模型构建来表现。为了在大规模城市场景渲染中取得较高的效率，模型构建也需要符合一定复用的特点。

4) 过程式自动建模方法的设计

(1) 城市场景的划分。由于大规模城市的场景比较大，因此对场景的组织管理必须采取有效的方法。八叉树的方式由于其具有利于空间室外大规模场景管理的优点，因此在城市三维建模中应用比较广泛。刘利峰等选取该方式在建模过程中进行空间组织。

(2) 几何算法生成的建筑物构件的匹配。由于这种构件是基于几何算法得到的，因此匹配很容易进行。以穹庐顶为例，算法如下：首先，计算楼顶多边形，取多边形相邻的两边，并求两边对应的向量，计算两个向量差积的结果，如果该结果≥0，则说明能构造穹庐顶。然后，计算多边形对应的几何外包，求出多边形的中心点坐标 (x, y) (x=外包最大 x 值与最小 x 值的平均值，y=外包最大 y 值与外包最小 y 值的平均值)；设置中心点的三维坐标，选取多边形相邻的两个顶点，将这两点与中心点的三维坐标相连，形成三角形；求出三角形的中点，以中点为分割顶点，将三角形分成四个小三角形。最后，递归调用前一步骤，直至分割深度达到指定的阈值，结束。

(3) 模型的导入与匹配。模型建立之后，需要对模型进行渲染，刘利峰等在对模型进行渲染时，为不同来源类别的模型添加了不同的适配器，使其能够适应多种模型的渲染。另外，对于素材库中的小模型构件需要进行组合和匹配。渲染之后，还需对模型和真实地理数据进行匹配。具体的算法如下：①得到建筑物模型真实的地理坐标，由地面多边形区域的各个顶点构成，从而计算出其底面多边形（polygon_i），然后使用外包算法求出其外包（Box_i）；②分析模型文件中各个点的数据，使用外包算法求出其几何外包（Box_j）；③由此计算模型的缩放指数（公式为 $\text{scale} = \dfrac{\max(\text{Box}_i \cdot x\text{Size}(), \text{Box}_i \cdot y\text{Size}())}{\max(\text{Box}_j \cdot x\text{Size}(), \text{Box}_j \cdot y\text{Size}())}$）和模型的偏移量（$\text{tran}\_x = (\text{Box}_{i}\_x_{\min} + \text{Box}_{i}\_x_{\max})/2$，$\text{tran}\_y = (\text{Box}_{i}\_y_{\min} + \text{Box}_{i}\_y_{\max})/2$，$z$ 方向上偏移量的计算要考虑建筑物模型底面和城市场景底面在同一高度，z 方向上的计算公式为 $tran\_z = (Box_i\_z_{min} + Box_i \cdot zSize())/2 \cdot scale$）。

8.6　矿山 3DGIS 的构建及空间分析方法

与 2DGIS 相比，3DGIS 对客观世界的表达更符合人的认知，它以立体的模型向用户展示了空间地理现象。3DGIS 不仅能表达空间对象间的平面关系，还能表达对象间的空间拓扑关系。因此，3DGIS 在很多领域都起着越来越重要的作用，数字矿石就是其中之一。宋振骐院士曾经指出："数字矿山是用 2D 或 3D 数字信息系统及图示化技术来表达所采矿体及其周围事物相对时空位置和关系"。但是数字矿山建设的诸多关键技术尚未解决，因此对数字矿山建设的研究是一项长期而复杂的工程。

8.6.1　矿山 3DGIS 的信息特点

数字矿山是对矿山整体及其相关现象的认识与数字化再现。数字矿山在实施的过程中，关键是要集成矿山多源数据并实现可视化，实现矿山地上、地下数据的共享和互操作，为勘探、采矿设计及生产提供决策支持。3DGIS 在数字矿山建设中处于核心地位，同时其也是难点所在，主要表现在以下几个方面(夏永华，2010)。

(1) 矿山数据是真三维数据，其不同于二维和 2.5 维数据。真 3DGIS 主要研究的是三维空间数据，其核心功能是实现三维数据建模。

(2) 矿山数据信息是灰色信息。计算机要模拟矿井设计、巷道布设、矿层分布、断层构造等，而这些数据只是地勘的结果，可以认为它们是灰色信息。矿山 3DGIS 不仅是仿真和虚拟现实，更加强调对灰色数据的分析和决策，其实质是用科学计算可视化技术对矿山信息进行视觉表现，以提高对复杂地质条件的理解和判别，为勘探、试验工作提供验证和解释。

(3) 矿山数据信息是动态的。随时间迁移，矿山不断在变化，数据库中相应的数据也必须进行增减、删除和修改操作。矿山的 3DGIS 着重强调数据实时更新，设计元数据标准体系及构建三维对象的拓扑关系的空间数据库。

(4) 矿山数据信息的多源异构。3DGIS 需要实现多源地学空间信息(测量资料、钻井资料、物探资料、水文资料、地震资料、化验资料等)的集成及可视化，并且实现信息融合与共享。

8.6.2　矿山 3DGIS 的关键技术

一些学者对矿山 3DGIS 进行研究，如李梅和毛善君(2004)对数字矿山中 3DGIS 关键技术进行了研究，认为 3DGIS 关键技术主要有四项：三维空间数据的获取、三维空间数据的管理、三维空间数据建模及三维空间分析应用，如图 8-37 所示，三维空间数据获取是矿山 3DGIS 的数据来源，三维空间数据建模和三维空间分析应用是矿山 3DGIS 核心，三维空间数据管理是矿山 3DGIS 基础，分布式网络可视化发布是矿山 3DGIS 的表现形式，其中，矿山 3DGIS 的三维空间数据建模是研究的难点和热点问题。夏永华(2010)则认为在三维重建中，数据预处理的好坏直接影响后续三维模型的质量，因此数据预处理也可作为关键技术之一。

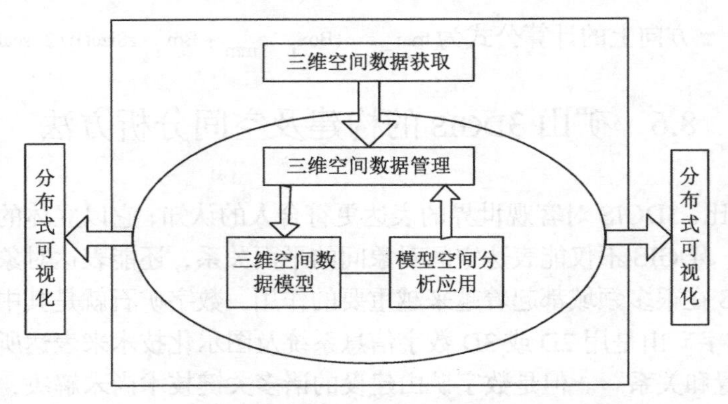

图 8-37　3DGIS 核心技术框架

1. 三维空间数据的获取

获取数据是建立3DGIS的基础工作，矿山基础数据主要有四大类：测量、勘探、传感和文档(含设计数据)，但是从数据的空间分布来看，主要分为地上数据及地下数据两大类。其中，地上三维空间数据的获取方法有常规测绘、航空摄影测量(或遥感)及机载三维激光扫描等；地下三维数据主要通过地勘数据、矿山测量数据、采矿工程数据等方法获取。数据采集的传统方法主要是传统测量、电子测量、地质钻探等，但经过不断发展，许多新的采集方法也相继出现。目前，矿山三维空间数据获取的新方法主要有以下几种。

(1) 三维物探技术，主要是地质雷达、高密度电阻法技术和地震探测等。利用高分辨率三维地震勘探技术可以得到具有高分辨率、高信噪比和高密度的三维数据体。通过数据可视化来判断小断层、折曲、巷道等，很好地保障了采区精细勘探及其他与工程有关的地质灾害预测。目前，地震勘探在矿区应用比较广泛，勘探精度可达到数米。

(2) 三维激光探测法，就是利用三维激光扫描系统的高精度对地下空区的大小、位置进行三维探测，通过三维激光扫描系统扫描获得空区高密度的点云数据，用点、多边形、曲线或曲面等形式将点云描述出来，建立空间几何模型，再配合其他方法获取目标物体的纹理数据。

(3) 数字摄影测量，是获取地面三维数据最精确和最可靠的技术手段，通过数字摄影测量技术可以得到矿区地表岩石和地形表面的影像。另外，根据像对立体成像的原理，可以生成矿区地形或矿坑的数字地面模型(DTM)。数字摄影测量方法已经相对成熟，也比较普及，其相对于传统的测量方法，具有精度高、代价小、周期短、外作业量小等优点。

2. 数据预处理及管理

1) 数据预处理

地面上的地物很容易找到其在点、线、面上的特征，很多数据预处理的算法就是基于这些特征的，地下空间形状复杂、不规则、很多地方无法用肉眼看见使得其在扫描方法和数据处理上更加复杂。在三维重建中，数据的预处理起到了承上启下的作用，而这一步做的好坏直接影响三维模型的质量。

2) 空区探测系统(CMS)的误差校正

a. 误差分类

一般误差从其来源来讲，可以分为系统误差和偶然误差。系统误差会给点云坐标带来系统性的偏差，且呈单向趋势；偶然误差主要来自操作人员，从某种程度上讲，偶然误差是可以避免的。影响 CMS 操作的因素较多，按其来源测量误差大致可分为四种：仪器误差、定位与定向误差、与目标物体反射面有关的误差及外界环境条件的影响(如温度、湿度、气压等)。仪器误差是仪器本身性能上的缺陷或者构造不完善造成的，主要包括：激光测距误差、扫描角测量误差和初始化找平误差；与目标物体反射面有关的误差主要分为目标反射面倾斜的影响和表面粗糙度的影响两类。

b. 误差分析

空区探测(CMS)通过测量距离和激光束的空间方位求算激光脚点在给定坐标系下的坐标。每个观测量在观测时都会有误差。下面就各种误差如何影响空区探测系统扫描测量的结果分别加以讨论。

(1)测距误差。测距误差与多种因素有关，包括系统和随机两部分。这里仅考虑系统部分 $\Delta\rho$ (不同的系统、反射介质及地形条件等外界条件都会导致不同的 $\Delta\rho$)。因此，可知测得的距离就是 $\rho+\Delta\rho$ ，即

$$\boldsymbol{r}^* = \boldsymbol{r} + \Delta\boldsymbol{r} = (0,0,\rho+\Delta\rho)^{\mathrm{T}} \tag{8-10}$$

式中，$\boldsymbol{r}^*$ 为含有测距误差 $\Delta\rho$ 的激光脚点在瞬时激光束坐标系统中的位置向量；$\Delta\boldsymbol{r}$ 为测距误差引起的激光脚点在瞬时激光束坐标系中的误差向量。

(2)瞬时扫描角误差。瞬时扫描角误差会随着瞬时扫描角的变化而变化(Schenk，2001)，实际上就是定义的激光扫描坐标系绕 x 轴在扫描时偏转一个小角度 $\Delta\tau$ ，另外，安装时，激光扫描平面不可能完全垂直于激光扫描坐标系的 x 轴，这就使得实际的激光扫描平面各偏离定义的激光扫描参考坐标系的 y 轴和 z 轴一个旋转角 $\Delta\phi$ ，$\Delta\kappa$ 。由这三个小的旋转角可得到一个新的坐标变换旋转矩阵 $\Delta\boldsymbol{R}_L$

$$\Delta\boldsymbol{R}_L = \boldsymbol{R}(\Delta\kappa)\cdot\boldsymbol{R}(\Delta\phi)\cdot\boldsymbol{R}(\Delta\tau) = \begin{bmatrix} 1 & -\Delta\kappa & \Delta\phi \\ \Delta\kappa & 1 & -\Delta\tau \\ -\Delta\phi & \Delta\tau & 1 \end{bmatrix} \tag{8-11}$$

式中，$\Delta\tau$ 、$\Delta\phi$ 和 $\Delta\kappa$ 的值比较小，一般定位在百分之几度，因此，有对应的激光脚点在激光扫面坐标系中的坐标：

$$\boldsymbol{P}_L^* = \Delta\boldsymbol{R}_L\cdot\boldsymbol{R}_L\cdot(r+\Delta r) \tag{8-12}$$

式中，$\boldsymbol{P}_L^*$ 为受测距误差和扫描角误差影响后的激光脚点在激光扫描坐标系中的位置向量；$\Delta\boldsymbol{R}_L$ 为扫描角误差引起的坐标旋转矩阵。

(3)系统的仰俯、侧滚及定向误差。系统的仰俯、侧滚及定向误差一般需要实验检校来测定。同样，可得到误差旋转矩阵 $\Delta\boldsymbol{R}_M$ （$\Delta\alpha$ 、$\Delta\beta$ 、$\Delta\gamma$ 为微小角度值)：

$$\Delta\boldsymbol{R}_M = \boldsymbol{R}(\Delta\alpha)\cdot\boldsymbol{R}(\Delta\beta)\cdot\boldsymbol{R}(\Delta\gamma) = \begin{bmatrix} 1 & -\Delta\alpha & \Delta\beta \\ \Delta\alpha & 1 & -\Delta\gamma \\ -\Delta\beta & \Delta\gamma & 1 \end{bmatrix} \tag{8-13}$$

偏心改正测定误差是激光发射点在当地水平直角坐标系里的测定误差 Δt ，因此，对应的

激光脚点在当地坐标系中的坐标为

$$P_M^* = \Delta R_M \cdot R_M \cdot \Delta R_L \cdot R_L \cdot (r + \Delta r) + t + \Delta t \tag{8-14}$$

式中，P_M^* 为受测距误差、扫描角误差、安置误差、偏心误差影响后的激光脚点在当地坐标系中的位置向量；ΔR_M 为安置误差引起的坐标旋转矩阵。

c. CMS 测量的系统误差校正

由于三个系统误差对激光脚点坐标的综合影响是非线性的，一般来说，三个系统误差角是个微小量，可将其近似成线性关系。因此，无论是水平扫描测量，还是竖直扫描测量，都可采用分步校正的方式。

CMS 水平扫描测量的误差校正：经过分析，得知两个安置误差角及定向误差角对激光脚点坐标的综合影响是非线性的。由于三个误差角极其微小，且空区扫描的距离较短，可将其近似成线性关系。通过滤波(Petzold et al.，1999；Pfeifer et al.，1999；Vosselman and Maas，2001)将房间每个面上的激光脚点分离出来，拟合出每一个面的方程，解出地面上四个角点的坐标，具体的方法、步骤如下。

(1)利用激光脚点坐标拟合平面方程。如果一个平面由方程 $z = ax + by + c$ 表示，则其参数的确定可以由观测方程 $\boldsymbol{Y} = \boldsymbol{XA} + \boldsymbol{E}$ 通过最小二乘估计来获得。其中，$\boldsymbol{Y}$ 为用于最小二乘估计的扫描测量纵坐标点的矩阵(平面的 z 坐标)；X 为平面的 x，y 坐标；$\boldsymbol{A}$ 为参数矩阵；$\boldsymbol{E}$ 为残差矩阵。误差方程为 $V = AX - L$，法方程为 $(A^{\mathrm{T}}A)(a \quad b \quad c)^{\mathrm{T}} = A^{\mathrm{T}}L$。

(2)解算角点坐标。每 3 个面相交确定一个角点的三维坐标。

(3)侧滚向误差的校正。通过地面与正面的交线的两个端点的高差计算出侧滚误差角后，重新计算一组新的激光脚点坐标。如图 8-38 所示，考虑扫描的距离不超过 30m，平面位置影响可以忽略不计，计算方法如下：首先，解出扫描中心线在 XY 平面上的方程。然后，计算激光脚点到中心线的距离S。最后，判断激光脚点属于正区还是负区(Park and Subbarao，2003)，若为正区 Z 值加 d_i，负区 Z 值减 d_i，在扫描中心线上则 z 值不变。

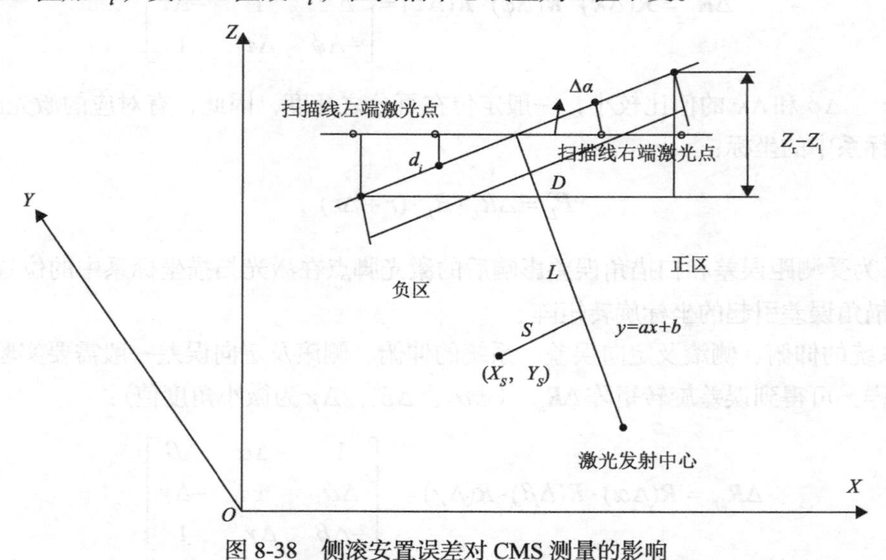

图 8-38　侧滚安置误差对 CMS 测量的影响

(4)仰俯向误差的校正。经过侧滚向校正后的激光脚点坐标不再受侧滚向误差的影响，但是仰俯向的误差会使激光脚点的高程增大或减小，如图 8-39 所示，具体由公式 $\Delta Z = D\tan(\Delta\beta)$ 和 $Z_{新}=Z+\Delta Z$ 来进行计算校正，其中，$\Delta\beta$ 取值的正负根据正负区来判断。

(5) 定向误差的校正。经过侧滚向及仰俯向误差纠正后的激光脚点坐标的 Z 值不再含有误差，但是其还含有由定向误差引起的平面位置偏移，如图 8-40 所示，使用下列公式来进行校正：

$$\Delta\gamma = \tan^{-1}\left(\frac{Y_{实} - Y_0}{X_{实} - X_0}\right) - \tan^{-1}\left(\frac{Y_{扫} - Y_0}{X_{扫} - X_0}\right) \tag{8-15}$$

$$\begin{cases} X_{新} = X_0 + S\cos(\gamma + \Delta\gamma) \\ Y_{新} = Y_0 + S\sin(\gamma + \Delta\gamma) \end{cases} \tag{8-16}$$

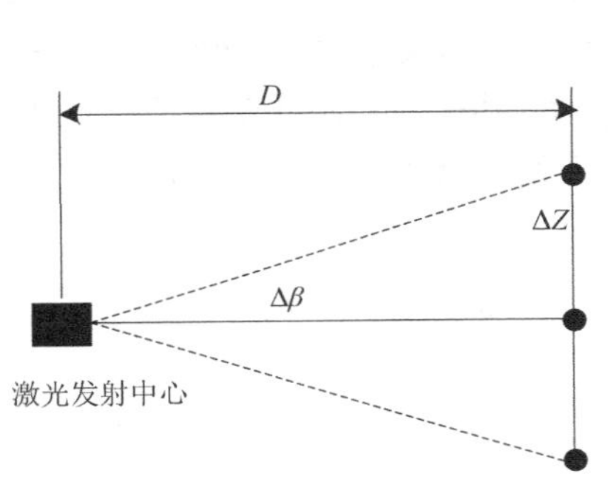

图 8-39　俯仰向误差对激光点高程的影响

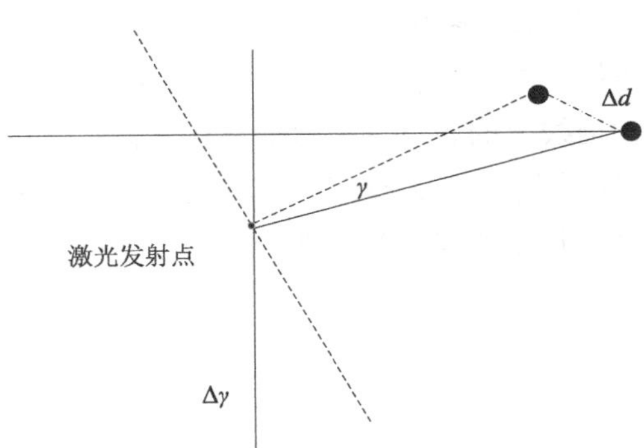

图 8-40　定向误差对激光点位置的影响

(6) CMS 竖直扫描测量的误差校正。校正方法及步骤与水平扫描测量相同，还是要利用规则的房间，事先用全站仪测定房间 4 个角点的坐标与激光脚点拟合的角点坐标比较(具体方法及过程与水平扫描方法类似，这里不再论述)。

3) 点云数据的去噪与平滑

近年来，很多专家和学者对点云数据的去噪与平滑进行了研究，这些研究方法大多集中在扫描线点云数据的去噪和平滑技术上，而散乱点云数据处理方面的研究成果较少。低通滤波算法、移动最小二乘曲面拟合算法(Do and Vetterli，2005)和基于偏微分方程(PDE)的曲面逼近等算法虽然在去除小振幅噪声方面效果较好，但对于一些离群点大多只能依靠手工方法来处理。近年来，虽然在应用鲁棒统计学方法处理散乱点云数据方面已经得到了长足发展，但对散乱点云数据离群点的自动识别和去除仍然没有得到很好的解决(Scht-lkeopf et al.，2005)。总结前人所做的工作，现如今的主要研究方向是以下三个(夏永华，2010)。

(1) 由点云生成三角格网，应用格网光顺法去除噪声。光顺方法主要有：改进的拉普拉斯算法、平均曲率法及将两种算子作用于切向和法向的一种混合方法。实际应用中，往往会根据需要选取不同的方法来构建三角网。因此，此类算法的稳定性不高。

(2) 由点云构造曲线，将点云数据转化为扫描线数据，通过光顺扫描线去除噪声。目前的研究主要集中在如何高效、准确地将点云数据转化为扫描线。

(3) 对点云数据的直接平滑。点云数据的直接平滑主要有三种方法：对于初始点云数据，利用最小邻域的聚合度、平面拟合度和邻近点的重合度来判别点云中的噪声；根据点的曲率应用三维平均移动法为点云中每个点自适应地寻找邻域，在该邻域内应用三边顶点估计法计算测量点的移动方向；运用信号处理原理并设计合适的滤波函数，对表现为高频的噪声进行平滑处理，常用的滤波方法有高斯滤波、中值滤波和平均滤波三种。

4) 扫描线点云数据去噪

据统计，在扫描测量得到的点云数据中，有 0.1%～5%的噪声点。对于这些点的去除，可采用如维纳滤波、卡尔曼滤波和最小二乘滤波等方法来处理，也可用局部算子对其进行局部滤波处理(刘军强和高建民，2005)，常用的扫描线数据噪声点的去除方法如下。

(1) 观察法。在线扫描得到的点云数据中，一些孤立点对曲面重构的精度影响最大，观察法主要思想是：在计算机屏幕上，通过操作者的经验判断，直接将与扫描线偏离较大的点或者在屏幕上的孤立点剔除。这种方法只是一个初步的处理，将偏差较大的异常点从数据中筛选出来。

(2) 曲线检查法。首先，以扫描数据点的首尾点为基础，利用最小二乘法拟合的方法获得一条拟合曲线(曲线的阶次通常为 3～6 阶，也可根据曲面切面的形状来确定)。然后，依次计算扫描线上的各点到拟合曲线的距离$|e_i|$，如果$|e_i|>r$（其中，r 为事先设定的允许误差阈值)，则判定点 P_i 为噪声点，将其剔除；否则，该点保留。这种方法的前提是首尾点不能为噪声点。其原理如图 8-41 所示。

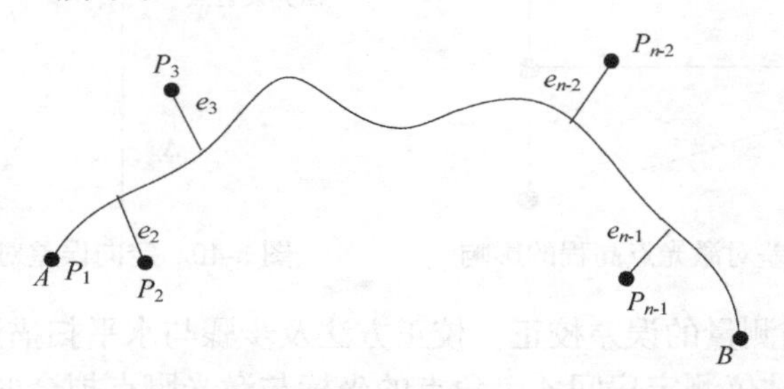

图 8-41　曲线检查法剔除噪声点原理图

(3) 偏差过滤法(温银放，2004)。连接 P_i 的前后两点 P_{i-1} 和 P_{i+1}，计算 P_i 到弦 $P_{i-1}P_{i+1}$ 的距离 h_i[式(8-17)]，如果$h_i \geqslant \varepsilon$（$\varepsilon$ 为设定的允许误差阈值)，则认为 P_i 是噪声点，将其剔除。具体过程为：①依次选取扫描线上连续的 3 个点 P_{i-1}、P_i、P_{i+1}；②计算 P_i 到 P_{i-1}、P_{i+1} 连线的距离 h_i；③将 h_i 与三维空间体曲面的允许精度 ε 进行比较，如果$h_i \geqslant \varepsilon$，则剔除中间点 P_i，否则转向步骤①，直至整条扫描线计算完毕。这种方法适用于扫描测量点较密集而且均匀分布的状况，但在有些特征点处曲率变化较大的情况下，该点很有可能被认为是噪声点而被误删除掉，其原理如图 8-42 所示。

$$h_i = \left| P_i - P_{i-1} - \frac{(P_i - P_{i-1})\cdot(P_{i+1} - P_i)}{(P_{i+1} - P_i)^2}(P_{i+1} - P_i) \right| \tag{8-17}$$

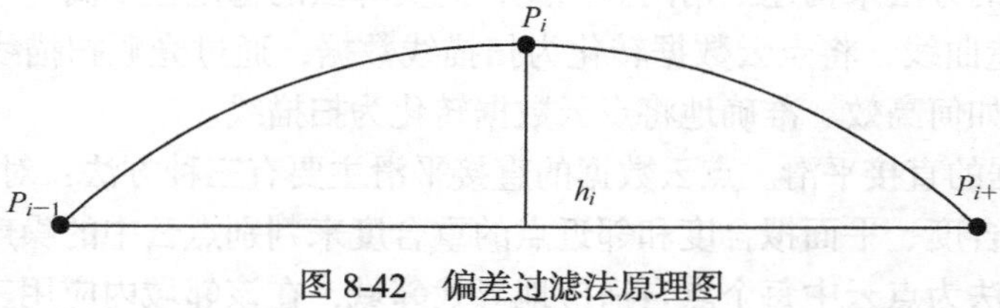

图 8-42　偏差过滤法原理图

(4) 孤立点统计排异法。在线扫描方式得到的点云数据中，孤立点的分布不规律且偏离真实数据较大，但数量不多，利用前述的观察法不能够完全删除大噪声点，且当数据量大时用肉眼观察也不太现实，因此，提出以大噪声点统计排异法来删除这些噪声点。该方法的实现过程为：选择等精度扫测数据(即采用相同的测量参数、测量条件和相同表面性质的被测对象)，经过观察法，人工去除噪声点后，将剩余的 n 个点数据进行以下处理。

设数据点集为 $\{P_i|(x_i,y_i,z_i),i=0,1,2,\cdots,n-1\}$，计算相邻两点之间的距离 d_i：

$$d_i=\sqrt{(x_{i+1}-x_i)^2+(y_{i+1}-y_i)^2+(z_{i+1}-z_i)^2} \tag{8-18}$$

然后，统计各距离值 $\{d_i|i=0,1,2,\cdots,n-1\}$ 的均值μ和方差σ^2，计算式为

$$\mu=\frac{1}{n-1}\sum_{i=1}^{n}d_i \tag{8-19}$$

$$\sigma^2=\frac{1}{n-1}\sum_{i=1}^{n-1}(d_i-\mu)^2 \tag{8-20}$$

得到均值μ和方差σ^2后，建立相邻点距离的正态分布$N(\mu,\sigma^2)$。将扫描线上相邻两点距离作为统计对象，以相邻点距离的正态分布$N(\mu,\sigma^2)$的2σ或者3σ作为限差来判断点的去留。具体计算过程为：对于一行扫描点数据，首先必须得到第一个真实点，然后依次求取相邻两点的距离，并判断距离是否在误差范围之内，如果在，则该点为真实点；否则删除该点。继续判断，直至所有扫描线上的点判断完毕。具体步骤如下：①建立一数组P[ ]，用来存放扫描测量得到的点数据，令$i=0$；再建立一个索引数组Id[ ]，用它来记录每一数据段开始的位置，令Id[0] = 1，$n=1$。②判断扫描线是否结束，是，则转至⑤，否则继续。③计算 $d_i=|p_{i+1}-p_i|$。④用前述方法求出类似扫描线相邻点的正态分布因子均值μ和方差σ^2。⑤判断$|d_i-\mu|$的值，如果值小于或等于3σ，则$i=i+1$；否则，$n=n+1$，Index[n] = i，$i=i+1$，转至②。⑥判断n的值，如果值大于$i/2$，则剔除Id[]所对应的点，否则剔除数组P[ ]中的其余点。⑦结束。

算法流程图如图8-43所示。

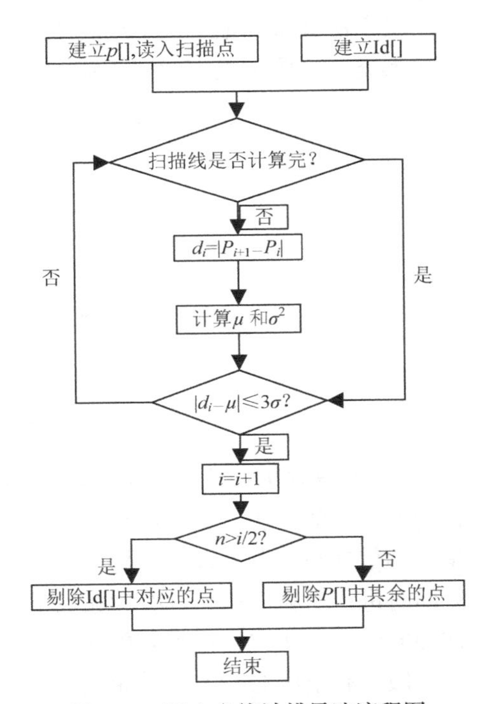

图 8-43　孤立点统计排异法流程图

5) 扫描线点云的数据平滑

数据平滑也是点云数据预处理中的一项重要内容,其目的是要解决在扫描线曲率较小时数据点过密造成的局部区域较大曲率的问题。空间滤波技术在图像处理领域一直占主导地位,该技术在图像空间借助模板进行邻域操作,根据滤波特点的不同可将其分为线性和非线性两类。对于扫描线形式的点云数据的处理，平滑滤波一般是借鉴数字图像处理中的方法，将所获得的数据点视为图像数据，将点云数据点的 z 值看作图像数据中的灰度值。一个好的平滑方法要同

时具备消除噪声又不使图像的边缘轮廓和线条变得模糊的功能。平滑滤波的方法主要有以下几种（夏永华，2010）。

（1）均值滤波。图像中的均值滤波是用滤波窗口（奇数个点）所有灰度值的平均值来代替窗口中心对应像素的灰度值。这种滤波器设计模板系数的原则是：系数均大于 0；系数都选 1 或中间的系数选 1，图 8-44（b）为将该方法利用到扫描线点云数据过滤中。

均值滤波减少了图像灰度的尖锐变化。因此，常见的应用就是减噪，去除图像中的不相干细节。但是均值滤波有以下缺点：①使扫描数据线趋于平坦，有使模型表面细节丢失的倾向，但是通过调整参数的取值大小，可以使细节保留与滤波效果两者达到平衡；②对脉冲噪声十分敏感，且易造成噪声传播；③未充分利用数据点间相关性和位置信息。

（2）中值滤波。在图像处理中，中值滤波的方法是取滤波窗口（奇数个点）灰度值序列的中间灰度值来代替滤波窗口中心像素的灰度值。图 8-44（c）为利用中值滤波法对扫描线点云数据过滤。

中值滤波有如下特点：在去除噪声的同时，可以比较好地保留边的锐度和图像的细节。中值滤波器的空间尺寸必须根据实际问题来确定。

（3）高斯滤波。高斯滤波是一种根据高斯函数（即正态分布函数）的形状来选择权值的线性平滑滤波，如图 8-44（d）所示。一维零均值高斯函数为

$$g(x)=e^{\frac{x^2}{2\sigma^2}} \tag{8-21}$$

式中，高斯分布函数σ决定了高斯滤波器的宽度。对图像处理来说，常用二维均值离散高斯函数作平滑滤波。

高斯滤波很好地解决了空间距离加权平均的问题，特点是滤波的同时能较好地保持原数据的形态，克服了均值滤波的缺点，但不能对噪声点完全去除。

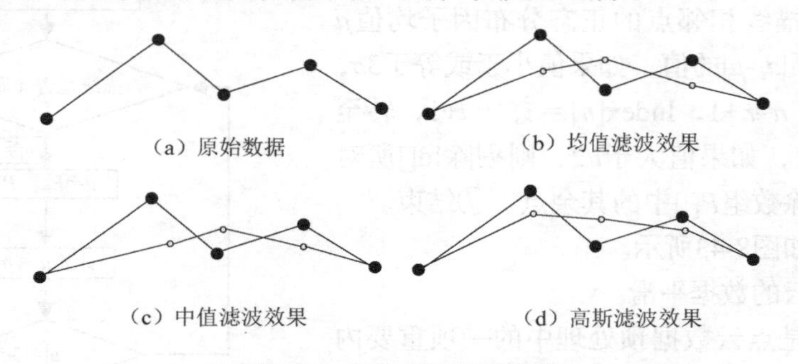

图 8-44　三种常见的滤波算法

（4）小波方法。从数学角度看，小波分析属于调和分析的范畴，数学工作者认为它是一种近似计算的方法，其用途是将某一函数在特定空间内按小波基展开。在工程领域小波分析是一种信号与信息处理的工具，是在傅里叶分析基础上发展起来的一种有效的时频分析方法，能同时进行时频分析，具有时频局部化和多分辨率性。这里，对小波分析的理论和方法不作详细的论述和研究，只是简单介绍对一条扫描线的处理方法。

假设有空区的一条扫描曲线 L，一个移动点 P 在曲线 L 上从一特定点 N_0 出发逆时针前进至 N 时的弧长为 s。N 点在直角坐标系中的坐标为 (x, y, z)，其参数形式表示为

$$\begin{cases} x = x(s) \\ y = y(s) \\ z = z(s) \end{cases} \tag{8-22}$$

每一个弧长 s 的值，都唯一地对应一个 (x, y, z)，从而构成了 (x, y, z) 对于 s 的 3 个单值函数，将一条空间扫描线分解成三部分，就可以用一维信号的处理方法对扫描线的三个部分分别处理。

3. 点云数据的配准与融合

1)点云数据配准

数据配准就是应用某种算法将两个以上坐标系中的三维空间数据点集转换到统一坐标系统中的数学计算过程(张凯，2008)。受激光扫描仪本身的限制，每次扫描只能得到目标体的局部数据，为了得到目标体完整的三维数据，从不同的位置和不同的角度多次扫描目标体，这就需要进行数据配准。

三维数据的配准本质上就是要找到一个三维欧式空间的刚体变换，即一个旋转矩阵$\boldsymbol{R}$和一个平移向量$\boldsymbol{T}$，它们需要满足条件：

设目标体上的任何一个采样点在探测点1和探测点2中的局部坐标分别为$(x_{p_1}, y_{p_1}, z_{p_1})$和$(x_{p_2}, y_{p_2}, z_{p_2})$，则有

$$\begin{bmatrix} x_{p_1} \\ y_{p_1} \\ z_{p_1} \end{bmatrix} = \mu \boldsymbol{R}(\alpha, \beta, \gamma) \begin{bmatrix} x_{p_2} \\ y_{p_2} \\ z_{p_2} \end{bmatrix} + \boldsymbol{T}, \quad \boldsymbol{T} = \begin{bmatrix} x_0 \\ y_0 \\ z_0 \end{bmatrix} \tag{8-23}$$

式中，$\boldsymbol{T}$为平移矩阵。式(8-23)用一个尺度因子μ表示两个坐标系的尺度差，这样，转换模型就构成了7参数转换模型，即3个平移参数x_0、y_0、z_0，一个尺度因子μ和3个旋转参数α、β、γ。因此，配准的关键就变成求解7个转换参数。

a. 同名点提取

同名点对的选择是数据配准中的一个关键问题，其选择的好坏直接影响配准精度，同时决定了整个配准过程耗费的时间。从理论计算看，两幅点云数据有一定重合度及3对不共线的同名点就可以进行数据配准计算。但受误差的影响，多视角扫描的几组点云数据集中，很难找到绝对同一位置的对应点，因此要达到一定的建模精度的配准，必须采取一些方法来解决此问题。通常可以选取近似同一位置上的对应点作为同名点来进行数据配准，目前主要有两种方法：标签法和手工提取特征点的方法。标签法是在扫描空间里放置标签或小球，数据处理时把标签中心或球的球心作为同名点；手工提取特征点是根据专业人员的数据处理经验，选取扫描空间体上的特征点。

b. 点集对点集配准方法

对多视点数据的两两匹配可以用两种方法来实现：一种是利用离散的特征进行匹配的方法(Faugeras and Hebert，1986)；另一种是 Besl 和 Mckay 在 1992 年提出的一种基于自由曲面的、高层次的匹配方法，也称为迭代最近点法 ICP。第一类方法可以直接求解刚体变换而不需要一个初始的位置估计，但如果抽取的特征不够充分或者找不到明显的特征，这种方法就

容易失败；第二类方法首先假设有一个初始的位置估计，然后从一片数据中选取一定数量的特征点，并在另一片数据中寻找出这些点的邻近点作为对应点。通过使这些对应点对间的距离最小化得到一个变换，最后不断地迭代该过程直到满足收敛条件。

(1)点集配准的单位四元数法。两个点集配准算法的实质就是要计算出最小二乘逼近的坐标变换矩阵。假设所要配准的两个点集 P 和点集 X 满足条件：两个点集中对应点的个数 N_p 和 N_x 相同（$N_p = N_x$）；两个点集中具有相同下标的对应点（$P_i = X_i$）。同时，假设转换向量为单位四元数(Beal and Mckay，1992)：$\boldsymbol{q}_R = [q_0 \quad q_1 \quad q_2 \quad q_3]^{\mathrm{T}}$。其中，$q_0 > 0$，$q_0{}^2 + q_1{}^2 + q_2{}^2 + q_3{}^2 = 1$，则对应点集间的最佳坐标变换向量问题可转换为求 q，并且使式(8-24)最小化的问题。算法具体流程如下：得到对应点集 P 和 X；为了对以上函数最小化，将点集 P 和 X 进行中心化处理，先得到两个点集的重心坐标[式(8-25)和式(8-26)]：点集 P 和 X 中心化后得到 $p_i' = p_i - \mu_p$ 和 $x_i' = x_i - \mu_x$；由点集 P 和 X 构造协方差矩阵[式(8-27)]；由协方差矩阵构造 4×4 对称矩阵[式(8-28)]；计算 $\boldsymbol{Q}(\sum P, X)$ 的特征值及特征向量，最大特征值对应的特征向量即最优旋转向量 $\boldsymbol{q}_R = [q_0 \ q_1 \ q_2 \ q_3]^{\mathrm{T}}$；计算最佳平移向量 $\boldsymbol{q}_r = \mu x - R(\boldsymbol{q}_R)\mu_p$，其中，$R(\boldsymbol{q}_R)$ 表示为式(8-29)；得到完全坐标变换向量[式(8-30)]，同时求其最小均方差[式(8-31)]；结束。

$$f(q) = \frac{1}{N_p}\sum_{i=1}^{N_p}\left\| x_i - R(\boldsymbol{q}_R)p_i - q_r \right\|^2 \tag{8-24}$$

$$\mu_p = \frac{1}{N_p}\sum_{i=1}^{N_p} p_i \tag{8-25}$$

$$\mu_x = \frac{1}{N_x}\sum_{i=1}^{N_x} x_i \tag{8-26}$$

$$\sum p, x = \frac{1}{N_p}\sum_{i=1}^{N_p}[(p_i - \mu_p)(x_i - x_p)^{\mathrm{T}}] = \frac{1}{N_p}\sum_{i=1}^{N_p}(p_i x_i^{\mathrm{T}}) - \mu_p \mu_x^{\mathrm{T}} \tag{8-27}$$

$$\boldsymbol{Q}(\sum P, X) = \begin{bmatrix} \mathrm{tr}(\sum P, X) & \Delta^{\mathrm{T}} \\ \Delta & \sum P, X + \sum_{P,X}^{\mathrm{T}} - \mathrm{tr}(P, X) I_3 \end{bmatrix} \tag{8-28}$$

式中，$\boldsymbol{I}_3$ 为 3×3 的单位矩阵；$\mathrm{tr}(P, X)$ 为矩阵 $\sum P, X$ 的迹；$\Delta = [A_{23} \quad A_{31} \quad A_{12}]^{\mathrm{T}}$；$A_{i,j} = (\sum P, X - \sum_{P,X}^{\mathrm{T}})_{i,j}$。

$$\boldsymbol{R}(\boldsymbol{q}_R) = \begin{bmatrix} q_0^2 + q_1^2 - q_2^2 - q_3^2 & 2(q_1 q_2 - q_0 q_3) & 2(q_1 q_3 + q_0 q_2) \\ 2(q_1 q_2 + q_0 q_3) & q_0^2 - q_1^2 + q_2^2 - q_3^2 & 2(q_2 q_3 - q_0 q_1) \\ 2(q_1 q_3 - q_0 q_2) & 2(q_2 q_3 + q_0 q_1) & q_0^2 - q_1^2 - q_2^2 + q_3^2 \end{bmatrix} \tag{8-29}$$

$$\boldsymbol{q}=\left[\left\langle \boldsymbol{q}_R \middle| \boldsymbol{q}_r \right\rangle\right]^{\mathrm{T}}=[q_0,q_1,q_2,q_3,q_4,q_5,q_6]^{\mathrm{T}} \tag{8-30}$$

$$d_{\min}=f(q) \tag{8-31}$$

(2)迭代最近点算法(ICP算法)。Besl和Mckay所介绍的迭代最近点法ICP是在两个点集中搜索最近的点对，然后估算将两个点集进行配准的旋转变换R和平移变换T，并将这个坐标变换作用于一个点集上。迭代这一过程，直到满足某个表示正确匹配的收敛准则。该算法的实质是基于最小二乘法的最优匹配方法。Besl和Mckay用以下7参数向量作为旋转和平移的表达方法：

$$X=[q_0 \quad q_x \quad q_y \quad q_z \quad t_x \quad t_y \quad t_z]^{\mathrm{T}} \tag{8-32}$$

式中，参数的约束条件是$q_0^2+q_x^2+q_y^2+q_z^2=1$，迭代的点集初始值为$p_0(X_0)=R(X_0)P+t(X_0)=P$ [P为原始未修改过的点集，P的下标表示迭代次数，X_0(式8-33)为参数向量X的初值]。

$$X_0=[1 \quad 0 \quad 0 \quad 0 \quad 0 \quad 0 \quad 0]^{\mathrm{T}} \tag{8-33}$$

ICP 算法的处理过程如下：首先，由点集 P_k 中的点，在曲面 S 上计算相应最近的点集 C_k。然后，计算参数向量 X_{k+1}，该项计算通过点集到点集匹配过程。得到参数向量 X_{k+1} 后，计算距离平方和 f_{k+1}。再次，用参数向量 X_{k+1} 生成一个新的点集 P_{k+1}。最后，当距离平方和的变化小于设定的阈值 τ 时就停止迭代，停止迭代的判断准则是 $f_k-f_{k+1}<\tau$。

2)点云数据融合

数据经过配准之后必然会有重合，重合的部分会出现多层数据，这就会导致数据冗余，而且在后续的曲面重构中，容易导致模型表面存在大量的冗余面片，同时表面粗糙、配准拼接痕迹明显等现象也会出现。数据融合就是为了解决这一问题。点云数据的融合是三维建模的基础。对于利用多视点扫描的点云数据重建目标物体，最关键的问题就是如何实现多视点数据的准确融合，本书主要研究应用K-Means 聚类来进行多视点点云的融合。其流程如图8-45所示。

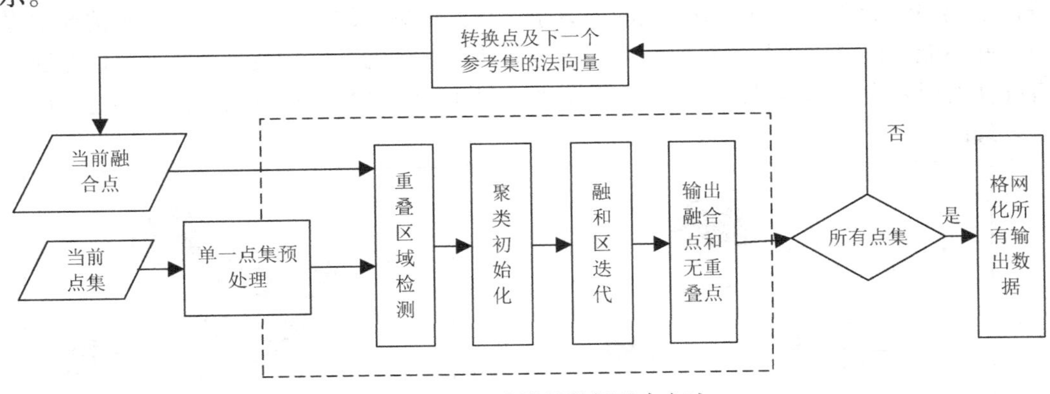

图 8-45　基于聚类的数据融合方法

a. 重叠区域检测

两幅经过精确配准的点云 old 和 new(图 8-46)，只要两幅点云存在重叠区域，寻找 new 上某一点 $p_{i\mathrm{new}}$ 对应于 old 点云中的最近点 $p_{i\mathrm{old}}$，如果两点之间的欧拉距离小于给定的阈值 L_1

（$L_1 = 3D$，其中，D 为点云中点间平均距离），则认为 p_{inew} 和 p_{iold} 构成重叠区域的对应点对；否则属于不重叠区域。重叠区域检测后，从 p_{inew} 到 p_{iold} 的重叠点集表示为 $S_{\text{new-重}}$，从 p_{iold} 到 p_{inew} 的重叠点集表示为 $S_{\text{old-重}}$。同时，把相应的没有重叠的点集表示为 $S_{\text{new-不重}}$ 和 $S_{\text{old-不重}}$。由于扫描噪声和配准误差的影响 $S_{\text{new-不重叠}}$ 和 $S_{\text{old-不重叠}}$ 不一定相同，因此需要进行重叠区域的移动计算：假设 N 表示点的法向量，$\boldsymbol{d}$ 表示 p_{inew} 到 p_{iold} 的矢量（$\vec{\boldsymbol{d}} = p_{inew} - p_{iold}$），则重叠区域中的各点沿各自法向向对应点方向移动，移动距离为矢量 $\boldsymbol{d}$ 与矢量点积的一半，得到移动点：$P_{inew} = P_{inew} + \frac{\boldsymbol{d}}{2} \cdot N_{inew}; P_{iold} = P_{iold} + \frac{\boldsymbol{d}}{2} \cdot N_{iold}$。为了保证 old 点云上的点都可以找到，需要从 old 点云上寻找重叠点，重复此过程，将所有的小于阈值的最近点距离的点标记为重叠点。重叠点的集合构成重叠区域，移动过的点的集合构成粗略的单面点云 S_{shifted}。

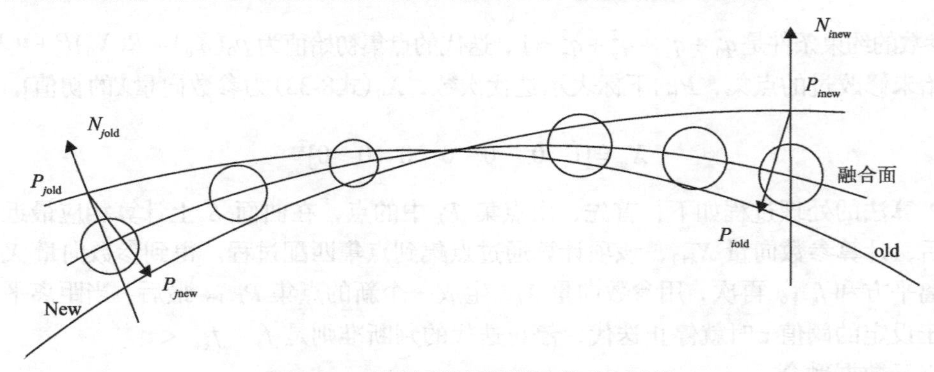

图 8-46　重叠区域的检测及移动点计算

b. 计算初始核点

这里采用 *K*-Means 聚类方法，简单地说，聚类就是把相似的东西分到一组，不管原始数据是什么形式，如果假设已经将其映射到了一个欧几里得空间上，为了方便展示，这里使用二维空间来表示，如图 8-47(a)所示，通过聚类将其中的点聚为三个类，如图 8-47(b)所示。*K*-Means 聚类算法是一种经典的聚类算法，该算法假设：对于每一个聚类，选出一个中心点，使得该聚类中的所有的点到该中心点的距离小于到其他聚类的中心的距离。实际情况中得到的数据并不能保证总是满足这样的约束，但也是所能达到的最好的结果，而那些误差通常是固有存在的或者由问题本身的不可分性造成的。因此，将 *K*-Means 算法所依赖的这个假设看做是合理的。

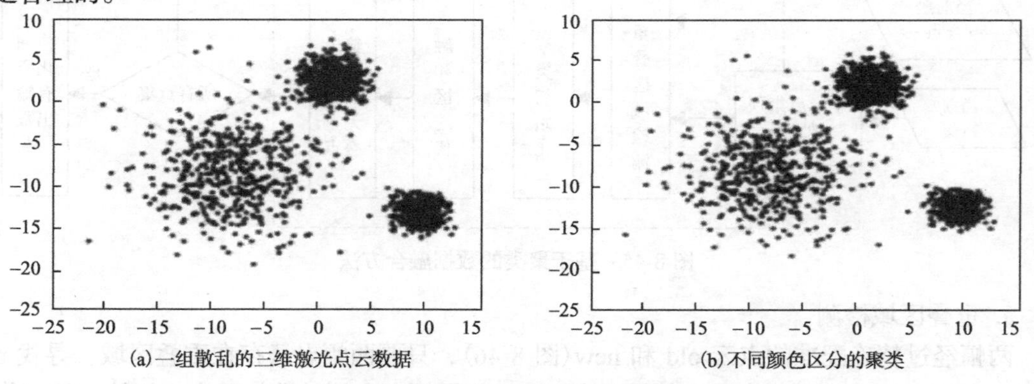

(a) 一组散乱的三维激光点云数据　　(b) 不同颜色区分的聚类

图 8-47　散乱点云数据聚类

设一共有 N 个数据点需要分为 K 个聚类，K-Means 要做的就是最小化(Macqueen 1967)，

$$J=\sum_{j=1}^{k}\sum_{i=1}^{n}\left\|x_i^{(j)}-c_j\right\|^2 \tag{8-34}$$

式中，$\left\|x_i^{(j)}-c_j\right\|^2$ 为数据点 $x_i^{(j)}$ 和它的重心 c_j 的距离。为了量测最后融合表面与表面的不同，目标方程 J 可以转化为

$$J=\sum_{j=1}^{k}\sum_{i=1}^{n}\left\|P_{\mathrm{ori}_j}^{(j)}-P_{\mathrm{new}_j}\right\|^2 \tag{8-35}$$

式中，$\left\|P_{\mathrm{ori}_j}^{(j)}-P_{\mathrm{new}_j}\right\|^2$ 为欧氏距离的平方，见图 8-48，最初重叠面上对应的点分别为黑色方框和灰色圆点，融合面上的点为黑色。由于每一次迭代都是取到的 J 最小值，因此 J 只会不断地减小（或者不变），而不会增加，这保证了 K-Means 最终会到达一个极小值。

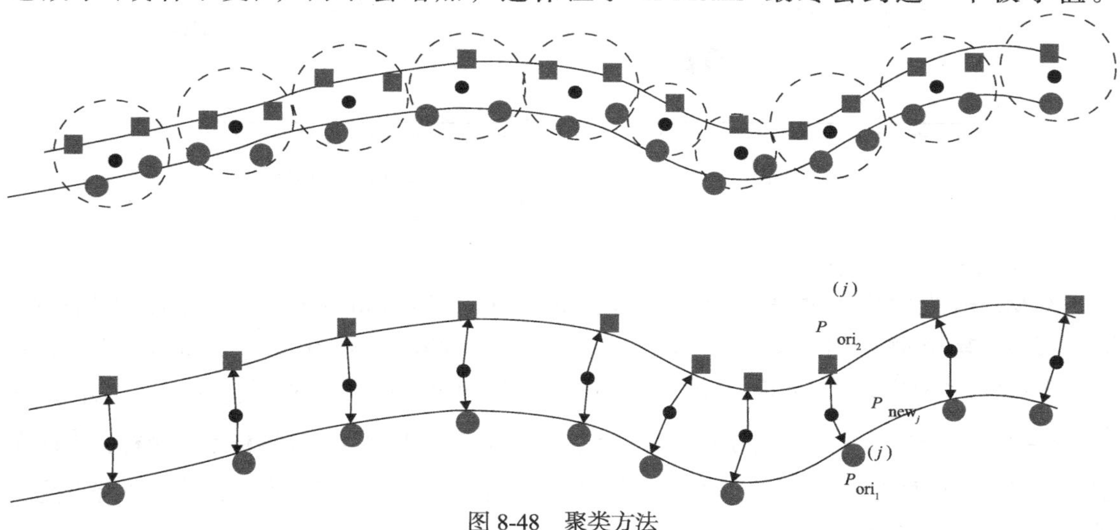

图 8-48　聚类方法

K-Means 算法的具体步骤如下。

(1) 选定 K 个中心 μ_k 的初值(K-Means 并不能保证全局最优，而是否能收敛到全局最优与初值的选取有很大的关系，所以有时候会多次选取初值 K-Means ，并取其中最好的一次结果)。

(2) 将每个数据点归类到离它最近的那个中心点所代表的 cluster 中。

(3) 用公式 $\mu_k=\frac{1}{N_k}\sum_{j\in\mathrm{cluster}k}x_j$ 计算出每个聚类的新的中心点。

(4) 重复步骤(3)，一直到迭代了最大的步数或者前后的 J 的值相差小于一个阈值为止。

图 8-49(a) 中，首先 3 个中心点被随机初始化，所有的数据点都还没有进行聚类，默认全部都标记为灰色方框，然后进入第一次迭代，按照初始的中心点位置为每个数据点着上颜色，重新计算 3 个中心点，结果如 8-49(b) 所示，由于初始的中心点是随机选的，这样得出来的结果并不是很好，接下来是下一次迭代的结果，见图 8-49(c)，可以看到大致形状已经

出来了。再经过两次迭代之后，基本上就收敛了，最终结果如图 8-49(d)所示。

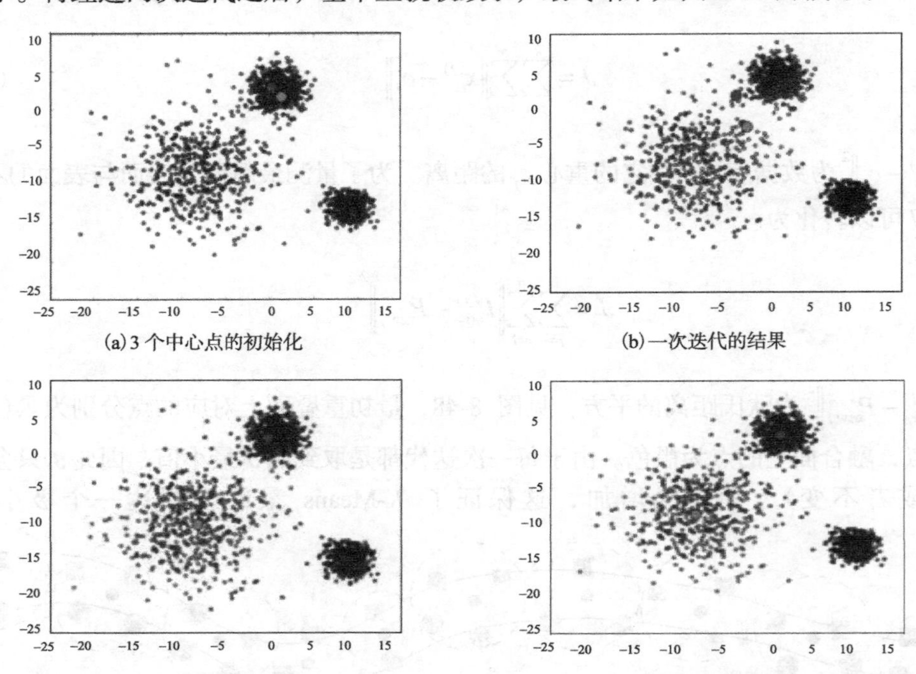

(a) 3 个中心点的初始化　　(b) 一次迭代的结果

(c) 二次迭代的结果　　(d) 最终迭代的结果

图 8-49　*K*-Means 算法得迭代过程

c. *K*-Means 算法描述

K-Means 聚类算法过程：①获取两幅经过配准的点云 old、new，计算各点的法向量；②重叠区域检测：在 new 上取一点 $P_{i\text{new}}$，在 old 上寻找点 $P_{i\text{new}-\text{old}}$，$P_{i\text{new}-\text{old}}=\left\{P:\left|P-P_{i\text{new}}\right|\leqslant 3D\right\}$，在 old 上取一点 $P_{i\text{old}}$，在 new 上寻找点 $P_{j\text{old}-\text{new}}$，$P_{j\text{old}-\text{new}}=\left\{P:\left|P-P_{j\text{old}}\right|\leqslant 3D\right\}$；③沿法线方向向对应点方向移动点云上的点，计算移动点坐标；④计算初始核点；⑤计算融合点位置；⑥计算下一个点，直到所有点检索完为止；⑦将所有重叠点删除，新点作为融合后的点。

3) 三维空间数据管理

地形数据是三维中最基础的数据，也是三维可视化表达模型的核心。三维可视化表达中往往需要对大规模甚至是海量的地形数据进行显示，传统的计算机图形学的方法根本不可能达到实时绘制的要求，因此，产生了对实时图形绘制技术的需求。而实时图像绘制技术是一种限时计算。由于这些过程的计算比较复杂，涉及对数据的管理、调度及可视化等，因此，数据管理成为 3DGIS 的关键问题之一。国内很多矿业部门已经使用一些信息系统(如 MapInfo、MapGIS、AutoCAD 和 RGIS 等)来实现数据管理，这些系统大多采用传统的数据存储和数据管理的方式，即利用文件的方式来存放图形数据，利用数据库来存放属性数据，利用索引或关键字松散结合的方式存放图形数据和属性数据。但是，这样的数据管理方式存在两个问题：一是无法保证图形数据的处理、更新速度及空间数据管理的可靠性；二是很难实现多源三维信息(钻孔数据、地震解释数据、测量数据、地形数据、监测数据、重力数据、磁力数据等)的集成和共享。李梅和毛善君(2004)对此进行了分析总结。

为了实现地理数据的共享和互操作，开放地理信息系统协会（Open GIS Consortiun，OGC）为数据互操作制定了统一的规范，这些规范正得到认可，从而逐渐成为一种国际标准，将被越来越多的 GIS 软件及研究者所接受和采纳。按照 OpenGIS 中的规范，空间对象主要由两种数据结构表达：几何结构（简单要素规范）和拓扑结构（复杂要素规范）。几何结构提供了对个体对象的直接访问；拓扑结构封装了关于空间关系的信息。Oracle、IBMDB2、Informix 等 DBMS 已经改进了，以支持存储和管理空间二维几何属性数据，具有空间数据类型和空间操作功能，从而大幅度提高空间数据的处理速度和空间数据管理的可靠性。不仅支持由 OGC 定义的几何功能，还支持更多其他的功能。专业 GIS 软件，如 ArcInfo、MapInfo、AutodeskMap 都正在与 OracleSpatial 进行无缝集成，简化图形与属性数据的转换。

但是，OGC 的规范目前只支持二维，尽管目前 OpenGIS 协会与 ISO 一起在制定复杂要素[com-plexfeatures（topology）]及三维几何要素的规范，但在主流的 DBMS 中空间数据类型也基本上是二维数据类型。由于 DBMS 中目前不支持三维几何要素，意味着三维对象必须通过在三维中进行多边形定义的方式进行建模。因此，需要对在 DBMS 实现三维几何要素做进一步的研究。Stoter 和 Oosterom 提出了对 OracleSpatial 9i 支持 3D 数据类型的扩展，即多面体几何要素。该几何要素目前能够实现，包括在数据模型、赋值功能和 3D 空间的功能。实现矿山 3DGIS 时应该具有远见，在设计和实施时实现 DBMS 三维数据组织和管理，以便最大限度地减少数据存储和信息孤岛问题。

4. 三维数据建模

国内外在三维数据模型方面已经进行了很多研究，提出了多种三维数据模型。有许多文献已经对空间建模方法进行了系统评价，一般将数据模型分为面模型、体模型和混合模型，详见 7.2 节。

矿山空间对象具有如下特点：几何形态和空间关系的高度复杂性；几何特征和内部属性变化的不确定性。在研究面向地质矿山三维数据模型和数据结构时，必须对这些特点有足够的认识，才能找到最合适的三维实体表达方式和建模方法。

针对矿山领域，毛善君和熊伟提出的类三棱柱（analogical right triangular-prism，ARTP）的混合数据模型是比较有代表性并且实用的数学模型，如图 8-50 所示。图中，地层 1 中的 A、B、C 对应投影于地层 2 的 A'、B'、C'。因此，平行的三条棱边 AA'、BB' 和 CC' 就构成了类三棱柱，但是顶面三角形 ΔABC 则不平行于底面三角形 $\Delta A'B'C'$（李梅和毛善君，2004）。

显然，该模型是由 TIN 扩展得到，在 ARTP 的生成过程中，以 TIN 作为约束条件，同时表达了体元间的拓扑关系。在该混合模型中，TIN 用于模型边界的约束，它用于表达边界、空洞和面等信息；而 ARTP 体元则是将地下空间对象剖分成一系列相邻但不交叠的体元，用于描述空间对象的内部均质特征。该模型主要有以下特点。

(1) 该模型属于矢量数据模型，它能够精确描述点、弧段、面及体元。

(2) 该模型容易实现，所需数据量小。

(3) 该模型便于地质模型的交互操作，能够有效地表达空间点、线、面和体元之间的拓扑关系。

(4) 该模型利用 TIN 的边界约束实现了对断层的控制。

(5) 可以对非均质 ARTP 体元内部进行纵向和横向的细分，将其分割为多个平行但不相交的 ARTP 体元，直到体元内部均质为止。

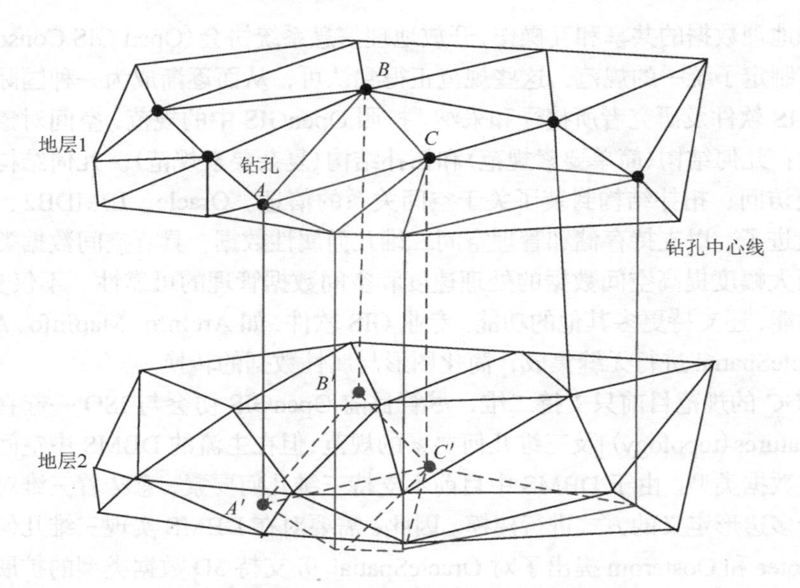

图 8-50　TIN-ARTP 混合模型示意图

TIN-ARTP 混合模型不仅具有 TIN 的优点，同时其将 TIN 在 z 方向上进行了拓展，能够有效描述层状地下几何体的内部结构，对层状地质模型建模效果较好。但该模型不适于非层状地质体的建模，同时数据量大。

对于矿山空间对象的模型表达，较合适的表达方式还有四面体格网模型（TEN）和八叉树模型（octree）。TEN 模型通过建立索引，利用相邻关系导出拓扑结构，该模型具有较高的表达精度，实现搜索和关系查询较简单，但构建四面体格网模型的三维空间三角剖分算法较复杂，尤其是当地质体边界，如断层作为约束条件时该算法将会更加复杂；Octree 模型结构简单，操作方便，对于实现空间分析和关系查询较简单，同时其具有处理较大规模数据的能力，因此其非常适合三维地震数据的表达，但其具有精度低的缺点，同时地质体的边界及断层数据量呈指数增长，空间剖分算法复杂且计算量大。

总体来说，基于面的数据模型在表达空间对象的边界、可视化和几何变换等方面具有明显的优势；而基于体的数据模型则可以很好地表达空间对象的内部信息，易于进行布尔操作和空间查询。基于面的数据模型和基于体的数据模型都有各自的优缺点。任何单一模型都不能完整表达整个矿山，混合结构的模型则结合了基于面的模型和基于体的模型的优点，是三维数据建模的发展方向，混合模型主要有 TIN-CSG 混合模型、TIN-Octree 混合模型、Wire Frame- Block 混合模型及 OcTree-TEN 混合模型等。

5. 三维空间分析

正如矿山数据特点提到的，矿山 3DGIS 强调空间分析功能。矿山三维数据模型的目的是三维空间分析和模型应用服务，单纯研究模型没有任何的实际意义。三维空间分析与三维拓扑数据模型和数据结构有紧密的关系，首先要进行数据建模，生成具有语义信息的三维拓扑关系数据，然后实现各种三维空间分析。

李梅和毛善君（2004）认为，三维数据建模问题的解决有助于以下几个方面研究和应用：地质勘探与地质分析、矿产储量分析、矿井生产规划、岩压应力场的数值模拟、巷道风流模拟和瓦斯火灾透水灾害实时预测预报等。不同数据模型各有优缺点，适合上面的某一种或某几种应用目的，一个包罗万象的数据模型是不可能的。需要针对三维空间分析进行三维数据建模，发挥模型的长处，有针对性地解决问题。例如，在地下矿山设计方面，需要数据模型的交互操作功能，显示矿体和品位分布的现有开拓、回采、断层面情况，结合三维可视化环境地下条件，快速地进行矿山设计修改。国外矿山三维软件中，MineSight(美国 Mintec)可以人工交互操作单个块体，进行露采境界和开拓运输系统的优化设计。Datamine 露天矿山设计模块能够快速精确地生成露天坑设计，并可在 3D 交互式环境中进行修改，将相关分析快速返回到真实的 3D 模型中。Vulcan(澳大利亚 Maptek)在 3DTIN 的基础上进行块段(block) 建模，用克里金法确定各块段中的品位或质量参数，可以用于地质工程、测量工程、采矿工程、地震分析等方面的数据处理和分析。杨萍研究了针对三维地质模型的动态交互编辑功能，包括模型剖切、模型修改和对象属性查询等，实现了 3D 环境下用户拾取、查询、编辑的交互算法。

6. 三维可视化

李梅和毛善君(2004)认为 Web 和 GIS 结合是 GIS 发展的重要趋势之一，因此需要将分布式网络可视化技术研究纳入 3DGIS 中，它是 3DGIS 的重要表现形式。目前，三维数据分布式网络可视化主要采用 Java、虚拟现实模型语言(virtual reality modeling language, VRML)在 Internet 环境下描述三维或多维几何图形空间服务。

澳大利亚 CSIRO 在 2001 年的项目“勘探和采矿数据四维可视化”用 VRML 和 Java 实现了显示一个交互的、四维可视化平台，该平台主要目的是使集成钻孔、三维地震、地质、测量、地震、重力、地球物理等真三维数据，低价、高效、快速和便捷地显示在 Internet 上，为用户提供一个交互、易理解的、与平台无关的煤矿虚拟环境，并实现了三维数据的解释、验证和认知。

三维数据分布式网络可视化主要采用三种实现方式：第一种是虚拟现实模型语言(VRML)和其他编程语言结合。由于 VRML 缺乏对可视化技术和算法的直接支持，在 Web 空间中表达地理空间属性维信息存在困难。GEOVRML 对 VRML 进行扩展，定义了地学坐标系统结点、元数据结点及用来建立地表仿真所需要的部分专用结点。第二种是美国 SUN 公司提供的 Internet 语言 Java2 和 Java 3D。Java 3D 和 VRML 相比，在交互式三维图形建模及编程灵活性方面有很大的优势，对于开发专业网络可视化系统和网络三维设计系统等非常合适，但其执行效率相对较低。第三种是微软公司的 ActiveX 控件+ OpenGL/Direct3D 和 VBScript、JavaScript 等结合，这种方法的优点在于执行效率高，代码复用率高，但是只能在 Windows 平台上使用。Web 3DGIS 研究工作主要集中在海量数据组织压缩与传输、LOD 算法、负载平衡和数据共享与互操作等。目前，对地质矿山方面的研究还很少见。

第9章　数字地球(智慧地球)的关键技术

9.1　数字地球概念与简介

9.1.1　数字地球的基本概念

数字地球，是美国副总统戈尔于 1998 年 1 月在加利福尼亚科学中心开幕典礼上发表的题为“数字地球：认识二十一世纪我们所居住的星球”演说时，提出的一个与 GIS、网络、虚拟现实等高新技术密切相关的概念。在戈尔的文章内，数字地球被看成是“对地球的三维多分辨率表示、它能够放入大量的地理数据”(Gore，1998)。在接下来对数字地球的直观实例解释中可以发现，戈尔的数字地球学是关于整个地球、全方位的 GIS 与虚拟现实技术、网络技术相结合的产物(李德仁等，2010)。

数字地球是指数字化的地球，更确切地说是信息化的地球，是与国家信息化的概念一致的。信息化是指以计算机为核心的数字化、网络化、智能化和可视化的全部过程(承继成等，2004)。数字地球是指以地球作为对象的，以地理坐标为依据，具有多分辨率、海量的和多种数据融合的，并可用多媒体和虚拟技术进行多维(立体的和动态的)表达的，具有空间化、数字化、网络化、智能化和可视化特征的技术系统。简单地说，数字地球是指实现地球数字化或信息化的技术系统，也就是数字化的虚拟地球(冯筠和黄新宇，1999)。

陈述彭院士(1999)指出：“从科学的角度讲，数字地球通俗易懂，是一个面向社会的号召；实质上说，数字地球就是要求地球上的信息全部实现数字化”。数字地球是以地球作为研究对象的高新技术系统，是很多技术，尤其是信息技术的综合，是 21 世纪的重大技术工程。数字地球是由遥感技术、遥测技术、数据库与地理信息系统技术、高速计算机网络技术和虚拟技术为核心的高新技术系统，数字地球是地球科学与信息科学技术的综合，是一门综合性的科学技术。

综上所述，数字地球的基本概念，可以归纳为以下两个方面：①数字地球是指数字化的三维显示的虚拟地球，或指信息化的地球，包括数字化、网络化、智能化与可视化的地球技术系统；②数字地球是一次新的技术革命，将改变人类的生产和生活方式，进一步促进科学技术的发展和推动社会经济的进步。

数字地球将不同空间、时间、物质和能量的多种分辨率的有关资源、环境、社会、经济和人口等海量数据或信息，按地理坐标，从局部到整体，从区域到全球进行整合、融合及多维显示，并为解决复杂生产实践和知识创新、技术开发与理论研究提供实验条件和实验基地，这是一个大的技术革命，代表着当前科技的发展战略目标和方向。

9.1.2　数字地球核心技术综述

数字地球技术系统的核心技术包括以下几个方面(李德仁和李清泉，1999)。

(1)计算科学，在计算机出现前，科学试验或实验这种创造知识的方法一直受到限制，尤其是对于复杂的自然现象，包括地球的某些现象是不能进行实验的。计算机，尤其是高速计算机的出现，不仅能对复杂的数据进行实时、准实时地分析，还能对复杂的现象进行仿真和虚拟实验，达到知识创新和发展理论的效果，所以把科学计算放在首位。

(2)海量存储，要求每天能存储和处理 10^{15} 字节以上的设施，而且信息量还在不断增长。

(3)卫星图像，行政部门已授权商业卫星系统能提供优于 1m 空间分辨率，甚至 1ft① 分辨率的图像，这为编制地图提供了足够的精度，实现了以前只有航空影像才能达到的精度。

(4)宽带网络，数字地球所需的数据绝不是由一个数据库来存储，而是由无数个，分布在不同部门、不同地点的，即分布式的数据库来存储，并由高速网络来链接。网络的传输速度目前要求 10G/s，将来要求 10^3G/s。

(5)互操作，WebGIS 是一个基于网络的，以地球空间信息的管理、开发、处理和应用为目标的技术系统。OpenGIS 为 GIS 的开放、集成、合作和人机和谐的标准和规范。它可以进行不同层次的互操作，可以使一种应用软件产生的地理信息被另一种软件读取。GIS 产业部门正在通过 OpenGIS Consortium 解决这个问题。

(6)元数据是“关于数据的数据”或“管理数据的数据”，通过它可以了解有关数据的名称、位置、作者(或来源)、日期、数据格式及分辨率等信息。目前，美国联邦地理数据委员会(Federal Geographic Data Committee，FGDC)正在同产业界、企业及地方政府共同发展有关诠释数据的标准。

数字地球技术系统的框架由以下四个部分组成：①基础技术。数字地球技术系统的基础技术，由遥感(RS)、遥测(telemetering，TM)、地理信息系统(GIS)、互联网(Internet)、万维网(Web)传输数据，地理信息系统则承担处理、存储及分析数据的任务，同时形成万维网地理信息系统(WebGIS)和组件式地理信息系统(ComGIS)。②关键技术。包括 1m 分辨率的卫星遥感技术，海量数据的快速存储与处理技术，高速网络技术，WebGIS 与 OpenGIS 的互操作技术，多分辨率、多维数据的融合与主体动态表达技术，仿真与虚拟技术，Metadata 技术(表 9-1)。③实现层。区域与目标层、国家层、地区层和全球层。④应用层。专业生产、城市与区域、政治与外交、安全与国防、科研与教学等。

表 9-1　数字地球的关键技术

任务与目的	技术
数据-信息的获取	地学空间数据(1m)智能获取技术，主要是指卫星遥感与遥测技术
数据-信息存取	海量数据的存取技术，包括无损压缩与复原技术、纳米及激光全息存储技术、分析编码技术
数据-信息传输	宽带网技术，包括宽带光缆网与宽带卫星网技术；空间数据库(Geo-spatial data ware house)及交换中心(clearing house)
科学计算	WebGIS、ComGIS 的远程操作与互运算技术；数据或知识的挖掘(data mining)技术；多种数据融合与立体表达技术；仿真与虚拟技术；虚拟地球系统模型
共享规范	OpenGIS 规范
前沿问题	数字地球的神经系统；数字地球的网络行为；数字地球的进化机制

其技术系统有着以下几个特点(承继成等，2004)：第一，速度快、精度高和实现共享；第二，从局部扩大到全球范围，即全球化；第三，包括资源、环境、经济、社会、人口等各种数据以地球坐标进行组织和整合，提高了数据的应用水平与价值。

① 1ft = 3.048×10^{-1}m。

9.2 海量数据的处理技术

9.2.1 海量数据的快速处理技术

数字地球需要大量的信息，其中以遥感信息为主，也包括非遥感信息，如遥测和其他方法所获得的信息，所以信息是海量的。由于数据量很大，需要对海量数据进行有效的处理和管理。海量的信息都需要进行审查后才能应用，尤其是遥感信息，需要进行快速光谱校正、几何校正、影像增强和特征提取后才能应用。不仅如此，还要求能在海量数据存储中进行快速检索，这样才能满足生产要求。

当前技术关键在于能够将获得的遥感数据直接通过计算机进行各种处理，并进行人机交互分类，将疑点和难点经专家用光笔直接进行分类、划界、输入计算机进行存储，也可以通过快速检索后输出。

不论处理、存储，还是检索等过程，都要求快。“快”是技术的核心。因此，就要有超大型的计算机完成这样的任务。美国和日本正在开发这种超大型的计算机。现在的问题是，能否依靠多台计算机进行处理，来顶替超大型计算机。

分布式数据库建设是当前的大趋势。不同部门、不同行业、不同地区应分别建立自己的数据库，不仅是为了应用的方便，也为数据采集、数据更新和数据处理与管理提供方便。不同专业的数据库应有不同专业的部分建设和管理，才能具有最好的效果。就 NASA 来说，它就有 12 个数据中心，约 50 个数据库(承继成等，2004)。

对大多数国家来说，必须采用多台电脑并行处理的方法来处理海量的数据。并行计算通常是指一个任务的各个部分同时进行计算，而不是顺序地执行。这种计算要求各部分的数据相关性小。如果各部分有因果关系，即一个部分的计算结果(输出)必须作为另一部分的输入，则不能进行并行计算。在图像处理中，通常图像的各部分相关性小，没有因果关系，可以作并行处理。

9.2.2 数据仓库的构建理论

数据仓库(data warehouse)是一个环境，而不是一件产品，它主要提供用户用于决策支持的当前和历史数据，这些数据在传统的操作型数据库中很难或不能得到。数据仓库技术是为了有效地把操作型数据集成到统一的环境中，以提供决策性数据访问的各种技术和模块的总称。

数据仓库系统的需求在一开始往往不能很明确，可能会不断地变化与增加，开发者一般在开始时很难确切地了解用户的明确而详细的需求，很难较准确地预见以后的需求。因此，适合采用原型法。

数据仓库设计又称为数据驱动设计，而且数据仓库是在现存数据库系统基础之上进行开发的，它着眼于有效地抽取、综合、集成和挖掘已有数据库的数据资源，服务于企业高层领导管理决策分析。因此，数据仓库系统的开发是一个需要不断循环、反馈而使系统不断增长与完善的过程。

数据仓库设计的大体步骤如下(何玉洁和张俊超，2008)。

(1)概念模型设计。概念模型设计的结果是在原有数据库的基础上建立一个较为稳固的概念模型。数据仓库的概念模型设计，首先，要对原有数据库系统加以分析理解，看在原有的数据库系统中“有什么”、数据是“怎样组织的”和“如何分布的”等。然后，考虑应当如何建立数据仓库系统的概念模型。概念模型的设计是在较高的抽象层次上的设计，因此建立概念模型时不用考虑具体技术条件的限制。在进行概念模型设计时首先要界定系统边界，然后确定主题域及其内容。

(2)技术准备工作。这一阶段的工作包括：技术评估和技术环境准备，这一阶段的成果是技术评估报告、软硬件配置方案、系统(软、硬件)总体设计方案。技术评估就是确定数据仓库的各项性能指标。技术环境准备是在数据仓库体系化结构的模型大体建好后确定应该怎么来装配这个体系化结构模型，主要是确定对软硬件配置的要求。

(3)逻辑模型设计。逻辑模型设计需要分析主题域，确定当前要加载的主题；确定粒度层次划分；确定数据分割策略；关系模型定义；记录系统的定义。

(4)物理模型设计。这一步所做的是确定数据的存储结构，确定索引策略，确定数据存放位置，确定存储分配。确定数据仓库的物理模型，必须做到几个方面：①全面了解所选用的数据库管理系统，特别是存储结构和存取方法；②了解数据环境、数据的使用频度、使用方式、数据规模及响应时间要求等，这些是对时间和空间效率进行平衡和优化的重要依据；③了解外部存储设备的特性，如分块原则、块大小的规定、设备的 I/O 特性等。

数据仓库的生产：这一步要做的工作是接口编程和数据装入，结果是数据被装入数据仓库中，可以在其上建立数据仓库的应用，即决策支持系统(decision supporting system，DSS)应用(图 9-1)。

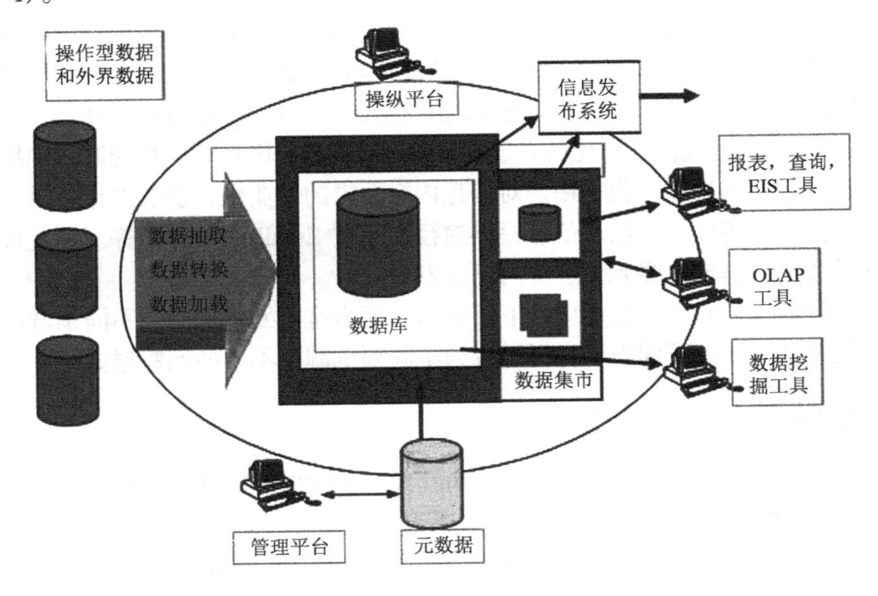

图 9-1　数据仓库体系结构示意图

9.3 数字地球元数据标准与特点

9.3.1 元数据简介

元数据现在普遍定义为关于数据的数据，或关于数据的结构化数据。针对这一简单的定义，各界的专家和学者都对它作了进一步的解释和扩展，虽然目前没有形成一个统一的、更为精确的定义，但是人们对这一概念的以下认识却被广泛接受。

首先，元数据不一定是数字的。正如芝加哥大学图书馆和系统负责人助理 Priscilla Caplanm 所指出的那样，元数据并不是什么新鲜事物，“书目记录是元数据，头标也是”，出版商及图书馆员几个世纪以来一直在制作和使用着元数据。这同样说明，元数据所记录的信息对象也不一定是数字的。图书馆的图书、博物馆的艺术品及档案馆中的档案向来就是元数据所描述的对象，因此，元数据所记录的信息对象既有实体资源也有数字资源。

其次，元数据兴盛于数字时代。尽管元数据的历史可以追溯到手工记录的时代，但元数据的广泛应用和发展却是在电子文档，即数字资源大量产生的时代。尤其是为适应网络上海量信息资源的管理和利用，现代元数据以全新的面貌迅速发展起来。随着网络信息资源的普遍开发与利用，元数据越发不可或缺。

众所周知，信息资源的内容十分丰富，这与它的信息来源广泛、信息发布自由不无关系。互联网能够折射社会生活的各个领域，所以人类生产、生活、科研、娱乐及其他社会实践活动中产生的各种信息资料都可在互联网上找到。网络信息资源涉及很多语种，关联许多学科，加之许多新事物、新学科往往先在网上披露和报导。另外，与实体信息资源相比，网络信息资源采用的格式更是多种多样。而格式不同，文献的类型也不相同。例如，在 Web 页上，既有以 HTML 语言编制的 ASCII 文件，也有与 Web 页相链接的文本、图像、声音等信息，甚至导致服务器类型也不相同，即网络信息资源的使用与提供信息的站点的软硬件和服务有关。简言之，信息资源呈现出多元化的发展趋势，信息资源的文献类型及资源的应用环境（包括学科领域、行业部门）也呈现出多样化的发展趋势。与此同时，用户对信息资源的利用需求也表现出多元化、专门化的特点，包括用户对信息内容要求的专业化、多层次化，对信息表达形式（文献类型）要求的多样化，以及信息提供途径如通过 Email 的多样化等。在这种背景下，描述资源的元数据也呈现出多元化、专门化的发展趋势。

元数据方案的制订总是在特定应用下开展的。因为这些元数据反映不同领域的实践和原则，满足不同领域用户的不同需求，所以应为不同领域制定不同的元数据。

9.3.2 元数据标准格式与特点

地球空间数据元数据标准既应有元数据的共性，也应反映地球空间数据自身的特征。同其他数据相比，地球空间数据较为复杂，它既涉及空间位置，也有属性数据及其之间的关联，所以，地球空间元数据标准的建立是项复杂的工作。由于种种原因，某些数据组织或数据用户开发出来的标准很难被广泛接受，对地球空间元数据标准的研究是地球空间元数据中最受关注和亟待解决的问题。元数据标准的建立是为地球空间数据的使用和共享服务的，是面向各类数据生产者和数据用户的。由于现在已有的地球空间数据许多没有建立起相应的元数据，所以，地球空间元数据标准不宜太复杂，以降低元数据制作的费用和被更多的数据使用者所接受。目前，地球空间元数据已形成了一些区域性或部门性的标准(表 9-2)，正像数据转换标准一样，由于人为的和客观的原因，仍没有一个标准成为全球统一的空间数据元数据标准。

表 9-2　目前已使用的主要元数据标准状况

元数据标准名称	建立标准的组织
地学空间数据元数据内容标准	美国联邦地球空间数据委员会
GDDD 数据集描述方法	MEGRIN，欧洲地图事务组织
CGSB 地球空间数据集描述	加拿大标准委员会
CEN 地学信息-数据描述-元数据	CEN/ T C287
DIF	NASA
ISO 地理信息	ISO/ TC 211

9.4　空间数据共享与交换

9.4.1　空间数据共享标准规范

信息共享的关键是信息的标准问题，而标准化是伴随生产力发展的一种改造客观世界的社会活动，是对重复事物和概念所作的统一规定，其本质是管理。地理空间信息则是地理学研究内涵的表达，它通过对地理学研究对象进行抽象和概念化，用定性或定量方法描述其本质，是一种可用于建立地理对象描述标准的载体，是空间信息标准化研究的主要组成部分(承继成等，2004)。

地理信息标准有四个方面：①硬件标准，如接口标准、程序检测标准；②软件标准，如查询语言、程序设计语言等标准；③数据格式标准，如数据类型、数据质量、数据转换标准；④数据集标准，如电子地形系列(DEM)等。

地理信息标准可以划分成五个层次，即国际标准、地区标准、国家标准、地方标准、其他标准。标准化工作可以从两方面进行：一是以已经发布实施的信息技术(IT)标准为基础，直接引用或者是修编采用；二是研制地理空间数据标准，包括数据定义、数据描述、数据处理等方面的标准。

一般 GIS 标准与 GIS 数据共享有关。GIS 标准的应用领域包括：①共享，使 GIS 数据能被多用户使用；②查阅信息，方便 GIS 数查阅；③定义地理信息，为 GIS 数据确定空间实体的定义、分类及编码；④组织 GIS 数据，合理组织 GIS 数据产品的数据结构；⑤显示地理信息，以适当的符号系统和颜色系统显示由 GIS 数据所描述的空间实体和空间关系等。

我国地球信息技术系统的标准化和规范化的制定工作是由国家技术监督局负责，由国家测绘地理信息局牵头，很多生产及科研与教育部门参加，成立了一个专门小组负责标准的制定，不仅分工负责，定期开会，还参加了 ISO/TC211 专题组的活动，定期参加国际会议，把中国标准的定制工作与国际的标准制定工作连接起来。另外，一些生产部门也在制定行业的遥感与 GIS 标准和规范。国防科技部门也在分别制定相应的、适用军事的遥感与 GIS 的技术标注与规范。目前的问题是，国标、军标既要与国际标准接轨，又要有自己的特色和保密之处(承继成等，2004)。

9.4.2　空间数据共享与交换现状

GIS 平台之间的数据交换包括同构平台之间和异构平台之间这两种数据交换方式。同构平台之间的数据交换和共享方式主要包括数据文件交换、分布式数据库访问和应用功能的集成调度(需少量二次开发)这三种方式。异构平台之间的数据交换方式主要包括以下内容(北京市信息资源管理中心，2007)。

(1)异构数据文件的转换交换。异构数据文件转换模式需要将数据统一起来，违背了数据分布和独立性的原则；所有的数据仍需要经过格式转换复制到系统中，不能自动同步更新；如果数据来源是多个代理或企业单位，还需要考虑所有权的转让等问题。

(2)直接数据访问(共享文件或者数据库)。直接数据访问是指在一个 GIS 软件中实现对其他软件数据格式的直接访问，用户可以使用单个 GIS 软件存取多种数据格式。直接数据访问不仅避免了烦琐的数据转换，而且在一个 GIS 软件中访问某种软件的数据格式不要求用户拥有该数据格式的宿主软件，更不需要该软件运行，是一种更为经济实用的多源数据集成共享模式。目前，使用直接数据访问模式实现多源数据集成的 GIS 软件主要有两个，即 Intergraph 推出的 GeoMedia 系列软件和国产 SuperMap。GeoMedia 实现了对大多数 GIS/CAD 软件数据格式的直接访问，包括 MGE、ArcInfo、Frame、Oracle Spatial、SQL Server、Access MDB 等。SuperMap 提供的直接访问数据引擎包括 SDB 文件引擎、SDX 系列空间数据库引擎、MDB 引擎、DGN 引擎、DWG 引擎、SDE 引擎等。

(3)遵循 OGC 组织的数据互操作统一规范。OGC 规范基于 OMG 的 CORBA、Microsoft 的 OLE/COM 及 SQL 等，为实现不同平台服务器和客户端之间数据请求和服务提供了统一的协议，为数据互操作制定了统一的规范，从而使一个系统同时支持不同的空间数据格式成为可能。OGC 规范正得到 OMG 和 ISO 的承认，逐渐成为一种国际标准，将被越来越多的 GIS 软件及研究者所接受和采纳。但是，OGC 标准更多考虑采用 OpenGIS 协议的空间数据服务软件和空间数据客户软件，对于那些历史存在的大量非 OpenGIS 标准的空间数据格式的处理办法还缺乏标准的规范。而从目前来看，非 OpenGIS 标准的空间数据格式仍然占据已有数据的主体。数据互操作规范为多源数据集成提供了新的模式，但该模式在应用中存在一定的局限性：首先，真正实现各种格式数据之间的互操作，需要每种格式的宿主软件都按照统一的规范实现数据访问接口，这在一定时期内还不现实。其次，一个软件访问其他软件的数据格式是通过数据服务器实现的，这个数据服务器实际上就是被访问数据格式的宿主软件，也就是说，用户必须同时拥有这两个 GIS 软件，并且同时运行，才能完成数据互操作过程。目前，商业化 GIS 软件支持这一规范的并不多。ESRI 产品支持 OGC 的 WMS、WFS 接口规范的动态调用。

(4)各系统以 SOA 架构，开放 SOAP 协议的服务接口，并在 UDDI 中心注册发布，支持应用服务的集成调度。

9.5　网络地理信息系统技术

9.5.1　WebGIS 概述与特点

近几年来，基于 Internet 的浏览器/服务器(browser/server)的应用形式已成为一种工业标准，被广泛用于信息发布、检索等诸多领域。据统计，在人们接触的各种信息中有 80%与空间信息有关，GIS 为处理空间信息提供了最佳的方法和手段。Internet 的迅速发展为 GIS 提供了一种崭新而又有效的地理信息载体。传统模式上，地理信息是以纸张地图的形式发布于众的，成本高、周期长、地理信息(位置)查询麻烦。GIS 技术的飞速发展虽然为地理信息的电子化、可视化、中央存储管理化带来了重大革新，但地理信息只限于局域网内部使用，而大众对地理信息的需求在不断增长。运用当今先进的 GIS 技术和 Internet 技术，将地理信息发布于 Internet 上，为现有的信息服务行业注入新的血液，也将是地理信息服务行业新的利润增长点。

WebGIS 是指基于 Internet 平台，客户端采用应用 HTTP 协议，以互联网为通信平台的地理信息系统。它是地理信息系统技术和互联网技术相结合的产物，WebGIS 是 GIS 发展的必然趋势，利用互联网的优势，实现数据和平台的共享，把传统 GIS(服务器/客户端)以 B/S 结构(服务器/浏览模式)进行重新组织。

在 WebGIS 中，具有以下一些特点：①不受限制的访问方式；②低成本更容易推广；③跨平台特性。

关于 WebGIS，概括起来它应具有如下一些功能。

(1)利用 Internet 提供的技术基础和浏览器/服务器机制，遵循 HTTP 协议，支持常用浏览器，实现地理信息在 Internet 环境下的传输和浏览。

(2)以地理信息元数据标准为基础，实现在 Internet 上地理信息的时间、空间和属性上的有机融合。

(3)实现地理信息的图形、图像和文本的双向或多向的可视化查询与检索。

(4)提供 Web 的空间数据在线空间分析，如覆盖(叠置)分析、缓冲区分析、网络分析等。

(5)作为数字地球的“用户接口界面”，WebGIS 应具有一个不同分辨率尺度下的空间数据三维可视化的浏览界面和多源信息的集成显示技术。

9.5.2　WebGIS 的实现模式和技术分析

WebGIS 的实现模式有通用网关接口(common gateway interface，CGI)模式、Plug-in 模式(含 Helper 程序)、GIS Java Applet、GIS ActiveX 控件等。基于服务器端的互联网 GIS 是由 CGI 模式构造的，而基于客户机端的互联网 GIS 的构造模式有 Plug-in 模式(含 Helper 程序)、GIS Java Applet、 GIS ActiveX 控件等。

对互联网 GIS 构造模式的分析主要从以下几方面进行：体系结构特征、工作原理、优点缺点和实例等。在此基础上，对构造模式进行综合评价。综合评价的内容包括执行能力、相互作用、可移动性和安全性等。

WebGIS 技术分析主要从以下几个方面进行。

1）客户端技术

APPLET：有 APPLET 的网页的 HTML 文件代码中部带有<applet>和</applet>这样一对标记，当支持 Java 的网络浏览器遇到这样的标记时，就将下载相应的小应用程序代码并在本地计算机上执行该 APPLET。Java APPLET 是运用 Java 语言编写的一些小应用程序，这些小应用程序直接嵌入页面中，由支持 Java 的浏览器（IE 或者是 Netscape）解释执行能够产生特殊效果的程序。它可以大大提高 Web 页面的交互能力和动态执行能力。

2）服务器端技术

J2EE：是一种利用 Java2 平台来简化企业解决方案的开发、部署和管理相关复杂问题的体系结构。J2EE 技术的基础就是核心 Java 平台或者是 Java2 平台的标准版。J2EE 不仅巩固了标准版中的许多优点，如"一次编译、到处执行的特性"、方便存储数据库的 JDBC API、CORPA 技术及能够在 Internet 中保护数据的安全模式等，还提供了对 EJB（Enterprise Java Beats）、Java Sevelets APT、JSP（Java Sever Pages）及 XML 技术的全面支持。其最终目的就是成为一个能使企业开发者大幅缩短投放市场时间的体系结构，J2EE 体系结构提供中间层集成框架用来满足无需太多费用而又需要高可用性、高可靠性及可扩展性的应用的需求。

3）WebGIS 的多层体系结构

在 WebGIS 系统中，用户可以通过浏览器向分布在网络上的许多服务器发出请求。这种结构极大地简化了客户端的工作，客户端只需安装、配置少量的客户端软件即可，服务器将担负更多的工作，对数据库的访问和应用程序的执行都在服务器上完成。在 WebGIS 三层体系结构下，表示层（presentation）、功能层（businesslogic）、数据层（dataservice）被分割成三个相对独立的单元。

第一层为表示层：Web 浏览器在表示层中包含系统的显示逻辑，位于客户端。它的任务是用 Web 浏览器向网络上的某一 Web 服务器提出服务请求，Web 服务器对用户身份进行验证后用 HTTP 协议把所需的主页传送给客户端，客户端接受传来的主页文件，并把它显示在 Web 浏览器上。

第二层为功能层：具体应用程序扩张功能的 Web 服务器在功能层中包含系统的事务处理逻辑，位于 Web 服务器端。它的任务是接受用户的请求，首先需要执行相应的扩展程序与数据库进行连接，通过 SQL 等方式向数据库服务器提出数据处理申请，再由 Web 服务器传送回客户端。

第三层为数据层：数据库服务器在数据层中包含系统的数据处理逻辑，位于数据库服务终端。它的任务是接受 Web 服务器对数据库操作的请求，实现对数据库的查询、修改、更新等功能，把运行结果提交给 Web 服务器。

9.5.3　组件式 GIS

GIS 技术的发展，在软件模式上经历了功能模块、包式软件、核心式软件，到 ComGIS 和 WebGIS 的过程。

组件式软件（ComGIS）是新一代 GIS 的重要基础，ComGIS 是面向对象技术和组件式软件在 GIS 软件二次开发中的应用。

COM 是组件式对象模型（component object model）的英文缩写，是 OLE（object linking & embedding）和 ActiveX 共同的基础。COM 不是一种面向对象的语言，而是一种二进制标准。

COM 所建立的是一个软件模块与另一个软件模块之间的链接，当这种链接建立后，模块之间就可以通过称之为“接口”的机制来进行通信。

ActiveX 是一套基于 COM 的可以使软件组件在网络环境中进行互操作而不管该组件是用何种语言创建的技术。作为 ActiveX 技术的重要内容，ActiveX 控件是一种可编程、可重用的基于 COM 的对象。ActiveX 控件通过属性、事件、方法等接口与应用程序进行交互。

ComGIS 的基本思想是把 GIS 的各大功能模块划分为几个控件，每个控件完成不同的功能。各个 GIS 控件之间，以及 GIS 控件与其他非 GIS 控件之间，可以方便地通过可视化的软件开发工具集成起来，形成最终的 GIS 应用。

ComGIS 具有高效无缝的系统集成、无须专门 GIS 开发语言、大众化的 GIS、成本低等优点。传统 GIS 软件与用户或者二次开发者之间的交互，一般通过菜单或工具条按钮、命令及二次开发语言进行。ComGIS 与用户和客户程序之间则主要通过属性、方法和事件交互(图 9-2)。

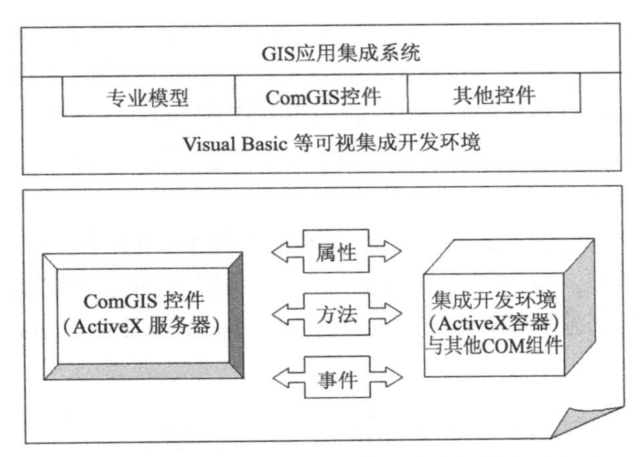

图 9-2　ComGIS 与用户和客户程序之间的交互方式

9.6　虚拟仿真与 VR-GIS 技术

9.6.1　数字地球的虚拟与仿真技术

虚拟技术，全称为虚拟现实(virtual reality)，是指运用计算机技术生成一个逼真的，具有视觉、听觉、触觉等效果的可交互、动态世界，人们可以对该虚拟世界中的虚拟实体进行操作和考察。它具有以下的特点(承继成等，2004)：①用计算机生成一个逼真的物体，具有三维视觉、立体听觉和触觉的效果。②用户可以通过五官、四肢与虚拟实体进行交互，如移动由计算机生成的虚拟物体，并产生符合物理的、力学的和生物原理的行为和逼真的感觉。③虚拟技术具有从外到内，或从内到外观察数据空间的特征，在不同空间漫游。而一般可视化，仅是从计算机的监视器上从外到内进行观察数据空间，缺乏临场感。④往往需要借助三维传感技术(如数字头盔、手套及外衣等)为用户提供一个可操作的环境，然后可在该环境生成的虚拟世界中自由漫游。⑤虚拟有三种类型：只看到计算机产生的虚拟世界，即图像(投入式)；既能看到虚拟世界，又能看到真实世界(非投入式)；能把虚拟与真实世界相叠加(混合式)。

仿真技术(imitation，simulation)与虚拟技术有很多相同之处，但存在着一定的差别。仿真技术的特点是：①用户对虚拟的物体只有视觉或听觉，没有触觉；②用户没有亲临其境的感觉，只有旁观者的感觉；③不存在交互作用；④如用户推动计算机环境中的物体，不会产生符合物理的、力学的行为或动作。

虚拟与仿真都是由计算机进行科学计算和多维表达(显示)的重要方面。它的应用前景与科学价值受到广泛关注。尤其是虚拟技术，近年来日益受到重视。

虚拟技术的基础是：高级的三维图形技术、问题求解工具、多媒体技术、网络通信技术、数据库、信息系统、专家系统、面向对象技术和智能决策系统等技术的集成。

虚拟技术的一个特点是将过去认为只擅长于处理数字化的单维信息的计算机发展到能处理适合人的特性的多维性。Burdea(1993)提出虚拟技术是由 Immersion-Interaction-Imagination(沉浸-交互-想象)，即“I3”组成，它强调人的主导作用。沉浸(immersion)是指具有立体视觉、听觉、甚至触觉的身临其境的感觉，它具有以下特点：①从过去只能从外部去观察仿真建模的结果，到人能够沉浸(immersion)到仿真建模的环境中去；②从只能通过键盘、鼠标与计算机环境中的单维数字化信息发生作用，到人能通过多种传感器与多维化信息的、适合人的环境发生交互作用(interaction)，即人们能通过视觉、听觉、嗅觉、体势、手势或口令参与到信息处理的环境中去；③从人只能以定量计算为主的结构中得到启发，到获得身临其境的体验，从而加深对事物的认识，并可能从定性和定量的综合集成环境中得到感性和理性的认识，直到参与和深化人的认知与思维。

虚拟现实的另一个概念是“遥操作”或“遥现”技术，它们指基于虚拟现实技术在远离处对分布式的计算机系统，包括 GIS 或其他仪器和机器进行的控制或操作，包括对远距离的机械进行操作或将远距离处的景象进行显示的技术，即 WebGIS、ComGIS 与 VR-GIS 相结合的技术。

9.6.2 虚拟现实系统的基本类型和虚拟技术系统结构

虚拟现实系统的基本类型主要包括以下几种(承继成等，2004)。

(1)视频映射(imaging)系统：指能使用常规计算机的显示器表达虚拟世界的技术系统，又称桌面虚拟现实系统或世界之窗。人们可以通过计算机屏幕看见一个虚拟世界，景象看起来和听起来真实，而且行为或运动也真实。

(2)沉浸式(immersion)系统：是指运用头盔式、手套式、盔甲式的显示器和传感器使人的视觉、听觉、触觉及一切感觉沉浸在虚拟世界的计算机系统中，或者是指利用多个大型投影产生一个房间，观众处于其中而有一种身临其境的感觉。这是较高级的虚拟现实系统。

(3)分布式虚拟系统，是指 VR 技术与 Internet-Web(包括 internet 和 extrant)相结合的多媒体虚拟系统。该系统的特点是在数据存放于不同地点、不同单位的，即分布式的数据库中，使用时通过 Internet-Web 标尺集成，再用 VR 技术处理、显示，通过遥测、遥控技术把用户的感觉和真实世界中的远程传感器连接起来，形成与真实世界结合在一起的感觉。

虚拟技术系统的结构主要包括以下技术(承继成等，2004)。

(1)输入处理技术：除了一般的硬件和软件外，还要有方位跟踪器手套、小棒。头部跟追踪器(头盔)、数据衣(盔甲)及高精度实时跟踪用户形体输入处理器、网络化的 VR 系统，还需加上接收器。语音识别系统也是其主要的组成部分，数据手套还需增加姿态识别功能。

(2)仿真处理技术：这是 VR 系统的核心。它处理交互执行物体的脚本，以实现所描述的动作，仿真真实的或想象的物理规律，并确定世界的状态。仿真引擎(simulation engine)负责把用户输入、碰撞检测、脚本描述等既定任务送入世界，并确定虚拟世界中将要发生的动作。对网上 VR 系统来说，可能在多个仿真过程互相不同的计算机上运行，而其中每一个都使用不同的时间步，调度十分复杂。

(3)描绘输出技术：这是 VR 技术系统的最终成果，目的是使用户有身临其境的感觉，包括视觉、听觉、触觉及其他生物学的感觉等。

视觉描绘器，是以计算机图形学、科学可视化和动画为基础的，包括实体造型、光照模型、实体绘制，消影、纹理映射、场景造型及材质等。其绘制质量取决于阴影模型。动态性和适时性是视觉描绘的关键。

听觉描绘器，音频组件的质量对听觉描绘影响很大。它能产生单声道、立体声或 3D 效应，仅有立体声是不够的，因为人的思维总是力图在头脑中对声音定位。声音只有通过头相关变换函数(head related transfer function，HRTF)处理，才能产生 3D 效果。

触觉描绘系统，主要是接触和力反馈的感觉的描述。很多力感觉系统是一种骨架形式，它既能确定方位，又能产生移动阻力和抵抗阻力的感觉。目前对于温度感觉的研究也已经有了一定的进展。

(4)数据库系统：包括现实数据和历史数据都是主要的数据内容。数据库应包括分布式的在内，都是以地理坐标为依据，多分辨率的、三维的、动态的和空间场景的海量数据。每一种数据都有属性、空间和时间三大特征。

(5)虚拟语言：这是系统操作或处理的纽带。虚拟现实建模语言(virtual reality modeling language，VRML)是一种与多媒体通信、互联网、虚拟现实密切相关的技术系统，是一种描述互联网上的交互式、多维、多媒体的标准文件模式。VRML 技术能把 2D、3D 文本和多媒体集成为统一的整体，是 Cyber Space 的基础。VRML 文件是一种基于时间的三维空间的图形对象(视觉对象)和听觉对象的描述技术，并能支持多个分布式文件的多种对象和机制，产生全新的交互式的应用。

此外，虚拟现实技术与地理信息系统技术结合产生的 VR-GIS 技术也是虚拟仿真技术中的重要部分，VR-GIS 技术包括与网络地理信息系统(WebGIS，ComGIS)相结合的技术。

VR-GIS 技术目前还不用数字化头盔、手套和衣服，它运用虚拟显示建模语言(VRML)技术，可以在 PC 机上进行，使费用大幅降低，所以它具有用户易接受的特点，但实际上只能称为仿真。它虽然只具有三维立体、动态、声响，即具有视觉、听觉、运动感觉(假的)特点，却没有触觉、更没有嗅觉特点等，只是通过大脑的联想，但也有一定程度的身临其境的感觉，如洛杉矶城市改造的虚拟。所以，它还不是真正的虚拟，而是一种准虚拟或不完善的虚拟，或半虚拟技术。

VR-GIS 与 WebGIS 相结合技术，是可以进行远距离“遥操作”和“遥显示”或“遥视”“遥现”的技术。例如，美国 6 所大学的高层大气物理学家与加拿大的大学同行合作，对格陵兰上空的大气与太阳风之间的相互作用进行了网上的共同观测与讨论。该项目叫做“高层大气研究网上合作(UARC)计划”，使那些相隔千山万水的科学家，相会在同一虚拟实验室，让分布在不同地区的专家进行共同实验、讨论、分享成果。VR-GIS 具有以下一些特征(Faust，1995)：①对现实的地理区域的非常真实地表达；②用户在所选择的地理带(地理范围)内和外自由移动；③在 3D(立体)数据库的标准 GIS 功能(查询、选择和空间分析等)；④可视化功能必须是用户接口自然的整体部分。

Berger 等(1996)指出，GIS 和 VR 两个技术的连接，主要通过虚拟现实建模语言(VRML)转换文件格式，把 GIS 信息转到 VR 中表示。VR-GIS 方法是基于一个耦合的系统，由一个 GIS 模块和 VR 模块组成。目前，VR-GIS 的主要特征有：①系统的数据库采用传统的 GIS；②VR 的功能是增加 GIS 的制图功能；③越来越多的解决方案采用 VRML 标准，尽管它有一些限制，VR-GIS 不仅是一个工具盒，而且有 Internet 的功能；④基于 PC 系统的趋势，它依赖于桌面 GIS；⑤松耦合的 VR 和 GIS 软件，图形数据通常是通过一个共同的文件标准来转换，系统间的同步依赖于通信协议，如 RCP。

9.6.3　虚拟技术的地学应用及实例

VR-GIS 的地学应用体现在以下几点。

(1) 运用 VR-GIS 技术对地球的地球系统科学和信息科学的研究对象进行模拟实验时，需要具备以下一些条件：①对需要进行虚拟实验的地学应用的机理进行研究；②建立模型，如不能建立模型时，就采用人工智能及可视化技术；③进行模拟、虚拟实验分析；④进行试点工作，验证可信度，并且反馈信息。

(2) 可以对地球系统的各种现象或过程进行虚拟实验，包括：①对地球系统的结构进行分析；②对地球系统的运动现象与过程进行模拟；③综合开发与治理虚拟实验，如区域可持续发展实验和流域开发与综合治理实验；④污染与整治虚拟实验；⑤VR-GIS 是一门综合性技术，在很多应用领域，艺术成分甚至超过了技术，需要一定的想象力和形象化的思维和艺术的修养，才能构造较好的虚拟世界，如电影“侏罗纪公园”等影视娱乐虚拟应用；⑥VR-GIS 也适合应用于教育和培训工作，具有影像教育的特点，可以将地球科学知识、抽象概念用生动逼真的感觉来表达。

VR-GIS 技术与真正的虚拟现实技术还有一定的距离，实际上可以看做是一种介于虚拟现实与计算机仿真技术之间的一种过渡技术，可以称为虚拟，也可看做仿真。它不具备触摸感和力学感，但是具有交互感，即身临其境感，主要由听觉和视觉导致。

VR-GIS 技术已经应用到各个领域，以下为 VR-GIS 技术应用领域的统计(表 9-3)。

表 9-3　VR-GIS 技术应用领域

国家	研究领域
澳大利亚	环境
美国	考古、数据可视化、生态、环境、GIS、军事、都市规划
英国	考古、数据可视化、教育、环境、都市规划
加拿大	都市规划
丹麦	都市规划
南非	GIS、都市规划
法国	考古
葡萄牙	环境
德国	都市规划

9.7 智慧地球

美国 IBM 总裁兼首席执行官彭明盛(Palmisano Samuel)于 2008 年 11 月 6 日在纽约市外交关系委员会发表题为“智慧地球：下一代的领导议程”的演讲，在演讲中首次提出“智慧的地球”这一理念，该理念给人类构想了一个全新的空间：让社会更智慧地进步，让人类更智慧地生存，让地球更智慧地运转(李德仁等，2014)。

2009 年 1 月 28 日，奥巴马就任美国总统之后，与美国工商业领袖举行了一次“圆桌会议”。IBM 首席执行官彭明盛作为仅有的两名代表之一，再次提出了“智慧地球”这一概念，建议新政府投资新一代的智慧型基础设施，并阐明了其短期和长期效益。而奥巴马也对此给予了积极的支持，会后不久，奥巴马即签署了经济刺激计划，批准投资 110 亿美元推进智慧电网的建设，批准 190 亿美元推进智慧医疗的建设，同时批准投资 72 亿美元推进美国宽带网络的建设。“智慧地球”的概念一经提出，便得到了美国各界的高度关注，甚至有分析认为 IBM 公司的这一构想将极有可能上升至美国的国家战略，并在世界范围内引起轰动。

2009 年 2 月 24 日，IBM 大中华区首席执行官钱大群在 2009 IBM 论坛上公布了名为“智慧的地球”的最新策略。IBM“智慧的地球”战略认为，IT 产业下一阶段的任务是把新一代 IT 技术充分运用在各行各业之中，也就是把感应器嵌入和装备到电网、铁路、桥梁、隧道、公路、建筑、供水系统、大坝、油气管道等各种物体中，并且被普遍连接，形成“物联网”，同时通过超级计算机和“云计算”将“物联网”整合起来。在此基础上，人类可以以更为精细和动态的方式管理生产和生活，从而达到“智慧状态”。

2009 年 8 月 7 日，温家宝总理在无锡物联网产业研究院考察时指出，要在激烈的竞争中迅速建立中国的传感信息中心，或者叫“感知中国”的中心。同年 11 月，国务院批准同意在无锡建设国家传感网创新示范区(国家传感网信息中心)。除 2009 年 8 月 7 日外，温家宝总理又先后在同年 11 月 3 日和 12 月 27 日两谈“感知中国”，强调占领科技制高点，也是占领新兴产业的制高点，将真正决定一个国家的未来(李德仁等，2010)。

温家宝将互联网+物联网称为“感知中国”，并将物联网列入国家五大必争产业制高点之一；奥巴马将物联网称为“智慧地球”，并将其作为美国国家经济的振兴战略。由此可见，从提出时段、战略目标及实质内涵来看，“感知中国”和“智慧地球”类似，是针对“智慧地球”提出的具有中国特色的具体目标(陈如明，2013)。

9.7.1 智慧地球的概念

“智慧地球”是以“互联网”和“物联网”为主要运行载体的现代高新技术的总称。“智慧地球”的技术内涵是对目前现有的互联网技术、传感器技术、智能信息处理等信息技术的高度集成，是实体基础设施和信息基础设施的有效结合，是信息技术的一种大规模普适应用。一般来说，“互联网 + 物联网=智慧地球”(张永民，2010)。但智慧地球根据不同的战略利益和视野有不同见解(柳林等，2012)。

(1) 从地球空间信息学的角度看。智慧地球就是实时地数据获取、普适的数据通信与集成、智能化数据处理及面向需求的智能化服务。具体来说，是指采用遥感与嵌入式感应技术，对物体进行感应与量测，获取物体的静态与动态实时数据，通过互联网对数据进行通信和传输，在虚拟的数据中心对数据进行集成，并采用专业模型对数据进行处理、分析、挖掘及预测，从而实现面向政府机构、行业应用及个人生活的智能化服务。

(2) 从概念内涵上看。数字地球的核心是对真实地球及其相关现象的统一、数字化的认识和再现，而智慧地球则更强调在数字地球基础上的智能化服务。从技术层面上看，数字地球涉及的技术主要是测绘学相关技术，如 RS、GPS、GIS 等。而智慧地球则是 IT 技术和测绘技术的融合。“智慧地球”是“数字地球”的延续与发展，形象地说，“数字地球”加上“物联网”就可以实现“智慧地球”了。

9.7.2　数字地球与智慧地球的关系

数字地球将分布在不同领域与不同地理位置的经济、文化、交通、能源及教育资源等按规范的地理坐标组织起来，为智慧地球提供了一个数字化的基础框架。数字地球和智慧地球的技术关系如图 9-3 所示。

智慧地球和数字地球的技术关系式为：智慧地球=数字地球＋嵌入式感应技术+物联网+云计算。

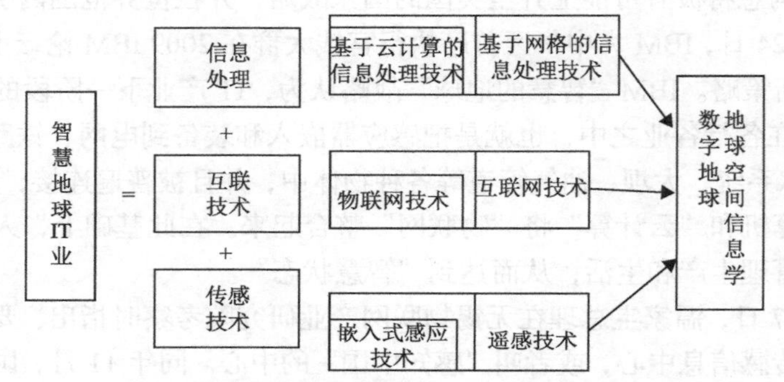

图 9-3　数字地球与智慧地球的技术关系(柳林等，2012)

9.7.3　智慧地球的特征与架构

1. 智慧地球的特征

把数字地球与物联网结合起来所形成的“智慧地球”具备下列特征(李德仁等，2012)。

(1) 智慧地球建立在数字地球的基础框架上。智慧地球依托数字地球建立起地理坐标及各种信息(自然、人文、社会等)的内在有机联系与关系，并在此基础上增加了传感、控制及分析处理的功能。

(2) 智慧地球包含物联网和云计算。在基础框架上，智慧地球还需进行实时的信息采集、处理分析与控制。智慧地球中采用物联网和云计算用于实时信息采集、分析处理及控制。其中，物联网和云计算的核心和基础仍是互联网，是在互联网基础上的延伸与扩展，其用户端延伸与扩展到了任何物品与物品之间，相互进行信息交换与通信，弹性地处理和分析。

(3) 智慧地球面向应用和服务。智慧地球中的物联网包含传感器与数据网络，同以往的计算机网络相比，它更多的是以传感器及其数据为中心。而传感器网络则是一种面向应用的，其设计的目的在于实现某种应用，它能通过无线或有线网络节点，相互协作地实时监测和采集分布区域内的各种环境或对象信息，并将数据交由云计算进行实时分析与处理，从而得到详尽而准确的数据与决策信息，并实时地将这些数据和信息推送给目标用户。

(4) 智慧地球与现实城市融为一体。智慧地球中，各节点中内置了不同形式的传感器与控制器，用来测量包括温度、湿度、噪声、位置、距离、光强度、压力、土壤成分、移动物体的大小、速度及方向等众多城市中的环境与对象数据，还可以通过控制器对节点进行远程控制。随着传感器与控制器种类和数量的不断增加，将与电子世界的纽带直接融入现实城市的基础设施中，自动地控制基础设施，自动监控空气质量、交通状况等。

(5) 智慧地球能实现自主组网和自维护。智慧地球中的物联网需具有自组织及自动重新配置的能力。单个节点或局部节点因环境改变等原因出现故障时，网络拓扑应能根据有效节点的变化而进行自适应地重组，并能自动提示失效节点的位置及其相关信息。因此，网络还应具备维护动态路由的功能，保证整个网络不会因为某些节点出现故障而瘫痪。

2. 智慧地球的架构

智慧地球的架构主要分为以下四层：①物联网设备层，该层是智慧地球的神经末梢，主要包括传感器节点、射频标签、手机、个人电脑、PDA、家电及监控探头；②基础网络支撑层，该层包括无线传感网、P2P 网络、网格计算网及云计算网络，是泛在的融合的网络通信技术保障，充分体现了信息化与工业化的融合；③基础设施网络层，该层包括 Internet 网、无线局域网、3G 等移动通信网络；④应用层，该层包括各类面向视频、音频、集群调度及数据采集的应用。

9.7.4　智慧地球的支撑技术

智慧地球的支撑技术包括数字地球相关技术、物联网技术和云计算技术(张永民，2010；李德仁等，2010，2014)。

1) 数字地球

智慧地球是由数字地球、物联网、云计算等技术有机融合的产物。数字地球为智慧地球提供了一个数字化的基础框架。数字地球相关技术涵盖了地球空间信息的获取、管理、使用等多个方面。数字地球从数据获取组织到提供服务涉及的相关技术主要包括以下几点：①天空地一体化的空间信息快速获取技术；②海量空间数据调度和管理技术；③空间信息可视化技术；④空间信息分析和挖掘技术；⑤网络服务技术。

2) 物联网

物联网能够全面感知，它是通信网与互联网的拓展应用和网络衍生，它利用 RFID、传感器、二维码等感知技术和智能装置对物理世界进行感知、识别，通过网络传输互联，进行计算、处理及知识挖掘，实现人与人、人与物、物与物信息交互和无缝链接，达到对物理世界实时控制、精确管理和科学决策的目的。智慧地球不仅仅是信息化，而且面向物理世界。

物联网的应用已渗透智慧地球的方方面面，可以为智慧地球信息系统的感知及控制提供全面支持。预计到 2017 年，全世界大概会有 7 万亿传感设施来服务 70 亿人口的世界。它可以做智慧交通、远程的智能医疗，不管个人使用什么设备、做什么事情，不管在哪儿都可以和网络联结在一起，实现智慧的服务。

3) 云计算

云计算是一种新的计算方法与商业模式，即通过虚拟化、分布式存储和并行计算及宽带网络等技术，按照“即插即用”的方式，自助管理计算、存储等资源能力，形成高效、弹性的公共信息处理资源，使用者通过公众通信网络，以按需分配的服务形式，获得动态可扩展信息处理能力及应用服务。云计算的特征如下：①虚拟化，即把计算、网络和存储等资源尽可能地虚拟化，使用户忽略复杂的环境，比较简单地利用这些资源来实现它们不同的任务；②变粒度和跨粒度，云计算实现软件和任务碎片化，完成变粒度的计算和服务任务，并根据不同用户的请求把分布在网络中的各种 Web 服务进行重聚合。以上两个特征决定了云计算必将成为实现智慧地球资源整合和数据分析处理的关键技术。

9.7.5　智慧地球的应用

未来的智慧地球，将会是一个交通更畅通、沟通更便捷、环境更美好、生活更幸福的地球村。未来智慧地球的应用将无处不在，智慧地球的应用也必将更好地服务于国家地区、大众生活的方方面面，促进经济发展、提高科技水平、加强文化交流、改善生活环境、提高政府工作效率、缩小城乡差距、改善人民的生活水平、促进社会和谐发展等(李德仁等，2014)。

1) 智慧交通

智慧交通的应用将有助于改善当前的交通环境，智慧交通可提升交通系统的信息化、智能化、集成化和网络化，并智能采集交通信息、流量、噪声、路面、交通事故、天气、温度等，从而保障人、车、路与环境之间的相互交流，进而提高交通系统的效率、机动性、安全性、可达性、经济性，达到保护环境、降低能耗的作用。要实现对交通的智能感知，电磁感应器、超声波、微波雷达、激光雷达、红外线成像都可以应用在智慧交通上，实现交通信息应用发布，便于了解各类交管信息、违章信息，做到及时响应、及时处理。

2) 智慧城管

智慧城管的应用可以改变当前"野蛮"执法、监管不及时、处理不妥当、顾此失彼、无法及时发现问题、处理后得不到反馈的局面。它可以实现社会综合管理与服务，把人民群众管理好，把房子管理好，把重点的场所、设施、社情等管理好。例如，城管在巡查过程中，发现场地有垃圾需要清理，城管员拍照传送城管信息平台，相关人员便会立即前往清理。清理完毕，再拍照反馈，监管人员便可了解事件处理情况。

3) 智慧医疗

基于智慧地球的远程医疗服务能够实现：视频服务，如远程诊断、培训、视频会议；短信，如即时通信；信息实时取得，如医学研究资料库实时使用；多媒体数据库，如电子病历、影像处理；无线城域网接入，如紧急救护无线通信；无线局域网接入，如医院内部通信。还有端到端的系统集成应用。

4) 智慧养老

中国正步入人口老龄化社会，老年人数量达到亿级。给老年人戴上一个类似手表的装置，通过该装置收集老年人身体指标参数，传输相关信息，便可检测出老年人的健康状态。

5) 智慧家居

将家里的每一件家具都通过网络联通，就可以远程控制家里的空调开关、电饭锅开关、洗衣机开关等。

当然，智慧地球的应用远不止上述这些，还包括智慧电网、智慧物流、智慧食品系统、智慧药品系统、智慧环保、智慧水资源管理、智慧气象、智慧企业、智慧银行、智慧政府、智慧家庭、智慧社区、智慧学校、智慧建筑、智慧楼宇、智慧油田、智慧农业、智慧贸易、智慧公共服务、智慧旅游、智慧安防等，几乎可以说是数不胜数。

9.8 物 联 网

9.8.1 物联网的定义

物联网是现代信息技术发展到一定阶段后出现的一种聚合性应用与技术提升，将各种感知技术、现代网络技术和人工智能与自动化技术进行聚合与集成应用，使人与物智慧对话，创造一个智慧的世界。物联网的本质概括起来主要体现在三个方面：一是互联网特征，即对需要联网的物一定要能够在互联网上实现互联互通；二是识别与通信特征，即纳入物联网的"物"一定要具备自动识别与物与物通信(M2M)的功能；三是智能化特征，即网络系统应具有自动化、自我反馈与智能控制的特点。

《云南省林业信息化建设总体规划》从时间上跨越两个规划期，从"数字林业"到"智慧林业"的建设阶段，从内涵来说，数字林业主要核心是解决建立全行业、全业务、全覆盖、全生命周期的林业资源数据中心，建立林业资源"一张图"，支撑林业业务运行。而"智慧林业"主要是在林业数据中心的基础上，将新一代网络技术、云计算技术、物联网技术等前沿信息技术应用到林业重点业务中，其中，感知化、物联化、智能化是重点，是智慧林业的核心支撑。

物联网的概念是在1999年被提出的(梅方权，2009)，它是新一代信息技术中的重要组成部分。物联网是通过射频识别(radio frequency identification, RFID)、红外感应器、全球定位系统、激光扫描仪器等设备按约定的协议，把任意物品同互联网连接起来，用来进行信息的交换和通信，实现物体的智能化识别、定位、跟踪、监控及管理的一种网络(彭力，2011)。

简单来说，物联网就是"物物相连的互联网"。它主要包含两层意思：①物联网的基础和核心是互联网，它是在互联网的基础上进行扩展和延伸的一种网络；②用户端已经扩展和延伸到任何物品和物品之间的信息交流和通信。

物联网中，在无需任何人的干预下，任何物品和物品、人和人、人和物品之间都可以进行"交流"。其实就是利用感知和无线技术，通过互联网实现物品的自动识别、信息的互联及共享，如图9-4所示。

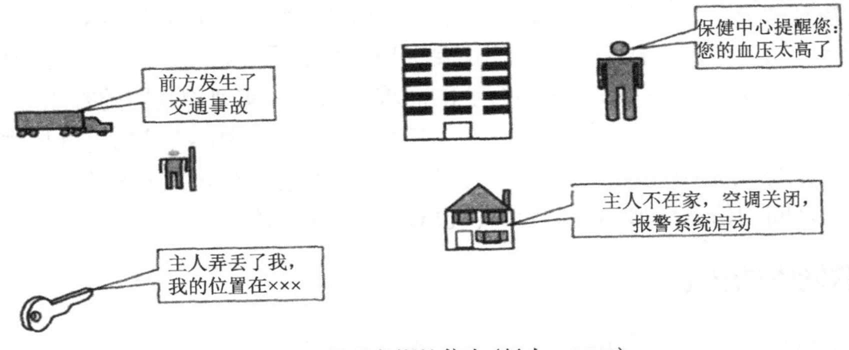

图9-4 客观事物的信息(彭力，2011)

9.8.2　物联网的体系架构

物联网使没有思想的物体有了“智慧”，实现了物与物、人与物之间的交流和通信，这就表明物联网是感知、互联、智能三者的叠加。因此，物联网的架构由感知层、网络层和应用层三部分组成(汪芳等，2011)。其中，感知层主要实现对“物”的识别，其由各种传感器和传感器网关构成；网络层主要实现物与物、物与人之间的互联与交流，通过各种网络实现数据的传输；应用层主要是用户和物联网的接口，它与行业的需求相结合，实现物联网的智能应用。物联网的底层是用来感知数据、获取信息的，是感知层；第二层是用来实现数据传输的，是网络层；最上面是用来实现智能应用的，是应用层，如图 9-5 所示(彭力，2011)。

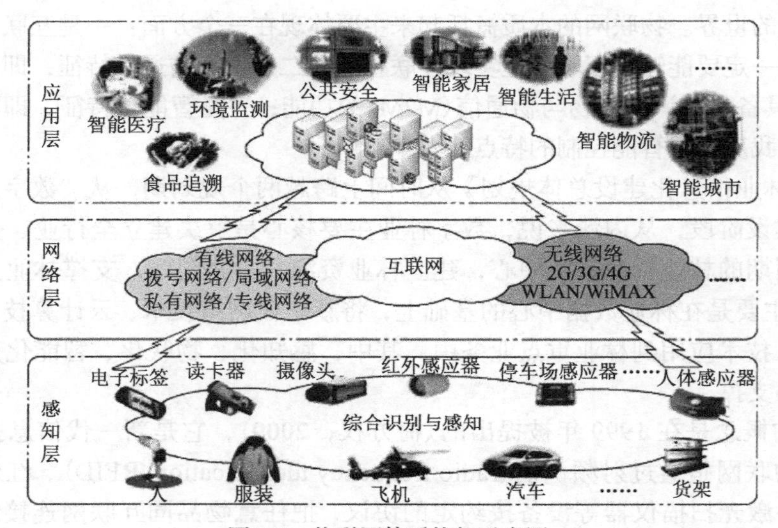

图 9-5　物联网体系构架示意图

物联网体系架构中，感知层、网络层和应用层的关系可以理解为：感知层相当于人的外部感知器官，例如，皮肤和五官，用来感知外界的信息；网络层相当于人的大脑和神经中枢，用来分析和处理感知的信息；应用层相当于人的社会分工。

感知层——物联网的皮肤和五官，主要用作识别和采集信息。感知层主要包括二氧化碳浓度传感器、温度传感器、湿度传感器、二维码标签、RFID 标签、读写器、摄像仪器、GPS 等感知终端。

网络层——物联网的大脑和神经中枢，主要用作信息的传递和处理。网络层主要包括各种互联网、私有网络、有线网络、无线网络、网络管理系统及云计算平台等。

应用层——物联网的“社会分工”，主要实现与行业需求相结合，以及智能化应用。应用层主要是用户和物联网的接口，它与行业的需求相结合，实现物联网的智能应用。

在物联网中，各个层次之间传递的信息是多种多样的，其中，关键的信息是物品的信息，主要包括在特定应用系统范围内能唯一标识物品的识别信息和物品的静态与动态的状态信息，同时它们之间的信息传递不是单向的，也有交互、控制等。

9.8.3　物联网中的核心技术

物联网由感知层、网络层和应用层三层组成，这就决定了物联网中的关键技术有用于感知层的传感器技术、物品标识技术，用于网络传输的互联网、无线传感器网络(wireless sensor network，WSN)及移动通信网络，用于在应用层中高效地处理海量数据的 M2M 技术、云计算等(李航和陈后金，2011)。

1) 传感器技术

传感器是一种检测装置，它能感知和检测信息，并按照一定的规律将信息变换成需要的形式输出，满足信息的处理、传输、显示、控制等要求。传感器是在物联网系统中对各种参量进行信息的采集和简单的加工处理。传感器可以独立存在，也可以和其他设备结合一体呈现，但无论是哪种方式，其都是作为物联网中的感知和输入的部分。

传感器多种多样，同时它的分类方式也多种多样，一般按传感器的物理量、工作原理和输出信号的性质这三种方式来进行分类。在未来的物联网时代，按传感器是否具有信息处理功能来分类越来越有意义。按照这种分类方式，传感器可分为一般传感器和智能传感器。一般传感器是其采集的信息需要计算机进行处理；智能传感器本身带有微处理器，具有采集、处理和交换信息的能力，具备数据的高精度性、高可靠性和高稳定性、高信噪比与高分辨率、强自适应性，同时价格低廉等特点。

传感器是物联网中必不可少的信息采集手段，传感器技术水平的高低对提高经济效益、科学研究与生产技术水平有着举足轻重的作用。目前，传感器技术已渗透到多个领域，在工农业生产、科学研究及改善民生方面起着越来越重要的作用。

2) 射频识别技术

RFID 技术同样是物联网中的一个关键技术。在物联网中，RFID 标签中存储着规范而具有互用性的信息，使用有线或无线网络的方式把这些信息自动地采集到中央信息系统中，以实现物品的识别，然后通过开放式的计算机网络实现信息的交互和共享，达到对物品的“透明”管理。

RFID 系统主要有三个部分：电子标签(tag)、读写器(reader)和天线(antenna)。其中，电子标签芯片具有存储功能，是一个存储区，用来存储待识别物品的标识信息；读写器是将约定格式的待识别物品的标识信息写入电子标签的存储区内，也就是写入功能，或者是在读写器的阅读范围内以无接触的形式将电子标签内存储的信息读取出来，也就是读出功能；天线主要是用于发射和接受射频信号，其一般内置在电子标签和读写器中。

RFID 技术的工作原理是：首先，电子标签进入读写器，产生磁场。然后，读写器发射出射频信号,凭借感应电流所获取的能量发送出存储在芯片中的信息(无源标签或被动标签)，或是主动发送某一个频率的信号(有源标签或主动标签)。最后，读写器读取信息同时解码，将信息传送到中央信息系统进行相关的数据处理。

RFID 由于具有无需接触、自动化程度高、可靠耐用、识别速度快、适应各种工作环境，以及可以实现高速和多标签同时识别等优势，应用领域非常广泛，包括物流、门禁安防系统、道路自动收费、航空行李处理、电子支付、物品监视、动物身份识别等。今后，RFID 技术的发展趋势是，与已有的如网络技术、数据库技术、中间件等技术相结合，构建一个由大量联网的读写器和无数移动的标签组成的物联网。

3) 二维码技术

二维码(2-dimensional bar code)技术是互联网感知层中的一种最基本和关键的技术。它是用某种特点的集合形体按照一定的规律在平面上用黑白相间的图形来记录信息的技术。从技术原理来看，二维码中的黑白图形相当于构成计算机内部逻辑基础的“0”和“1”的比特流。二维码使用若干与二进制相对应的集合来表示数值信息，并通过图形输入设备或光电扫描设备自动识别以实现信息的自动化处理。

二维码与一维码相比有明显的优势：二维码数据容量大，它能够同时在横向和纵向两个方向来表达信息，而一维码只能有一个方向；超越了字母数字的限制；相对来说，其尺寸较小；具有抗损毁的能力；二维码的保密性相较于一维码要强。

二维码主要分为两类：堆叠式/行排式二维码和矩阵式二维码。其中，堆叠式/行排式二维码形态上是由多行短截的一维码堆叠而成；矩阵式二维码是以矩阵的形式组成，在矩阵相应元素的位置上用“点”表示二进制“1”，用“空”表示二进制“0”，并由“点”和“空”的排列组成代码。

二维码具有条码技术的一些特点：每种码制有其特定的字符集；每个字符占有一定的宽度；具有一定的校验功能等。

4）互联网

互联网(Internet)是基于一些约定的协议，通过路由器和公共互联网连接而成的一个以相互交流信息为目的的信息资源共享的集合。互联网采用客户端/服务器的工作模式。互联网的覆盖范围广泛，物联网被认为是互联网的一种延伸。

互联网是物联网的传输网络之一。为了使互联网能适应物联网中海量数据和多终端的要求，业界发展了一系列新技术，包括为扩展资源空间而发展的 IPv6。IPv6 的引入，使网络不仅能服务于人类，而且可以服务于众多硬件设备，如家用电器、远程照相机、汽车等，它使物联网无处不在，并且深入社会的每个角落。

5）无线传感器网络

无线传感器网络的主要功能是通过自组织的无线网络将一系列空间分散的传感器单元连接起来，将各自采集的数据通过无线网络进行传输和汇总，实现对空间分散范围内的物理和环境状况的协作监控，根据这些信息进行相应的分析和处理。

6）移动通信网

无线接入网、核心网和骨干网是移动通信网的三个主要组成部分。其中，无线接入网主要为移动终端提供介入网络服务；核心网和骨干网主要为各种业务提供交换和传输服务。

在物联网中，终端需要以有线或无线方式连接起来，发送或者接收各类数据。同时，考虑终端连接的方便性、信息基础设施的可用性(不是所有地方都有方便的固定接入能力)及某些应用场景本身需要监控的目标就是在移动状态下等，移动通信网络以其覆盖广、建设成本低、部署方便、终端具备移动性等特点成为物联网重要的接入手段和传输载体，为人与人之间通信、人与网络之间的通信、物与物之间的通信提供服务。目前，移动通信网中，比较热门的接入技术有 3G、Wi-Fi 和 WiMAX。

7）M2M

M2M 是机器对机器(machine-to-machine)的意思，但是不同的场景下，它也可以解释为人对机器(man-to-machine)、机器对人(machine-to-man)、移动网络对机器(mobile-to-machine)、机器对移动网络(machine to mobile)。其中，machine 一般指人造的机器设备，而物联网(the internet of things)中的 things 指更抽象的物体，范围更广。因此，M2M 可以认为是物联网的子集或者是一个应用。

M2M 是物联网现阶段普遍的应用形式，也是实现物联网的第一步。M2M 业务现阶段是通过通信技术、自动控制技术和软件智能处理技术的结合，实现对机器设备信息的自动获取和控制。现阶段通信的对象主要是机器设备，尚未扩展到任何物品，通信过程中，主要使用离散的终端节点。M2M 平台不等同于物联网的运营平台，它只解决了物与物之间的通信，还不能解决物联网的智能化应用。随着软件，尤其是应用软件和中间件软件的发展，M2M 平台的发展趋势是逐渐过渡到物联网的应用平台上。

M2M 技术是将多种类型的通信技术有机结合在一起，将数据从一个终端传送到另一个终端，简言之，就是机器与机器的对话。M2M 技术综合了数据采集、GPS、远程监控、电信、工业控制等技术，主要应用在安全监测、机械服务、维修业务、自动抄表、自动售货机、公共交通系统、车队管理、工业流程自动化、电动机械、城市信息化等领域。

8) 云计算

云计算 (cloud computing) 是在分布式计算 (distributed computing)、并行计算 (parallel computing) 和网格计算 (grid computing) 的基础上发展起来的，可以说是这些计算机科学概念的商业实现。云计算主要是通过基础资源(平台、硬件和软件)的共享将巨大的系统连接在一起，以提供各种 IT 服务。用户不需要再投入昂贵的成本来购置硬件，只需要通过互联网来租赁计算力等资源，就可以在多种场合，利用各种终端通过互联网接入云计算来共享资源。

云计算一般有狭义和广义之分。狭义的云计算是指 IT 基础设施的交付和使用模式，通过网络以按需、已扩展的方式获得所需要的资源，包括硬件、软件和平台。其中，提供资源的网络称为“云”，这是因为在用户的眼中，网络中的资源是可以无限扩展的，并且可以随时获取、按需使用、按使用收费。广义的云计算是指服务的交付和使用模式，通过网络以按需、易扩展的方式获得所需的服务，这种服务可以是 IT 和软件、互联网相关的，也可以是任意的其他服务。

云计算由于其具有强大的处理能力、存储能力、带宽和极高的性价比，可以有效用于物联网应用和业务，也是应用层提供众多服务的基础。它可以为各种不同的物联网应用提供统一的服务交付平台，也可以为物联网应用提供海量的计算和存储资源，还可以提供统一的数据存储格式和数据处理方法。云计算大大简化了应用交付的过程，降低了交付成本，并且能提高处理效率。同时，物联网也将成为云计算最大的用户，促使云计算取得更大的商业成功。

9.8.4　物联网技术在测绘领域的应用

随着计算机、RFID 及传感器等技术的发展，物联网技术的应用范围也越来越广泛。其在测绘行业的应用也逐渐扩宽，本书主要讨论以下几个方面。

1) 物联网中的 GIS

物联网产业的发展态势日渐迅猛，它的发展建设为 GIS 技术提供了巨大的发展机遇。物联网的规模巨大，是互联网的数十倍，这就使得 GIS 技术应用的深度和广度不可限量。同时，物联网同样需要 GIS 等关键技术支持。物联网中的感知信息不仅包括物品的状态信息，还包括物品的位置等空间信息，借助 GIS 这一处理地理信息的平台，物联网对信息的存储和管理的手段更加丰富，提高了对空间数据的分析和挖掘能力，同时提高了物联网应用的信息管理水平。随着相关网络技术、软件技术及空间数据管理技术的不断成熟，GIS 技术在物联网中将能发挥巨大的作用，同时物联网与 GIS 的结合将更加紧密（易雄鹰等，2011）。

2）物联网技术在数字城市建设中的应用

物联网技术要发挥作用，就必须摆脱单点应用的格局，每个传感器都要进行空间定位，所有的动态信息都需要地理位置，所有的决策信息都要有针对性。这在基于物联网技术的数字城市的建设中，为空间信息更新提供了一种全新的思路。例如，在测绘控制点的管理和使用中，一整套完整的基于物联网技术的解决方案就涉及了四个关键技术：RFID 的测绘点标签、ID 注册中心、Tag 读取器和 Tag 用户中心（李晓桓等，2010）。

3）物联网环境下测绘资料档案管理

测绘生产过程中形成的测绘成果资料，是测绘生产的参考资料和依据，具有广泛的应用价值。随着科技的不断发展，获取的测绘成果资料越来越多，其归档工作越来越繁重，传统的测绘资料归档管理模式越来越难以胜任。

物联网的出现给测绘资料归档管理工作带来了希望，物联网可以对测绘资料档案进行自动化管理，提高测绘资料档案的管理效率。但是，基于物联网进行测绘资料档案管理是一项复杂、综合性、专业性较强的系统工程，其中，涉及的技术有物联网技术、互联网技术、GIS 技术、数据库技术、测绘及档案管理等，是多种技术的一个融合（彭岩等，2012）。

9.9 云 计 算

近年来，随着数据的快速增长及用户对计算机和存储能力的要求越来越高，同时“物联网”“三网融合”“智能电网”等应用的快速发展也对信息系统的计算和数据管理提出了更高的要求。作为全新的技术形态及商业模式，云计算已得到产业界和学术界的广泛关注，成为了其中最具影响力的技术变革之一，且这场技术变革呈现出愈演愈烈的趋势。在科学技术迅猛发展的今天，各行各业受全球经济衰退影响而不得不寻求降低成本、推动创新的道路。而云计算可以改变普通用户使用计算机的模式，具有为用户提供按需分配的计算能力、存储能力及应用服务能力，目的在于让用户使用计算资源就像使用水和电一样方便，从而大大降低用户的软、硬件采购费用。同时，云计算面对的是超大规模的分布式环境，其核心是提供海量数据存储及高效率的计算能力，由此衍生出一系列的应用。为此，云计算被业界寄予了厚望。目前，云计算理念在中国已深入人心，并成为整个电子信息产业的焦点。由于云计算技术能够实现资源共享、降低成本、提高效率及提高资源利用率，能在很大程度上减少运营商能耗，因而已列入了我国“十二五”国家战略性新兴产业发展规划。

9.9.1 云计算概述

云计算是分布式处理、并行计算和网格计算等概念的发展和商业实现，其技术实质是计算、存储、服务器、应用软件等 IT 软硬件资源的虚拟化，云南省林业信息化建设在信息化网络及基础设施方面，采用云计算技术，实现了存储、计算、应用的虚拟化。

云计算这个概念起源于亚马逊EC2（elastic compute cloud）。2006年，谷歌CEO埃里克·施密特博士提出云计算这一概念，自提出后便迅速风靡IT界。几乎所有信息领域、知名跨国公司都竞相推出自己的云计算产品及服务。尤其是谷歌、微软、IBM、雅虎及亚马逊五大公司，都将“云计算”作为其公司未来发展的战略核心，并投入巨额资金建设大规模“云计算”中心，试图垄断全球信息存储和计算服务市场(张正伟等，2012)。

1)云计算的概念

到目前为止，由于描述问题的角度及应用的不同，对于云计算尚无统一的定义。Wikipedia、Google、Microsoft、Salesforce等若干组织及相关厂家，依据各自的利益及各自不同的研究视角均给出了云计算的定义和理解，据不完全统计至少有25种以上。下面介绍几种具有代表性的云计算概念(蒋永生等，2013)。

(1)维基百科(Wikipedia.com)：云计算是一种能够将动态伸缩的虚拟化资源通过互联网，以服务的方式提供给用户的计算模式，用户不需要知道如何管理那些支持云计算的基础设施。

(2)Whatis.com：云计算是一种通过网络连接来获取软件和服务的计算模式，云计算使用户可以获得使用超级计算机的体验，用户通过瘦客户端接入云中获得需要的资源。

(3)Salesforce.com：云计算是一种更友好的业务运行模式。在这种模式中，用户的应用程序运行在共享的数据中心中，用户只需要通过登录和个性化定制就可以使用这些数据中心的应用程序。

(4)IBM：云计算是一种共享的网络交付信息服务的模式，云服务的使用者看到的只有服务本身，而不用关心相关基础设施的具体实现。

(5)加州大学伯克利分校云计算白皮书：云计算既指在互联网上以服务形式提供的应用，也指在数据中心提供这些服务的硬件和软件，而这些数据中心的硬件和软件则被称为云。

(6)微软：云计算是指通过Internet标准和协议，以实用工具形式提供的计算功能。

(7)中华人民共和国国务院：2012年3月，在中华人民共和国国务院政府工作报告中，云计算被作为重要附录给出了一个政府官方的解释：“云计算，是基于互联网的服务的增加、使用和交付商业模式，通常涉及通过互联网来提供动态易扩展且经常是虚拟化的资源，是传统计算机和网络技术发展融合的产物，它意味着计算能力也可作为一种商品通过互联网进行流通”。

目前，认知度较高的是美国国家标准技术研究所(National Institute of Standards and Technology，NIST)对云计算的定义：一种按使用量付费的模式，用户通过可用的、便捷的、按需的网络访问进入可配置的计算资源共享池(包括网络、服务器、存储、应用软件、服务)，这些资源能够被快速提供，用户只需投入很少的管理工作，或与服务供应商进行很少的交互即可获得所需资源(宋炜炜，2015)。

2)云计算的主要特点

云计算本质特征为分布式计算及存储特性、高扩展性、用户友好性及良好的管理性。云计算技术主要具有以下特点。

(1)超强的计算能力。云是由 Internet 上众多的廉价计算机组成，且可不断扩展，从而形成超强的计算能力，如 Google 的云就已拥有 100 多万台 PC 服务器。

(2)虚拟化能力。它是云计算的基本特点，包括资源虚拟化及应用虚拟化。每个应用部署的环境与物理平台是没有关系的。通过虚拟平台进行管理，实现对应用的扩展、迁移及备份，操作都是通过虚拟化层次来完成的。

(3)采用冗余方式提供高可靠性。云通过大量计算机组成集群并向用户提供数据处理服务。随着计算机数量的不断增加，系统出现错误的概率也大大增加。如果没有专用的硬件可靠性部件来支持，就可以采用软件的方式，即数据冗余与分布式存储来确保数据的可靠性。

(4)高扩展性。可根据用户需要，将各种资源与应用可随时添加到服务中。

(5)按需服务。用户完全根据自身情况提出需求，云可为每个用户量身定制，提供完全差异化的服务。

(6)高可用性。通过集成海量存储与高性能计算能力，云可以提供较高的服务质量。云计算系统可自动检测失效节点，并将其排除，可不影响系统的正常运行。

(7)节能减排，创建绿色 IT。由于云计算采用了特殊容错措施，因而可采用极为廉价的节点来构成云，从而大大降低了企业的投资成本。此外，云的自动化和集中式管理可使数据中心管理、电力运营等成本大幅度降低，云的通用性也使资源的利用率与传统系统相比得到了大幅提升。

3)云计算的工作原理

对于典型的云计算模式，用户通过终端接入Internet，并向“云”提出需求；“云”在接受请求后进行资源组织，通过Internet为“端”提供所需的服务。这样用户终端的功能就可以得到很大简化，诸多复杂的计算和处理过程都将转移到终端背后的“云”上完成。用户需要的应用程序无需在用户的个人电脑、手机等终端设备上运行，而是在Internet的大规模服务器集群中运行；用户要处理的数据也不需要存储在本地，而是存储在Internet上的数据中心。提供云计算服务的企业负责数据中心和服务器正常运转的管理与维护，并确保能够为用户提供足够强大的计算能力及足够大的存储空间。不论何时何地，只要用户能够连接到Internet，便可访问云，实现随需随用(刘越，2009)。

4)云计算实施及云计算服务层次

在云计算中，可根据其服务集合所提供的服务类型，将整个云计算服务集合划分为四个层次，即应用层、平台层、基础设施层及虚拟化层。而每一层都对应着一个子服务集合。图9-6为云计算实施和云计算服务层次模型。

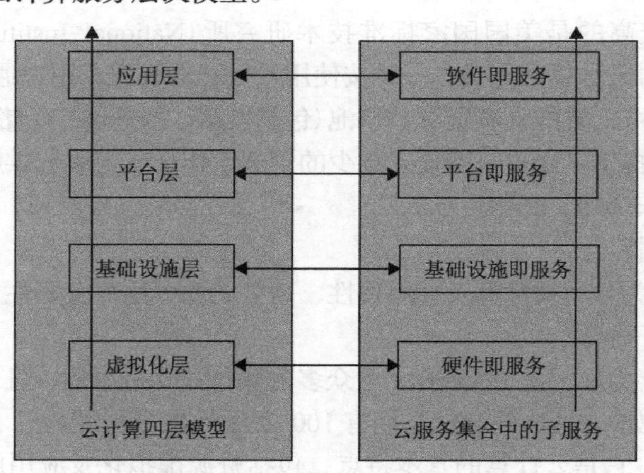

图 9-6　云计算服务层次模型(蒋永生等，2013)

云计算的服务层次是按服务类型（即服务集合）划分的，它与计算机网络体系结构中的层次划分不同。在计算机网络中，每一个层次都可以实现一定的功能，且层与层间具有一定的关联；但云计算体系结构中的层次却是可分割的，即某一个层次可单独完成一项用户的请求，而无需其他层次为其提供必要的服务与支持。云计算实施架构如图 9-7 所示。

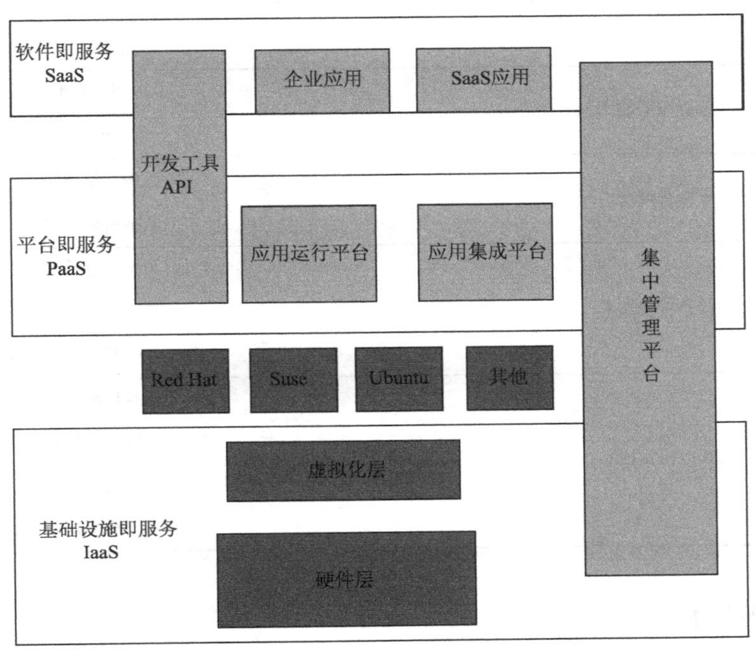

图 9-7　云计算实施架构(蒋永生等，2013)

由于云计算是以服务为导向的，因而包含了从硬件设施到高层软件的多层次服务，其主要划分为以下三层服务(龚强，2013；张峰，2012)。

SaaS(software as a service)，软件即服务。SaaS是将应用软件统一部署到服务提供商的服务器上，用户通过Internet以租用方式向厂商定制应用软件服务，服务提供商按客户服务协定收费，并通过浏览器向客户提供软件的模式。出于成本、运行及维护等方面考虑，许多企业都选择SaaS方式使用软件，如Google Doc、Google Apps、Zoho office等。

PaaS(platform as a service)，平台即服务。它是将应用运行环境及开发环境作为一种服务提供给用户的商业模式。由于其成本较低，对那些希望扩展IT基础支撑，但资金、IT资源有限的企业来说具有很大的吸引力，如Google App Engine、Amazon的AWS及Salesforce的force.com平台。

IaaS(infrastructure as a service)，基础设施即服务。它是将支撑软件运行的基础设施作为服务提供给客户，其中包括服务器、操作系统、磁盘存储、数据库、信息资源、内存、I/O设备等，并将其整合成一个虚拟的资源池为整个业界提供所需的存储资源及虚拟化服务器等，如Amazon EC2和IBM的BlueCloud。

9.9.2　云计算核心技术

云计算是一种新型的超级计算方式，它将数据作为中心，是一种数据密集型的超级计算。

云计算涉及了众多技术，如表9-4所示。其中，数据存储技术、数据管理技术、编程模式技术等是云计算特有的技术，下面主要介绍云计算的这些核心技术（邓倩妮和陈全，2009）。

表 9-4　云计算涉及的关键技术

技术类型	具体技术
设备架设	数据中心节能
	节点互联技术
改善服务技术	可用性技术
	容错性技术
资源管理技术	数据存储技术
	数据管理技术
任务管理技术	数据切分技术
	任务调度技术
	编程模型
其他相关技术	负载均衡技术
	并行计算技术
	虚拟机技术
	系统监控技术

1. 数据存储技术

为了保证高可用、高可靠及经济性，云计算采用分布式存储的方式进行数据存储。同时为了确保存储数据的可靠性，采用冗余存储的方式进行存储，即为同一份数据存储多个副本。

此外，云计算系统为了同时满足大量用户的需求，并行地为大量用户提供服务，其数据存储技术还必须具有高吞吐率和高传输率的特点。

云计算的数据存储技术主要有Google的非开源的GFS（google file system）和Hadoop开发团队开发的GFS的开源实现HDFS（hadoop distributed file system）。大部分IT厂商，包括Yahoo、Intel的“云”计划采用的均为HDFS的数据存储技术。

2. 数据管理技术

云计算系统对大数据集进行处理、分析并向用户提供高效服务。因此，数据管理技术必须能高效地管理大数据集。同时，在海量数据中寻找特定的数据，也是云计算数据管理技术必须解决的问题。目前，云计算系统中的数据管理技术主要有 Google 的 GFS、BigTable、MapReduce 数据管理技术和亚马逊的 Dynamo。通过对已有技术的分析，可以看出，未来云计算数据管理主要包括以下几个层次，其总体架构如图 9-8 所示（张正伟等，2012）。

(1)数据组织和管理：采用分布式的存储技术可用于大型的、分布式的、对海量数据进行访问的应用，类似 GFS（google file system）。它运行在各种类似的普通硬件上，提供容错功能，从而为用户提供高可靠、高并发及高性能的数据并行存取访问。

(2)数据集成和管理：针对数据的非确定性、分布异构性、海量、动态变化等特点，采用分布式数据管理技术，通过采用 BigTable、Hbase 等分布式数据库技术对大数据集进行处理和分析，向用户提供高效的服务。

(3)分布式并行处理：为了更为高效地在分布式环境下数据挖掘及处理，采用基于云计算的并行编程模式，如MapReduce，将任务自动分为多个子任务，通过映射和化简实现任务在大规模计算节点中的调度和分配。后台复杂的并行执行和任务调度对用户和编程人员透明。

(4)数据分析：云计算的数据管理最终需对数据进行分析和挖掘，从而提供各种应用，采用不同的数据挖掘引擎的布局及多引擎的调度策略和基于浅层语义分析、深层语义分析的技术，在不确定知识条件下进行高效的数据挖掘，从大量的结构化的关系数据库、半结构化的文本、图形和图像数据中提取潜在的、事先未知的、有用的、能被人理解的数据。

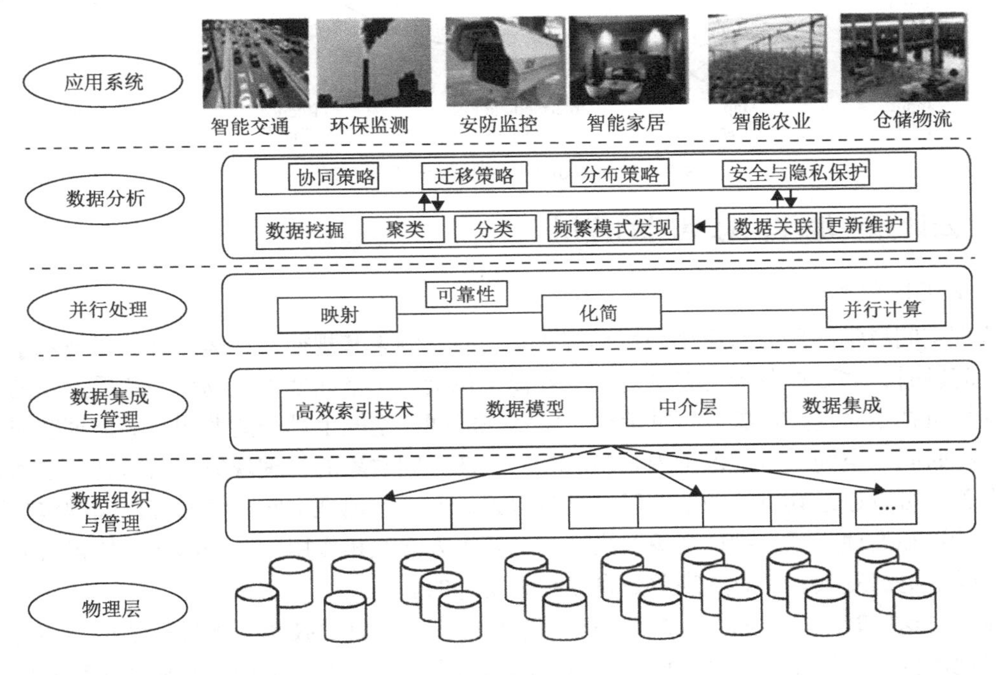

图 9-8 云计算数据管理(张正伟等，2012)

3. 编程模式

为使用户能更为轻松地享受云计算所带来的服务，让用户利用编程模型编写简单的程序去实现特定的目的，云计算上的编程模型必须要十分简单，同时必须确保后台复杂的并行执行和任务调度向用户和编程人员透明。

云计算采用MapReduce的编程模式，如图9-9所示。作为一个全新的编程模型，MapReduce将所有针对海量异构数据的操作抽象为两种操作，即Map和Reduce。使用Map函数可将任务分解成适合于在单个节点上执行的计算子任务，通过调度执行处理后得到一个“值/对”集。而Reduce函数则是根据预先制订的规则对在Map阶段得到的“值/对”集进行归并操作，得到最终分析结果。

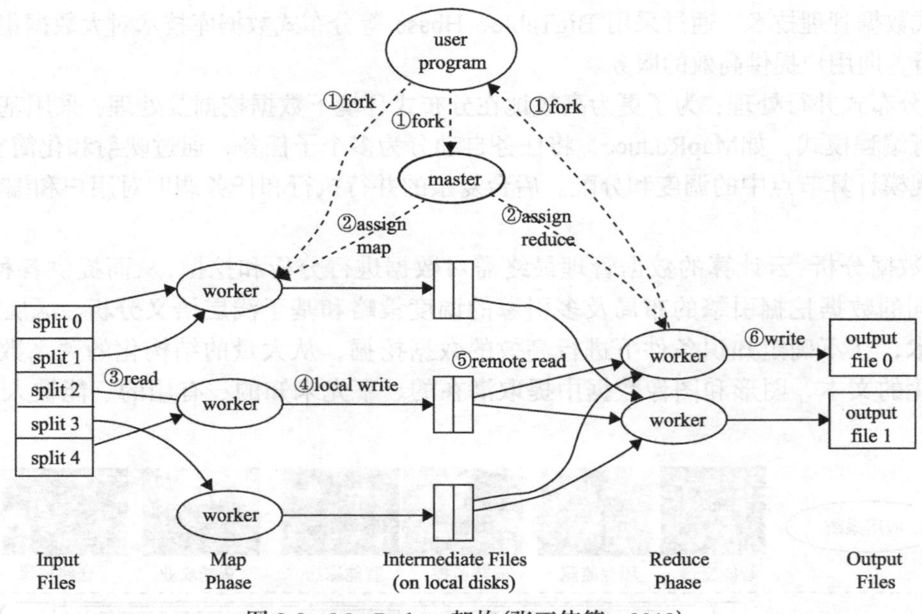

图 9-9 MapReduce 架构(张正伟等，2012)

9.9.3 云计算在地理信息空间的应用

1. 云 GIS 概念

地理空间科学的研究和应用领域具有密集的时空约束和规律，在运用计算机技术手段研究这些问题时，需要充分考虑普遍的时空规律，包括：①空间地物及物理现象是连续的，但使用计算机技术对这些现象进行抽象时，常常在时间和空间上都是离散的。②地理空间的物理现象在时间、空间及时空范围内是多时相的。③空间对象的物理现象与其所处的空间位置区域有关，可以通过其所处的空间区域进行单独研究。④地理空间科学和应用问题包括数据存储、计算和处理资源、物理现象及用户，这四个方面互相作用，互相影响，使得研究和应用在空间上更加复杂。⑤时空现象是自相关和闭合的。

在面对这些时空规律和约束的地理空间应用时，将云计算技术与地理科学进行结合，依据时空规律构建和优化云计算，使基于时空的云计算平台能够为地理空间科学研究和应用提供满足应用特点并经过时空优化的云计算模式，这种模式称为空间云计算(spatial cloud computing, SCC or SC2)。由此，对空间云计算的定义为：一种由地理空间科学驱动的云计算模式，在这种模式下，云计算环境通过时空规律进行了优化，使之能更好地在分布式环境下为地理空间科学发现、研究和应用服务。在地理空间应用中，使用云计算的方法有多种：①使用云计算的 IaaS 服务，获得计算资源，将 GIS 系统简单地移植到云计算平台。②在云计算的 PaaS 层提供 GIS 服务，例如，在平台层安装 Esri Arcgis Server 软件，提供地理空间服务。③基于复杂的时空规律对云计算平台进行优化，构建包括资源调度、GIS 平台和 GIS 应用的云计算环境(宋炜炜，2015)。

云 GIS 是指将云计算理论和技术作为指导，以 Internet 为中心的 GIS。云 GIS 通过 Internet 以 Web 服务的方式提供空间数据存取和交换服务、空间信息查询服务、空间信息分析服务及空间信息应用接口服务，可以实现分布式跨平台的空间数据集成，为用户提供分布式协同信息处理和按需服务。云 GIS 是 WebGIS、网格 GIS 及分布式 GIS 的一种集合及扩展，它支持 WebGIS、网格 GIS、分布式 GIS 等技术标准，是在这些技术的基础上融合商业云计算平台而发展起来的技术(杨柳，2011)。

空间云计算下，在传统的云计算三层服务(IaaS、PaaS、SaaS)之外，专门为地理空间信息服务的新的服务层数据即服务层(data as a service, DaaS)在空间云计算中被提出来，它支持数据发现、接入、利用和交付，无论数据提供方和使用方的地理位置或组织位置在哪里，都可以通过 DaaS 层对数据进行处理。它通过集成一个包括数据、数据处理和优化的云操作形成云计算数据服务层，能帮助地理科学在研究和应用中的数据发现、数据访问和数据利用。因此，空间云计算能根据地理空间科学的特点提供以下方面的支持。

(1)地球观测数据访问(earth observation, EO)：通过在空间云计算中构建 DaaS 层，能使地理空间科学研究和应用快速、安全、高效地访问地球观测数据，满足其存储和处理要求。

(2)要素提取：基于 PaaS 层构建和开发的地理空间处理服务，从地球观测数据中提取相关要素，如植被覆盖指数(vegetation index，VI)、海洋表面温度(sea surface temperature，SST)等，包含了复杂的地理空间处理过程序列，如格式转换、坐标投影转换等。

(3)地理空间模型：IaaS 层能为用户提供基础计算资源服务，当地理空间模型计算需要大量的通信和同步，并且进行深度迭代计算时，IaaS 的资源弹性服务，能有效解决这类计算密集型的问题。

(4)空间大数据挖掘和决策支持：空间数据挖掘和决策支持需要不同的数据和不同维度的应用计算，空间云计算的 SaaS 层能为领域专家、政府管理部门和公众提供不同视角的空间应用(宋炜炜，2015)。

2. 云 GIS 应用模式

空间云计算是将云计算技术应用到地理空间科学研究和应用中，并利用时空规律进行优化的一种云应用模式，包括在云端的物理资源、计算资源、平台资源和应用资源服务，同时还有一个空间云计算的虚拟服务层，这个虚拟服务层负责使用时空规律优化云计算资源和服务。图 9-10 描述了典型的空间云计算框架(宋炜炜，2015；杨柳，2011)。

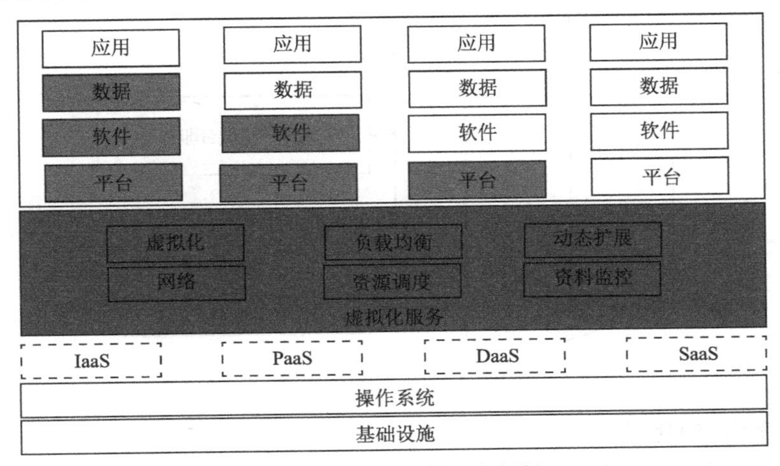

图 9-10　空间云计算基本框架

物理基础设施和操作系统组成了空间云计算基础资源组件，虚拟化服务将基础资源组件虚拟化后组成空间云支持组件，对上层的平台、软件、数据和应用提供支持。云框架中的 IaaS、PaaS、SaaS 和 DaaS 依据用户需求构建，以使空间云平台拥有云计算的 5 个基本服务能力优势。在图 9-10 中，上部分右边白色框提供基于 IaaS 的各种服务，是普通的云服务组件，灰色部分是通过时空规律优化的时空云服务组件。

虚拟化服务层是空间云计算的核心，主要功能包括：①提供虚拟化管理功能，支持对构建在物理服务器上的虚拟机调度、启停等功能。②基于时空分布和动态使用的网络资源定义和提供，根据计算资源的时空分布规律和使用规律，动态指定云环境中的虚拟服务器的公有 IP、私有 IP 和域名。③基于时空规律优化虚拟服务器。当云服务被请求时，通过预定策略和时空规律，指定虚拟服务器在哪个物理服务器上启动，使用哪个物理服务器的资源。④通过信息交互、监控物理资源使用效率，对资源使用情况进行合理分配，管理、维护内存和计算资源等的时空可用性、分布及属性。⑤基于时空规律的动态调度和负载均衡。通过用户使用时空云服务的喜好、计算资源提供的时空模式，对资源进行动态调度，实现资源的高效应用。

由此可见，空间云计算的核心是通过其虚拟化服务按照时空规律对云计算资源进行优化和调度，使基于云计算的地理空间科学研究和应用能享受云计算带来的快速、经济、高效的优势。

云计算主要提供三种服务方式，将 GIS 迁移到云端，构建云 GIS 就是将 GIS 从项目的模式逐渐迁移到在线运营的模式，GIS 的形态、接口、模块等诸多方面均需做出改变，以便和现有的云计算平台进行对接。云 GIS 采用以下 4 种方式构建：地理信息内容即服务、地理信息软件即服务、地理信息平台即服务、地理信息基础设施即服务，如图 9-11 所示。

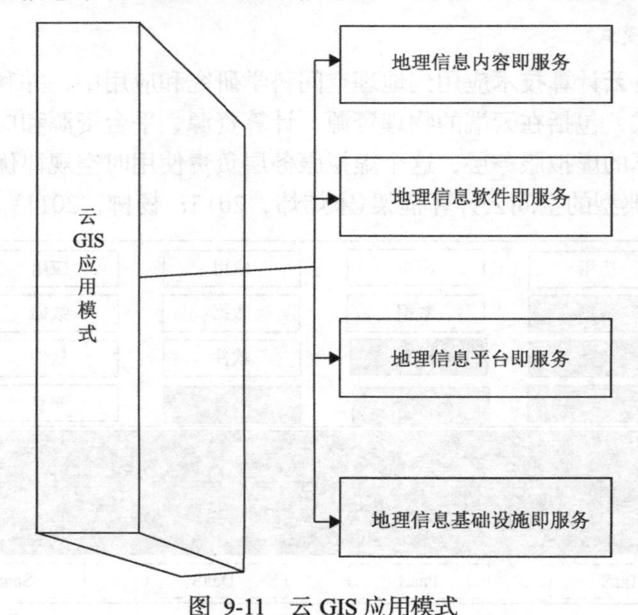

图 9-11　云 GIS 应用模式

1）地理信息内容即服务

地理信息内容即服务，即把地理信息的内容作为一种服务向外提供。地理信息内容即服务是云 GIS 应用中的最低层次。目前，地理信息内容即服务一般是由在线地图网站提供的，这些网站提供地图信息及简单的查询服务，如百度地图、Google Map、Bing 地图、雅虎地图等。这些地图一般提供 API，供开发者使用它们的云服务。

2) 地理信息软件即服务

地理信息软件即服务，即利用 Internet 提供在线地理信息处理的服务。以往这种服务是以单机版地理信息软件来完成的。其主要的服务内容应包含地图发布服务、数据格式转化服务、空间分析服务等。

3) 地理信息平台即服务

地理信息平台即服务，即将地理信息整个开发环境作为服务向外提供。地理信息平台即服务为提供GIS的一个开发平台服务。目前提供平台即服务比较著名的是Google App Engine。

4) 地理信息基础设施即服务

地理信息服务的构建可运行在其他商业公司所构建的云基础设施中。目前，可以提供硬件基础设施服务的主要有亚马逊、IBM，以及一些电信运营商，如中国电信、中国移动，这些企业正在或已搭建了基础设施服务环境，并以此为基础提供相应的计算资源或弹性租赁服务。这是“云”模式的基础，地理信息基础设施即服务是地理信息软件即服务、地理信息内容即服务的基础。因此，基础设施即服务对 GIS 而言，这种基础环境和服务模式是必不可少的。

3. 云 GIS 的发展趋势

云 GIS 的发展趋势，主要集中在公有云、私有云及混合云这三个方向。

公有云，是指云计算服务提供商为公众提供服务的云计算平台，它的服务对象为公众。在理论上，任何人都可通过授权进入该平台，并得到相应的服务。

私有云，是指云计算服务提供商为企业在其内部所搭建的专有云计算系统，它的服务对象为某个具体的企业，私有云系统存在于企业防火墙的内部，仅为企业内部服务。私有云是为一个客户单独使用而搭建的，因而提供对数据、安全性及服务质量的最有效的控制。

混合云，是指公有云和私有云混合使用，综合起来构建云计算平台(李少丹，2011)。

4. 云 GIS 发展所面临的挑战

地理空间科学研究和应用伴随着 IT 信息技术的发展，在利用不断发展的信息技术推动本学科应用发展的同时，也对 IT 信息技术提出了数据密集、计算密集、高并发访问和时空密集等挑战。将云计算平台与 GIS 核心功能(如二次投影、空间分析等)集成，构建空间云计算平台。在空间云平台中，本地用户和系统管理员能直接访问私有云服务，对数据、平台、应用进行管理，云端用户通过空间云门户访问。在空间云计算环境下，需要解决地理空间科学中的四个密集型问题。

1) 应对数据密集型问题

由于地理空间数据有数据密集型问题，管理和使用这些数据，对 IT 信息技术提出了新的挑战。基于空间云计算的 DaaS 服务能够解决这个问题， DaaS 的构建，为地理空间科学研究和应用中所用到的空间数据提供数据存储、数据发现、数据应用和空间处理。DaaS 能够存储和管理海量的空间数据，并且空间信息云能提供可扩展的、快速廉价的资源以保证这些数据处理的性能。应用这些数据时的时空规律是优化云计算的关键，遵循时空规律对时空云计算平台进行优化，可以使地理空间科学在研究中减少资源消耗(如 CPU、内存、网络和存储等)，并且能够从四个方面让数据密集型应用获得更好的支持：①确定空间数据在存储、处理时的单元大小；②减少由应用导致的空间数据在不同数据中心、不同站点的传输；③通过地理空间科学研究和应用的需求优化地图计算能力，为空间数据处理和空间计算分配合适的节点；④确定空间数据存储和应用的优化方法，以获得空间云计算优秀的地理空间数据支持和处理能力。

2) 应对计算密集

地理科学研究和应用中这些计算密集型问题的解决需要充分考虑这些地理现象的时空规律，通过时空规律来优化计算。在空间云计算中，可以通过三个方面来利用时空规律优化云计算：第一，根据计算的需求和计算能力，在空间云中选择合适的计算单元，将计算任务分解；第二，利用空间云的并行计算能力将计算任务按照空间分布或时间分布进行分解，使每个分解的任务单元能在较少的时间内完成，从而提高整个系统的性能；第三，对空间云中的计算任务、计算资源使用、存储和网络等根据时空计算的需求进行动态调整。

在空间云计算中，根据计算密集型地理空间计算的多样性和动态性，在平台的 DaaS 层提供对多时相数据的分布式管理，在 PaaS 层提供地理空间软件平台(如 ArcGIS、Skyline 等)，并在 IaaS 层提供基于时空规律优化调度的计算和存储资源服务，能有效地提升系统处理性能，促进地理空间科学研究和应用的发展。

3) 支持地理空间信息服务高并发访问

传统的地理空间信息一般提供给专业的部门为一些特定的应用服务，随着互联网技术的发展，各种学科和应用在互联网这个纽带上互相作用，地理信息服务的内容和对象都发生了巨大的变化，从局部、专业的服务对象逐渐转向全面、公众。例如，目前常用的定位服务、汽车导航服务等已进入人们的日常生活当中，并发挥了重要的作用。这些地理信息服务对象成千上万、所处的地理位置广泛分布，对系统的访问存在典型的高并发性，并且根据实际情况有访问请求浪涌的情况。例如，在国内，百度地图、手机百度应用是一款有 6 亿用户的网络应用，它提供了在线搜索服务，包括信息、地图等服务，这个在线服务的高并发请求有明显的时空规律，某一时间内的访问请求数量会突然激增(如国庆出游长假、城市上下班高峰期等)，晚上或平时人们出行少时，对服务的访问量会大大降低。应对这样的服务请求，空间云计算需要弹性地调用分布在不同区域的服务器实例应对并发访问高峰，同时在访问量少的时候自动释放和回收资源。

4) 应对时空密集问题

地理空间科学中，常常需要将时间序列上不同时点的地理空间数据收集在一起进行计算和对比分析，以发现地理现象的时间演变规律并预测将来，如气候变化、极地地表冰川迁移、土地利用变化等。这些应用显示了地理空间应用具有时空密集型，主要表现在如何建立时空索引，对海量的时序地理空间数据进行分析；时空数据建模方法；地理现象关联分析；地理现象模拟仿真；在计算架构上如何将这些复杂的处理过程和算法联系起来，解决复杂的地理空间时空密集问题等方面。

一个典型的时空密集型应用是实时交通路径选择，在这个应用中，需要通过将海量的历史地理空间数据收集并预处理，路径状况预估、路径选择实时计算，才能获得应用的推荐路径结果。利用传统的服务器计算框架，这样的任务是无法实时完成的。时空云计算的弹性资源调度和按需服务的特性可以用来解决这样的时空密集问题，并且可以根据应用的时空特性对时空云计算平台进行优化，主要表现在：①每天的交通高峰是在一定时间段出现的，可以根据时间段在高峰时提供更多的云计算资源；②历史数据分析、模拟和路径计算具有数据密集和计算密集特征，时空云的 DaaS 服务和 IaaS 服务能根据这种需求提供相应的资源服务，保证系统的服务性能；③推荐路径计算依赖历史数据，同时也依赖动态交通监控数据、路网的拓扑数据等。这些数据进行关联分析需要大量的存储资源和计算资源，时空云能提供相应的服务。

此外，对于云 GIS，有专家认为中国还不适合，而这样说也不无道理，就现状而言，中国市场的云 GIS 确实尚不成熟。主要表现在以下三个方面。

(1) GIS 用户的限制。国外 GIS 用户大多为中小企业或个人，他们对数据安全性的要求并不高。而目前国内 GIS 的用户主要为政府或大型企业，它们在数据的安全性及保密性上有很高的要求，且绝对不能满足云计算中的共享的要求。这也是制约云 GIS 发展的最大的障碍。

(2) 对独立软件开发商(independent software vendors，ISV)商业模式的冲击。过去，在 GIS 平台上进行二次开发的 ISV 需从 GIS 提供商购买平台软件,然后自行搭建包括 Windows、数据库及服务器、存储等软硬件设备在内的完整的 GIS 开发系统。如今，这一切的资源就在“云”上，ISV 仅需租赁便可使用。此外，ISV 可在云 GIS 上构建新的业务模式。例如，为一些企业客户提供基于私有云的特定解决方案，从而扩大市场范围。

值得强调的是，ISV 的身份也发生了改变，可转型为 SP(服务提供商)，继而成为云 GIS 平台的运行维护商。

(3) 技术不成熟及人才的缺乏。无论是云计算所要求的计算机技术，包括海量数据的网络存储、网格计算、并行计算及虚拟技术，还是 GIS 本身的技术，目前都尚不成熟。此外，虽然国内很多高校设了 GIS 专业，每年也有很多的 GIS 专业的学生毕业，但是 GIS 方面核心专业开发人才仍有较大的缺口，而只有拥有强大的人才团队方可在发展创新上有所建树。而要改变现状，则是一个长期而又艰巨的任务(李少丹，2011)。

5. 时空信息云平台框架提出

时空信息云平台是智慧城市建设中的关键支撑，它要求整合城市管理、城市运行中的各种数字信息，结合空间云计算技术为地理科学研究和应用提供解决方案。目前，大多时空信息云平台关注于使用云计算的三个层次 IaaS、PaaS、SaaS 中的某一个提供服务，例如，利用 IaaS 层的资源服务,将原来的 GIS 应用系统直接迁移到 IaaS 层上,以获得云的资源扩展支持，更由于许多地理信息数据属于涉密数据，不能在公有云上运行，这种方式构建的时空信息云平台不但没有充分利用时空信息云计算的优势，在自主可控和安全性上也难以满足地理科学研究和应用的进一步发展需求。迫切需要一个将云计算技术与地理空间科学紧密结合的，充分考虑了地理空间科学和应用对 IT 信息技术提出的四个密集型问题,并由时空规律优化的时空云计算框架用于指导私有云部署的时空信息云平台建设(宋炜炜，2015)。

通过对地理空间科学的研究和应用特征分析，结合空间云计算的要求，提出了基于空间云计算的时空信息云平台框架体系，从基础设施即服务层(IaaS)、数据即服务层(DaaS)、平台即服务层(PaaS)和软件即服务层(SaaS)四个方面构建时空信息云平台，并提出了对时空信息云平台进行时空规律优化的虚拟服务层(SCCVS)，用于对云平台的资源进行资源动态调度、自动扩展和负载均衡、地理空间服务链驱动等。图 9-12 描述了基于空间云计算的时空信息云平台框架体系。

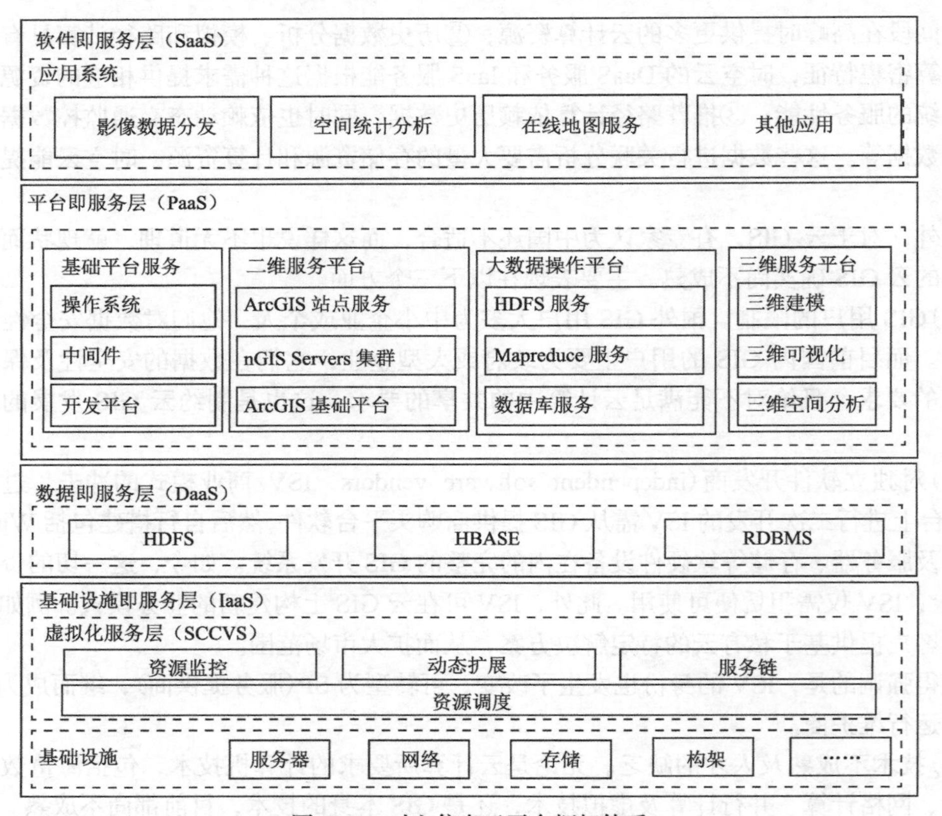

图 9-12　时空信息云平台框架体系

1）基础设施即服务层

基础设施即服务层(IaaS)采用一定的虚拟化技术(如 kvm、xen 等)对基础的物理资源进行虚拟化，形成动态、可扩展的资源池，包括计算资源、存储资源和网络资源，这些资源通过 IaaS 管理软件统一管理，向上提供资源服务。

同时，本层还包括空间云计算按时空规律优化云平台的虚拟化服务层(SCCVS)，它包含了一系列组件，通过基于地理空间信息和应用的时空规律进行时空调度、自动扩展和负载均衡，实现对时空信息云基础资源的高效组合利用。

2）数据即服务层

在时空信息云平台 IaaS 层提供的资源服务之上，根据地理空间数据的特征，构建由基于 HDFS 的海量非结构化数据存储管理、HBASE 的结构化、半结构化数据存储、基于传统 RDBMS 的元数据存储管理组成的地理空间数据服务层。通过数据即服务层(DaaS)，提供对主要地理空间数据的存储和管理，包括矢量数据、数字高程模型数据、卫星影像数据、地名地址数据、三维模型、数据目录及元数据等不同类型的地理空间数据。

3）平台即服务层

平台即服务层(PaaS)是在 IaaS 和 DaaS 的基础上，将 GIS 数据资源、GIS 平台资源进行深度整合，可为用户直接提供各种类型的云 GIS 服务，为用户开发 GIS 业务系统提供支持。这些云 GIS 服务主要包括三种类型：地图资源服务、空间查询服务、空间处理服务。针对这些云 GIS 服务，平台即服务层为用户提供了统一的平台开发接口，使用户在平台上能够完成与业务系统建设相关的各项工作，包括资源服务的发布、身份认证管理、访问控制、应用搭建、应用部署等工作，而不用维护和考虑平台本身。

云 GIS 服务与普通的 GIS 服务不同，是弹性可扩展的，能够根据上层业务应用对 GIS 服务的使用情况，按需进行计算能力的调整。云 GIS 服务，由云 GIS 运维管理系统进行统一的管理，包括对云 GIS 服务的监控、弹性服务管理、任务调度管理、资源度量等功能。

此外，云 GIS 平台自服务门户系统，用户可以通过此门户，按需、自服务地申请使用各种云 GIS 服务。同时，自服务门户中为用户提供了应用模板、业务建模服务，用户可以基于云 GIS 平台提供的基础云 GIS 服务，结合自身的业务应用，建立专业的、复杂业务分析模型服务，直接使用或结合应用模板创建更加专业的业务系统。

4) 软件即服务层

软件及服务层(SaaS)是基于平台及服务层，围绕行业应用需求，搭建的上层云业务应用服务，如基于 DaaS 的大影像数据分发、海量空间数据的统计分析、在线 GIS 服务等。

9.9.4　云计算未来可能的发展方向——“雾计算”

云计算或将成为促进变革的重要力量，但由于接入设备激增，而网络带宽却是有限的，因此，“雾计算”或许才会带来真正的计算变革。

就目前而言，人们普遍对云计算偏爱有加，认为未来计算功能将完全存在云端。许多科技公司都打着这样的“幌子”向消费者兜售云服务。而事实并非如此，将数据从云端导入、导出要远比科技公司所承认的要难得多。

首要问题就是带宽，虽然与高速线缆来回传输数据相比，云端更具优势。但是，当将规模放大到全世界，人们需要从自己的移动设备上获取信息或者发送数据，带宽就显得捉襟见肘，带宽的限制是不可逾越的。从云端到移动设备的数据传输过程来看，现在的 3G 和 4G 网络仍不够快，随着物联网时代更多设备接入网络，带宽情况将变得更糟糕。

而解决的办法便是：不再拘泥于云计算，而是研究如何在物联网设备上存储和处理它们自身产生的数据，或者是在设备之间、网络上，这就是雾计算。它没有强大的计算设备，只有一些较弱的、更为分散的计算机，处理家电、汽车、路灯等设备的数据。

太多的数据需要分析、处理，而未来还将更多，因此，十分有必要发展“雾计算”。但它并不会那么快地到来，因为只有当快速的无线、有线网络覆盖充足，计算设备足够贴近用户，物联网才能发挥作用。

企业级计算的未来仍然在云中，但是未来真正的计算变革却会在这里发生，在你我身边——不在云中，在雾里(腾讯科技，2014)。

9.10　智慧城市与大数据

9.10.1　智慧城市

1. 智慧城市的概念

研究机构 Forrester 对智慧城市的定义为：通过智能计算技术的应用，使城市管理、教育、医疗、房地产、交通运输、公用事业和公众安全等城市组成的关键基础设施组件和服务更互联、高效和智能。从技术发展的视角，李德仁院士认为智慧城市是数字城市与物联网相结合的产物。胡小明则从城市资源观念演变的视角论述了数字城市相对应的信息资源、智能城市相对应的软件资源、网络城市相对应的组织资源之间的关系。

智慧城市是在数字地球的基础上，通过物联网将现实世界与虚拟数字世界进行有效地融合，建立一个可视的、可量测、可感知、可控制的智能化城市管理与运营机制，以感知现实世界中人和物的各种状态和变化，并由云计算中心完成其海量和复杂的计算与控制，为城市管理和社会公众提供各种智能化的服务。智慧城市是智慧地球的重要组成部分。

简单地用公式表示，智慧城市=数字城市+物联网+云计算。数字城市是把城市的地理信息和其他城市有关的信息结合并存储在计算机网络上，让城市和城市外空间连接在一起的虚拟空间。智慧城市则通过传感网络，实现虚拟空间和现实空间的衔接。

2. 智慧城市与数字城市的关系

智慧城市=数字城市+物联网+云计算，数字城市是智慧城市的基础。数字城市是“物理城市”的虚拟对照体，两者是分离的；而“智慧城市”则通过物联网将“数字城市”与“物理城市”连接在一起，本质上是物联网与“数字城市”的融合。智慧城市是数字城市的智能化，是数字城市功能的延伸、拓展和升华，通过物联网把数字城市与物理城市无缝地连接起来，云计算和网格计算技术可对实时感知数据进行快速和协同处理，并提供智能化服务，主要表现为感知能力、逻辑思维能力、自学习与自适应能力、行为决策能力(李德仁等，2014)。

智慧城市与数字城市主要有以下六个方面的差异：①数字城市通过城市地理空间信息与城市各方面信息的数字化在虚拟空间再现传统城市，智慧城市则注重在此基础上进一步利用传感技术、智能技术实现对城市运行状态的自动、实时、全面透彻的感知。②数字城市通过城市各行业的信息化提高了各行业管理效率和服务质量，智慧城市则更强调从行业分割、相对封闭的信息化架构迈向作为复杂巨系统的开放、整合、协同的城市信息化架构，发挥城市信息化的整体效能。③数字城市基于互联网形成初步的业务协同，智慧城市则更注重通过泛在网络、移动技术实现无所不在的互联和随时随地随身的智能融合服务。④数字城市关注数据资源的生产、积累和应用，智慧城市更关注用户视角的服务设计和提供。⑤数字城市更多注重利用信息技术实现城市各领域的信息化以提升社会生产效率，智慧城市则更强调人的主体地位，更强调开放创新空间的塑造及其间的市民参与、用户体验，以及以人为本实现可持续创新。⑥数字城市致力于通过信息化手段实现城市运行与发展各方面功能，提高城市运行效率，服务城市管理和发展，智慧城市则更强调通过政府、市场、社会各方力量的参与和协同，实现城市公共价值塑造和独特价值创造。

新一代信息技术的发展使城市形态在数字化基础上进一步实现智能化成为现实。依托物联网可实现智能化感知、识别、定位、跟踪和监管；借助云计算及智能分析技术可实现海量信息的处理和决策支持等。同时，智慧城市不仅需要物联网、云计算等新一代信息技术的支撑，更要驱动面向知识社会的下一代创新(创新 2.0)。如果说创新 1.0 是工业时代沿袭的面向生产、以生产者为中心、以技术为出发点的相对封闭的创新形态，创新 2.0 则是与信息时代、知识社会相适应的面向服务、以用户为中心、以人为本的开放的创新形态。伴随知识社会环境下创新 2.0 形态的逐步展现，现代信息技术在对工业时代各类产业完成面向效率提升的数字化改造之后，逐步衍生出一些新的产业形态、政府形态、城市形态、社会管理模式，使人们对信息技术引领的创新形态演变、社会变革有了更真切的体会，对科技创新以人为本有了更深入的理解，对现代科技发展下的城市形态演化也有了新的认识。新一代信息技术与创新 2.0 是智慧城市建设的两大基因，二者缺一不可。创新 1.0 与创新 2.0 的区别如表 9-5 所示(宋刚等，2014)。

表 9-5　创新 1.0 与创新 2.0 的对比

工业时代的创新 1.0 (innovation 1.0 of industrial age)	信息时代的创新 2.0 (innovation 2.0 of information age)
传统电信业 (traditional telecom)	ICT 服务商 (ICT service provider)
传统广电 (traditional broadcasting and television)	ICT 融合下的新媒体 (new media of ict convergence)
门户网站 (portal)	微博等社交媒体 (social media such as weibo)
交友网站 (friends-making website)	SNS 社交网站 (social network service)
传统工业自动化 (traditional industrial automation)	物联网智能化 (intelligence of internet of things)
传统实验室 (traditional laboratory)	开放创新空间 (open innovation space)
办公室办公 (in-house office)	移动办公 (mobile office)
科层制封闭组织 (hierarchy, closed organization)	灵活外包开放协作组织 (agile, open, collaborative organization)
以生产者为中心的生产范式 (producer-centric manufacturing paradigm)	以用户为中心的服务范式 (user-centric service paradigm)
基于机构的高度结构化 (highly structural organization)	基于个体的无线、多跳、点对点、自组织 (wireless, ad hoc, self-organization)
企业 1.0 (enterprise 1.0)	企业 2.0 (enterprise 2.0)
政府 1.0 (government 1.0)	政府 2.0 (government 2.0)
……	……
数字城市 (cyber city)	智慧城市 (smart city)

3. 推动数字城市向智慧城市发展的动力

推动数字城市向智慧城市发展的动力可以归纳为四个需求、三个支撑和一个需要(王家耀，2014)。

四个需求：①政府在综合城市规划、管理和协同解决问题的智能应急决策支持能力方面有更高的要求。②企业有更高和更有效的综合规划和管理、智能商务、智能生产(如智能制造)能力需求。③公众有更高和更实惠地享受城市信息化给工作、学习和生活带来的好处方面的需求。④解决数字城市建设存在的问题与社会更高需求之间存在的落差的需求。

三个支撑：①“大数据时代”的到来推生和支撑“智慧城市”。在“大数据时代”，“除了上帝，任何人都必须用数据来说话”，大数据的本质是要用“大数据思维”去发掘“大数据”潜在价值，最重要的是学会驾驭大数据，涉及智能感知技术、云计算技术、智能统计分析和数据挖掘技术、基于网络/网格的智能服务技术及智能化实时动态可视化技术等，而这些也正是“智慧城市”建设涉及的关键技术。“智慧城市”建设，必然产生大数据；大数据的应用必将推进“智慧城市”。“大数据时代”的到来和“智慧城市”的兴起，都是全球信息化发展到高级阶段的新产物。②互联网、物联网和感知技术支撑智慧城市大数据获取。维基百科对物联网(IOT)的定义：把感应器(感知设备)装备到电网、铁路、桥梁、隧道、公路、建筑、供水系统、大坝、油气管道及家用电器等城市的各种真实物体上，通过互联网连接起来，进而运行特定的程序，达到远程控制，实现全球互联和透彻感知，为“智慧城市”的大数据获取提供强大支持。③云计算、网格计算为“智慧城市”大数据处理和服务提供强大支撑。云计算是一种新的计算模式，它把IT资源、数据资源等通过虚拟化技术管理起来，组成一个庞大的“资源池”，并将其作为服务通过网络传输给用户。用户只要通过网络进行连接，并得到授权，就可以使用这些能力和资源。网格是构建在互联网上的一种新技术，其本质是利用高速互联网把分布在不同地理位置的计算机组织成一台“虚拟超级计算机”，实现网格节点上的所有资源的全面共享和协同工作，即将网格上的所有资源动态集成起来，形成一个有机整体，在动态变化的多个组织间共享资源和协同解决问题。

一个需要：智慧城市是我国数字城市进一步发展的需要。目前，我国的城市信息化建设绝大部分还停留在数字化、网络化阶段，而一旦数字化、网络化发展成熟，积累了大量数据，势必就会产生进一步的信息化需求，这就是智能化。数字化是基础，智能化是提升。

4. 智慧城市“智慧”的体现

智慧城市的“智慧”主要体现在以下七个方面：①透彻感知。无处不在的智能传感器，对物理城市实现全面、综合的感知和对城市运行的核心系统实时感测，实时智能地获取物理城市的各种信息。②全面互联。通过物联网将无所不在的智能传感器连接起来，通过互联网实现感知数据的智能传输和存储。③深度整合。物联网与互联网系统完全连接和融合，将多源异构数据整合为一致性的数据——城市核心系统的运行全图，构建智慧的数据基础设施。④资源共享。在智慧城市云平台上，实现数据即服务(DaaS)、软件即服务(SaaS)、平台即服务(PaaS)、基础设施即服务(IaaS)、知识即服务(KaaS)。⑤协同运作。基于城市智慧信息基础设施(网络/网格、数据)，使城市的各要素、单元和系统及其参与者进行和谐高效地运行，达到城市运行的最佳状态，它是面向应用的服务聚合。⑥智能服务。在城市智慧信息设施基础上，利用云计算这种新的服务模式，充分利用和调动现有一切信息资源，通过构架一个新型的服务模式或一种新的能提供服务的系统结构，对海量感知数据进行并行处理、数据挖掘与知识发现，为人们提供各种不同层次、不同要求的低成本、高效率的智能化服务。⑦激励创新。鼓励政府、企业和个人在智慧信息基础设施上进行科技和业务的创新应用，寻求新的经济增长点，为城市经济社会发展提供源源不断的动力(王家耀，2014)。

5. 建设智慧城市的目的

近几年，智慧城市建设在世界各地火热开工。但是，各国的建设目的、方式方法各不相同。以下分别介绍美国、欧洲、韩国、日本及我国等国家或地区的智慧城市建设思路(王喜文，2014)。

(1)美国：培育新兴产业。美国的目的，用一句话说是培育新兴产业。美国政府计划免费向每个家庭配发智能电表，通过信息通信技术，解决日益老化的电力系统问题。

这一举措并非仅为发展智能电网及智能电表，基于智能电表这一基础设施，培育更多新兴服务才是最终目的。就像美国互联网平台架构完善后，很快诞生了 Google 等巨头互联网服务公司一样，美国同样希望充分挖掘智能电表的作用，创造能源领域无数的新商业机会。

(2) 欧洲：节能减排。欧盟计划制定 2013 年后的后京都议定书框架协议，以强化气候问题的应对对策，并提出 2020 年实现“20/20/20 by 2020”长期战略目标。旨在 2020 年相对于 1990 年，实现温室气体减排 20%，将可再生能源的使用比率提高 20%、节能 20%。

为了实现这三个 20%目标，欧盟在各大城市推广了竞争模式。各大城市纷纷启动智慧城市建设示范项目，最具效果的示范项目将获得在欧洲各国间推广的大力扶持。

(3) 韩国：基础设施出口。韩国的目的是“基础设施出口”。人口较少的韩国向来谋求产业出口的各种机会。备受关注的“济州岛项目”就是以韩国企业为主，计划将整个岛屿建设成智慧城市，目的是向海外推广建设模式，承揽建设工程。建成后的济州岛智慧城市，也将成为一个面向海外市场的展示窗口。

(4) 日本：四个主题。在世界范围内陆续启动的巨大智慧城市建设市场面前，日本认为，如不尽快发展，在智慧城市基础设施建设领域，就将输给欧美企业。为此，日本启动的建设项目较多，涉及面较广。主题涵盖“新能源汽车”“智能电网”“智能家庭”“节能环保”等领域。

(5) 我国。虽然都称为智慧城市，但住房和城乡建设部与工业和信息化部侧重点有所不同。工信部是从信息技术角度来抓，更强调工业化和信息化的两化深度融合及七大国家战略新兴产业在智慧城市载体上的落地。住建部则是从城镇化角度来抓，突出城市建设和管理运营，定位于新型城镇化的落地，主要目的在于解决涌入城市人口的就业与住房问题。

智慧城市的本质在于信息化与城市化的高度融合，是城市信息化向更高阶段发展的表现。2014 年 3 月 16 日发布的《国家新型城镇化规划(2014-2020 年)》将在未来一段时期指导全国城镇化发展的顶层设计，其中提到推进智慧城市建设，统筹城市发展的物质资源、信息资源和智力资源利用，推动物联网、云计算、大数据等新一代信息技术创新应用，实现与城市经济社会发展深度融合。

6. 智慧城市顶层设计

智慧城市顶层设计是针对智慧城市建设，从全局的视角出发，进行总体架构的设计，对整个架构的各个方面、各个层次、各种参与力量、各种正面的促进因素和负面的限制因素进行统筹考虑和设计。

目前，全世界的智慧城市建设还处在摸索过程中，亟须全面整体的技术模型来规范软件、接口、体系标准等关键要素，尤其在中国条块分割的行政体系下，智慧城市推进如果没有一个整体性的顶层设计指导，在实施过程中必然会遭遇各自为政、信息孤岛、大量重复建设、业务无法协同等城市信息化建设的老问题，增加智慧城市建设失败的风险，所有智慧城市后续建设或运营出现的问题往往都归咎于智慧城市缺乏顶层设计。因此，顶层设计对智慧城市建设的成效至关重要。

顶层设计的关键特征可以归纳为两个方面：层次上处于“顶层”，设计对象以“体系结构”为中心。“顶层”包含两个层面：一是顶层设计的视角是信息系统的最顶层，这里所指的顶层可以是一个国家、一个城市，或是一个政府部门信息体系的最高层；二是“自顶向下”的设计步骤，一般首先完成最高层的结构和框架设计后，再逐层细化完成更细致的设计。“体系结构”是指顶层设计与信息化规则相比，更注重于用工程科学的方法，对整体体系架构进行设计，在规划设计内容上更关注系统、信息资源和基础设施的体系结构，更关注对全局的约束性要求，架构性更强、技术性更强。规划与顶层设计，在设计的层次上都处于最高层，或者换一种说法，是对全局的规划，但从规划或设计的对象上看，规划偏重于长期的愿景和任务的设计，顶层设计偏重于信息化体系架构的设计，顶层设计将体系架构的内部结构打开，比规划更接近于信息系统、更加地细致。

智慧城市建设的总体规划如图 9-13 所示。

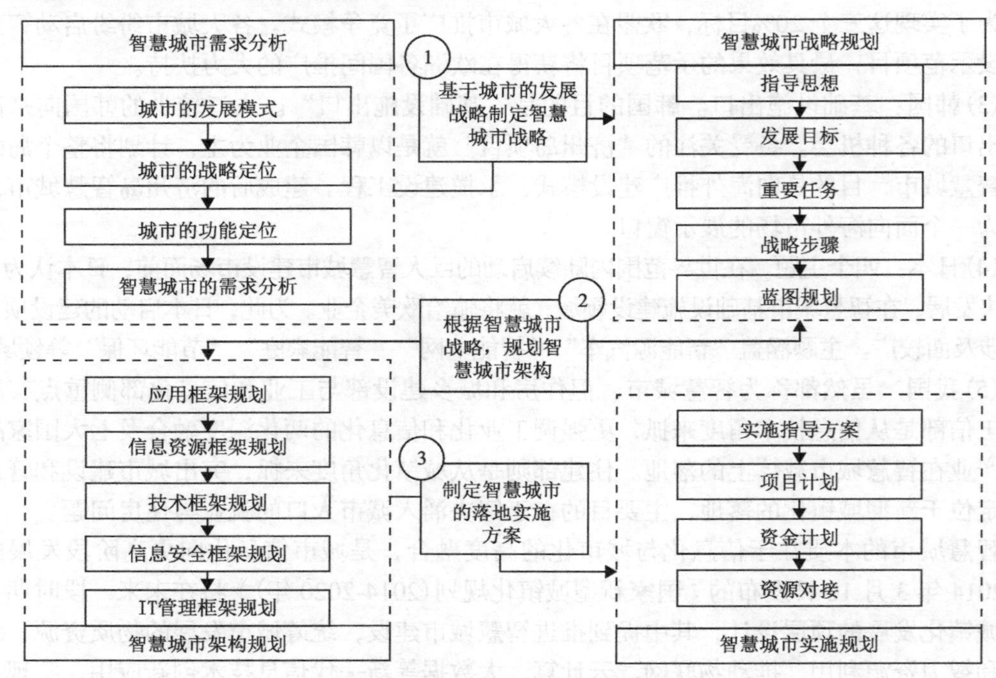

图 9-13　智慧城市建设的总体规划

智慧城市顶层设计如图 9-14 所示。

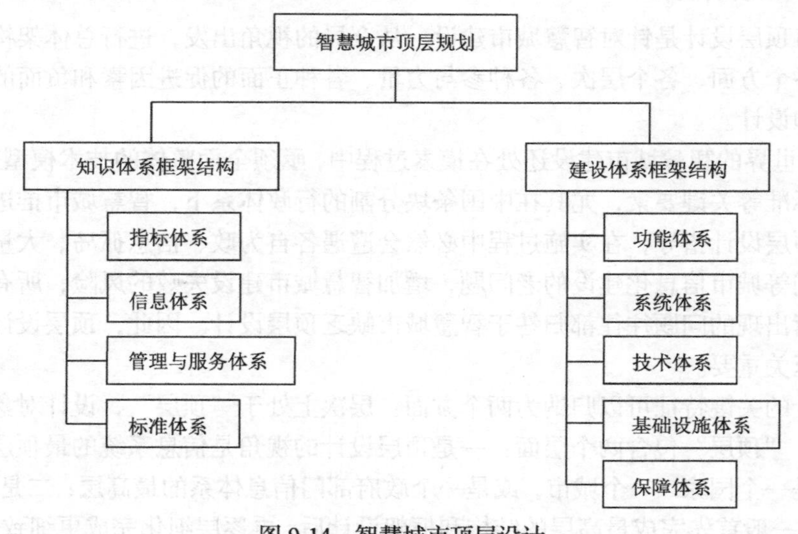

图 9-14　智慧城市顶层设计

一个好的顶层设计，不在于如何详尽地规定、分析每个系统、数据的细节，而在于其是否能够用最明确的规则、最少的约束和最简洁的文字构建出一个完整而歧义少的信息化体系。遵循这个体系，各方可以独立地开展系统的建设，完成后，可以形成一个符合预期设计目标的完整体系。

需要注意的是，顶层设计应该在基础设施、共性支撑和统筹要求较高、应用较为成熟的领域制定总体的要求，留出新技术、新应用的创新空间，鼓励试点示范，待发展较为成熟后，再纳入顶层设计的总体框架，实现顶层设计与创新的协同促进。

当然在实际建设过程中，不能一说顶层设计，就一切唯顶层设计论，实际上，底层设计也不容忽视。把握好顶层设计与底层设计的关系，才是根本。

最终建成的智慧城市应如图 9-15 所示。

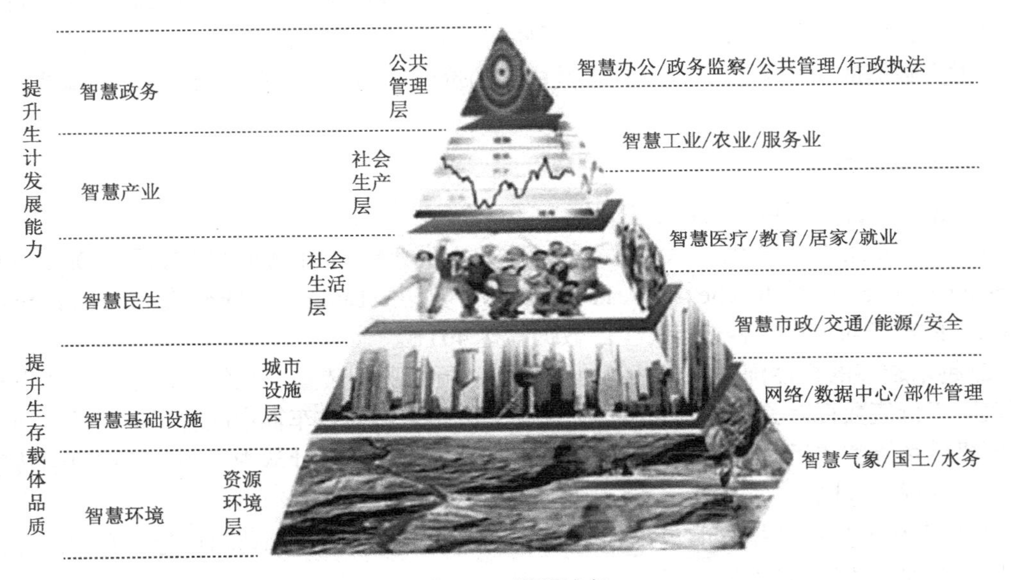

图 9-15　智慧城市

9.10.2　大数据

从数据发展历史看，19 世纪 70 年代以来，数据量大约每 10 年翻一番；从工业化时代进入信息化时代后，数据量以每 3 年翻一番的速度持续增长；当今社会，随着计算机技术和互联网的快速发展，数据存储量、规模和种类更是飞速增长，“大数据时代”已经来临(郭华东，2014)。

1. 大数据的相关概念

大数据是指无法在一定时间内用常规软件和分析工具对其内容进行获取、管理、处理和分析的巨大数据集。大数据有三个基础设施要素：①一个用于组织、存储并且保障数据可获取的平台；②能够处理大规模数据集的计算技术和能力；③结构化的、可使用的数据格式。此外，大数据涵盖多种数据类型，如文本、数字、图像、视频，并可跨越多个数据平台，如社交媒体网络、网络日志文件、传感器、智能手机的定位数据、数字化文档及归档的照片和视频等。大数据是海量的，是巨大的，它关乎三个层面：一是数据量；二是广度与分类；三是速度，这也代表了数据的复杂性。大数据技术，是指从各种各样类型的数据中，快速获得有价值信息的能力。适用于大数据的技术，包括大规模并行处理(massively parallel processor, MPP)数据库、数据挖掘电网、分布式文件系统、分布式数据库、云计算平台、互联网和可扩展的存储系统。

2. 大数据的特征

大数据主要表现出四大特征(4V)：一是增长速度加快(velocity fast)，产业数据源多样化，数据量加速增长；二是规模成倍扩大(volume big)，非结构化数据规模远大于结构化数据，已经步入 ZB(zettabyte)时代；三是数据类型越发多样化(variabe type)，数据表现出异构化(非结构化、半结构化和结构化)、多样化(数据、文本、音频、图像、视频等)、个性化特征；四是价值成倍增长和密度低(value high and low density)，在研发、营销、人资、采购等诸多方面的潜在价值越来越大。但是，价值的密度较低，以视频为例，一小时的视频，在不间断的监控过程中，可能有用的数据仅仅只有一两秒。大数据的增长是以新摩尔定律的速度进行的，正是考虑大数据的 4V 特征，充分挖掘其内在的价值便具有了空前重要的意义(陶雪娇等，2013)。

3. 大数据的来源

大数据的来源主要可分为以下五大类。

(1) 专业研究机构产生的大量数据。例如，欧洲核子研究组织(法语，Organisation Européenne pour la Recherche Nucléaire, CERN；英语，European Organization for Nuclear Research)的离子对撞机每秒运行产生的数据高达 40TB。

(2) 越来越多的机器配备了连续测量和报告运行情况的装置。几年前，跟踪遥测发动机运行仅限于价值数百万美元的航天飞机。现在，汽车生产商在车辆中配置了监视器，连续提供车辆机械系统整体运行情况。一旦数据可得，公司将千方百计从中渔利。这些机器传感数据属于大数据的范围。

(3) 计算机产生的数据可能包含着关于因特网和其他使用者行动和行为的有趣信息，从而提供了对他们的愿望和需求潜在的有用知识。

(4) 使用者自身产生的数据/信息。人们通过电邮、短信、微博等产生的文本信息。

(5) 至今最大的数据是音频、视频和符号数据。这些数据结构松散，数量巨大，很难从中挖掘有意义的结论和有用的信息(CIO 时代网，2013)。

4. 大数据的作用

大数据的作用主要体现在以下几个方面(李后强，2014)。

(1) 大数据的处理分析正成为新一代信息技术融合应用的结点。移动互联网、物联网、社交网络、数字家庭、电子商务等是新一代信息技术的应用形态，这些应用不断产生大数据。云计算为这些海量、多样化的大数据提供存储和运算平台，通过对不同来源数据的管理、处理、分析与优化，将结果反馈到上述应用中，创造出巨大的经济和社会价值。大数据具有催生社会变革的能量，但释放这种能量，需要严谨的数据治理、富有洞见的数据分析和激发管理创新的环境。

(2) 大数据是信息产业持续高速增长的新引擎。面向大数据市场的新技术、新产品、新服务、新业态会不断涌现。在硬件与集成设备领域，大数据将对芯片、存储产业产生重要影响，还将催生一体化数据存储处理服务器、内存计算等市场。在软件与服务领域，大数据将引发数据快速处理分析、数据挖掘技术和软件产品的发展。

(3) 大数据的利用将成为提高核心竞争力的关键因素。各行各业的决策正在从“业务驱动”转变为“数据驱动”。对大数据的分析可以使零售商实时掌握市场动态并迅速做出应对；可以为商家制定更加精准有效的营销策略提供决策支持；可以帮助企业为消费者提供更加及时和个性化的服务；在医疗领域，可提高诊断准确性和药物有效性；在公共事业领域，大数据也开始发挥促进经济发展、维护社会稳定等方面的重要作用。

(4) 大数据时代科学研究的方法手段将发生重大改变。例如，抽样调查是社会科学的基本研究方法。在大数据时代，可通过实时监测、跟踪研究对象在互联网上产生的海量行为数据，进行挖掘分析，揭示出规律性的东西，提出研究结论和对策。

(5) 大数据将有助于政府作出正确的科学决策。大数据能够为政府统计提供总体性、非结构化、丰富真实的原始资料，可以极大地缩短数据采集时间，减少报表填报任务，减轻调查对象负担，提高统计数据质量，而统计数据正是各级领导作出科学决策的重要支撑。

5. 大数据发展的现状

事实上，截至今天大数据仍然没有一个普遍认同的官方定义，但无论大家如何进行定义，大数据自诞生之日起就饱受争议——既有推崇之词，也不乏诋毁之声。大数据对于很多人来说有着重要的意义，特别是科学家和零售商家，不过这项技术的出现也引发了大量的相关隐私问题与安全威胁。但是，大数据本身并没有善恶之分，真正起决定作用的还是人们的实际使用方式。

具有讽刺意味的是，尽管大数据有提升人类经验的潜在可能性，但这些宝贵的信息却往往很难进行收集、筛选、分析及最后的解释。Forrester 研究公司在最近的一项调查中发现，大多数企业只对自身持有的约 12%数据进行了分析，也就意味着约 88%的数据被忽略了。出现这种情况的原因主要有两点：第一是缺乏相关分析工具与“可控制”数据仓库；第二则在于他们很难确切了解哪些信息能够实现价值、哪些则最好加以忽略。

同时，大数据时代的数据量简直令人难以想象，在未来 6 年中，数字化领域的数据问题将由目前的 3.2 ZB(即泽字节)增长到 40 ZB(1 ZB 基本相当于 10 亿 TB)。Hortonworks 公司表示，从 2014 年起到 2020 年，企业所持有的数据量问题将以每年 50 倍的速度递增，而其中 85%的数据来自新兴网络数据源。包括移动、社交媒体及 Web 与机器生成数据在内的这些新兴数据源将给全球企业带来重大挑战与不可错过的发展机遇。

值得一提的是，大数据必须与现实世界结合，否则将毫无意义，既要掌握数据的量，也要掌握数据的质。只坐在电脑屏幕前，捣鼓一些数字，而脱离真实世界，就能让自己对周围广阔的世界有所了解，那是不可能的。这有两个重要的原因：其一，要了解人，你就要了解他们所处的情境。因为如果不知道人们当时所处的情境，就想推断出任何因果关系或是了解人们的行为动机则是很难实现的，而能确保你对陌生情境有所了解的唯一途径即是置身其中去观察、去内化并阐述正在发生的每一件事。其二，世上大部分是人们所不知道的隐性知识。如果说大数据擅长测量人们的行为，那么它在认识人们日常事物的隐性知识方面则是失败的。人们很多的行为都是内化的、无意识的，一种内隐的认识在控制着人们的行为，例如，怎么知道刷牙时该挤多少牙膏？什么时候该并入行车道？眨眼是表示“这东西真有趣”还是“我的眼睛进了东西”？跟日常生活中的事物一样，这些不可见的隐性知识只有主动去看，才能发现。它们对每个人的行为方式有着重要影响，它能够解释事物是怎样、以哪种意义与人们联系起来的。人类及社会科学中有一系列俘获和解释人的方法，他们所处的情境，他们的隐性知识，但这些都拥有一个特质：它们要求研究者进入杂乱而真实的生活。因此，大数据必须与现实世界相结合，否则将毫无意义。

9.10.3　智慧城市与大数据的联系

智慧城市的建设和应用中，将产生从TB到PB级越来越多的数据，从而进入大数据时代，而大数据就像血液一样遍布智慧交通、智慧医疗、智慧生活等智慧城市建设的各个方面，城市管理正在从“经验治理”转向“科学治理”。

大数据为智慧城市的各个领域提供强大的决策支持。例如，在城市规划方面，对城市地理、气象等自然信息和经济、社会、文化、人口等人文社会信息的挖掘，可以为城市规划提供强大的决策支持，强化城市管理服务的科学性和前瞻性；在交通管理方面，对道路交通信息的实时挖掘，能有效缓解交通拥堵，并快速响应突发状况，为城市交通的良性运转提供科学的决策依据；在舆情监控方面，对网络关键词搜索及语义智能分析，能提高舆情分析的及时性、全面性，全面掌握社情民意，提高公共服务能力，应对网络突发的公共事件，打击违法犯罪；在安防与防灾领域，通过大数据的挖掘，可以及时发现人为或自然灾害、恐怖事件，提高应急处理能力和安全防范能力等。对于爆炸式增长的各类信息，只有通过大数据处理技术的分析、挖掘、应用、管理，才能从海量、复杂、实时的信息中发现有用信息，提升应用、挖掘价值。

由此可见，大数据是智慧城市各个领域都能够实现“智慧化”的关键性支撑技术，智慧城市的建设离不开大数据。智慧城市的标志是大数据，智慧城市的智慧来自大数据，没有大数据及其应用，智慧城市就是一个空架子。建设智慧城市，是城市发展的新范式和新战略。大数据将遍布智慧城市的方方面面，从政府决策与服务，到人们衣食住行的生活方式，再到城市的产业布局和规划，直到城市的运营和管理方式，都将在大数据支撑下走向“智慧化”，大数据成为智慧城市的智慧引擎。

而智慧城市必然催生大数据运营行业的发展，包括大数据的采集、挖掘、表达、呈现等。未来几年智慧城市产生预期发展效果，必然会出现非常重要的围绕大数据运营和管理的新的行业和龙头企业。智慧城市与大数据二者相互促进，相辅相成。

大数据时代智慧城市建设面临的问题如下。

(1)“信息孤岛”问题。信息孤岛在企业IT上是指相互之间在功能上不关联互助、信息不共享互换及信息与业务流程和应用相互脱节的计算机应用系统。智慧城市的发展信息化是实现智慧的重要基础，与企业IT发展类似，智慧城市建设也难逃“信息孤岛”牵绊，尽快适应快速发展的城市信息化建设，尽量减少“信息孤岛”的羁绊，是目前智慧城市建设面临的重要课题。

目前，社会已经进入“大数据时代”，然而，现在城市数据很多都是相对孤立和封闭的。例如，城市建设的建筑、街道、交通、照明等数据，一般很少向外界开放，致使相关数据的价值未能充分利用。由于缺少这些城市数据的支撑和应用，一些智慧城市也显得不太“智慧”。之所以存在信息孤岛、数据封闭现象：一方面是信息安全问题，担心数据泄密；另一方面是管理问题，需要打破政府行政管理的条块分割。智慧城市建设是在原有城市信息化的基础上建立的，各行业信息化系统已非常领先，但数据依然按行业类别、地域、企业被隔离成一个个孤立的信息孤岛，无法对数据关联产生的价值进行深度挖掘及再利用，智慧城市是以数据为王的游戏，数据是生成智慧的基础，不解决信息孤岛，智慧城市建设将大打折扣。

(2)用户的个人隐私问题。随着大数据时代的信息数据的爆炸式增长，数据的价值不再单纯来源于它的基本用途，而更多源于它的二次利用，很多数据在收集、获取的时候并无意用作其他用途，但最终却产生了很多创新性的用途。例如，淘宝通过用户购买行为知道个人消费能力及喜好，百度知道用户喜欢看什么网页，QQ 和微博知道用户有哪些亲戚朋友等。

(3)大数据的质量与准确性问题。确保大数据的质量与准确性至关重要，大数据的质量、可靠性和权威性是政府、科研群体、非政府组织及私营部门最关注的问题。未经确认、验证或净化的数据，或用错误方法采集到的低质量数据可能会导致错误的研究发现或统计分析，进而严重影响一系列的决策和政策制定。但是，事实却是信息会过时、不准确和缺失，因此数据不可避免地也有“不干净”的时候，把数据变“干净”是一项越来越重要但又经常被人忽略的工作，其实它可以防止人们犯下代价高昂的错误。因此，负责采集和发布数据的政府机构需采用严格的机制，制定并遵守相应的数据质量标准，对“不干净”的数据做好数据的净化工作，确保数据的准确性、及时性和整体质量。

(4)警惕“棱镜门”，大数据时代的信息安全问题。美国“棱镜门”项目的曝光为国内企业的信息安全敲响了警钟，大数据时代的许多智慧城市应用涉及公民财产安全甚至国家安全，数据价值极高。城市数据是智慧城市的重要资产，政府开放数据是智慧城市建设的切入点，政府的数据开放有利于市民参与城市的管理和对政府的监督，改进公众服务和社会管理，打造众“智”成城的生态。但是，数据安全问题是城市综合管理运营平台的核心，所有的数据都在平台上运营，一旦不安全，相当于整个城市的基础数据都出现泄密。因此，在建设智慧城市时需要重点打造具有安全性的城市级管理平台，确保城市的数据安全。大数据时代的信息安全问题也成为智慧城市建设的首要难题。

(5)如何“唤醒”大数据，使其更好地服务于公众生活。大数据的应用已经越来越广泛，但对于普通大众来说仍然是“水中月，镜中花”，而盘活各类数据资产，使其为公众生活服务，是大数据开发利用的关键，也是智慧城市建设的一部分。测绘地理信息部门拥有大量的地理信息数据，尤其是在全国第一次地理国情普查启动之后，采集了各类山川河流、建筑、交通等数据，而这些地理信息数据过去只应用于政府救灾保障、专业地理信息制作的部门，因此说这些数据还未广泛地应用于公众生活之中，并未挖掘大数据所有的价值。测绘地理信息部门应该由被动出图向主动策划出图转型，向创新服务理念转型，可以利用现有的最权威、最准确的大数据，为社会和公众提供更贴心的公共服务产品。例如，采用地图的方式把一个城市的美食、避暑、休闲、文化、旅游、历史诠释得淋漓尽致，为大众提供个性化的服务，丰富公众的生活。再具体一点，可以给钓友们提供《XX 市钓鱼地图》，图上不仅明显地标注了所有垂钓点的具体位置，还分门别类地列出所属区县、类型、主要鱼种及钓友总结的相应谚语等(李猷滨等，2015)。

第10章　地理国情监测

10.1　地理国情监测的涵义

10.1.1　国情

国情是一个国家的社会性质、社会经济发展状况、自然地理环境、文化历史传统及国际关系等各个方面情况的总和，也特指某一个国家某一历史时期的基本情况和特点。一方面指国家的情况；另一方面指国家的社会性质。它包括自然国情、历史国情(民族历史发展、民族传统、文化源流、文明发展历史)、现实国情、比较国情。

国情可以具体分为七个方面：①自然环境和自然资源，如国土面积、地质、地貌、地形、气候、矿藏、生物、水、光、热资源等；②科技教育状况，如科技队伍、科研水平、体制、教育的规模、结构、水平等；③经济发展状况，如经济实力、经济体制、生产关系、生产力布局、对外经济关系等；④政治状况，如阶级和社会阶层的划分、政党和政治团体间的关系、政治体制、政治制度、民主与法制建设等；⑤社会状况，如人口、民族、家庭、婚姻、社会犯罪及其相应对策等；⑥文化传统，如价值取向、伦理道德观念、宗教信仰、艺术观念及民族传统和风俗习惯等；⑦国际环境和国际关系。可当人们浏览“中国国情网”栏目结构和分类信息时，可以进一步认识到：“国情”概念的内涵和外延非常丰富，几乎难以穷尽，甚至很难形成一个严谨而完整的归类或细分。因而可以避免刻意穷举的方法，而是根据描述、表达、分析、掌握一个国家基本情况的需求来确认该类或该种信息是否属于“国情”(王玲，2012)。

需要特别指出的是，“国情”中的“国”，原本是以“一个国家”为单元的，而在现在已经开展的相关工作中，实际上是以“一个国家”中的一个区域(如省、市、县)为单元的，在此专项业务工作中，“国”字的含义已经被转化为“一个国家”的一个或几个行政区域(如云南省行政区域、西南地区、长江三角洲地区等)的概念，因此根据对象的不同，可以认为省情、市情、县情是国情中的一个组成部分，不必每次都作出说明。

国情是一个国家制定发展战略和发展政策的依据，也是执行发展战略和发展政策的客观基础。

10.1.2　地理国情

地理国情是重要的基本国情，从字面上理解，“地理国情”应该是一个国家或区域的地理状况，传统上通常是用地图集、自然地理图集的形式，采用地图和文字诠释的方式来表达，主要是对自然地理客观存在(大部分是可见的)的一种描述或概括，可以将其视为“地理国情”狭义上的定义，即地理国情是指与地理空间紧密相连的自然环境、自然资源基本情况和特点的总和。而根据国家测绘地理信息局推动的此项工作来看，其内涵和外延都超出以往这种局限，“地理国情”有了广义上的定义，它是指通过地理空间属性将包括自然环境与自然资源、科技教育状况、经济发展状况、政治状况、社会状况、文化传统、国际环境和国际关系等在内的各类国情进行关联与分析，从而得出能够深入揭示经济社会发展的时空演变和内在关系的综合国情。

国务院第一次全国地理国情普查领导小组办公室对地理国情的定义如下：从地理的角度分析、研究和描述国情，即以地球表层自然、生物和人文现象的空间变化和它们之间的相互关系、特征等为基本内容，对构成国家物质基础的各种条件因素做出宏观性、整体性、综合性的调查、分析和描述，是空间化和可视化的国情信息。

地理国情是空间化、可视化的国情信息，它从地理空间的角度分析、研究、描述和反映一个国家的自然、人文、经济等国情信息，即以地球表层自然、生物和人文现象的空间变化和它们之间的相互关系、特征等为基本内容，对构成国家物质基础的各种条件、因素做出宏观性、整体性、综合性的调查、分析和描述。

10.1.3　地理国情监测

地理国情监测，是基于地理国情普查形成的本底数据库，利用多时期遥感影像、基础测绘成果、经济社会专题数据，综合利用全球导航卫星系统(GNSS)、航空航天遥感技术(RS)、地理信息系统(GIS)技术等现代测绘地理信息技术，对国土疆域内的地表自然、人文地理要素(包括地形、地貌、水系、交通、居民地、地表覆盖、境界等)进行动态和定量化、空间化的监测，并根据各种地理单元统计分析其变化量、变化频率、分布特征、地域差异、变化趋势等，形成反映各类地理环境要素的分布与关系及其发展变化规律的监测数据、地图和研究报告等，从地理空间的角度客观、综合展示国情国力。

国务院第一次全国地理国情普查领导小组办公室对地理国情监测的定义如下：地理国情监测是综合利用全球导航卫星系统(GNSS)、航空航天遥感技术(RS)、地理信息系统(GIS)技术等现代测绘技术，综合各时期测绘成果档案，对地形、水系、湿地、冰川、沙漠、地表形态、地表覆盖、道路、城镇等要素进行动态和定量化、空间化的监测，并统计分析其变化量、变化频率、分布特征、地域差异、变化趋势等，形成反映各类资源、环境、生态、经济要素的空间分布及其发展变化规律的监测数据、地图图形和研究报告等，从地理空间的角度客观、综合展示国情国力。

概括地说，地理国情监测是以地球表层的自然、生物和人文这三个方面的空间变化和它们之间的相互关系特征为基础内容，对构成国家物质基础的各种条件要素进行宏观性、综合性、整体性的调查、分析和描述。

地理国情监测通过对地理国情进行动态地测绘、统计，从地理的角度来综合分析和研究国情，为政府、企业和社会各方面提供真实可靠和准确权威的地理国情信息(钟先坤，2012)。

10.2　地理国情监测的对象

地理国情监测的对象可归纳为自然环境要素、社会人文要素、产业经济要素三大方面(图 10-1)。

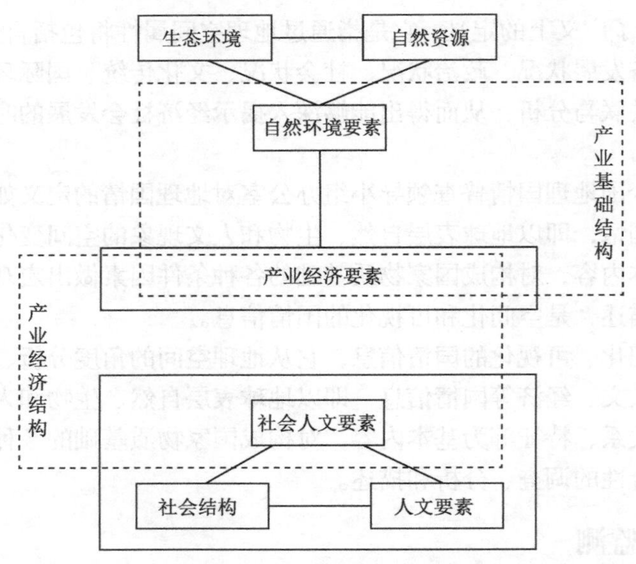

图 10-1　地理国情监测对象

1) 自然环境要素

自然环境要素指地表及其上下一定空间范围内的自然资源和生态环境及其特征，是地理国情监测中的基础内容，主要包括土地要素的面积、位置、形状、地形地貌、土壤、土地覆盖、建筑物及构筑物、水系、植被、矿产、生态环境等。

2) 社会人文要素

社会人文要素主要指一定范围内的社会构成和人文要素，主要包括城市化进程、人口空间分布、人文景观空间分布、宗教信仰、制度习俗、艺术文化、民族关系等。地理国情监测除了要获取地理自然要素信息外，还必须掌握社会人文的相关信息，抓住社会发展和人类活动的规律，从而实现对一定范围内地理现象的现状和时空演变过程进行准确地表达和预测分析。

3) 产业经济要素

产业经济要素是自然要素和社会人文要素相联系的媒介，同时也是两者结合的具体产物。产业经济要素包括产业结构、产业组织、产业发展状态、产业政策、生产力布局和特色产业等。

按照产业经济要素与自然要素和社会人文要素之间的关系，可以进一步将产业经济要素划分为两个方面，即产业经济结构和产业基础结构。其中，产业经济结构是产业经济要素与社会人文要素的耦合体，产业基础结构是产业经济要素与自然要素的耦合体(马万钟，2011)。

10.3　地理国情监测的分类

1. 按监测的地理范围尺度分类

(1) 全球地理监测，即监测对象和内容覆盖全球范围，如全球地表覆盖和土地利用变化监测、全球气候变化监测、全球粮食产量监测等。

(2) 区域地理监测，即跨洲和跨国家范围的监测，如区域地震监测、海啸监测、台风监测、厄尔尼诺现象监测等。

(3) 局部地理监测，指在一个国家或一个省、市、县等范围从事的某种监测活动，或对重点区域、重大工程范围的监测活动，如地理国情、省情、市情监测，长江三角洲生态环境监测、长江三峡地质环境灾害监测、南水北调水源地环境监测、珠江三角洲城镇化和城市群落变化监测、主体功能区监测等。

2. 按监测比例尺度或分辨率分类

(1) 宏观监测，指在大范围、小比例尺或低分辨率基础上的监测。监测结果仅反映监测对象的宏观数量、质量、分布特征和变化趋势。

(2) 微观监测，指在小范围、大比例尺或高分辨率基础上的监测。监测的结果反映监测对象的微观数量、质量、分布特征和变化趋势，对监测内容描述的精细程度比宏观监测更高。

(3) 中观监测，它是介于宏观监测和微观监测之间的一种监测尺度。例如，全国或一个省的气象监测，相对于某个城市范围的气象监测，前者一般只是预报宏观天气形势和城市平均气温；后者则可对城市局部天气形势进行观测，对某个区进行气温预报。

3. 按监测的时效性分类

(1) 常态化监测，是一种长期的、持续监测活动，一般设有固定的监测站(台)网络或稳定监测制度、计划和方案，持续获取监测对象的变化数据。

(2) 应急监测，是一种短期内完成的监测活动。在应对突发事件、重大工程进展、抢险救灾等方面，经常需要在短时间内快速获取监测对象的状况和发展趋势，并进行分析评估。

4. 按监测的目的不同分类

(1) 监视性监测，其目的是获取某种信息，作为执法和行业监管之用，例如，根据政府监管工作的需要，对环境保护、生态保护、土地资源保护的动态监测等。

(2) 特定目的的监测，又称特例监测，是一种为了某一特定目的而进行的监测活动。例如，当台风等恶劣天气、气候来袭时，为更准确、更有效地作好预报工作、作好预防准备而进行的监测等。

(3) 研究性监测，又称科研监测，是针对特定目的科学研究而进行的高层次的监测。

5. 按监测的对象不同分类

根据监测的对象不同，可以分为土地资源调查与监测、环境调查与监测、森林和湿地监测、水文监测、海洋监测、矿产资源调查与监测、气象气候监测、地震监测、生态、农情、公共卫生、碳存储和碳排放、城镇化和城市变化、文化景观等监测。

6. 按监测的应用领域分类

(1) 综合性监测是一项地表全范围、全要素覆盖的整体监测，它提供监测范围内全面基础数据，为专项监测和灾害监测提供本底基础。综合监测是最基础的监测，目前的监测对象分类基本是综合监测分类方式下的不同分级和分类。

(2) 专题监测是在综合性监测的基础上进行的，它是针对专题目标进行的专项监测。

(3) 灾害监测可以说是特殊的专题监测，它有两个方面任务，对灾害敏感地区的预防性监测和灾害发生时的应急救灾监测。

10.4 地理国情监测的内容、任务、过程

10.4.1 地理国情监测的内容

地理国情监测的内容涉及方方面面，也正在实践中不断地探讨。但无论如何，往往需要将地理国情监测对象的具体内容分门别类，从上文可知，按监测的应用领域分类可以将地理国情监测归纳为综合性监测、专题监测、灾难监测三大类。下面从这三大类入手，介绍地理国情监测的内容。

1)综合性监测

国家测绘地理信息局根据地表形态、地表覆盖和重要地理国情要素三个方面将地理国情信息分为12个一级类，58个二级类，133个三级类[《地理国情普查内容与指标》(GDPJ01—2013)]。其中，一级类名称、代码和定义如表10-1所示。

表10-1　地理国情信息分类表

代码	一级类	定义	二级类数量	三级类数量
0100	耕地	指经过开垦种植农作物并经常耕耘管理的土地。包括熟耕地、新开发整理荒地、以农为主的草田轮作地；以种植农作物为主，间有零星果树、桑树或其他树木的土地(林木覆盖度一般在50%以下)；专业性园地或者其他非耕地中临时种农作物的土地不作为耕地	2	2
0200	园地	指连片人工种植、多年生木本和草本作物，集约经营的，以采集果实、叶、根、茎等为主、作物覆盖度一般大于50%的土地。包括各种乔灌木、热带作物及果树苗圃等用地	7	9
0300	林地	指成片的天然林、次生林和人工林覆盖的地表。包括乔木、灌木、竹类等多种类型	8	12
0400	草地	以草本植物为主连片覆盖的地表。包括草被覆盖度在10%以上的各类草地，含以牧为主的灌丛草地和林木覆盖度在10%以下的疏林草地	2	8
0500	房屋建筑(区)	包括房屋建筑区和独立房屋建筑。房屋建筑区是指城镇和乡村集中居住区域内，被连片房屋建筑遮盖的地表区域。具体指被外部道路、河流、山川及大片树林、草地、耕地等形成的自然分界线分割而成的区块内部，由高度相近、结构类似、排布规律、建筑密度相近的成片房屋建筑的外廓线围合而成的区域。独立房屋建筑包括城镇地区规模较大的单体建筑和分布于分散的居民点、规模较小的散落房屋建筑	5	10
0600	道路	从地表覆盖角度看，包括有轨和无轨的道路路面覆盖的地表。从地理要素实体角度看，包括铁路、公路、城市道路及乡村道路	4	4
0700	构筑物	为某种使用目的而建造的、人们一般不直接在其内部进行生产和生活活动的工程实体或附属建筑设施(GB/T 50504—2009)。其中的道路单独列出	9	28
0800	人工堆掘地	被人类活动形成的弃置物长期覆盖或经人工开掘、正在进行大规模土木工程而出露的地表	4	14
0900	荒漠与裸露地表	指植被覆盖度低于10%的各类自然裸露的地表。不包含人工堆掘、夯筑、碾(踩)压形成的裸露地表或硬化地表	5	5
1000	水域	从地表覆盖角度看，是指被液态和固态水覆盖的地表。从地理要素实体角度看，本类型是指水体较长时期内消长和存在的空间范围	5	8
1100	地理单元	按照规划、管理、识别或利用的需求，按一定尺度和性质将多种地理要素组合在一起而形成的空间单位	4	30
1200	地形	反映地表空间实体高低起伏形态的信息	3	3
总计	12类		58类	133类

除了国家测绘地理信息局的这种分类方法以外，部分学者、专家也根据自己的研究及目前国内地理国情监测的工作开展情况，提出了自己的关于地理国情监测内容的分类方法。例如，张继贤、武琛等将地理要素分为 8 个一级类要素，二级类、三级类要素在此基础上继续细化划分，如表 10-2 所示。

表 10-2　地理国情监测内容与指标

序号	要素内容		指标
1	地形地貌	坡度、起伏度、海拔	范围、面积及其变化
		平原、台地、丘陵、山地	范围、位置、面积及其变化
2	植被覆盖	农地、林地、草地、园地	范围、位置、面积及其变化
3	水域与湿地	河流	名称、范围、位置、起讫点位置、流向、长度及其空间形态变化
		湖泊	名称、范围、位置、面积、数量其空间形态变化
		水库	名称、范围、位置、面积、数量、库容量、坝高、坝宽及其空间形态变化
		坑塘、滩地、沼泽地	范围、位置、面积、数量及其变化
		沟渠	范围、位置、长度及其变化
4	冰川与永久积雪	冰川、冰湖、冰碛	范围、位置、面积、数量及其变化
		永久积雪	表面面积、雪线高程及其变化
5	荒漠与裸露地	沙漠、砾漠、壤漠、盐漠、盐碱地、裸岩、裸土、其他裸露地	范围、位置、面积、数量及其变化
6	居民地与设施	居民地、工矿用地、宗教设施、风景名胜、特殊用地	名称、范围、位置、面积、数量及其变化
7	交通网络	铁路、公路	名称、位置、数量、范围、长度及其变化
		重要交通设施	名称、位置、数量、范围、长度及其变化
8	地理界线	自然保护区界线、森林公园界线、地质公园界线、流域区划界线、风景名胜区界线、经济区划、主体功能区界线	范围、位置、面积及其变化

2) 专题监测

专题监测是在综合监测基础之上，综合范围内的多种要素来综合分析专题目标。根据国家“十二五”阶段目标，结合国家重点战略规划及重大相关工程，确立了以下几种地理国情专题监测对象。

(1) 全国主体功能区规划实施监测。主要内容：监测优化开发区、重点开发区、限制开发区和禁止开发区的相关情况。各开发区的监测内容如下。

优化开发区：优先进行工业化、城镇化的城市化地区。监测优化开发区的植被覆盖、水域湿地、交通网络、居民地等要素的范围面积变化信息，重点监测优化开发区的可利用土地、人口聚集度、经济发展水平、生态环境等及其变化信息。

重点开发区：重点进行工业化、城镇化的城市化地区。监测的具体内容等同于优化开发区。

限制开发区：限制进行大规模高强度工业化、城镇化的地区、农产品主产区和重点生态功能区。监测限制开发区的综合性监测自然要素，重点监测农产品主产区的基本农田、农村居民地、农田水利设施、农产品加工设施的位置范围及其变化信息；监测重点生态功能区的植被、生态系统等信息。

禁止开发区：禁止进行工业化、城镇化开发的重点生态功能区。监测禁止开发区的植被覆盖、水域与湿地、冰川与永久积雪等的变化信息。

(2) 我国主要水资源与水利基本设施监测。监测重要河流、湖泊、水库、重要水源地等相关指标的变化，分析、统计地表水体的变化情况、抗旱设施现状、水毁灾毁水利工程历史和现状等。

(3) 我国主要城镇变化监测。对全国县级和县级以上城市、试点省的县级以下城镇等居民建设用地、工矿企业用地、绿地、公共建筑用地面积、范围及变化信息展开监测。

(4) 我国重要区域地表变形监测。选择若干省的采矿区和部分大中城市地下水超采区、喀斯特地区、油田矿区和其他地质灾害频发区域等，应用多期、多波段卫星数据联合观测，同时，开展多波段雷达差分干涉技术监测地表形变；对重点监测区和活动频繁区开展航摄、地面监测，获取地壳运动、地表形变的变化量、变化频率、分布特征及变化趋势等信息。

(5) 我国主要农业大宗产品优势产区和森林覆盖监测。对我国粮食、棉花、油料、糖料等农业大宗产品主要优势地区展开监测，并分析我国棉花、玉米、小麦、水稻、大豆、甘蔗等主要作物及主要植被覆盖类型分布、面积及其变化。

(6) 其他典型地理国情专题监测。利用现势性强的多源、高分辨遥感影像数据，结合存档遥感影像、基础地理信息数据，以及环保、农业、统计等相关部门的专题数据等，开展专题监测。监测主要内容包括：高速铁路建设、退耕还林还草、京津风沙源治理、草原生态保护与建设工程、围海(湖)造地等。

利用相关人文要素信息，分析生产力空间分布、城市扩展、工农业布局、学校医院等公共建筑分布、密度及变化信息等。

3) 灾害监测

我国是自然灾害多发、频发国家，如地震、滑坡、泥石流、台风、洪涝、干旱、积雪、沙尘暴、病虫害、林火等。做好灾害监测，采集各方面数据，实时掌握灾害动态，适时采用适当的手段将灾害扼杀于孕灾阶段或减缓灾害发生的时间等，能够极有效地控制灾害造成的经济损失，减小受灾区域，减少受灾人口等，从而使人们在自然灾害发生时占据主动性。

灾害监测是一种特殊的专题监测，根据灾害风险区划，对灾害高风险区进行长期跟踪监测。利用已有的基础测绘成果、多源多时相遥感数据和各种专题数据，获取重要自然灾害的空间分布、发生规模、发生时间、发生频率、诱发因素、受灾人口、经济损失等空间和属性信息；在对孕灾环境、致灾因子、承灾体进行综合分析的基础上，分析灾害空间分布特征、时间分布特征等基本特征及其时空变化特征，为防灾减灾提供基础信息产品，为灾害监测与评价提供基础与条件。灾害监测的主要内容如表10-3所示。

表 10-3　地理国情灾害监测的内容及指标

灾害种类		监测内容	
		灾前	灾后
灾害监测	地震灾害监测	敏感区域范围、面积、地质、道路、建筑设施、人口及对灾害的预防措施等	受灾区域、面积、范围、受影响人数、救灾路径、灾害造成的损失、灾害分布规律等
	洪涝灾害监测	敏感区域范围、面积、排洪抗洪设施、道路对灾害的预防措施等	受灾区域、面积、范围、受灾农田、房屋、森林面积、受灾人口数等

续表

灾害种类		监测内容	
		灾前	灾后
灾害监测	干旱灾害监测	敏感区域范围、面积、水库、水利设施、耕地、林地、草地、园地面积等	受灾区域、面积、受灾农田、草地、园地、林地面积、水域面积变化等
	滑坡、泥石流灾害监测	敏感区域山体角度、高度、预防设施等	滑坡的规模、距离；泥石流流速、流量；损坏农田、房屋、伤害人畜数量；对道路、森林及水利水电设施及农林机械设施的破坏等
	病虫害监测	敏感区域范围、面积、农林、耕地面积、预防设施等	受灾区域面积、波及的范围、受灾经济作物结构、受灾人口、经济损失等
	其他灾害监测	林火、沙尘暴、台风等灾害易发区域的范围、面积、对灾害的预防设施等	受灾区域面积、范围、影响人数、经济损失等

10.4.2 地理国情监测的任务

下面以我国测绘地理信息部门地理国情监测的任务为例，介绍地理国情监测的任务。

1) 监测范围

(1) 地理国情监测的范围为全国陆域960万km^2。

(2) 对于全国范围，选用优于2.5m分辨率的遥感影像，结合已有1∶5万基础地理信息数据，开展重要地理国情信息普查和全国性监测。

(3) 对其中地表变化频繁、经济发达、基础地理信息成果丰富的区域(约220万km^2)，选用优于1m分辨率的遥感影像，结合已有1∶1万基础地理信息数据，开展重要地理国情信息普查和全国性监测。

(4) 在选定的特定区域开展典型地理国情信息监测。

2) 地理国情监测的总体目标

(1) 整合并充分利用各级、各类基础地理信息资源，开展重要地理国情信息普查，构建国家级地理国情动态监测信息系统，持续对全国范围的自然、生态等地理环境要素进行空间化、定量化、常态化监测，构建地理国情信息网格，形成定期报告和监测机制。

(2) 反映国家重大战略、重要工程实施状况和效果，充分揭示经济社会发展和自然资源环境的空间分布规律，实现地理国情信息对政府、企业和公众的服务。

(3) 为国家战略规划制定、空间规划管理、区域政策制定、灾害预警、科学研究和社会公众服务等提供有力保障。

3) 第一阶段的主要工作目标

第一阶段，即“十二五”期间，开展重要地理国情信息普查，建设地理国情动态监测信息系统；基本建成地理国情监测技术体系、指标体系和标准体系，基本具备常态化监测重要、典型地理国情信息的能力；开展相关试点和示范工作，完成对地形地貌、地表覆盖、地理界线等地理国情信息的统计、分析工作；形成重要与典型地理国情监测信息统计分析报告和多样化地理国情信息产品，逐步建立地理国情信息报告机制。

(1) 完成重要地理国情信息普查。整合、分析现有基础地理信息数据及相关专业部门数据，获取高分辨率遥感影像，开展地形地貌、地表覆盖、地理界线等重要地理要素现状普查，形成二、三维一体化、高精度、全覆盖、空间连续的全国地理国情一张图，建立统一时点、标准一致的本底数据库。

(2) 建设动态监测信息系统。在本底数据库的基础上，按照统一的标准规范和技术流程，建立国家级动态监测信息系统，包括航空航天影像平台、地表三维立体平台和地表覆盖网格平台，为开展重要与典型地理国情信息监测提供基础。

(3) 完成重要与典型地理国情信息动态监测。按照不同地理要素变化周期，持续开展地表覆盖变化、主体功能区规划实施等重要地理国情信息全国性监测，以及城市发展变化、重点区域地表形变等典型地理国情信息监测，实现从宏观到精细、从静态到动态的定量化、空间化监测，形成科学客观、内容丰富、形式多样的地理国情监测产品和成果。

(4) 完成地理国情信息统计与分析。根据多种不同的地理单元，对重要地理国情信息普查、重要地理国情信息全国性监测、典型地理国情信息监测成果数据进行统计、汇总，综合分析各种监测信息的变化量、变化频率、分布特征、地域差异及变化趋势，形成地理国情监测信息普查、监测报告。

(5) 逐步建立常态的地理国情监测机制。建成地理国情普查、监测技术支撑体系，完善地理国情监测的指标体系和标准体系，具备网络化的数据快速获取、处理、统计分析能力，形成部门间相互合作、相互协同、相互共享的工作机制，建立地理国情信息会商、审核、报批、发布等制度，逐步形成科学、高效、常态的地理国情监测机制。

“十二五”期间的主要任务包括：航空航天遥感影像数据获取，重要地理国情信息普查，地理国情动态监测信息系统建设，重要地理国情信息全国性监测，典型地理国情信息监测，地理国情监测技术、指标与标准体系建设(引自《中国测绘》，2012)。

4) 第二阶段的主要工作目标

在“十二五”项目建设的基础上，第二阶段主要进行业务化运行建设，形成定期常态地理国情信息监测机制，实施定期常规性监测，构建功能完备的地理国情动态监测与综合信息分析发布系统，提供地理国情信息业务化、常态化服务。

5) 主体功能区规划实施监测——优化开发区

监测优化开发区(如环渤海、长三角、珠三角)的植被覆盖、水域、交通网络等要素的范围、面积变化信息。重点反映优化开发区的可利用土地资源、人口集聚度、经济发展水平、交通优势度、生态廊道及其变化情况。

6) 开展一些重点领域的监测

以重要地理国情信息普查成果为基础，对关系经济社会发展全局的社会热点和突出问题，利用多源、多时相航空航天遥感影像、外业调查数据及相关专业部门的统计数据等，开展城市发展变化、重点区域地表形变、水利基础设施、主要农业大宗产品优势产区等典型地理国情信息监测，准确掌握典型地理国情信息的变化情况、分布特征、地域差异、变化趋势等。

7) 为九大领域监测提供前期基础监测数据

九大领域指国土资源、环境、气象、地震、森林与湿地、矿产资源、水文、海洋、农情等部门，利用测绘的技术优势，为九大领域提供基础监测数据和技术支持，走协同或联合监测的路子。

综上所述，一项监测活动需要完成的工作任务包括：明确监测范围、开展重要地理国情信息普查、监测数据的选择与获取、监测尺度的选择、监测基准的确定、监测方案和标准的制定、监测数据的处理、变化信息的提取、数据质量分析与评定、分析模型的建模、监测数据的分析和评价、监测结果的表达、监测成果管理、监测成果的发布和共享服务等(李建松等，2013)。

10.4.3　地理国情监测的过程

地理国情监测工作是一个程序化的工作，如图 10-2 所示。

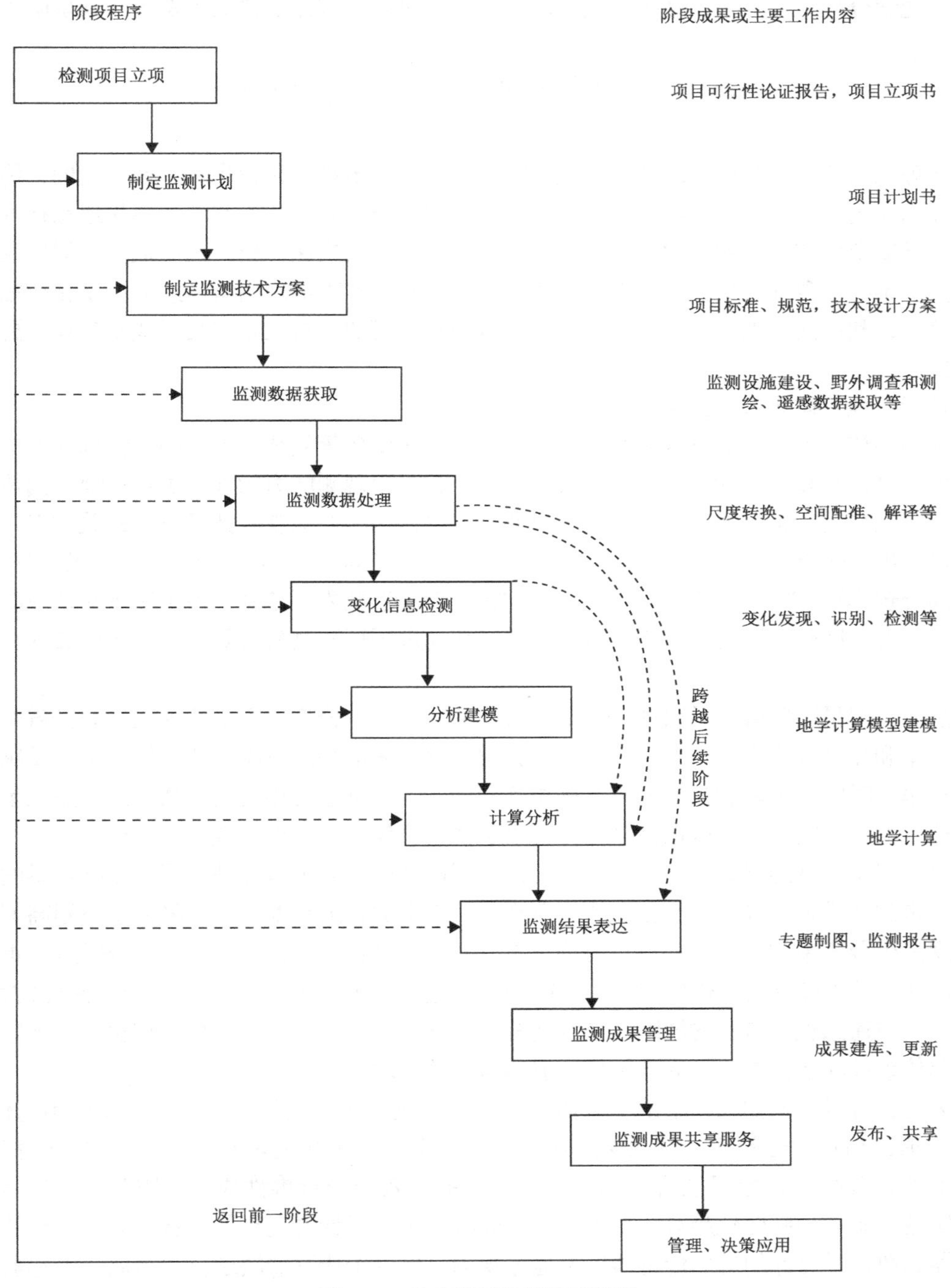

图 10-2　地理国情监测的流程图

一般来讲，监测项目立项阶段，要对监测项目进行充分的调研和论证，形成论证报告，下达立项通知书；根据立项通知书，进行需求分析，制定监测计划，形成项目计划书；再根据项目计划书，编制和设计监测项目的技术实施方案。项目技术实施方案应当包括：项目的设计依据，项目的目的、内容和任务，执行的技术标准和规范，数据源选择和数据获取方法，尺度选择，时间基准，空间基准，精度基准，数据处理方法，变化信息检测方法，地学建模方法，地学分析计算方法，结果表达要求和方法，成果管理方法，成果发布和共享服务等。

10.5　地理国情监测的主要支撑技术

地理国情监测本身固有的性质决定了它所涉及的技术都是比较先进、现代化的，传统的测绘技术注定满足不了它的需求。地理国情监测的实施需要利用天空地一体化遥感技术和全球卫星导航定位技术等实现地理国情信息一体化的采集及快速更新；利用地理空间信息网格技术、多维时空数据挖掘技术、空间信息云计算技术等实现地理国情信息的自动化挖掘和定量化分析；利用网络地理信息系统技术等进行地理国情的实时发布与交互式服务(李德仁等，2012)。

1)天空地一体化遥感技术

地理国情监测对象具有区域性、多维结构、时序变化等复杂特征，同时强调地理国情信息获取的时效性和全面性。因此，在很大程度上，对地观测能力的强弱决定了地理国情监测的强弱。卫星遥感是对地观测的重要组成部分，也是国际对地观测技术竞争的关键点之一，当前呈现出“三全”(全天候、全天时、全球观测)、“三高”(高空间分辨率、高光谱分辨率、高时间分辨率)、“三多”(多平台、多传感器、多角度)的发展趋势。由于遥感对地观测具有快速、动态、准确、覆盖范围广等特点，是当前地理国情监测最有效、最经济的数据获取手段之一。

然而，卫星遥感有其局限性：一是分辨率的局限性，分辨率主要体现在空间分辨率、时间分辨率和光谱分辨率三个方面，这三种分辨率都是表征特征时需要的。但是卫星遥感的空间分辨率、时间分辨率和光谱分辨率是相互制约的，很难达到相同的高精度。二是卫星的任务载荷一般是固定的，难以做到多样化，由于轨道比较高，难以搭载主动式传感器。

对于卫星遥感的局限性，航空遥感(又称机载遥感)正好可以弥补。因为航空遥感的高度从几百米到数千米不等，相比较卫星几百到上万千米的轨道高度，大大降低了空间高度，可以实现三个分辨率的统一，并且只要符合飞行器(如飞机、无人机、飞艇、气球等)的重量要求，就可以任意搭载任务载荷，特别是未来可以更多实现主动式的遥感方式，如激光雷达等。但是，航空遥感也有自身的缺陷，如空间覆盖不够等。航空遥感更适合精细化的遥感监测，适合单体事件和地方层面、局部区域的遥感监测的需求。

因此，可以想象如果天空地三方面不实现一体化遥感，卫星遥感、航空遥感不与低空、地面传感器相互配合的话，就无法发现地理国情事件中相互关联的各种整体因素的精细内容，对快速变化的现象只能观测到事件，而不能有效地分析事件成因，跟踪事件过程，进行真实性检验和预测变化趋势。据预测，全球将有数以千计的卫星传感器、数以万计的低空传感器和数以千万计的地面传感器用于地球观测，但由于传感器缺乏科学布局，传感器信息模型不统一，天空地传感器之间耦合困难，无法满足地理国情的综合性、快速应急响应的需求。因此，需要通过有效地组织和整合观测资源，形成立体交叉的、相互协作的、可扩展的、灵性的网络化空天地一体化对地观测传感网系统，从而构造地理事件、传感器和观测模型相互关联的地理国情监测体系。

2）全球导航卫星系统技术

GNSS发展于20世纪80年代，目前已形成美国的GPS系统、俄罗斯的GLONASS系统、欧盟的Galileo系统，以及中国的北斗全球卫星导航系统“四足鼎立”的局面。GNSS应用于地理国情监测测绘基准服务、空间定位服务和与多种地理国情监测技术的集成融合服务等方面，可为监测工作提供平台和手段。

针对地理国情监测指标体系中确定的监测对象和目标，采用不同的GNSS监测技术可获得科学、客观、准确的统计信息。例如，对于具备GPS连续观测站网的监测地区，可利用GPS技术进行高精度的定位与地表形变观测；利用在飞机上装载差分GPS和IMU构成的组合导航系统（简称POS系统）可以获取摄影相机的外方位元素和飞机的绝对位置，以直接用于航测内业的像片定向，从而使实时测图和实时数据更新成为可能；基于位置的服务可以通过GPS定位获取移动终端用户的位置信息（地理坐标或大地坐标），实现各种与位置相关的业务。近年来，引人注目的是车载移动测量系统的发展，它是在机动车上装配GPS和INS/DR惯性导航系统或航位推算系统、CCD和视频成像系统、LiDAR激光雷达等传感器和设备，在车辆高速行进中，快速采集道路及两旁地物的可量测立体影像序列和激光点云，可获取监测地区的可量测实景影像产品和三维模型；将移动道路测量系统获取的地面可量测数字立体影像（DMI）与传统的4D（DEM、DOM、DLG、DRG）数据产品进行一体化无缝集成、融合、管理和共享，则可提供各种集成服务，可用于地理国情基础数据库的更新、数据质量检查等。

3）网格 GIS 技术

地理国情监测形成的数据覆盖国土资源、矿产资源、自然灾害、生态环境、地质构造、城市规划、经济社会规划、工业、农业、林业、海洋、交通、铁道、统计、国防、能源、通信、房产等不同行业的不同部门，要在此基础上统计分析形成统一的监测结果，面临着数据共享和互操作、信息深加工、高性能大容量分布存储和分布处理能力的难题，而网格计算和网格GIS为此提供了强有力的技术支撑。

网格地理信息系统（grid GIS）是将地理上分布、系统异构的各种计算机、空间数据服务器、大型检索存储系统、地理信息系统、虚拟现实系统等通过高速互联网络连接并集成起来，形成对用户透明的虚拟的空间信息资源的超级处理环境，它是一个在广域范围内的空间信息无缝集成和协同处理系统。换句话说，网格GIS是实现互联网上与空间信息相关的所有资源，如计算资源、存储资源、通信资源、GIS软件资源、空间信息资源、空间知识资源等全面连通的GIS基础平台和技术体系。网格GIS是把整个因特网整合成一台巨大的超级GIS服务器，实现各种空间资源的全面共享，消除资源孤岛的支撑技术。网格GIS的核心是解决广域环境下各种空间信息处理资源的共享和协同工作（张中旺和李宏，2005）。

就目前网格GIS的发展来说，其关键技术在于：①中间件技术。它是处于操作系统和应用程序之间的软件，是网络系统中连接上层应用和下层资源的纽带，提供对网格的管理功能。②地理标记语言GML。它在网络空间地理信息应用领域的地位如一个深层驱动机，将地理信息系统的数据核心——地理特征采用XML的文本方式进行描述，并能为网络地理信息系统的各功能部件之间的空间信息传输、通信提供强有力的技术支撑。③分布对象技术。空间服务的载体是空间对象，网络环境中的空间服务需要分布对象的支撑。④构件与构件库技术。构件是对服务对象的大粒度封装和复用技术，它可以有效地提高软件开发的质量。⑤空间数据与非空间数据的集成技术，如利用土地利用的空间分布数据可以将人口和经济等非空间数据合理地分配到空间网格中。

4）地理信息网络服务

地理国情监测信息的共享和发布是关系国民经济与社会发展、重大工程与突发事件应急决策等的重要因素，它主要通过新闻媒体、互联网等媒介进行信息共享和发布，包括统计数据、图表、地图、影像、视频动画、语音、文字报告等基本形式。GIS与网络技术的结合即网络GIS，为地理国情信息的共享与发布提供了技术支撑。

网络GIS利用网络优势向用户提供超媒体、交互式、分布式的空间信息，使处理海量空间数据的方式从原来的集中、独占走向分布、共享。但是，地理信息系统的网络化使GIS由单机版发展到网络版，其应用扩展到了各个领域，出现了大量不同类型、分布异构的地理信息系统，导致信息不能共享，系统之间不能互联互通，造成重复建设、应用效率低，不能解决重大的复杂问题的结果。Web Service新技术的出现为解决目前GIS面临的问题创造了条件，在网络世界中，利用网络提供地理信息服务成为主要服务模式。

目前，三维化是地理信息网络服务发展的主要趋势，分布式虚拟GIS与三维虚拟地球技术成为研究的主流方向，三维化（直至多维化）必将导致地理信息网络服务的进一步普及和服务内容的变化。三维虚拟地球技术需要突破的四个关键问题是：①数据管理问题，即多源、多尺度、海量空间数据的高效组织与异构虚拟地球数据共享；②数据调度问题，即对各种分布式空间数据进行统一索引与协同调度；③数据传输问题，即在有限带宽条件下实现空间数据的高效传输与实时可视化；④信息集成问题，即解决分布式异构系统之间的数据集成和软件共享与互操作的问题。

随着计算机技术和地球空间信息技术的发展，地理信息网络服务将呈现三个发展阶段：地理信息数据网络服务；地理数据与处理功能的网络服务；地理数据实时获取、处理与应用的一体化服务。以GoogleMaps/GoogleEarth、WorldWind、Bing Map、天地图等为代表的在线地理信息网络服务给用户带来了全新的体验，受到了普遍的欢迎。在线浏览的核心是服务端的在线数据服务，地理空间信息在线服务使用户可以根据自身的需要以更加灵活的方式利用地理信息。它向用户提供的不是一个完整的数据产品，而是根据用户的指令提供一系列对数据产品进行在线处理、分析后的结果，其最大的特点是向用户提供个性化的地理信息服务，不同需求的用户得到不同的结果，具有高度的灵活性。随着应用的深入，地理信息在线服务在地理信息网络分发服务中扮演着越来越重要的角色。

5）空间信息云计算

云计算的本质是服务，即在基础设施、平台和软件三个层次上提供服务。云计算是一种按使用量付费的模式，这种模式提供可用的、便捷的、按需的网络访问，进入可配置的计算资源共享池（资源包括网络、服务器、存储、应用软件、服务），这些资源能够被快速提供，只需投入很少的管理工作，或与服务供应商进行很少的交互。云计算是分布式计算、并行计算、效用计算、网络存储、虚拟化、负载均衡、热备份冗余等传统计算机和网络技术发展融合的产物。它的优势在于用户可在云平台上快速开发与部署网络应用，最大限度地实现信息的共享。地理空间信息系统向着网络化、规模化、虚拟化、服务化和时空化的方向发展，地理国情基础数据的管理规模可达到PB级以上，用户数实时在线操作达到了百万级，云计算技术为解决当前困境提供了全新的途径。

空间信息云计算可为各种时空决策应用提供强大的技术支持，以较低的单位资源使用成本和快速的地理数据处理能力提供更加灵活的地理信息服务。图10-3显示了基于空间信息云计算的地理国情监测平台框架，在现有分布式计算的基础上，继续研发体现地理计算特点的各种云地理计算开发、测试、运维、部署技术。传感网络采集到的各种地理时空数据存储在云地理数据中心。云数据中心主要包括地理信息计算云和时空数据存储云，提供海量时空数据的存储和技术的硬件基础设施。在数据中心的支持下，云地理计算平台将针对云地理计算的特点，实现包括云地理计算中间件、虚拟地理计算集群的建立和管理、地理资源伸缩、矢量和栅格数据海量云存储等关键技术，并在此框架下支持开放的地理计算算法研发与部署，并实现云地理信息服务的在线发现与实时组合。通过云地理信息服务安全策略，在“软件即服务”层次，提供各种满足决策需求的数据、制图与可视化和分析计算服务。最终用户通过云客户端来使用云地理计算服务和资源。

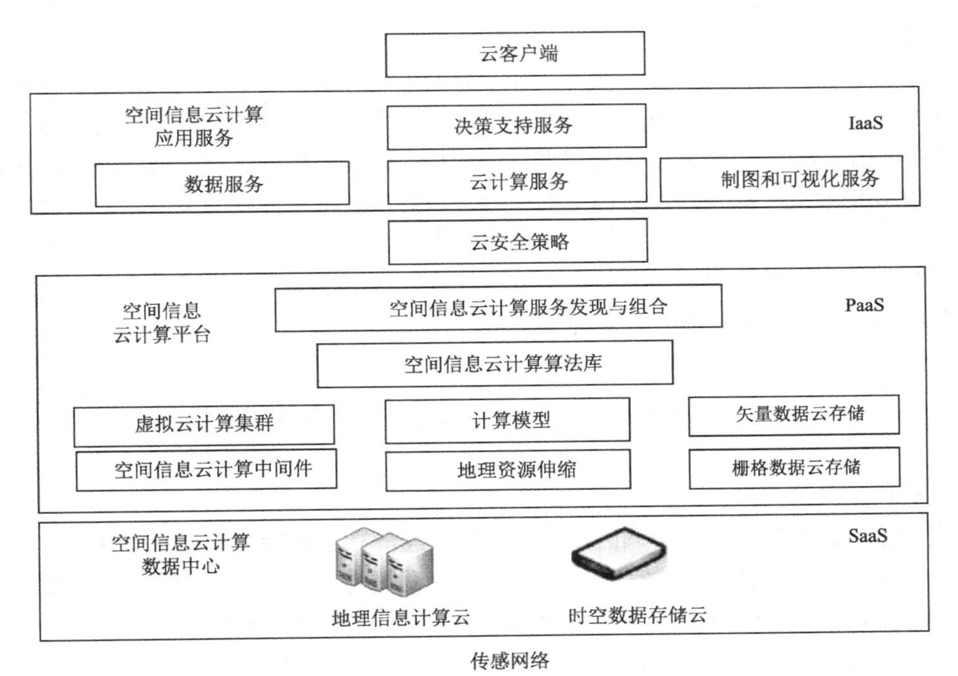

图 10-3　基于空间信息云计算的地理国情监测平台框架

地理国情监测要利用空间信息云计算技术，以应用为切入点，聚合更多资源，以缓解超海量多源数据与存储、计算能力的矛盾。

6) 时空数据挖掘技术

地理国情监测数据的综合分析与评估主要以基础地理信息数据库为本体，基于空间统计分析等相关技术，开展诸如全国国土面积、海岸线长度等数量统计；分析地形地貌、地表覆盖、水系流域、交通境界、居住区域等要素现状数据，把握地理国情空间分布格局；结合动态变化监测数据，深入分析地理国情动态变化监测的过程信息，挖掘地理国情动态变化的趋势和规律；融合其他部门信息开展灾害应急、重大工程布局、产业优化布局辅助决策支持应用。众多地理国情监测数据且知识缺乏的情况，需要时空数据挖掘技术的支持。

时空数据挖掘是指从时空数据库中提取用户感兴趣的时空模式与特征、时空与非时空数据的普遍关系及其他一些隐含在数据库中的普遍的数据特征。时空数据挖掘的理论研究主要受到空间数据挖掘和时态数据挖掘研究的影响。其中，空间数据挖掘和知识发现(spatial data mining and knowledge discovery, SDMKD)就是从空间数据中提取隐含其中、事先未知、潜在有用、最终可理解的空间或非空间的一般知识规则的过程。不同于普通的数据挖掘与知识发现，它的对象是空间数据库或空间数据仓库，有别于常规的事务型数据库，比一般数据挖掘的发现状态空间理论增加了尺度维。它是一种知识决策支持技术，重在从空间数据中挖掘未知却有用的最终可理解的知识提供给空间决策支持系统。机器学习是侧重于设计新的方法从数据库中提取知识的技术行为，而SDMKD是从已经存在于空间数据库中的数据内挖掘知识的过程。与传统的地学数据分析相比，SDMKD更强调在隐含未知的情形下对空间数据本身分析上的规律挖掘，空间知识分析工具获取的信息更加概括、精练。

目前，可用于空间数据挖掘的理论方法很多，包括概率论、证据理论、空间统计学、规则归纳、聚类分析、空间分析、模糊集、云模型理论、粗集、神经网络、遗传算法、可视化、决策树、空间在线数据挖掘等，寻找合适和可靠的理论方法，基于不同的视角，从地理国情监测数据中挖掘知识，为国家有关部门的决策提供空间支持。例如，云模型可以在精确的定量数据和不确定的定性思维概念之间实现自由地相互转换；粗集可用于地理国情监测数据的属性分析和知识发现，如根据经过归纳的位置、地势及公路网密度的关系来分析属性依赖和属性的重要性，进而精练和保留决策表中的关键内容，决策结果不变，而决策速度加快；空间统计学可以用来对地理国情监测数据中的特征规则进行挖掘，如描述我国行政区划的空间层次，根据区域的划分描述收入的总体模式等。

10.6　地理国情监测的作用

1)政府科学决策的需要

制定国家宏观调控政策、协调区域发展、保障经济社会可持续发展，非常迫切地需要掌握准确、权威、动态的地理国情信息。未来20年，我国将处于大发展的重要历史机遇期，节约资源和保护环境的压力巨大，同时科学布局“四化”，促进“四化”同步发展，这些都离不开地理国情信息的支持。地理国情信息是建设责任政府、服务政府和阳光政府的重要支撑。

2)掌握国情国力的重要手段

地理国情是空间化的国情信息，是不可缺少的国家重要战略性信息资源，它是准确掌握国情国力的有效途径。例如，开展全国地表覆盖监测，能够全面掌握全国地表覆盖现状及其变化，能够从国土资源方面实事求是地展示我国的国情国力。

3)生态文明建设的科学工具

目前，我国资源、生态环境的保护与建设正取得积极进展，生态环境恶化的趋势有所减缓，但所面临的生态环境形势仍然不容乐观。地理国情监测，实现了资源环境、生态状况等的全面调查、监测及评估，为构建国家生态安全战略格局和强化生态环境保护与治理提供了有效的地理国情信息支撑。例如，开展南水北调丹江口库区生态环境变化监测，分析对库区周边环境的影响，对南水北调水源地生态环境的管理发挥了重要作用。

4)实施国家重大战略和重大工程的重大保障

科学、合理、切实地开展重大战略和重大工程进展、实施影响等方面的地理国情监测，记录和描述重大战略和重大工程实施过程中产生的地表变化现象，以便及时发现问题、存在的安全隐患及还未明显表现出来的更深远的影响等，从而以更科学、合理、有效的手段来解决它。此外，开展全国主体功能区监测，及时掌握主体功能区实施情况，为区域规划及经济社会可持续发展提供决策依据；开展南水北调工程监测，能够为工程生态环境提供宏观的科学数据和决策依据。

5)国防现代化建设的基础

捍卫国家主权、领土完整和安全，必须充分掌握国家、战区、边海防等区域的自然、人文地理要素状况。地理国情监测成果是保障国家安全的重要资料，可为军事指挥信息系统、国防基础地理信息服务平台建设等提供及时更新的信息支撑。

6)各部门开展专业普查的必要条件

近年来，农林、国土、水利、环保等相关部门从各自职责出发，开展了自然资源分布、土地利用、水资源调查、生态环境变化等专题信息的阶段调查或普查工作。然而，我国尚未开展定期的常规性的地理国情监测，缺乏对权威、客观准确的地理国情信息的全面掌握。测绘地理信息部门开展地理国情监测，侧重监测信息的公共基础性，可以作为专业部门普查的数据基准，避免重复普查、数据不一致等问题，有利于各部门充分共享信息，避免人力、物力、财力的重复投入。

7)推进测绘地理信息发展的巨大动力

地理信息产业是国民经济和社会信息化的重要基础和有力支撑，是抢占未来发展制高点的战略性新兴产业。地理国情信息是地理信息产业的重要基础信息。地理国情监测，将有力推动科技创新，有利于综合开发利用测绘地理信息，促进产业升级和测绘地理信息事业转型，有利于丰富测绘地理信息产品和服务，提高测绘生产力水平，有利于加快培育地理信息新型服务业态，更好地发挥服务大局、服务社会、服务民生的作用。地理国情监测将对相关行业的生产经营和人民群众的生活带来深刻变革，引导社会对地理信息的广泛需求，涌现一批新型地理信息企业，培育广阔的地理信息服务市场。

10.7　地理国情监测需要解决的六大技术难题

要实现良好的地理国情监测，就要根据我国地理国情信息变化的规律及周期，统一标准规范、统一基准和技术方法，综合利用遥感对地观测技术、地理信息系统技术、卫星导航定位技术及计算机和通信技术，构建网络化的地理信息动态获取、处理、分析与服务体系。通过航空航天和地面遥感影像快速获取与处理、变化检测、地面调查、地理统计与分析相结合的技术手段，对地理国情进行定量化的动态监测，并综合分析地理国情信息的变化及趋势，形成形式多样、内容丰富的地理国情信息，为国家决策提供依据。

将来如果地理国情监测实现常态化，必然是一个通过遥感地理信息系统、导航网络通信等手段实现的动态网络体系，对数据进行动态地获取、处理、分析与服务，这个体系能够实现持续动态监测。

因此，实现良好的地理国情监测，要解决的关键性技术有如下几点(张继贤，2012)。

1)遥感综合监测技术

国家测绘地理信息局作为第三方的监测平台，需要为国家提供独立的、客观的、不依赖其他第三方机构的数据，一方面供国家决策使用；另一方面对各专业部门的数据，还能够起到纠偏的作用。

这要求相关数据必须真实、可靠、准确。而大范围的地理信息快速获取，只有遥感技术能提供快速的数据源，因此遥感综合监测技术很重要。

遥感具备宏观、动态、快速、准确、及时等特点，以多分辨率、多时间频度的光学、雷达、LiDAR遥感数据为主要数据源，大范围、多层次、多视角获取反映地理国情信息的遥感数据。充分利用当前航空、航天、地面遥感对地观测的最新成果和技术，结合地面实地调查与验证，保证地理国情监测成果的真实、可靠与准确。

2)内外业一体化调研技术

内外业一体化调研技术在地理国情监测工作中非常重要。当数据获取后，使数据快速形成有效的影像数据，为地理国情监测提供参考或指导，按照内业预判、外业调查、补绘调查的方法实施，这非常重要。在内业高精度遥感影像判读的基础上，采用全球导航卫星系统、无线传感网络、无线通信和移动终端等技术设备，开展地理国情要素移动式、网络化外业调查和验证，快速采集和编辑调查数据，既保证监测成果客观可靠，又保证成果精度精确统一。

这样可实现当作业员在内业工作的时候，与外业并行操作，避免了传统作业方式中内外业无法统一操作而导致的费时费力的情况，可大大减少内外业的工作量。

3)多源数据融合与处理技术

测绘以往做的数据比较单一，要么是航片，要么是卫片，都只是单一的数据技术。地理国情监测需要对不同的数据进行分析。数据来源各不相同，可能会用到不同时段的数据，也可能用到不同类型的数据，包括雷达数据、光学数据等。

如何将这些多源数据进行融合与处理，是当前的难点之一。此外，地理国情监测数据体量大、类型多，要采用遥感影像数据集群分布式处理、地面调查数据实时动态处理、专题数据空间化处理等技术手段，实现地理国情监测数据的快速、高效处理。另外，测绘地理信息部门自己监测的地理信息数据如何与其他专业部门的数据进行融合，如水利调查、土地利用调查等信息，这些信息所采用的标准、网格精度可能跟测绘部门不一样，如何将这些信息融合处理，也是难题。

4)遥感信息提取与解译技术

地理国情信息只有与人们的经济、社会、人口等信息结合后，才能揭示经济社会发展规律，也才能将经济发展情况落实在地理空间分布上，这就需要有综合的处理能力。针对不同自然、人文地理要素的特点，建立地理要素特征库与解译知识库，构建地理国情监测信息提取等级体系，采用典型自然地理要素提取与解译技术、重要人文地理要素提取与解译技术等，建立多维动态遥感数据形态、时态、纹理和空间关系等特征提取及其优化组合方法，实现网络化信息提取与解译判读。

信息的提取和解译是个难题。到现在为止，测绘行业更多的还是靠外业将数据提交回来后，内业根据影像标注上去的方式进行，事实上这种数据用在地理国情监测上远远不够。必须能够做到用计算机实现信息的自动快速提取和解译。国外现在已经可以通过计算机实现对水、道路、房子等物品的自动提取。此外，还需要实现人机交互的半自动化，例如，当操作人员在道路上点击，告诉计算机这是道路后，计算机能够自动识别和提取。这种自动和半自动信息的提取和解译方式，是一个技术难点。

5）地理要素变化检测技术

地理要素变化检测技术是地理国情监测的核心技术。什么是地理要素变化检测?它采用多源多时相遥感影像对比、高分辨率遥感影像与已有基础地理信息数据对比等技术手段，对地理要素进行变化对比，判断地理要素是否变化、确定发生变化的区域、鉴定变化的类别、评价变化的时空分布模式等，获取重要地理要素和重点区域的变化信息，准确揭示空间分布及发展变化规律。

测绘部门所做的地理国情监测，有很大一部分属于地理国情的变化监测，变化监测首先得找到变化的信息，如何找到？如果以前这里是片草地，现在变成了一个湖泊，可能很容易通过地图找到；但是如果只是要将掉在草地上的一颗图钉找出来，这个难度就大多了。事实上，变化总是少数、部分，如果没有一个好的变化检测手段自动将变化信息提取出来，则会使人们像大海捞针似的找变化。因此，地理国情监测迫切需要的是如何能够把不同时相的数据，通过计算机自动地分析，把变化的区域和相应信息自动找出来并自动提示后，作业人员能根据需求将这些变化信息再次用技术手段进行提取和分析，这是一个关键技术，可减少很多人工工作量。

6）地理统计与分析技术

地理统计和分析是现有测绘队伍最大的弱点，统计分析结果的好与坏，决定了能否将监测的信息和数据转化成能够决策和共享的地理国情信息，这个很重要。

地理统计与分析技术是指通过建立多尺度地理空间单元划分标准体系，发展地理空间单元模型与方法，形成地理国情统计单元，并基于既定的多级地理单元因子，采用空间分析等方法，通过领域搜索聚类、阈值平滑、叠加分析等技术开展统计与分析，从不同的维度综合分析地理国情监测对象的内在空间特性、相互关系，揭示它们的分布规律和发展趋势。

要力求做到使计算机按照要求自动建立空间的统计单元，这个统计单元可以是多种形式。其中一种是网格形式，例如，人口密度统计，可预先构建一个地理统计单元，按照网格、行政区划、地理界线、主体功能区等多种规则或不规则的地理信息网格来构建成一个统计单元，根据这个统计单元计算机自动构建和统计相关数据。此外，还需建立空间统计分析模型，这种模型力求做到深度揭示经济、社会发展变化的规律，这需要准确的统计分析模型。还有，在地理统计和分析基础上实现数据和信息的挖掘，将深层次的隐含信息挖掘出来，这也就是地理国情监测的三个层次，第一个是数据；第二个是统计；第三个是分析，这也是今后的核心技术。

主要参考文献

艾刚，杜正峰，刘海浩. 2006. 基础地理信息数据建库. 资源与产业, 8(2): 99-103
包欢，朱江，付子傲，等. 2005. 智能全站仪快速测量处理系统. 测绘学院学报, 22(4): 256-258
北京市信息资源管理中心. 2007. 空间数据共享与交换技术现状. Http://www. docin. com/p-81387868. html[2007-03-09]
蔡洪新，侯雪峰. 2013. 基于冰冻河流的水下测量方法. 测绘与空间地理信息, 36(2): 168-169
曹冲. 2009. 卫星导航系统及产业现状和发展前景研究. 全球定位系统, (4): 1-6
曹海翊，刘希刚，李少辉，等. 2012. "资源三号"卫星遥感技术. 航天返回与遥感, 33(3): 7-16
曹慧楠，王妍，陈武. 2009. DZJ2 激光垂准仪使用方法及指标的校正. 测绘与空间地理信息, 32(2): 215-224
昌彦君，朱光喜，彭复员，等. 2002. 机载激光海洋测探技术综述. 海洋科学, 26(5): 34-36
常原飞，王伟，孙晋岳，等. 2003. 城市基础地理信息集成的元数据平台开发. 遥感学报, 7(6): 451-457
陈爱军，徐光佑，史元春. 2002. 基于城市航空立体像对的全自动 3 维建筑物建模. 测绘学报, 31(1): 54-59
陈常松，何建邦. 1999. 基于地理要素的资源与环境数据的组织方法. 地理学报, 54(4): 373-381
陈传波. 2002. 计算机图形学基础. 北京：电子工业出版社
陈鼎，黄韬勇，孙健，等. 2012. 地下管线测量成果内业质量检查程序开发. 江西测绘, (2): 4-6
陈建保. 2004. 精化省市级大地水准面的研究. 昆明：昆明理工大学硕士学位论文
陈杰. 2012. 空间离散点集三维建模及简化算法研究. 昆明：昆明理工大学博士学位论文
陈军. 2005. 基础地理信息系统的特性初析. 地理信息世界, (4): 8-11
陈军，李志林，蒋捷，等. 2005. 基础地理数据库的持续更新问题. 地理信息世界, 2(5): 1-5
陈俊勇. 2009. 全球导航卫星系统及其对导航定位的改善. 大地测量与地球动力学, 29(2): 1-3
陈俊勇，李建成，晁定波. 1995. 用 T/P 测高数据确定中国海域及其临海的海面高度及海面地形. 武汉测绘科技大学学报, 20(4): 321-326
陈俊勇，李健成，宁津生，等. 2001. 我国大陆高精度高分辨率大地水准面的研究和实施. 测绘学报, 130(2): 95-100
陈全，邓倩妮. 2009. 云计算及其关键技术. 计算机应用, 29(9): 2562-2567
陈然. 2009. 数字化水下地形测量技术应用研究：以抚仙湖测量为例. 昆明：昆明理工大学硕士学位论文
陈如明. 2013. 智慧城市定义与内涵解析. 移动通信, (3): 5-9
陈昇. 2011. CORS 站系统定位精度分析及检测方法的研究. 昆明：昆明理工大学硕士学位论文
陈述彭. 1999. 数字地球百问. 北京：科学出版社
陈述彭，何建邦，承继成. 1997. 地理信息系统的基础研究——地球信息科学. 地球信息, (3): 11-20
陈述彭，鲁学军，周成虎. 1999. 地理信息系统导论. 北京：科学出版社
陈顺超，黄平明，孙胜江. 2011. 测量机器人用于悬索桥静载试验的精度分析. 广西大学学报(自然科学版), 36(1): 88-93
陈松尧，程新文. 2007. 机载 Lidar 系统原理及应用综述. 测绘工程, 16(2): 27-31
成枢，刁建鹏，姜永阐. 2004. InSAR 技术在地面沉降变形监测中的应用. "数字矿山"与测量新技术学术会议论文集, 79-81
承继成，林珲，周成虎，等. 2004. 数字地球导论. 北京：科学出版社
程丽萍. 2007. 云南基础地理信息平台建设的部分关键理论与技术. 昆明：昆明理工大学硕士学位论文
程亮，龚健雅，李满春，等. 2009. 集成多视航空影像与 LiDAR 数据重建 3 维建筑物模型. 测绘学报, 38(6): 494-501
程朋根. 2005. 地矿三维空间数据模型及相关算法研究. 武汉：武汉大学博士学位论文

程晓龙. 2011. 物探技术在深埋管线探测中的应用. 建筑知识(学术刊), 12: 315-315
程志民. 2003. 多传感器融合技术及其应用. 机电信息, (2): 26-28
池大河, 苏亚芳. 1993. 重大自然灾害遥感监测与评估集成系统. 北京: 中国科学技术出版社
储征伟, 李东阳, 张书亮, 等. 2014. 城市地下管线地理信息公共服务平台建设模式探讨. 测绘通报, (12): 44-47
储征伟, 杨娅丽. 2011. 地理信息系统应用现状及发展趋势. 现代测绘, 34(1): 19-22
楚叶峰. 2008. GIS 的发展过程和发展趋势综述. 长春大学学报, 18(6): 40-41
崔洪波, 周再强, 李井杰. 2012. 几种基础地理信息数据更新方法的比较. 测绘与空间地理信息, 35(4): 56-58
戴立乾, 陈娜. 2009. 浅议云计算时代下 GIS 的发展. 安徽农业科学, 37(31): 15556-15557
戴子良. 2006. 海量数据处理分析. http://blog.csdn.net/DaiZiLiang/article/details/1432193[2013.08.07]
党亚民, 秘金钟, 成英燕. 2007. 全球导航卫星系统原理与应用. 北京: 测绘出版社
邓德标. 2012. 空间离散点建模算法研究. 昆明: 昆明理工大学硕士学位论文
邓非. 2006. 基于 LIDAR 与数字影像的配准和地物提取研究. 武汉: 武汉大学博士学位论文
邓倩妮, 陈全. 2009. 云计算及其关键技术. 高性能计算发展与应用, (1): 2-6
狄原幸男, 罗岚, 李辉. 1996. 伴随地壳运动的重力变化研究及进展. 国际地震动态, (6): 28-31
邸凯昌. 2000. 空间数据挖掘与知识发现.武汉: 武汉大学出版社
丁翔宇, 赵玉生. 2010. GNSS 现代化及研究的热点问题. 物探装备, 20(1): 57-60, 67
丁延辉, 邱冬炜, 王凤利, 等. 2010. 基于地面三维激光扫描数据的建筑物三维模型重建. 测绘通报, (3): 55-57
丁怡. 2008. 基于近景序列影像的规则建筑物三维模型重建. 武汉: 武汉大学博士学位论文
东航. 2011. 国家测绘局更名为国家测绘地理信息局. 卫星与网络, (12): 23-23
董智杰. 2011. 基于 DPGrid 的低空无人机航摄影像的应用研究. 昆明: 昆明理工大学硕士学位论文
都志辉. 2001. 高性能计算并行编程技术——MPI 并行程序设计. 北京: 清华大学出版社
杜彩云. 2012. 从数字化测绘到信息化测绘的测绘学科进展探索. 广东科技, (13): 167-168
杜小宇. 2008. 数字近景摄影测量系统精度分析和控制. 南京: 南京航空航天大学硕士学位论文
樊文友, 谢忠. 1998. GIS 空间数据的误差校正. 地球科学, 23(4): 344-347
范承啸, 韩俊, 熊志军, 等. 2009. 无人机遥感技术现状与应用. 测绘科学, 34(5): 214-215
范洪冬. 2010. InSAR 若干关键算法及其在地表沉降监测中的应用研究. 徐州: 中国矿业大学博士学位论文
范青松, 汤翠莲, 陈于, 等. 2006. GPS 与 InSAR 技术在滑坡监测中的应用研究. 测绘科学, 31(5): 60-63
方俊. 1984. 固体潮. 北京: 科学出版社
冯聪慧. 2007. 机载激光雷达系统数据处理方法的研究. 郑州: 中国人民解放军信息工程大学硕士学位论文
冯筠, 黄新宇. 1999. 数字地球: 知识经济时代的地球信息化载体——背景、概念、支撑技术、应用述评. 遥感技术与应用, 14(3): 61-70
冯文灏. 2002. 近景摄影测量. 武汉: 武汉大学出版社
冯文灏. 2004. 关注我国“工业测量”事业的发展. 地理空间信息, 2(6): 5-8
傅肃性. 2002. 遥感专题分析与地学图谱. 北京: 科学出版社
高俊. 2000. 地理空间数据可视化. 测绘工程, 9(3): 1-7
高磊. 2009. CORS 在机载 LiDAR 航测中的应用研究. 昆明: 昆明理工大学硕士学位论文
高文, 陈熙霖. 1998. 计算机视觉——算法与系统原理. 北京: 清华大学出版社
高星伟, 程鹏飞, 秘金钟, 等. 2009. 网络 RTK 的电离层折射估算与改正. 测绘科学,34(3):44-45
宫鹏. 2009. 遥感科学与技术中的一些前沿问题. 遥感学报, 13(1): 13-23
龚强. 2013. 云计算应用展望与思考. 信息技术, (1): 1-5
巩淑楠, 陈云, 徐敏. 2010. 机载激光雷达数据处理方法的研究与应用.测绘与空间地理信息, 33(5): 165-167
管泽霖, 宁津生. 1981. 地球形状与外部重力场. 北京: 测绘出版社
管泽霖, 宁津生. 1994. 地球重力场在工程测量中的应用. 北京: 测绘出版社
桂德竹. 2010. 基于组合宽角相机低空影像的城市建筑物三维模型构建研究. 徐州: 中国矿业大学博士学位论文

郭革新. 2000. 浅谈国家基础地理信息数据库建库工程. 测绘通报, (8): 37-39
郭华东. 2009. 数字地球: 10 年发展与前瞻. 地球科学进展, 24(9): 955-962
郭华东. 2014. 大数据+大科学=大发现. 创新科技, 15: 5
郭军. 2010. 基于 3DGIS 技术的数字矿山基础信息平台及其应用. 工矿自动化, (1): 1-5
郭俊义. 1994. 物理大地测量学基础. 武汉市: 武汉测绘科技大学出版社
郭美红. 2006. 空间数据挖掘技术在灌区信息管理系统中的应用 —— 以蒙开个大型灌区信息系统为例. 昆明: 昆明理工大学硕士学位论文
郭平平, 河贞铭. 2007. 浅谈虚拟现实技术及其在数字地球中的作用. 科技资讯, (27): 106-107
郭旺龙. 2008. 基于遥感影像的专题图制图综合研究及实践. 昆明: 昆明理工大学硕士学位论文
郭兴. 2011. CORS 系统中基准站布设方法的研究. 昆明: 昆明理工大学硕士学位论文
国家测绘地理信息局. 2012. 测绘地理信息科技发展“十二五”规划. http: //www.sbsm.gov.cn/article/tzgg/201202/20120200098289.html [2014-07-14]
国家测绘地理信息局. 2015. 关于印发 2015 年测绘地理信息工作要点的通知. http: //www.sbsm.gov.cn/article/tzgg/201501/20150100021383.shtml [2015-12-18]
国家测绘局测绘标准化研究所. 2006. 基础地理信息要素分类与代码(GB/T 13923—2006). 北京: 中国标准出版社
国家测绘局国土司. 2007. 国家基础地理信息系统数据库. http: //gts.sbsm.gov.cn/article/jcch/gjjcdlxxxt/200709/20070900000441.shtml
国家测绘局职业技能鉴定指导中心. 2009. 测绘综合能力. 北京: 测绘出版社
国家遥感中心. 2009. 地球空间信息科学技术进展. 北京: 电子工业出版社
过静珺, 王丽, 张鹏. 2008. 国内外连续运行基准站网新进展和应用展望. 全球定位系统, (1): 1-9
韩鹏, 徐占华, 褚海峰, 等. 2005. 地理信息系统开发——ArcObjects 方法. 武汉: 武汉大学出版社
何府祥. 1995. 浅析几种常用的水下地形测量方法. 人民珠江, 12(6): 20-22, 35
何建邦, 闾国年, 吴平生, 等. 2000. 地理信息共享法研究.北京: 科学出版社
何敬, 李永树, 鲁恒, 等. 2011. 基于 SIFT 特征点的无人机影像拼接方法研究. 光电工程, 38(2): 122-126
何敬, 李永树, 鲁恒, 等. 2011. 无人机影像地图制作实验研究. 国土资源遥感, (4): 74-77
何永琦, 陈伟民, 符欲梅. 2004. 倾斜传感器在桥梁变形监测中的应用. 重庆大学学报, 27(7): 28-31
何玉洁, 张俊超. 2008. 数据仓库与 OLAP 实践教程. 北京: 清华大学出版社
和青芳. 2008. 计算机图形学原理及算法教程. 北京: 清华大学出版社
赫尔墨特 · 莫里茨. 1984. 高等物理大地测量学.宁津生, 管泽霖译. 北京: 测绘出版社
侯倩, 张孟阳, 张春泽. 2011. 卫星导航系统建设现状和产业发展趋势. 国际太空, (3): 7-12
侯文广. 2006. 基于普通数码相机实现三维重建的应用研究. 武汉: 武汉大学博士学位论文
胡超. 2007. 基于 GIS 的数字矿山岩层可视化混合构模方法的研究. 长沙: 湖南大学硕士学位论文
胡春. 2004. 数字城市中的建筑物提取及三维景观重建技术研究. 武汉: 华中科技大学硕士学位论文
胡红兵, 胡光道. 2007. InSAR 技术在滑坡研究中的应用进展. 资源环境与工程, 21(5): 569-574
胡麦玲. 2006. AGP-1 自动陀螺全站仪的原理与应用.山西水利科技, (1): 83-85
胡明城, 鲁福. 1994. 现代大地测量学. 北京: 测绘出版社
胡圣武, 李锟鹏. 2008. 空间数据挖掘的方法进展及其问题分析.地球环境与环境学报, 30(3): 311-318
胡翔云. 2001. 航空遥感影像线状地物与房屋的自动提取. 武汉: 武汉大学博士学位论文
胡友健, 梁新美, 徐成功. 2006. 论 GPS 变形监测技术的现状与发展趋势. 测绘学科, 31(5): 155-157
黄丁发. 2007. 基于 WEB 和移动计算的增强 VRS 理论及其完备性研究. 基础学科研究, 7(1): 16-17
黄桂平. 1999. 多台电子经纬仪/全站仪构成混合测量系统的研究与开发. 郑州: 解放军测绘学院硕士学位论文
黄桂平. 2005. 数字近景工业摄影测量关键技术研究与应用. 天津: 天津大学博士学位论文
黄惠宁, 覃辉. 2012. InSAR 技术基本原理及其数据处理流程. 地理空间信息, 10(2): 93-95
黄俊华, 陈文森. 2008. 连续运行卫星定位服务系统 CORS 建设与应用. 北京: 科学出版社
黄丽虹, 叶科峰, 林栩. 2010. 数字城市基础地理信息数据库的建设. 地矿测绘, 26(1): 36-38
黄林竹. 2007. 三维形体的几何建模研究. 科技信息, (32): 361-362

黄志洲, 钟金宁, 周卫, 等. 2004. 区域性大地水准面的确定. 测绘科学, 29(2): 16-18
黄自力, 陈成斌. 2004. 现代测绘技术的发展前景. 地理空间信息, 2(5): 47-48
霍亮. 2004. GIS 系统集成策略探讨. 测绘科学, 29(6): 79-82
季宇虹, 王让会. 2010. 全球导航定位系统 GNSS 的技术与应用. 全球定位系统, (5): 69-75
季铮. 2007. 基于近景目标三维重建的自动化方法研究. 武汉: 武汉大学博士学位论文
贾俊杰. 2009. 空间数据挖掘中若干关键技术研究. 西安: 长安大学博士学位论文
姜丽华, 张宏斌. 2009. 空间数据挖掘关键问题研究. 农业网络信息, (11): 42-44
姜鹏远, 赵夫来, 王力, 等. 2008. 浅谈我国的信息化测绘. 测绘科学, 33(增刊): 275-276
蒋红斐. 2003. 基于分治算法构建 Delaunay 三角网的研究. 计算机工程与应用, 16: 81-82
蒋良孝, 蔡之华. 2003. 空间数据挖掘的回顾与展望. 计算机工程与应用, 29(6): 9-10
蒋永生, 彭俊杰, 张武. 2013. 云计算及云计算实施标准: 综述与探索. 上海大学学报(自然科学版), 19(1): 5-13
蒋勇. 2008. 大中型湖泊对精化局部似大地水准面的影响. 昆明: 昆明理工大学硕士学位论文
金超. 1996. 动态三坐标工业测量系统. 通信技术与发展, (4): 69-72
金石华. 2005. 多面函数拟合法转换 GPS 高程. 测绘与空间地理信息, 28(6): 44-47
金伟, 葛宏立, 杜华强, 等. 2009. 无人机遥感发展与应用概况. 遥感信息, (1): 88-92
靳国旺. 2007. InSAR 获取高精度 DEM 关键技术研究. 郑州: 中国人民解放军信息工程大学硕士学位论文
靳克强, 龚志辉, 汤志强, 等. 2011. 机载 LiDAR 技术原理及其几点应用分析. 测绘与空间地理信息, 34 (1): 144-150
景冬, 郑文华, 刘尚国, 等. 2007. 三维工业测量系统与工业摄影测量相结合在动态工业测量中的应用. 测绘科学, 32(3): 173-174
康荣华. 2010. 地壳运动引起的重力场变化的特征. 西安: 长安大学硕士学位论文
柯涛. 2008. 旋转多基线数字近景摄影测量. 武汉: 武汉大学博士学位论文
孔令遂. 2011. 地下管线探测与测量数据入库. 青岛: 山东科技大学硕士学位论文
孔祥元, 郭际明, 刘宗泉. 2005. 大地测量学基础(第二版). 武汉: 武汉大学出版社
库热西・买合苏提. 2014. 测绘地理信息转型升级研究报告. 北京: 社会科学文献出版社
赖振发. 2010. 现代测绘技术的作用及发展趋势. 长江大学学报(自然科学版), 7(3): 623-624
兰孝奇. 2005. GPS 精密变形监测数据处理方法及其应用研究. 南京: 河海大学博士学位论文
雷晓霞. 2005. 基于重力与 GPS 水准组合法的大地水准面精化研究. 西安: 长安大学硕士学位论文
李畅. 2009. 城市街道立面自动重建关键技术研究. 武汉: 武汉大学博士学位论文
李超, 程浩, 王芳. 2011. 三维激光扫描仪在林木测量方面的应用.徕卡测量在中国, (31): 24-26
李成钢, 黄丁发, 周乐韬, 等. 2007. GPS/VRS 参考站网络的对流层误差建模技术研究. 测绘科学, 32(4): 29-31
李春华. 2004. 成都市似大地水准面精化分析研究. 成都: 西南交通大学硕士学位论文
李德仁. 1997. 论 RS、GPS 与 GIS 集成的定义、理论与关键技术. 遥感学报, 1(1): 64-68
李德仁. 1999. 信息高速公路、空间数据基础设施与数字地球. 测绘学报, 28(1): 1-5
李德仁. 2003. 数字地球与"3S"技术. 中国测绘, (2): 28-31
李德仁. 2005. 地球空间信息学及在陆地科学中的应用. 自然杂志, 27(6): 316-322
李德仁. 2006. 21 世纪测绘发展趋势与我们的任务. 科技视野, (2): 36-37
李德仁. 2006. 移动测量技术及应用. 地理空间信息, 4(4): 1-5
李德仁. 2007. 论可量测实景影像的概念与应用——从 4D 产品到 5D 产品. 测绘科学, 32(4): 5-7.
李德仁, 龚健雅, 邵振锋. 2010. 从数字地球到智慧地球. 武汉大学学报(信息科学版), 35(2): 127-132
李德仁, 胡庆武. 2007. 基于可量测实景影的空间信息服务. 武汉大学学报(信息科学版), 32(5): 377-383
李德仁, 胡庆武, 郭晟, 等. 2009. 移动道路测量系统及其在科技奥运中的应用. 科学通报, 54(3): 312-320
李德仁, 李清泉. 1998. 地球空间信息科学的兴起于跨学科发展. 北京: 中国科学技术出版社
李德仁, 李清泉. 1999. 地球空间信息学与数字地球. 地球科学进展, (5): 33-36
李德仁, 邵振峰. 2008. 信息化测绘的本质服务. 测绘通报, (5): 1-4
李德仁, 邵振锋. 2009. 论新地理信息时代. 中国科学(F 辑: 信息科学), 39(6): 579-587

李德仁，郑肇葆. 1992. 解析摄影测量学. 北京：测绘出版社
李德仁，郭晟，胡庆武. 2008. 移动测量技术及应用. 测绘学报，37(3)：272-276
李德仁，眭海刚，单杰. 2012. 论地理国情监测的技术支撑. 武汉大学学报（信息科学版），37(5)：505-513
李德仁，王树良，李德毅，等. 2002. 论空间数据挖掘和知识发现的理论与方法. 武汉大学学报（信息科学版），27(3)：221-233
李德仁，王树良，史文中，等. 2001. 论空间数据挖掘和知识发现. 武汉大学学报（信息科学版），26(6)：491-499
李德仁，姚远，邵振峰. 2012. 智慧地球时代测绘地理信息学的新使命. 测绘科学，37(6)：5-8
李德仁，姚远，邵振峰. 2014. 智慧城市中的大数据. 武汉大学（信息科学版），39(6)：631-640
李德仁，周月琴，金为铣. 2001. 摄影测量与遥感概论. 北京：测绘出版社
李德毅. 1994. 发现状态空间理论. 小型微型计算机系统，10(11)：1-6
李广云. 2001. 工业测量系统最新进展及应用. 测绘工程，10(2)：1
李航，陈后金. 2011. 物联网的关键技术及其应用前景. 中国科技论坛，(1)：81-85
李后强. 2014. 大数据时代的互联网思维. http://www.qstheory.cn/laigao/2014-11/13/c_1113224609.htm[2015-05-26]
李厚芝. 2008. 三峡库区地质灾害监测中的几种常用方法比较. 探矿工程（岩土钻掘工程），35(7)：18-21
李华，陈勇，张振宇. 2009. CORS 的发展状况和建立 CORS 的必要性. 信息技术，(5)：121-125
李建安. 2000. 浅析现代测绘与信息技术. 标准化报道，21(1)：14-15
李建成，陈俊勇，宁津生，等. 2003. 地球重力场逼近理论与中国 2000 似大地水准面的确定. 武汉：武汉大学出版社
李建成，闫利. 2009. 现代测绘科学技术基础. 武汉：武汉大学出版社
李建松，洪亮，史晓明，等. 2013. 对地理国情监测若干问题的认识.地理空间信息，11(5)：1-3
李莉. 2003. 国家基础地理信息数据库建设和提供服务政策. 地理信息世界，1(2)：7-11
李满春，李响，陈刚，等. 1999. 关于"数字地球". 现代测绘，22(2)：5-8
李满春，任建武，陈刚，等. 2003. GIS 设计与实现. 北京：科学出版社
李梅，毛善君. 2004. 数字矿山中 3DGIS 关键技术研究.煤炭科学技术，32(8)：44-48
李朋德. 2012. 测绘地理信息科技的创新发展//徐德明. 中国测绘地理信息创新报告(2012). 北京：社会科学文献出版社
李萍，雷建生. 2010. GPS-RTK 技术在地下管线控制测量中的应用. 安徽地质，20(1)：67-69
李清泉. 1998. 基于混合结构的三维 GIS 数据模型与空间分析研究. 武汉：武汉测绘科技大学博士学位论文
李清泉. 2003. 三维空间数据的实时获取.建模与可视化. 武汉：武汉大学出版社
李清泉，李德仁. 1996. 三维地理信息系统中的数据结构. 武汉测绘科技大学学报，21(2)：128-133
李少丹. 2011. "云 GIS"的发展趋势分析. 电脑知识与技术，7(16)：3824-3826
李四海. 1996. GIS 支持下遥感专题地图制作. 遥感技术与应用，(11)：52-55
李天兰. 2011. 三维点云数据的处理与应用. 昆明：昆明理工大学硕士学位论文
李晓桓，潘洪斌，余雯. 2010. 物联网技术在测绘工程与 GIS 领域中的应用构想. 测绘通报，(S)：287-289
李猷滨，黄明，蔡姗姗. 2015. 浅谈大数据在智慧城市的建设及城市规划中的应用. http：//wenku.baidu.com/link?url=SjfSodrJavCwIMsQuQ 2sg-kvnD3 pgcKdgfA7pM7I7DRooZmuBlV1BTMy76W3T1l7tytvQocNgK5Ofilfw7VxUYYB-ZqefsF6uMi-IhadEwu[2015-05-25]
李媛，李为鹏，张晓峰，等. 2012. 车载激光扫描系统及其在城市测量中的应用. 测绘与空间地理信息，35(2)：22-24
李征航，黄劲松. 2005. GPS 测量与数据处理. 武汉：武汉大学出版社
李正品. 2005. 全数字近景摄影测量在大比例尺地形测绘中的应用. 昆明：昆明理工大学硕士学位论文
李宗春，李广云，张冠宇，等. 2006. GYROMAT 2000 陀螺经纬仪定向程序探讨. 测绘科学，31(5)：107-109
廖克. 2003. 现代地图学. 北京：科学出版社
廖新玉，侯伟华. 2007. 地下管线测量方法的探讨. 中国科技信息，17：41-42
刘大峰，廖文和，戴宁，等. 2007. 散乱点云去噪算法的研究与实现. 东南大学学报，37(6)：1108-1112

刘大杰, 施一民. 1999. 全球定位系统(GPS)的原理与数据处理. 上海: 同济大学出版社
刘钢, 王锐, 鲍虎军, 等. 2002. 一种新的可见外壳生成算法. 软件学报, 13(4): 1-7
刘国林, 郝小光, 薛怀平. 2004. InSAR 技术的理论与应用研究现状及其展望. 山东科技大学学报(自然科学版), 23(3): 1-6
刘国祥, 刘文, 黄丁发. 2001. InSAR 技术及其应用中的若干问题. 测绘通报, (8): 10-12
刘合丽, 朱绍攀. 2012. 移动式测量机器人变形监测系统应用研究. 测绘与空间地理信息, 35(3): 143-146
刘基余, 李征航. 1993. 全球定位系统原理及应用. 北京: 测绘出版社
刘经南, 刘晖, 邹蓉, 等. 2009. 建立全国 CORS 更新国家地心动态参考框架的几点思考. 武汉大学学报(信息科学版), 34(11): 1261-1284
刘军强, 高建民. 2005. 基于逆向工程的点云数据预处理技术研究. 现代制造工程, 7: 73-75
刘利峰, 方金云, 吴玄娜. 2009. 三维数字城市建筑物群的快速构建方法. 2009 年系统仿真技术及其应用学术会议. 合肥. 291-294
刘南, 刘仁义. 2002. 地理信息系统. 北京: 高等教育出版社
刘若梅, 蒋景瞳. 2004. 地理信息的分类原则与方法研究——以基础地理信息数据分类为例.测绘科学, 29(7): 84-87
刘绍堂, 李建新, 赵站杨. 2010. 用测量机器人进行跨海高程控制测量. 工程勘察, (4): 63-66
刘淑侠, 苗放, 谷翠东. 2013 浅析基于云计算的地理空间信息服务发展前景. 四川地质学报, 33(1): 109-112
刘苏. 2010. 数字近景摄影测量技术在砌体结构地震动变形监测中的应用研究. 青岛: 山东建筑大学硕士学位论文
刘湘南, 黄方. 2005. GIS 空间分析原理与方法. 北京: 科学出版社
刘亚文. 2004. 利用普通数码相机进行房产测量与房屋的精细三维重建. 武汉: 武汉大学博士学位论文
刘扬, 王琳. 2012. 遥感的应用与发展趋势. 科技传播, (6): 209-210
刘宇. 2004. 专门元数据研究现状及其发展. 中国索引, 2(1): 35-41
刘越. 2009. 云计算技术及应用. 北京: 工业和信息化部电信研究院通信信息研究院, 1-47
刘泽显, 徐安农, 黄廷辉, 等. 2009. 嵌入式零树小波编码算法的优化及仿真实现. 桂林电子科技大学学报, 29(5): 435-438
刘占平, 王宏武, 汪国平, 等. 2002. 面向数字地球的虚拟现实系统关键技术研究. 中国图象图形学报, 7(2): 160-164
刘站科. 2009. 以 CQG2000 为平台的区域似大地水准面精化方法研究. 西安: 长安大学硕士学位论文
柳锦森. 2009. GPS 网络 RTK 的 VRS 算法研究. 合肥: 合肥工业大学硕士学位论文
柳林, 李德仁, 李万武, 等. 2012. 从地理空间信息学的角度对智慧地球的若干思考. 武汉大学学报(信息科学版), 37(10): 1248-1250
楼良盛, 刘思伟, 周瑜. 2012. 机载 InSAR 系统精度分析. 武汉大学学报(信息科学版), 37(1): 63-67
卢秀山, 李清泉, 冯文灏, 等. 2003. 车载式城市信息采集与三维建模系统. 武汉大学学报(工学版), 36(3): 76-80
卢仲连. 1981. 物理大地测量. 郑州: 中国人民解放军测绘学院
卢仲连. 1984. 大地重力学. 郑州: 中国人民解放军测绘学院
罗名海. 2011. 信息时代地理信息服务方式的转变. 地理空间信息, 9(6): 6-8
罗英伟. 1999. 基于 Agent 的分布式 GIS 研究. 北京: 北京大学博士学位论文
罗志才, 陈永奇. 2002. EGM96, WDM94 和 GPM98CR 高阶地球重力场模型表示深圳局部重力场的比较与评价. 测绘学报, 4(1): 21-30
罗志清, 张惠荣, 吴强, 等. 2006. 机载 LiDAR 技术. 国土资源信息化, (2): 20-25
骆亚波, 郑勇, 夏治国, 等. 2006. 测量机器人动态测量技术及应用研究. 测绘通报, (9): 14-18
吕维祥. 2012. 浅谈水下测量技术. 科技与管理, 8: 148-149
马丽, 李家正. 1994. 大同地区几次中强震前后的重力变化. 西北地震学报, 16(1): 33-39
马平华, 路文科, 刘永宏. 2009. 论测绘地理信息系统的建设. 安徽地质, 19(4): 308-310
马万钟. 2011. 地理国情监测的体系框架研究. 国土资源科技管理, 8(6): 104-111
马晓光. 2008. 浅析现代测绘技术的构成和应用. 西部探矿工程, (9): 155-156

马新莹. 2005. 局部大地水准面精化中几个问题的探讨. 武汉: 武汉大学硕士学位论文
马振利, 吉长东, 任东风. 2007. GPS 与测量机器人联合作业模式在露天矿变形监测中的应用. 矿山测量, (1): 41-42
麦俊义, 吴洪平. 2012. 现代测绘技术发展趋势研究. 建筑科学, (8): 209
毛锋, 沈小华, 艾丽华. 2002. ArcGIS 8 开发与实践. 北京: 科学出版社
毛澍芬, 沈世明. 1985. 射影几何. 上海: 上海科学技术文献出版社
梅方权. 2009. 智慧地球与感知中国——物联网的发展分析. 农业网络信息, (12): 5-8
梅劲松. 2002. 数字技术对未来仪器发展的推动. 电子仪器, (5): 9-11
梅向明, 刘增贤, 王汇淳. 2000. 高等几何. 北京: 高等教育出版社
孟昭秦, 张工会, 傅绍乾. 1991. 重力异常的相关分析及其应用. 石油地球物理探测, (4): 487-498
苗放, 叶成名, 刘瑞, 等. 2007. 新一代数字地球平台与“数字中国”技术体系架构探讨. 测绘科学, 32(6): 157-158
缪志选, 李祖锋, 巨天力, 等. 2010. 多基线数字近景摄影测量系统测图作业方法探索. 西北水电, (4): 21-23
宁焕生, 徐群玉. 2010. 全球物联网发展及中国物联网建设若干思考. 电子学报, 38(11): 2590-2599
宁津生. 2001. 跟踪世界发展动态致力地球重力场研究. 武汉大学学报(信息科学版), 26(6): 471-474
宁津生, 李建成, 晁定波, 等. 1994. WDM94 地球重力场的研究. 武汉测绘科技大学学报, 19(4):　283-291
宁津生, 罗志才, 李建成. 2004. 我国省市级大地水准面精化的现状及技术模式. 大地测量与地球动力学, 24(1): 4-8
宁津生, 王正涛. 2006. 测绘学科发展综述. 测绘科学, 31(1): 9-16
宁津生, 王正涛. 2012a. 2011-2012 测绘学科发展研究综合报告(上). 测绘科学, 37(3): 5-10
宁津生, 王正涛. 2012b. 2011-2012 测绘学科发展研究综合报告(下). 测绘科学, 37(4): 5-12
宁津生, 王正涛. 2014. 2012-2013 测绘学科发展研究综合报告. 测绘科学, 39(2): 3-10
牛振国. 2007. 基于元数据的地理模型与 GIS 的集成. 计算机工程与应用, 43(8): 193-196
潘宝玉. 1995. 论高精度 GPS 高程测量. 地矿测绘, (1): 1-6
彭富清, 夏哲仁. 2004. 超高阶扰动场元的计算方法.地球物理学报, 47(6): 1023-1028
彭力. 2011. 物联网应用基础. 北京: 冶金工业出版社
彭鹏, 单治钢, 董育烦, 等. 2011. 多传感器估值融合理论在滑坡动态变形监测中的应用研究.工程地质学报, 19(6):　929-934
彭岩, 刘兆春, 康来成. 2012. 物联网环境下测绘资料档案管理方法初探. 才智, (2): 343-343
钱曾波. 1980. 解析空中三角测量基础. 北京: 测绘出版社
乔朝飞. 2011. 国外地理国情监测概况与启示. 测绘通报, (11): 81-83
乔书波, 李金岭, 孙付平, 等. 2003. InSAR 技术现状与应用. 天文学进展, 21(1): 11-25
邱蕾, 陈远鸿, 段艳霞.2010. GPS 网络 RTK 流动站的电离层误差改正分析. 大地测量与地球动力学, 30(1): 56-60
曲来超. 2009. 基于车载测量系统的激光扫描仪检校研究与应用. 焦作: 河南理工大学硕士学位论文
饶见有, 王冠华, 陈良健. 2005. 基于 SMS 演算法进行半自动化房屋模型之重建. 航测与遥测学刊, 10(4): 337-350
任怡萱, 苗放, 曾建刚. 2009. 虚拟现实技术在数字旅游中的应用研究. 计算机时代, (10): 23-26
邵雯, 胡斌. 2008. 空间数据挖掘技术探讨. 软件导报, 7(1): 148-149
沈忱, 杨凤芸, 胡松会. 2012. TM30 测量机器人三角高程代替二等水准测量. 辽宁工程技术大学学报(自然科学版), 31(3): 335-339
盛继业. 2003. 现代测量定位技术在水下工程中的应用. 上海: 上海海运学院硕士学位论文
石云, 孙玉芳, 左春. 1999. 空间数据采掘的研究与发展. 计算机研究与发展, 36(11): 1301-1309
石云, 孙玉芳, 左春. 2000. 基于 Rough Set 的空间数据分类方法. 软件学报, 11(5): 673-678
史照良, 龚越新, 曹敏, 等. 2010. 测绘技术在物联网时代的应用. 现代测绘, 33(3): 3-5
宋超智, 王振江. 2009. 基础测绘条例释义. 北京: 中国法制出版社
宋刚, 朱慧, 童云海. 2014. 钱学森大成智慧理论视角下的创新 2.0 和智慧城市. 办公自动化杂志, (17): 7-13

宋汉辰, 魏迎梅, 吴玲达. 2004. 基于图像的对象环绕视图生成方法研究. 计算机工程与应用, 40(21): 16-18
宋炜炜.2015. GIS空间云计算. 昆明: 昆明理工大学博士论文
苏韬, 孔祥元. 2000. 跨进新世纪的特种精密工程测量. 测绘工程, 9(1): 31-34
隋立春, 张宝印.2006.Lidar遥感基本原理及其发展. 测绘科学技术学报, 23(2): 127-129
岁有中, 郝永青, 张新霞. 2008. 数字水准仪的原理与应用. 测绘与空间地理信息, 31(4): 208-210
孙传胜, 杨国东, 吴琼. 2011. 神经网络在GPS高程拟合中的应用. 测绘通报, (8): 48-50
孙家抦.2009.遥感原理与应用(第二版). 武汉: 武汉大学出版社
孙家广. 2002. 计算机图形学. 北京: 清华大学出版社
孙建国. 2010. 陀螺仪在矿山测量中的应用. 青海科技, (5): 39-40
孙杰, 林宗坚, 崔红霞.2003. 无人机低空遥感监测系统. 遥感信息, (1): 49-50
孙敏, 陈军. 2000. 基于几何元素的三维景观实体建模研究. 武汉测绘科技大学学报, (3): 233-238
孙小礼. 2000. 数字地球与数字中国. 科学学研究, 18(4): 20-24
孙瀛寰. 1995. 我国垂线偏差和高程异常精度分析. 测绘信息技术, (4): 3
谭经明, 方源敏. 2003. 山区大地水准面精化及其三维数字模型建立方法. 地矿测绘, 19(1): 1-2
谭泽琼. 2011. 三维GIS空间数据模型发展现状. 企业技术开发, 30(20): 79-80
谭正华, 王李管, 熊书敏, 等. 2012. 基于实测边界线的地下巷道三维建模方法. 中南大学学报(自然科学版), 43(2): 626-631
汤国安, 刘学军, 闾国年. 2006. 数字高程模型及地学分析的原理与方法. 北京: 科学出版社
汤国安, 赵牡丹. 2000. 地理信息系统. 北京: 科学出版社
唐卫明, 刘经南, 刘晖, 等. 2007. 一种GNSS网络RTK改进的综合误差内插方法. 武汉大学学报(信息科学版), 32(12): 1156-1159
陶本藻. 1992. GPS水准似大地水准面拟合和正常高计算. 测绘通报, (4): 14-19
陶秋香, 刘国林, 孙翠羽, 等. 2008. InSAR成像原理、工作模式及其发展趋势. 矿山测量, (1): 38-42
陶雪娇, 胡晓峰, 刘洋. 2013. 大数据研究综述. 系统仿真学报, 25(增刊): 142-146
腾讯科技. 2014. 戳破云计算真相: 网络宽带有限让“雾计算”来帮忙. http: //tech.qq.com/a/20140519/033525.htm[2015-07-12]
田克明, 廖辉军. 2011. 测量机器人在高寒地区水电建筑变形监测中的应用. 测绘通报, (4): 83-84
汪芳, 张云勇, 房秉毅, 等. 2011. 物联网、云计算构建智慧城市信息系统. 移动通信, (15): 49-53
汪伟, 史廷玉, 张志全. 2010. CORS系统的应用发展及展望. 城市勘测, (3): 45-55
王超. 1997. 利用航天飞机成像雷达干涉数据提取数字高程模型. 遥感学报, 1(1): 46-49
王超, 张红, 刘智. 2002. 星载合成孔径雷达干涉测量. 北京: 科学出版社
王聪华. 2006. 无人飞行器低空遥感影像数据处理方法. 青岛: 山东科技大学博士学位论文
王贵文. 2004. VRS对流层模型及其算法研究. 成都: 西南交通大学硕士学位论文
王洪. 2010. TCA测量机器人在大坝变形监测中的应用.测绘与空间地理信息, 33(3): 22-25
王惠民. 1983. 论高程异常测定与应用的精度. 测绘学报, (4): 250-258
王继阳. 2009. 基于高分辨率航空遥感立体图像的建筑物三维重建技术研究. 长沙: 国防科学技术大学博士论文
王继周. 2003. 城市景观三维重建理论与方法. 武汉: 武汉大学博士学位论文
王家耀. 2001. 空间信息系统原理. 北京: 科学出版社
王家耀. 2014. 大数据时代的智慧城市. 测绘科学, 39(5): 3-7
王建强, 赵国强, 朱广彬. 2009. 常用超高阶次缔合勒让德函数计算方法对比分析. 大地测量与地球动力学, 29(2): 126-130
王解先, 何妙福, 朱文耀, 等. 1994. EPOCH92全球GPS联测部分站资料的处理结果. 测绘学报, (3): 210-215
王丽辉. 2011. 三维点云数据处理的技术研究. 北京: 北京交通大学博士学位论文
王玲. 2012. 地理国情监测基本概念和内涵辨析//第十四届华东六省一市测绘学会学术交流会论文集. 杭州: 137-139
王迷军, 石金峰, 宋伟东. 1997. 矿山三维地理信息系统中的数据结构. 阜新矿业学院学报(自然科学版),

16(3): 310-313
王秋印, 江怡芳. 2007. 我国城市地下管线行业现状与发展趋势. 北京: 中国城市规划协会地下管线专业委员会
王式太. 2007. GPS 网络 RTK 误差分析与建模. 桂林: 桂林工学院硕士学位论文
王树良. 2009. 空间数据挖掘进展. 地理信息世界, 7(2): 34-41
王树文, 刘俊卫. 2012. 遥感与 GIS 技术在地理国情监测中的应用与研究. 测绘通报, (8): 51-54
王铁军. 2002. 从传统测绘产业发展到地理信息产业的意义. 测绘软科学研究, 8(2): 18-20
王喜文. 2014. 智慧城市建设的目的是什么? http: //intl.ce.cn/specials/zxgjzh/201403/26/t20140326_2555253.shtml[2015-07-14]
王宵, 刘会霞, 梁佳洪. 2004. 逆向工程技术及其应用. 北京: 化学工业出版社
王小军. 1996. 基于多视角距离图像的三维物体建模机器在识别中的应用. 自动化学报, 22(5): 568-575
王新华, 米飞, 冯英春, 等. 2009. 空间数据挖掘技术的研究现状与发展趋势. 计算机应用研究, 26(7): 2401-2403
王学全. 2011. 三维 GIS 数据库的空间索引技术研究与探索. 重庆: 西南大学硕士学位论文
王雅萍. 2010. UAV 影像自动配准与拼接方法研究. 昆明: 昆明理工大学硕士学位论文
王之卓. 1979. 摄影测量原理. 北京: 测绘出版社
危拥军. 2006. 三维 GIS 数据组织管理及符号化表示研究. 郑州: 解放军信息工程大学博士学位论文
韦玉春, 汤国安, 杨昕. 2007. 遥感数字图像处理教程. 北京: 科学出版社
魏子卿, 王刚. 2003. 用地球位模型和 GPS/水准数据确定我国大陆大地水准面. 测绘学报, 32(1): 1-5
温银放. 2004. 逆向工程的数据预处理研究. 哈尔滨: 哈尔滨工程大学硕士学位论文
文娟. 2009. 基于面板数据的数据仓库模型设计. 统计与决策, (6): 38-39
文仁强, 罗年学, 陈雪丰, 等. 2005. 测量机器人在船舶液舱容积测量中的应用. 地理空间信息, 3(3): 46-48
邬伦, 刘瑜, 张晶, 等. 2004. 地理信息系统——原理、方法和应用. 北京: 科学出版社
邬小波. 2010. 基于 GPS 水准数据和地球位模型的局部大地水准面精化方法研究. 昆明: 昆明理工大学硕士学位论文
吴海涛. 2007. 大地水准面精化理论及应用. 太原: 太原理工大学硕士学位论文
吴慧欣. 2007. 三维 GIS 空间数据模型及可视化技术研究. 西安: 西北工业大学博士学位论文
吴家乃. 1987. 国内外水下测量的若干发展. 河海大学科技情报, 1: 41-47
吴军. 2003. 三维城市建模中的建筑物墙面纹理快速重建研究. 武汉: 武汉大学博士学位论文
吴立新, 陈学习, 史文中. 2003. 基于 GTP 的地下工程与围岩一体化真三维空间建模. 地理与地理信息科学, 19(6): 1-6
吴立新, 殷作如, 邓智毅, 等. 2000. 论 21 世纪的矿山——数字矿山. 煤炭学报, (4): 337-342
吴立新, 殷作如, 钟亚平. 2003. 再论数字矿山: 特征、框架与关键技术. 煤炭学报, 28(1): 1-6
吴俐民, 丁仁军, 李凤霞. 2008. GPS 参考站系统原理与应用. 成都: 西南交通大学出版社
吴俐民, 吴学群, 丁仁军. 2006. GPS 参考站系统理论与实践. 成都: 西南交通大学出版社
吴卫东. 2011. 地理国情监测刍议. 中国测绘, (4): 30-35
吴星, 刘雁雨. 2006. 多种超高阶次缔合勒让德函数计算方法的比较. 测绘科学技术学报, 23(3): 188-191
吴学群. 2006. 高原山区大地水准面精化的自动化实现方法研究. 昆明: 昆明理工大学硕士学位论文
武芳. 2000. 协同式地图自动综合研究与实践. 郑州: 中国人民解放军信息工程大学博士学位论文
夏永华. 2010. 数字矿山井下关键数据的采集与处理研究. 昆明: 昆明理工大学博士学位论文
夏振斌. 2008. 无重力局部似大地水准面精化方法研究. 沈阳: 东北大学硕士学位论文
肖汉. 2011. 基于 CPU+GPU 的影像匹配高效能异构并行计算研究. 武汉: 武汉大学博士学位论文
谢仕义. 2003. 基于 MapX 的 COMGIS 技术研究及实现. 计算机应用研究, (5): 51-54
谢向进, 荣幸. 2008. GNNS 技术在变形监测中的应用.科技资讯, (23): 4-5
熊介. 1998. 椭球大地测量学. 北京: 解放军出版社
熊利亚. 1995. 中国农作物遥感动态监测与估产集成系统. 北京: 中国科学技术出版社
熊顺. 2007. 基础地理信息数据相关处理技术的研究与实践. 郑州: 解放军信息工程大学硕士学位论文

熊永良, 黄丁发, 丁晓利, 等. 2006. 虚拟参考站技术中对流层误差建模方法研究. 测绘学报, 35(2): 118-121
徐德明. 2012. 监测地理国情服务科学发展.中国测绘, (4): 1-2
徐浩然. 2012. 地下管线测量与技术分析. 测绘与空间地理信息, 35(7): 224-226
徐进军, 王海成, 罗喻真, 等. 2010. 基于三维激光扫描的滑坡变形监测与数据处理. 岩土力学, 31(7): 2188-2191
徐胜华, 刘纪平, 胡明远. 2008. 空间数据挖掘与发展趋势探讨. 地理与地理信息科学, 24(3): 24-27
徐世金. 2010. 探讨近代地下工程测量的发展. 建筑科技与管理, 3: 1-5
徐文兵. 2009. GPS连续运行参考站系统(CORS)定位精度的可靠性研究. 合肥: 合肥工业大学硕士学位论文
徐晓飞, 王刚, 高国安. 1996. HIT-IIS: 开放式CIM集成基础结构系统. 计算机研究与发展, 33(11): 874-880
徐忠阳. 1990. 小型非接触测量系统及其在天线自重变形测量中的应用. 郑州: 解放军测绘学院硕士学位论文
许志龙. 2006. 逆向工程中多视角点云数据拼合技术. 组合机床与自动化加工技术, (7): 26-28
闫艳华. 2011. 基于曲波变换与偏微分的图像去噪算法研究. 西安: 西安科技大学硕士学位论文
严寒冰. 1999. GIS的空间数据模型. 浙江工程学院学报, 16(2): 110-115
杨伯钢, 张保钢, 陶迎春, 等. 2011. 城市地下管线数据建库与共享应用. 北京: 测绘出版社
杨飞, 马耀昌. 2006. GPS在水下地形测量中的应用研究. 地理空间信息, 4(3): 20-22
杨根新. 2007. 传感器监测三种情况下的变形原理分析.露天采矿技术, (6): 11-13
杨根新, 王茂洪, 刘波. 2013. 基于两种误差分析模型在地形均衡垂线偏差中的比较研究. 29(2): 24-25
杨锟, 李鸿运. 2006. 激光垂准仪的校准设备与方法探讨. 测绘标准化, 22(3): 44-48
杨玲. 2009. 基于广义点摄影测量理论的模型导向建筑物三维建模研究. 武汉: 武汉大学博士学位论文
杨柳. 2011. 基于云计算的GIS应用模式研究. 开封: 河南大学硕士学位论文
杨明清, 靳蕃, 朱达成. 1999. 用神经网络方法转换GPS高程. 测绘学报, 28(4): 301-307
杨萍. 2003. 基于GIS的三维可视化动态编辑系统的设计与关键算法研究——以层状空间对象为例. 北京: 北京大学硕士学位论文
杨苏宁. 2010. 空间数据挖掘在城市地理信息系统中的应用. 镇江: 江苏科技大学硕士学位论文
叶成名. 2007. 基于数字地球平台的地学信息资源整合初步研究. 成都: 成都理工大学硕士学位论文
易雄鹰, 任应超, 李晓峰, 等. 2011. 物联网中的地理信息系统. 地理信息世界, 2(1): 48-51
尤红建, 苏林, 李树楷. 2005. 基于扫描激光测距数据的建筑物三维重建. 遥感信息技术与应用, 20(4): 381-385
游素亚, 徐光佑. 1997. 立体视觉研究的现状与进展. 中国图象图形学报, 2(1): 17-24
于欢, 孔博. 2012. 无人机遥感影像自动无缝拼接技术研究. 遥感技术与应用, 27(3): 347-352
于晶涛, 陈鹰. 2012. InASR数据处理的若干关键技术探讨. 遥感信息, (1): 24-27
余周佑. 2003. 浅谈城市地下管线测量. 安徽建筑, 6: 23
喻国荣.1995. GPS在小区域内测定点位高程应用中的垂线偏差方法. 四川测绘, (3): 117-119
袁成忠. 2007. 智能型全站仪自动测量系统集成技术研究. 成都: 西南交通大学硕士学位论文
曾菲. 2011. 对基础地理信息系统数据质量控制的探讨. 测绘与空间地理信息, 34(3): 267-269
曾鹏, 陈长征, 李苏军. 2009. 基于数字地球的虚拟海战场环境仿真. 计算机工程, 35(8): 269-270
张爱玉. 2013. 云计算在物联网中的应用研究. 中国安防, (Z1): 109-113
张保钢. 2011. 我国连续运行基准站网(CORS)的建设现状. 导航天地, (4): 25-27
张成. 2014. 地理国情监测对象分析.城市勘测, (02): 23-26
张成军, 杨力, 常志巧. 2006. GPS网络RTK内插算法分析与比较. 海洋测绘, 26(1): 22-24
张程, 熊锦华, 韩燕波, 等. 2006. Web服务组合中地理信息的集成与应用研究. 计算机科学, 33(3): 121-124
张赤军. 1997. 我国地球重力场模型研究的发展. 测绘科技通讯, (2): 1-3
张赤军. 1998. 精化山区大地水准面的一种方法. 测绘学报. (4): 352-357
张春红, 裘晓峰, 夏海轮, 等. 2011. 物联网技术与应用. 北京: 人民邮电出版社
张帆, 黄先锋, 李德仁. 2009. 基于球面投影的单站地面激光扫描点云构网方法. 测绘学报, 38(1): 48-54

张峰. 2012. 云计算应用服务模式探讨. 信息技术与信息化, (2): 81-83
张冠宇, 李宗春, 李广云, 等. 2007. Y/JTG-1 下架式陀螺全站仪快速定位. 测绘科学, 32 (4): 173-174
张桂芬. 2012. 基于云计算的城市地理信息公共服务平台设计与实现. 城市勘测, (4): 12-15
张会霞. 2011. 基于八叉树的点云数据的组织与可视化. 太原师范学院学报(自然科学版), 10 (3): 128-132
张继贤. 2012. 地理国情监测需解决的六大技术难题. 中国测绘, (4): 12-15
张建霞, 王留召, 王宝山. 2006. 数字近景摄影测量测图应用研究. 测绘科学, 31 (2): 47-48
张健挺. 1998. 地理信息系统集成若干问题探讨. 遥感信息, (1): 14-18
张健挺, 万庆. 1999. 地理信息系统集成平台框架结构研究.遥感学报, 3 (1): 77-83
张景发, 邵芸. 1998. 干涉成像雷达(InSAR)技术及其应用现状. 地震地质, 20 (3): 277-287
张君阳, 王强辉. 2012. 数字近景摄影测量在茅山道院立面整治工程中的应用及精度分析. 科技信息, (14): 401-402
张凯. 2008. 三维激光扫描数据的空间配准研究. 南京: 南京师范大学硕士学位论文
张坤. 2006. 基础地理信息要素分类与代码. 北京: 中国标准出版社
张梨. 1996. GIS 集成的理论与实践. 地理学报, 51 (4): 306-313
张黎, 夏定辉, 谭赟, 等. 2007. 基于主辅站技术的重庆 GPS 参考站网在工程测量中的应用. 城市勘测, (4): 38-40
张力, 翟建军. 2007. 分布式地理信息系统集成研究. 人民长江, 38 (10): 9-11
张力岩. 2004. 数字矿山中三维地质模拟与体视化研究. 北京: 中国科学院研究生院
张立华. 2008. 地下管线竣工测量方法的应用. 北京测绘, 1: 52-64
张连贵, 梁广泉. 1999. 测绘新技术的发展及其在矿山测量中的应用研究. 地矿测绘, (2): 19-21
张倩, 张孟阳, 张春泽. 2011. 卫星导航系统建设现状和产业发展趋势. 国际太空, (3): 7-12
张勤, 樊文峰. 2012. 测绘与地理国情监测. 测绘通报, (11): 78-80
张清浦. 2008. 关于信息化测绘体系建设目标和任务的探讨. 地理信息世界, (4): 33-35
张清浦, 苏山舞, 赵荣. 2007. 基础地理信息的保密政策问题.地理信息世界, 5 (6): 15-17
张双成, 王利, 黄观. 2010. 全球导航卫星系统 GNSS 最新进展及带来的机遇和挑战. 工程勘察, (8): 49-53
张双慧, 孟杰. 2010. GPS 配合测深仪进行水下测量原理. 科技信息, 1: 18- 25
张特取. 2007. 基础地理信息数据库设计与实践. 杭州: 浙江大学硕士学位论文
张文修, 吴伟志, 梁吉业, 等, 2001. 粗糙集理论与方法. 北京: 科学出版社
张小红. 2007. 机载激光雷达测量技术理论与方法. 武汉: 武汉大学出版社
张晓光. 2013. 将物联网技术应用于城市地下管线管理. 测绘通报, (S): 67-68
张新长, 马林兵, 张青年. 2010. 地理信息系统数据库. 北京: 科学出版社
张兴娟, 王建宗, 王福增. 2009. 浅谈城市地下管线测量. 测绘科学, 34 (S): 234-235
张扬. 2002. 高新技术在地下管线测量中的应用. 工程建设与档案, 1: 26-27
张熠斌. 2010. 机载 Lidar 点云数据处理理论及技术研究. 西安: 长安大学硕士学位论文
张垠. 2005. 基于 ArcSDE 的 GIS 空间数据存储分析. 上海: 华东师范大学硕士学位论文
张永民. 2010. 解读智慧地球与智慧城市. 中国信息界, (10): 23-29
张玉方, 程新文, 欧阳平, 等. 2008. 机载 Lidar 数据处理及其应用综述. 工程地球物理学报, 5 (1): 119-124
张镇, 吕秋娟. 2009. 三维数据获取及其预处理技术的发展趋势. 工具技术, 43 (11): 98-102
张正峰, 付金强, 张发瑜. 2007. 虚拟建筑群三维建模与可视化实现.中国工程科学, 9 (5): 53-56
张正禄. 2001. 测量机器人. 测绘通报, (05): 17
张正伟, 文中领, 张海涛. 2012. 云计算和云数据管理技术. 计算机研究与发展, 49 (S): 26-31
张中旺, 李宏. 2005. 基于网格的地理信息系统的研究. 信阳师范学院学报(自然科学版), 18 (2): 226-230
张祖勋, 杨生春, 张剑清, 等. 2007. 多基线-数字近景摄影测量. 地理空间信息, 5 (1): 1-4
张祖勋, 张剑清. 1997. 数字摄影测量学. 武汉: 武汉大学出版社, 128-136
章传银, 高永泉. 2002. 浅谈现代测绘科学基本问题与科学思维. 测绘科学, 27 (1): 15-23
赵华亮, 赵晓虎, 唐宏. 2001. 构件式 GIS 软件开发中的构件构架技术. 中国矿业大学学报, 30 (2): 209-212

赵霈生，杨崇俊. 2000. 空间数据仓库的技术与实践. 遥感学报, 4(2): 157-160
赵芊. 2005. 基于元数据的环境数据集成. 开封: 河南大学硕士学位论文
赵燕华. 1989. 信息分类编码标准化. 北京: 中国标准出版社
郑德华. 2005. 三维激光扫描数据处理的理论与方法. 上海: 同济大学博士学位论文
郑德华，庞逸群，曹操. 2010. 基于椭球面投影的散乱点云建立三角格网方法. 测绘工程, 19(4): 19-23
郑德华，张云涛. 2004. 基于物体表面散乱三维激光扫描点的三角形格网建立.测绘工程, 13(4): 62-65
郑顺义，苏国中，张祖勋. 2005. 三维点集的自动表面重构算法. 武汉大学学报信息科学版, 30(2): 154-157
郑文华. 2007. 地下工程测量. 北京: 煤炭工业出版社
中国测绘学会. 2010. 2009-2010 测绘科学与技术学科发展报告. 北京: 中国科学技术出版社
中国广播网. 2011. 徐德明就国家测绘局更名国家测绘地理信息局答记者问. http: //china.cnr.cn/gdgg/201105/t20110526_508039178.html [2014-07-14]
钟先坤. 2012. 浅谈地理国情监测与测绘高新技术. 江西测绘, (01): 15-17
周国树. 2009. 现代测绘技术及应用. 北京: 中国水利水电出版社
周海燕. 2003. 空间数据挖掘的研究. 郑州: 解放军信息工程大学硕士学位论文
周航宇. 2009. 水下地形测量方法介绍及展望//华东六省一市测绘学会第十一次学术交流会论文集: 389-393
周京春，侯至群，尚剑红. 2013. 昆明市地下管线信息化建设历程及思考. 测绘通报, (S1): 44-48
周培德. 2005. 计算几何——算法设计与分析(第二版). 北京: 清华大学出版社
周启鸣，刘学军. 2006. 数字地形分析. 北京: 科学出版社
周卫，孙毅中，盛业华. 2006. 基础地理信息系统. 北京: 科学出版社
周晓敏，赵力彬，张新利. 2012. 低空无人机影像处理技术及方法探讨. 测绘与空间地理信息, 35(1): 182-184
朱恩利，李建辉等. 2004. 地理信息系统基础及应用教程. 北京: 机械工业出版社
朱士才. 2006. Lidar 的技术原理以及在测绘中的应用. 现代测绘, 4(7): 12-13
朱天增. 2010. 地下管线测量的方法和质量控制. 广东建材, 8: 144-146
祝意青，梁伟锋，李辉，等. 2007. 中国大陆重力场变化及其引起的地球动力学特征. 武汉: 武汉大学. 信息科学版, 32(3): 246-250
左小清. 2004. 面向交通网络的三维 GIS 数据模型与可视化. 武汉: 武汉大学博士学位论文
CIO 时代网. 2013. 大数据的四个来源. http: //www.ciotimes.com/bi/sjck/82901.html[2015-06-25]
ISO/FDIS 19110. 2012. Geographic information-Methodology for feature cataloguing 北京: 中国标准出版社
Jiawei Han, Micheline Kamber. 2001. 数据挖掘概念与技术. 范明，孟小峰译. 北京: 机械工业出版社
Sanjay S, Chawla S. 2004. 空间数据库. 谢昆青等译. 北京: 机械工业出版社
W A 海斯卡涅, H 莫里斯. 1979. 物理大地测量学. 北京: 测绘出版社
ЛП 佩利年. 1983. 大地测量学. 丘其宪译. 北京: 测绘出版社
Amenta N, Bern M. 1998. Surface reconstruction by VORONOI filtering. Discrete and Computational Geometry, 22(4): 481-504
Amenta N, Bern M, Eppstein D. 1998. The crust and the β-Skeleton: Combinatorial curve reconstruction. Graphical Models and Image Processing, 60(2): 125-135
Andrew MacDonald. 1999. Building a Geodatabase. California USA: Environmental System Research Institute
Attali D. 1998. R-regular Shape Reconstruction from Unorganized Points. Computational Geometry, 239-247
Besl P J, McKay N D. 1992. A method for registration of 3-D shapes. IEEE Transactions on Pattern Analysis and Machine Intelligence, 14(2): 239-256
Beutler E. 1990. Rapid static positioning based on the fast ambiguity resolution approach FARA: Theory and first results. Manuscr Geod, 15(6): 325-356
Bézier P. 1974. Mathematical and practical possibilities of unisurf. Computer Aided Geometric Design, 1(1): 127-152
Blais F, Picard M, Godin G. 2004. Accurate 3D acquisition of freely moving objects. proceedings//2nd International Symposium on 3D Data Processing. Visualization and Transmission: 422-429

Boissonnat J D. 1984. Geometric structures for three dimensional shape representation. ACM Transactions on Graphics Tog Homepage, 3 (4) : 266-286

Burdea G. 1993. Virtual reality systerms and applications//Proceedings of Electro'93 International Conference. New Jersey: 164-167

Canny J. 1986. A Computational Approach to Edge Detection. IEEE Transactions on Pattern Analysis and Machine Intelligence, 8 (6) : 679-697

Chen Q, Wada T. 2005. A light modulation/demodulation method for real-time 3D imaging//Fifth International Conference on 3-D Digital Imaging and Modeling: 15-21

Cooke E, Kauff P, Sikora T. 2006. Multi-view Synthesis: A novel view creation approach for free viewpoint video. Signal Processing: Image Communication, 21 (6) : 476-492

Curless B. 2000. From Range Scans to 3D Models. ACM SIGGRAPH Computer Graphics, 33 (4) : 38-41

David D G. 2004. Distinctive image features from scale-invariant keypoints. Internation Journal of Computer Vision, 60 (2) : 91-110

Debevec P, Taylor C. 1996. Modeling and Rendering Architecture from Photographs: A Hybrid Geometry-and Image-based Approach. New York: ACM Press

Do M N, Vetterli M. 2005. The contourlet transform: An efficient directional muhiresolution image representation. IEEE Transactions on Image Processing, 14 (12) : 2091-2106

Duckham M, Kulik L, Worboys M, et al. 2008. Efficient generation of simple polygons for characterizing the shape of a set of points in the plane. Pattern Recognition, 41 (10) : 3224-3236

Edelsbrunner H, Mucke E P. 1994. Three Dimensional Alpha Shapes. ACM Transactions Graphics, 13 (1) : 43-72

Edelsbrunner H, Kirkpatrick D G, Seidel R. 1983. On the Shape of a Set of Points in the Plane. IEEE Transactions on Information Theory, 29 (4) : 551-559

Estivill-Castro V, Lee I. 2004. Clustering with obstacles for geographical data mining. ISPRS Journal of Photogrammetry and Remote Sensing, 59 (1-2) : 21-34

Fan C M, Kubo N, Nishikawa, et al. 2004. Vehicle positioning by network-based RTK-GPS using area correction parameter（FKP）via TV wave in Japan. Proceeding of the National Technical Meeting of the Institute of Navigation

Fan H M, Li J H. 2002. Introduction to digital levels and measurement algorithm. Journal of Xi'an Institute of Technology, 22 (4) : 318

Faugeras O D, Hebert M. 1986. The representation, recognition, and locating of 3D objects. International Journal of Robotic Research, 5 (3) : 27-52

Faust N L. 1995. The virtual reality of GIS. Environment and Planning B: Planning and Design,22 (3) :257-268

Featherstone W E, Olliver J G. 2001. A review of geoid models over the british isles: Progress and proposal.Survey Review, 36 (280) : 78-100

Fritsch F N, Carlson R E. 1980. Monotone piecewise cubic interpolation. SIAM Journal of Numerical Analysis, 17: 238-246

Fuchs H, Kedem Z M, Uselton S P. 1977. Optimal surface reconstruction from planar contours. Communication of the ACM, 20 (10) : 693-702

Fujii K, Arikawa T. 2002. Urban object reconstruction using airbome laser elevation image and aerial image. IEEE Transactions on Geoscience and Remote Sensing, 40 (10) : 2234-2240

Ganapathy S, Dennehy T G. 1982. A new general triangulation method for planar contours. Computer Graphics, 16 (3) : 69-75

Gao Y, Li Z F. 1998. Ionosphere effect and modeling for regional area differential GPS network//Proceedings of the 11th international technical Meeting of the Satellite Division of The Institute of Navigation (ION GPS 1998). Nashville, TN: 91-98

Garai G, Chaudhuri B B. 1999. A split and merge procedure for polygonal border detection of dot pattern. Image

Vision Computing, 17(1): 75-82

Gewin V. 2004. Mapping opportunities. Nature, 427(6972): 376-377

Gheibi A, Davoodi M, Javad A, et al. 2011. Polygonal shape reconstruction in the plane. IET Computer Vision, 5(2): 97-106

Giesen J, Spalinger S, Schölkopf B. 2004. Kernel methods for implicit surface modeling//Advances in Neural Information Processing Systems 17. Cambridge: Massachusetts Institute of Technology Press

Gore A. 1998. The digital earth: understanding our planet in the 21st century. Photogrammetric Engineering and Remote Sensing, 43(6): 5

Gruen A, Wang X H. 1998. CC-modeler: A topology generator for 3-D city models. ISPRS Journal of Photogrammetry and Remote Sensing, 53(5): 286-295

Gruen A, Wang X H. 1999. CyberCity modeler, a tool for interactive 3-D city model generation//47th Photogrammetic Week. Wichmann Verlag, Germany

Gruen A, Zhang L, Wang X H. 2003. 3D city modeling with TLS (three line scanner) data. International Archives of Photogrammetry. Remote Sensing and Spatial Information Sciences, 34: 24-27

Gulch E. 1997. Application of semi-automatic building acquisition//Automatic Extraction of Man-Made Objects from Aerial and Space Images (II). Birkhäuser Basel: 129-138

Güting R H. 1994. An introduction to spatial database system. VLDB Journal, 3(4): 1-32

Haagmans R, Min E D, Gelderen M V. 1993. Fast evaluation of convolution integrals on the sphere using ID-FFT, and a comparison with existing methods for Stokes's integral. Manuscripta Geodaetica, 18: 227-241

Han J, Kamber M. 2001. Data Mining: Concepts and Techniques. San Francisco: Morgan Kaufmann Publishers

Harris M. 1999. Managing ArcSDE Services. California: Environmental System Research Institute

Heiskanen W A, Moritz H. 1967. Physical Geodesy. Bulletin Géodésiue(1946-1975), 86(1): 491-492

Hofmann-Wellenhof B, Kienast G, Lichtenegger H. 2013. GPS in der Praxis. New York: Springer Verlag

Hoppe H, Derose T, Duchamp T et al. 1992. Surface reconstruction from unorganized points. Computer Graphics, 26(2): 71-78

Huertas A, Nevatia R. 1988. Detecting building in aerial images. Computer Vision, Graphics, and Image Processing, 41(2): 131-152

Joseph P, Lavelle, Stefan R, et al. 2004. High speed 3D scanner with real-time 3D processing//2004 IEEE International Workshop on Imaging Systems and Techniques: 13-17

Keim D A, Kriegel H, Seidl T. 1994. Supporting data mining of large database by visual feedback queries // Proceeding 10th of Int'L Conf on Data Engineering. Houston: 302-313

Keppel E. 1975. Approximating complex surfaces by triangulation of contour lines. IBM Journal Research and Development, 19(1): 2-11

Kim T, Muller J. 1998. A technique for 3D building reconstruction. Photogrammetric Engineering and Remote Sensing, 64(9): 923-930

Klyachin V A, Shirokii A A. 2012. The delaunay triangulation for multidimensional surfaces and its approximative properties. Russian Mathematics, 56(1): 27–34

Knorr E M, Ng R T. 1996. Finding aggregate proximity relationships and commonalities in spatial data mining. IEEE Transactions on Knowledge and Data Engineering, 8(6): 884-897

Kuthirummal S, Nayar S K. 2006. Multiview radial catadioptric imaging for scene capture. Association for Computing Machinery, 25(3): 916-923

Li W L, Yin Z P, Huang Y A, et al. 2010. Three dimensional point-based shape registration algorithm based on adaptive distance function. IET Computer Vision, 5(1): 68-76

Lillesand T M,Kiefer R W. 2000. Remote sensing and image interpretation (4th end). New York:John and Sons Inc

Lu W, Han J, Ooi B C. 1993. Discovery of general knowledge in large spatial databases // Proceeding Far East Workshop on Geographic Information Systems: 275-289

Ma R J. 2005. Building model reconstruction from LIDAR data and aerial photographs. Dissertation Abstracts International, 66(01): 164

Macqueen J. 1967. Some methods for classification and analysis of multivariate observations//Proceeding of 5th Berkeley symposiumon mathematical statics and probability. Berkeley: University of California Press

Marr D. 1982. A computational investigation into the human representation and processing of visual information. Vision, 125-126

McAllister D F, Roulier J A. 1991. An algorithm for computing a shape preserving oscillatory quadratic spline. ACM Transactions on Mathematical Software, 7: 331-347

Melkemi M, Djebali M. 2000. Computing the shape of a planar points set. Pattern Recognition, 33(99): 1423-1436

Milber t D G, Dewhurst W T. 1992. The Yellowstone-Hebgen Lake geoid obtained through the integrated geodesy approach. Journal of Geophysical Research, 97(B1): 545- 557

Milbert D G. 1998. Treatment of geodetic leveling in the integrated geodesy approach//Report 396, Department of Geodetic Science and Surveying. The Ohio State University

Moritz H. 1983. Local geoid determination in mountainous areas//Report No.353, Department of Geodetic Science and Surveying. The Ohio State University

Moritz H. 1984. Geodetic referance system1980. Bulletin Gæodésique, 58(3): 348-358

Nicolin B, Gabler R. 1987. A knownledge-based system for the analysis of aerial images. IEEE Transactions on Geoscience and Remote Sensing, 25(3): 317-329

Omang O C D, Forsberg R. 2000. How to handle topography in practical geoid determination: Three examples. Journal of Geodesy, 74(6): 458-466

Orfali R,Harkey D,Edwards J. 1999. Instant CORBA. New York:John Wiley and Sons Inc

Palmisano S J. 2009. CEOs deliver remarks on the economy and stimulus package [EB/OL]. http: //www. ibm. com/ibm/ideasfromibm/us /news_story /20090130 /index. shtml[2012-8-8]

Park S Y, Subbarao Y M. 2003. A fast point-to-tangent plane technique for multi-view registration//3DIM, Fourth International Caonference on 3D Digital Imaging and Modeling: 276-284

Petzold B, Reiss P, Stössel W. 1999. Laser scanning-surveying and mapping agencies are using a new technique for the derivation of digital terrain models. Isprs Journal of Photogrammetry and Remote Sensing, 54(2-3): 95-104

Pfeifer N, Reiter T, Briese C, et al. 1999. Interpolation of high quality ground models from laser scanner data in forested areas. International Archives of Photogrammetry and Remote Sensing, 32(3): 31-36

Pollefeys M, Gool L V, Vergauwen M, et al. 2004. Visual modeling with a hand-held camera. Internationa Journal of Computer Vision, 59(3): 207-232

Remondino F. 2004. 3-D reconstruction of static human body shape from image sequence. Computer Vision and Image Understanding, 93(1): 65-85

Robert O, Dan H, Jeri E. 1999. Instant CORBA. New York: John Wiley and Sons Inc

Roberts L G. 1965. Machine perception of three-dimensional solids//Optical and Electro-Optical Information Proceedings. Cambridge: MIT Press

Schenk T. 2001. Modeling and recovering systematic errors in airborne laser scanners//Proceedings of OEEPE Workshop on Airborne Laserscanning and Interferometric SAR for Detailed Digital Elevation Models: 1-3

Seo S Y. 2004. Model-Based Automatic Building Extraction from LIDAR and Aerial Imagery. Columbus: Doctoral Dissertation of the Ohio State University

Sideris M G, She B B. 1995. A new high-resolution geoid for Canada and part of the U.S. by 1D-FFT method. Journal of Geodesy, 69(2): 92-108

Smith D A, Milbert D G. 1999. The GEOID96 high resolution geoid height model for the United States. Journal of Geodesy, 73(5): 219-236

Stein F, Medioni G. 1992. Structural indexing: Efficient 3-D object recognition. IEEE Transactions on Pattern Analysis and Machine Intelligence, 14(2): 125-145

Vosselman G, Maas H G. 2001. Adjustment and filtering of raw laser altimetry data. Proceedings of Oeepe workshop on Airborne Laserscanning and Interferometric Sar for Detailed Digital Terrain Models, (2): 319-322

Wang W, Yang J, Muntz R. 2000. An approach to active spatial data mining based on statistical information. IEEE Transactions on Knowledge and Data Engineering, 12(5): 715-728

Wang X H, Gruen A. 2000. A hybrid GIS for 3-D city models. International Archives of Photogrammetry and Remote Sensing, 33(B4): 1165-1172

Wanninger L. 1995. Improved ambiguity resolution by regional differential modelling of the lonosphere. Proceedings of ION GPS-95, Palm Springs: 55-62

Wanninger L. 2003. Virtual reference stations(VRS). GPS Solution, (7): 143-144

Wells D E, Beck N, Delikaraoglou D, et al. 1986. Guide to GPS Positioning. Canadian GPS Associates

Werner T, Zisserman A. 2002. New Techniques for Automated Architectural Reconstruction from Photographs//Computer Vision-ECCV2002. Berlin: Springer Heidelberg

Wu H Y, Guan X F, Gong J Y. 2011. Parastream: A parallel streaming delaunay triangulation algorithm for LiDAR points on multicore architectures. Computers and Geosciences, (37): 1355-1363

Yang Z J, Chen Y Q. 2001. Determination of the Hong Kong geoid. Survey Review, 36(279): 23- 34

Zeiler M. 1999. Exploring ArcObjects. Califprnia: Environmental System Research Institute

Zeiler M. 1999. Modeling Our World: The ESRI Guide to Geodatabase Design. California: Environmental System Research Institute

Zhu Q, Zhang Y T, Li F C. 2008. Three-dimensional TIN algorithm for digital terrain modeling. Geo-spatial Information Science, 11(2): 79-85